Baukonstruktion im Klimawandel

Bernhard Weller · Marc-Steffen Fahrion
Sebastian Horn · Thomas Naumann
Johannes Nikolowski

Baukonstruktion im Klimawandel

Springer Vieweg

Bernhard Weller
Technische Universität Dresden
Institut für Baukonstruktion
Dresden, Deutschland

Marc-Steffen Fahrion
Stuttgart, Deutschland

Sebastian Horn
Technische Universität Dresden
Institut für Baukonstruktion
Dresden, Deutschland

Thomas Naumann
Leibniz-Institut für ökologische Raumentwicklung
Dresden, Deutschland

Johannes Nikolowski
GB1 Ingenieure
Dresden, Deutschland

ISBN 978-3-658-13010-7 ISBN 978-3-658-13011-4 (eBook)
DOI 10.1007/978-3-658-13011-4

Die Deutsche Nationalbibliothek verzeichnet diese Publikation in der Deutschen Nationalbibliografie; detaillierte bibliografische Daten sind im Internet über http://dnb.d-nb.de abrufbar.

Springer Vieweg

Lektorat: Dipl.-Ing. Ralf Harms

Gedruckt auf säurefreiem und chlorfrei gebleichtem Papier

Springer Vieweg ist Teil von Springer Nature
Die eingetragene Gesellschaft ist Springer Fachmedien Wiesbaden GmbH

Autorenverzeichnis

Prof. Dr.-Ing. Bernhard Weller ist Direktor des Instituts für Baukonstruktion an der Technischen Universität Dresden. Am Institut bearbeiten über zwanzig Architekten, Bauingenieure und Chemiker aktuelle Aufgaben im Glasbau (lastabtragende Klebungen, hybride Tragwerke) und in der Fassadentechnik (Photovoltaik, Solarthermie). Forschung und Entwicklung erfolgen in enger Zusammenarbeit mit industriellen und institutionellen Partnern.

Dr.-Ing. Marc-Steffen Fahrion war bis November 2015 wissenschaftlicher Mitarbeiter am Institut für Baukonstruktion an der Technischen Universität Dresden und Leiter der Forschungsgruppe „Energieeffizienz und Nachhaltigkeit". Im Dezember 2015 schloss er seine Promotion mit dem Titel „Sommerlicher Wärmeschutz im Zeichen des Klimawandels – Anpassungsplanung für Bürogebäude" mit Auszeichnung ab.

Dipl.-Ing. Sebastian Horn ist seit 2011 wissenschaftlicher Mitarbeiter am Institut für Baukonstruktion an der Technischen Universität Dresden und seit Dezember 2015 Leiter der Forschungsgruppe „Energieeffizienz und Nachhaltigkeit". Neben der energetischen Betrachtung von Gebäuden mittels dynamisch-thermischer Gebäudesimulation gehören die Entwicklung und das Monitoring von Plusenergiefassadensystemen zu seinen Aufgabengebieten.

Prof. Dr.-Ing. Thomas Naumann leitet seit 2014 den Forschungsbereich „Umweltrisiken in der Stadt- und Regionalentwicklung" am Leibniz-Institut für ökologische Raumentwicklung (IÖR) und wurde im Jahr 2015 an der Technischen Universität in Dresden als Honorarprofessor für das Fachgebiet „Gebäudeschäden und Instandsetzung" berufen. Darüber hinaus ist er auch Gesellschafter des Büros GB1 Ingenieure in Dresden.

Dr.-Ing. Johannes Nikolowski war bis 2014 wissenschaftlicher Mitarbeiter am Leibniz-Institut für ökologische Raumentwicklung (IÖR) im Forschungsbereich „Umweltrisiken in der Stadt- und Regionalentwicklung". Seit seiner Promotion an der Technischen Universität in Dresden im Jahr 2014 ist er Mitarbeiter des Büros GB1 Ingenieure mit den Tätigkeitsschwerpunkten „Schadensanalyse, Sanierungsplanung und Qualitätssicherung".

Inhaltsverzeichnis

1 Einleitung

Der Klimawandel und der Umgang mit dessen Folgen ist eine der zentralen Herausforderungen der Menschheit im 21. Jahrhundert. Dem Bausektor kann dabei eine besondere Rolle zugeschrieben werden. So sorgt dieser zum einen für einen großen Anteil an Ausstoß von klimaschädlichen Treibhausgasen, sowohl bei der Herstellung von Baustoffen als auch für die Bereitstellung von Heiz- und Kühlenergie. Zum anderen nimmt die Schadenssumme an Gebäuden durch veränderte Umwelteinwirkungen, wie zum Beispiel intensivere und häufiger auftretende Unwetterereignisse, stetig zu.

Dieses Buch gibt einen Überblick über die Zusammenhänge des Klimawandels und zeigt darüber hinaus baukonstruktive Lösungen für zukunftsfähige Ertüchtigungsmaßnahmen am Gebäudebestand auf. Für verschiedene Umwelteinwirkungen (Bild 1-1) werden deren Relevanz auf den Bausektor sowie klimawandelbedingte Änderungen aufgezeigt und erläutert. Speziell entwickelte Methoden zur Verletzbarkeitsanalyse sollen zudem die Analysemethoden für Gebäude darstellen.

Durch die Anwendung der beschriebenen Analysemethoden lassen sich Ertüchtigungsmaßnahmen für jede Umwelteinwirkung erarbeiten. Diese werden im Rahmen des Buches auf insgesamt 9 verschiedene Wohn- und Nichtwohngebäude (Bild 1-2 bis Bild 1-4) aus unterschiedlichen Baualtersstufen angewendet. Mit aufbereiteten Konstruktionszeichnungen und Handlungsempfehlungen ergeben sich dem Leser Ertüchtigungsmaßnahmen für eine Vielzahl an Baukonstruktionen aus über 100 Jahren Baugeschichte.

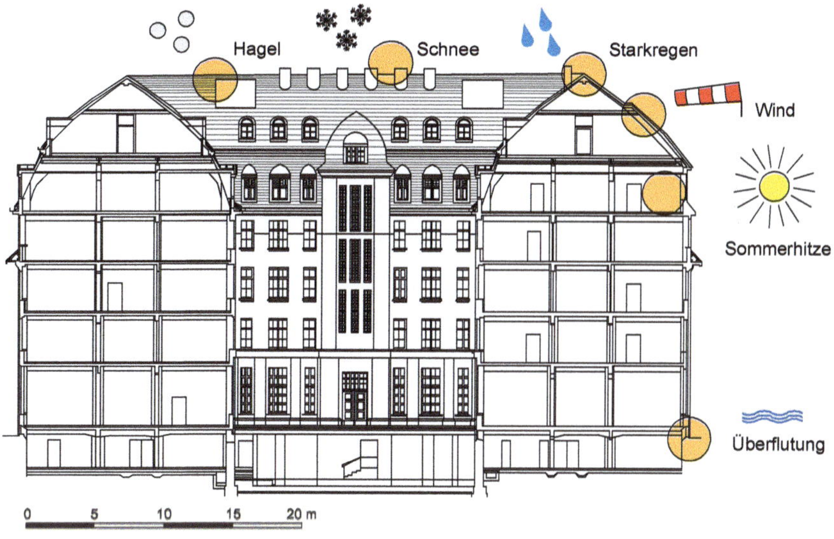

Bild 1-1 Behandelte Einwirkungen auf ein Gebäude.

1

Das Mehrfamilienhaus in geschlossener Reihenbebauung wurde um das Jahr 1890 erbaut und in den späten 1990er Jahren grundlegend saniert. Dabei wurde auch das bis dahin ungenutzte Dachgeschoss zu Wohnzwecken ausgebaut. Es weist zahlreiche gründerzeitliche Stilelemente auf, wie etwa Sandsteingesimse und -gewände. An diesem Gebäude wurden Ertüchtigungsmaßnahmen für die Umwelteinwirkungen Sommerhitze und Starkregen untersucht. Detaillierte Anpassungen sind vor allem für Schwachpunkte im Dachbereich erarbeitet worden.

Das denkmalgeschützte Büro- und Verwaltungsgebäude besteht aus 7 Geschossen und wurde 1914 errichtet. Zusammen mit einem Neubau weist das Gebäude einen rechteckigen Grundriss mit Atrium auf. 1999 erfolgte eine umfassende Sanierung. An diesem Gebäude wurde die Verletzbarkeit infolge Sommerhitze untersucht. Dabei wurden verschiedene Maßnahmen zu einem Gesamtkonzept zusammengefasst, um in den kritischen Räumen auch in Zukunft die Anforderungen an den sommerlichen Wärmeschutz zu erfüllen.

Das einzeln stehende Mehrfamilienhaus der Zwischenkriegszeit ist typisch für eine aufgelockerte Bebauung in städtischen Erweiterungsgebieten. Es wurde im Jahr 1932 erbaut und nach der Wiedervereinigung Deutschlands erstmals im Jahr 1998 grundlegend saniert. Aufgrund der für diese Gebäude typischen Unterkellerung werden hier speziell Ertüchtigungsmaßnahmen für Überflutung vorgestellt. Das Hauptaugenmerk liegt dabei auf dem konstruktiven Aufbau der Deckenkonstruktion über dem Kellergeschoss, da Geschossdecken einen großen Einfluss auf die sich einstellende Schadenssumme haben.

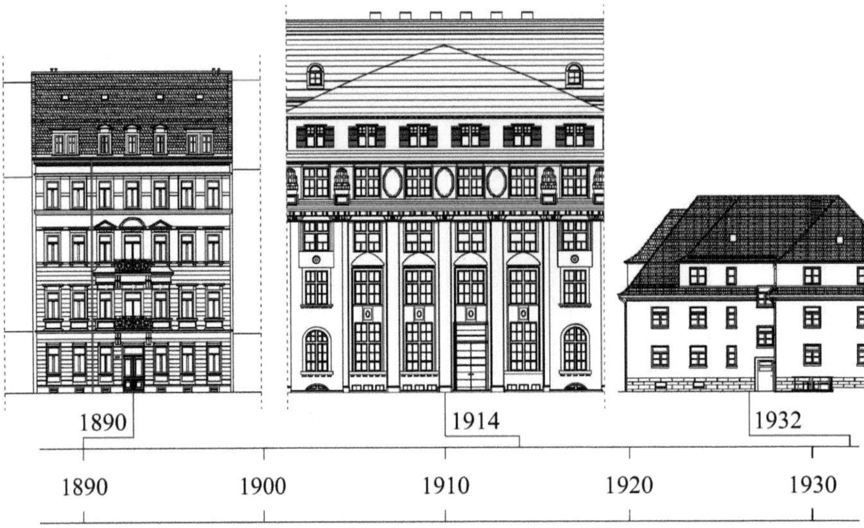

Bild 1-2 Betrachtete Gebäude von 1890 bis 1930.

Das Mehrfamilienhaus in offener Reihenbebauung stellt eine Zwischenstufe von der traditionellen Ziegelbauweise zur Großblockbauweise dar. Bei der Errichtung kamen vorgefertigte Betonblöcke aus Ziegelsplittgemisch zum Einsatz. Die Grundrissformen wurden von den bereits bestehenden Typenbauten übernommen. Eine Sanierung fand im Jahre 1999 statt. Auch hier wurde die Verletzbarkeit infolge Überflutung untersucht. Ein baukonstruktiv aufbereiteter Lösungsvorschlag beinhaltet dabei die Außenwandkonstruktion.

Das Büro- und Geschäftshaus wurde in den Jahren 1959 bis 1960 als Teil einer Blockrandbebauung errichtet. Es ist gekennzeichnet durch den Übergang der Architektursprache des sozialen Klassizismus in die anschließende Hinwendung zu einer funktionalen, industriellen Architektur. Eine Sanierung wurde im Jahre 1991 durchgeführt. An diesem Gebäude werden Ertüchtigungsmaßnahmen für die Umwelteinwirkungen Sommerhitze und Starkregen unter der Beachtung des Status als Baudenkmal vorgestellt.

Das Mehrfamilienhaus in offener Reihenbebauung ist chatakteristisch für Gebäude, welche in industrieller Plattenbauweise auf dem Gebiet der ehemaligen DDR errichtet wurden. Die Bauelemente konnten in einer effektiven Serienfertigung in ortsfesten Plattenwerken hergestellt und an einem beliebigen Ort zu Gebäuden gleichen Typs zusammengesetzt werden. Das Gebäude ist im Jahre 1996 umfassend saniert wurden. Die Dachkonstruktion im Trogdach wurde auf die Verletzbarkeit gegenüber Hagel untersucht. Die baukonstruktive Ertüchtigungsmaßnahme beinhaltet dabei vor allem die Betrachtung der innenliegenden Entwässerung des Trogdaches.

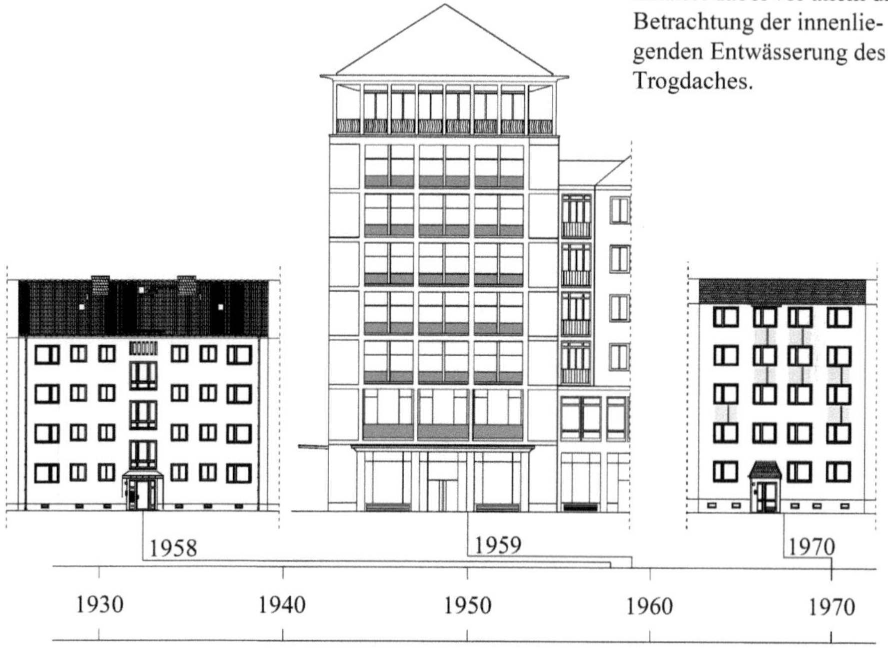

Bild 1-3 Betrachtete Gebäude von 1955 bis 1970.

1

Bei dem Bürogebäude aus dem Jahr 1974 handelt es sich um einen Typenbau als Metallleichtbaukonstruktion. Unter dem Typennamen „Leipzig" wurde das Gebäude häufig auf dem Staatsgebiet der ehemaligen DDR und Polens errichtet. Das betrachtete Gebäude erfuhr eine grundlegende Sanierung im Jahre 1996, gefolgt von einer weiteren Sanierung der Anlagentechnik im Jahre 2007. Aufgrund der „leichten" Baukonstruktion und des Flachdaches mit innenliegender Entwässerung wurden hier Ertüchtigungsmaßnahmen gegenüber Sommerhitze und Hagel erarbeitet.

Das einzelstehende Wohnhaus, welches um 1995 errichtet wurde, ist ein typischer Vertreter der in den 1990er Jahren ausgeführten Mehrfamilienhäuser. Markant ist die häufig für diese Gebäudetypen vorhandene erdüberdeckte Tiefgarage, welche teilweise bis unter das Haus ragt. Zudem gibt es eine große Anzahl an Balkonen und Dachterrassen. Im Rahmen der Untersuchungen wurden Ertüchtigungsmaßnahmen gegenüber Starkregen und Überflutung erarbeitet. In diesem Zusammenhang entstand eine baukonstruktive Durchbildung eines Dachterrassenaufbaus mit einem hohen Widerstand gegenüber Starkregen.

Bei dem 1995 fertiggestellten Bürogebäude sind sämtliche oberirdischen Stockwerke durchgehend um einen mit einem Glasdach überdachten Innenhof angeordnet, wodurch ein eingeschlossener Baukörper mit Atrium entsteht. Die Räume werden von unterschiedlichen Mietern genutzt, weshalb ein leichte und flexible Baukonstruktion aus Trockenbauwänden, abgehängten Decken und aufgeständerten Fußböden vorliegt. In den unterirdischen Tiefgaragengeschossen ist eine Lüftungsanlage untergebracht. Ertüchtigungsmaßnahmen wurden hier gegenüber Sommerhitze und Überflutung erarbeitet.

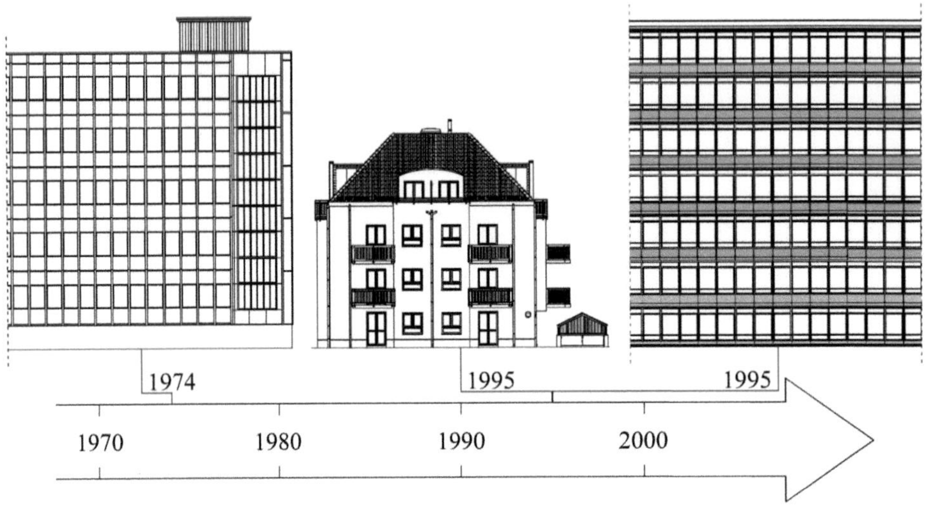

Bild 1-4 Betrachtete Gebäude von 1974 bis 1995.

2 Klimawandel

2.1 Globaler Klimawandel und dessen Konsequenzen

Auf der Grundlage einschlägiger Erkenntnisse aus der Klimaforschung besteht in diesem Wissenschaftszweig ein weitreichender Konsens, wonach ein Klimawandel stattfindet, welcher insbesondere durch eine für das 20. Jahrhundert nachgewiesene globale Temperaturerhöhung geprägt ist. Darüber hinaus gilt in der Klimaforschung als gesichert, dass diese globale Erwärmung im 21. Jahrhundert fortschreiten wird und dass einzig die Intensität des zukünftigen Temperaturanstiegs durch Klimaschutzmaßnahmen beeinflusst werden kann (IPCC 2007).

Die möglichen Folgen des globalen Klimawandels sind sowohl für die Natur als auch für die Bevölkerung überaus vielschichtig, weshalb der Klimawandel aktuell zu den zentralen Herausforderungen der Gesellschaft gehört. In diesem Zusammenhang wird davon berichtet, dass Veränderungen von Klimakenngrößen sowie von klimagesteuerten Prozessen in der Natur sowohl global als auch regional nachweisbar sind (IPCC 2013). So treten in vielen Regionen der Welt in den letzten Jahrzehnten gehäuft spezifische Schadensereignisse beziehungsweise Wetterextreme auf, deren Wirkungsmechanismen auf den Klimawandel und seine Auswirkungen zurückgeführt werden können (Munich Re 2012, IPCC 2014). Darüber hinaus gehen wissenschaftliche Projektionen zum zukünftigen Verlauf des Klimawandels für die kommenden Jahrzehnte von einem Fortschreiten, teilweise auch von einer Beschleunigung der Veränderungsprozesse aus. Gegenläufige Klimasignale werden nach derzeitigem Erkenntnisstand bis zum ausgehenden 21. Jahrhundert nicht erwartet (IPCC 2013).

Das Themenfeld des globalen Klimawandels soll nachfolgend anhand von Forschungsergebnissen zu dessen Umfang und Ausmaß kurz angesprochen werden. Für darüber hinaus führende Recherchen sei auf die themenspezifische Fachliteratur verwiesen. Bereits im 1979 erschienenen Charney-Report wird davon ausgegangen, dass ein anhaltender Anstieg der Kohlendioxidkonzentration in der Atmosphäre zu einer signifikanten Klimaerwärmung führen wird. Dabei seien die Effekte aufgrund der Trägheit des Klimasystems erst einige Jahrzehnte später messtechnisch zu erfassen (NAOS 1979). Nach heutigem Stand der Forschung handelt es sich beim Klimawandel um eine nicht mehr zu leugnende Tatsache, welche durch zahlreiche nationale und internationale Fachgremien überwiegend gestützt wird (IPCC 2008; Rahmstorf und Schellnhuber 2012). Zu den wichtigsten Fakten zum Klimawandel zählt die Erkenntnis, dass der Strahlungshaushalt der Erde durch CO_2 und weitere Gase, die in die Atmosphäre gelangen, beeinflusst wird. Infolgedessen kommt es zum sogenannten Treibhauseffekt, in dessen Folge ein Temperaturanstieg auftritt (McMullen und Jabbour 2009). Ein wesentliches Kriterium liegt ferner in der Konzentration von CO_2 in der Atmosphäre, welche von 280 ppm im Jahr 1750 auf etwa 390 ppm im Jahr 2009 angestiegen ist (Tripati et al. 2009). Als Katalysator für den Klimawandel wird in der Forschung die Erderwärmung benannt, während alternative Einflussgrößen wie die Sonnenaktivität oder explosiver Vulkanismus als wenig relevant eingestuft werden (Schönwiese 2005). Innerhalb des 20. Jahrhunderts hat sich die Durchschnittstemperatur global um 0,6 K und in Deutschland um etwa 1,0 K erhöht (Rahmstorf 2005). Bis zum ausgehenden 21. Jahrhundert wird, im

Vergleich zum Zeitabschnitt 1980 bis 1999, von einer Erhöhung der globalen Durchschnittstemperatur um 1,1 K bis 6,4 K ausgegangen, wobei in höheren Breiten eine im Vergleich zum Äquator stärkere Erwärmung erwartet wird (IPCC 2008).

Aus den benannten Randbedingungen wird erkennbar, dass die zukünftige Entwicklung des Klimas unter anderem auch von der aktuellen und zukünftigen Entwicklung der Treibhausgasemissionen abhängt, die wiederum durch komplexe gesellschaftliche Prozesse beeinflusst wird. Um diese Zusammenhänge und die daraus resultierenden Unsicherheiten bei der Analyse des globalen Klimawandels zu berücksichtigen, wurden vom IPCC ('Intergovernmental Panel on Climate Change' der Vereinten Nationen) verschiedene Szenarien entwickelt, welche begründete Annahmen hinsichtlich Bevölkerungsentwicklung, Energieerzeugung und Wirtschaftswachstum etc. treffen. Die daraus resultierenden Emissionsszenarien, hier als SRES-Szenarien ('Special Report on Emission Scenarios') bezeichnet, verfolgen das Ziel, die Bandbreiten zukünftiger Einflussparameter und deren Auswirkungen auf das Klima auch quantifiziert zu berücksichtigen (IPCC 2008, Nakicenovic und Swart 2000). Mit dem 5. Sachstandsbericht des IPCC wurde die Abschätzung zukünftiger Klimaänderungen auf den Ergebnissen der neueren RCP-Emissionsszenarien ('Representative Concentration Pathways') aufgebaut, welche auf die Veränderung des Strahlungsantriebs bis zum Jahr 2100 Bezug nehmen (IPCC 2013).

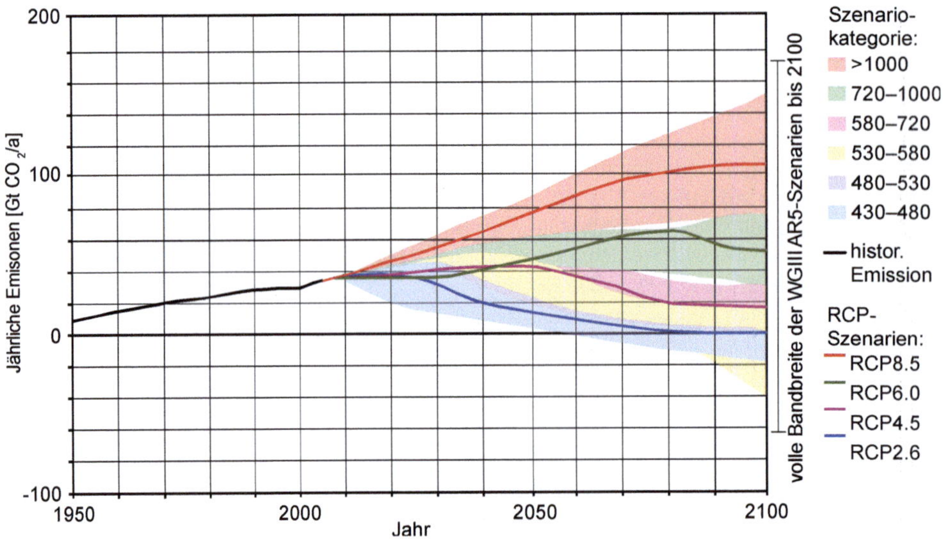

Bild 2-1 Jährliche anthropogene CO_2-Emissionen in den neueren RCP-Szenarien, innerhalb der repräsentativen Konzentrationspfade (Linien) und der zugehörigen Szenario-Kategorien, farbige Flächen markieren den 5–95%-Bereich; Szenario-Kategorien fassen den breiten Bereich in der wissenschaftlichen Literatur veröffentlichter Emissionsszenarien zusammen; Benennung der Szenarien auf der Grundlage von sich im Jahr 2100 ergebenden Konzentrationsniveaus, ausgedrückt in CO_2-Äquivalenten (in ppm); Datengrundlage: IPCC 2014, Abb. SPM.5 a).

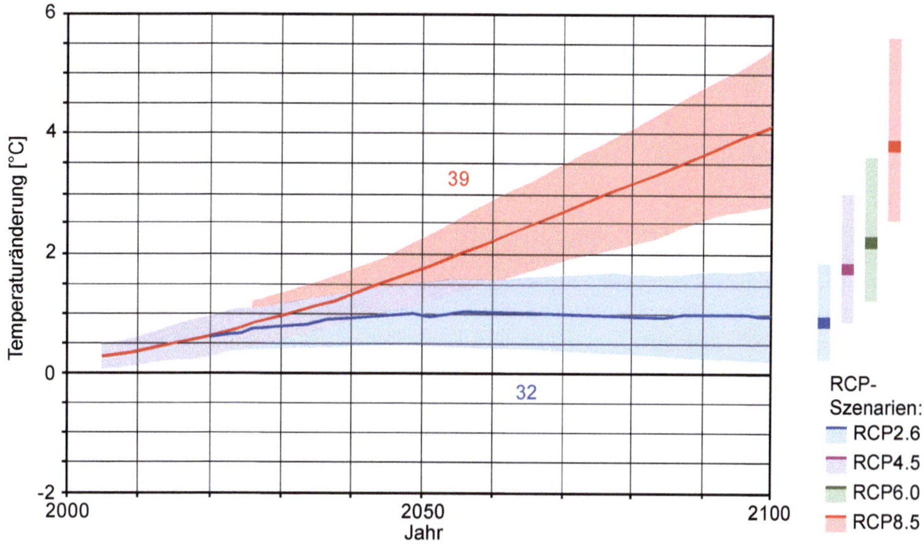

Bild 2-2 Abschätzung zukünftiger Klimaänderungen auf der Basis der neueren RCP-Emissionsszenarien; Beispiel: projizierte Änderung der mittleren globalen Erdoberflächentemperatur für die simulierte Zeitreihe von 1950 bis 2100, bezogen auf den Zeitabschnitt 1986–2005; Zeitreihen für die Szenarien RCP 2.6 (blau) und RCP 8.5 (rot), Schattierung als Maß der Unsicherheit; modellierte historische Entwicklung schwarz dargestellt; gemittelte Werte und zugehörige Unsicherheiten für den Zeitabschnitt 2081–2100 als vertikale Balken; Datengrundlage: IPCC 2014, Abb. SPM.6 a).

Aufgrund des zeitlichen Bezuges greifen die nachfolgend beschriebenen Methoden der Verletzbarkeitsanalyse in der Regel auf die Forschungsergebnisse der SRES-Szenarien zurück, da die RCP-Szenarien während der Entwicklungsphase noch nicht zur Verfügung standen. Eine Berücksichtigung der Ergebnisse der jüngeren RCP-Emissionsszenarien ist jedoch zukünftig ohne größere Probleme möglich.

Die Folgen des Klimawandels sind für den Menschen einerseits in Form von schleichenden Klimaveränderungen mit signifikanter Tendenz erkennbar, andererseits werden auch markante Extremereignisse als Indizien für die globale Erwärmung gewertet. Aufgrund der Seltenheit solcher Ereignisse bestehen hier gewisse Unsicherheiten hinsichtlich des kausalen Zusammenhangs. Derartige Extremereignisse traten in den letzten 20 Jahren in Europa als Hochwasserereignisse (etwa Hochwasser in Mitteleuropa 2002; Alpenhochwasser 2005; Neiße-Hochwasser 2010; Hochwasser in Mitteleuropa 2013; Balkan-Hochwasser 2014), als Sturmereignisse (etwa Orkan Kyrill 2007; Orkan Emma 2008; Orkan Xynthia 2010), als intensive Sommerhitze-Perioden (etwa Hitzewelle 2003 in Süd- und Westeuropa) sowie als lokal intensive Starkregen- oder Hagelereignisse auf. So ist die Anzahl der klimabedingten Naturkatastrophen in Deutschland von 110 Ereignissen in den 1970er Jahren auf 209 Ereignisse in den 1990er Jahren angestiegen (Munich Re 2011).

Als Reaktion der Gesellschaft auf die Herausforderungen des Klimawandels haben sich in Deutschland sowie auf der Ebene der Europäischen Union die beiden parallel zu verfolgenden Strategien des Klimaschutzes und der Klimaanpassung etabliert (BMU 2009, COM 2013). Dabei

2

wird unter dem Terminus des Klimaschutzes (Mitigation) grundsätzlich eine Minderung der klimaschädlichen Treibhausgasemissionen angestrebt. Diese klimaschädlichen Gase forcieren nach heutigem Kenntnisstand den Klimawandel maßgeblich, wobei deren nachgewiesene Zunahme überwiegend auf die Verbrennung fossiler Energieträger zurückzuführen ist. Parallel dazu ist eine vorausschauende Anpassung der Gesellschaft an nicht mehr vermeidbare Auswirkungen des Klimawandels unausweichlich. Diese Strategie, unter dem Begriff der Klimaanpassung (Adaptation) zusammengefasst, wird seit einigen Jahren ergänzend zum gesellschaftlichen Ziel des Klimaschutzes verfolgt. Die Klimaanpassung ist ebenfalls als umfassende Strategie zu verstehen, da das Klimasystem auch auf eine erfolgreiche Reduzierung von Emissionen nur verzögert reagieren kann. Darüber hinaus kann eine solche Reduzierung aufgrund der technologischen und gesellschaftlichen Randbedingungen wahrscheinlich nicht kurzfristig erreicht werden. Die beiden Strategien des Klimaschutzes und der Klimaanpassung stehen in kausalen Zusammenhängen, da einerseits jegliche Aktivitäten und Maßnahmen des Klimaschutzes zukünftig dem unvermeidbaren Klimawandel ausgesetzt sein werden und andererseits jegliche Aktivitäten und Maßnahmen zur sektoralen Klimaanpassung zukünftige Treibhausgasemissionen beeinflussen. Infolgedessen bilden beide Strategien die tragenden Säulen der deutschen Klimapolitik (BMU 2009).

Bei der Umsetzung der benannten Strategien sind jeweils spezifische Untersuchungen und Maßnahmen erforderlich. Dabei werden bezüglich der Klimaanpassung die vorbereitende Analyse sowie die Umsetzung von Maßnahmen nach den Sektoren mit einer nachgewiesenen beziehungsweise vermuteten hohen Betroffenheit differenziert. Zu diesen Sektoren gehören, neben anderen wichtigen Bereichen wie Landwirtschaft, Forstwirtschaft, Energieerzeugung und -wirtschaft, Wasserwirtschaft, Gesundheitswesen, Infrastruktur, Industrie und Gewerbe, auch das Bauwesen und die Immobilienwirtschaft (BMU 2009). Solche Untersuchungen zur regionalspezifischen Vulnerabilität (Verletzbarkeit) bilden ein Instrument der Abschätzung möglicher Folgen des Klimawandels und zur gezielten Anpassung in den betroffenen Sektoren.

Eine regional- und sektorenbezogene Betrachtung zur Klimaanpassung sollte dabei zunächst das zu erwartende Ausmaß der Klimaveränderungen einschließlich deren möglicher Bandbreiten, unter Berücksichtigung verschiedener Treibhausgasemissionen sowie globaler und regionaler Klimamodelle, einbeziehen. Darauf aufbauend ist eine Abschätzung möglicher Folgen des regionalen Klimawandels für die wesentlichen Sektoren anzustreben, um hier lokale Brennpunkte mit hohem Handlungsdruck zu erkennen. Dabei ist zu berücksichtigen, dass der Klimawandel selbst keine singuläre Entwicklung darstellt, sondern parallel zu anderen Veränderungsprozessen wie demografischen, wirtschaftlichen oder siedlungsstrukturellen Entwicklungen stattfindet.

2.2 Regionalisierung des Klimawandels

Für eine Untersuchung bereits stattfindender Klimaänderungen sowie für eine Abschätzung zukünftiger Folgen des Klimawandels ist eine regionalisierte Betrachtung zwingend erforderlich, da diese Veränderungen regional sehr unterschiedlich ausfallen können. Dabei ist auch, je nach Betrachtungsebene, eine Überlagerung positiver und negativer Effekte des Klimawandels wahrscheinlich. Aufgrund des besonderen Erfahrungsschatzes an Projekten und Studien im Freistaat Sachsen werden die Autoren im nachfolgenden Themenbereich dieses Bundesland als Beispiel für den regionalisierten Erkenntnisgewinn aufführen.

Grundsätzlich sind die globalen Klimaentwicklungen auch innerhalb Europas und Deutschlands exemplarisch nachweisbar. So hat sich über das 20. Jahrhundert die Jahresdurchschnittstemperatur in Europa um 0,95 K erhöht (EEA 2008). Gleichzeitig ist in den letzten 40 Jahren in Deutschland eine verstärkte Häufigkeit und Intensität von Starkniederschlägen, im Winterhalbjahr deutlicher als im Sommerhalbjahr, erkennbar (Grieser und Beck 2002). So wurde unter anderem an der Station Potsdam in den Messreihen seit den 1960er Jahren eine deutliche Zunahme der Anzahl an Tagen mit konvektivem Niederschlag im Sommer und gleichzeitig ein Rückgang der Anzahl an Tagen mit advektivem Niederschlag ermittelt (Werner 2007).

Mögliche Klimaänderungen können grundsätzlich mittels zweier verschiedener Methodenansätze analysiert werden. Einerseits werden die Klimadaten jüngerer Perioden mit zurückliegenden Klimanormalperioden verglichen, um so eventuell erkennbare Klimaänderungen, auch als „beobachteter Klimawandel“ bezeichnet, zu erkunden (etwa Bernhofer et al. 2009). Ergänzend hierzu verfolgt eine zweite Methodik den Ansatz, mittels regionalisierter Klimaprojektionen den „zu erwartenden Klimawandel“ einschließlich seiner möglichen Bandbreiten regionalspezifisch darzustellen. Solche regionalisierten Projektionen basieren auf globalen Klimamodellen mit zugehörigen Emissionsszenarien, welche wiederum über physikalisch-numerische Verfahren oder über beobachtete Klimainformationen auf feinere räumliche Betrachtungsebenen projiziert werden (Bernhofer et al. 2015b).

Für den Freistaat Sachsen erfolgte eine systematische Analyse des beobachteten Klimawandels über einen Vergleich der beiden Klimanormalperioden 1961–1990 und 1981–2010 (Bernhofer et al. 2015a). Daraus, sowie auch aus regionalisierten Klimaprojektionen für dieses Bundesland (Bernhofer et al. 2015b), ergeben sich deutliche Anzeichen des Klimawandels im Freistaat, welche insbesondere eine Erhöhung des Temperaturniveaus sowie signifikante Veränderungen des Niederschlagsregimes und der klimatischen Wasserbilanzen betreffen. Grundsätzlich ist eine Zunahme der Jahresmitteltemperatur zu verzeichnen, welche im Flächenmittel von 8,1 °C (1961–1990) auf 8,7 °C (1981–2010) ansteigt. Die größten Temperaturzunahmen treten dabei im Frühling und Sommer mit einem Temperaturanstieg im Flächenmittel von 0,8 K auf. Damit ist der Erwärmungstrend innerhalb Sachsens für die wärmere Jahreshälfte stärker ausgeprägt als für die kühlere Jahreshälfte, deren mittlere Temperaturzunahme 0,4 K beträgt. Im Zuge einer dekadischen Betrachtung wird für den Zeitraum von 1961 bis 2010 ein kontinuierlicher Erwärmungstrend erkennbar.

Andere Indikatoren zur Dokumentation beobachteter klimatischer Veränderungen bilden so bezeichnete „Ereignistage“, deren Entwicklung für Sachsen im Rahmen einer Trendanalyse der Klimaentwicklung untersucht wurde (Bernhofer et al. 2015a). Beispielhafte Ereignistage sind etwa „Eistage“, an denen die maximale Temperatur 0 °C nicht überschreitet, oder „heiße Tage“, an denen die maximale Temperatur stets 30 °C überschreitet. So hat sich die mittlere Anzahl der Eistage sachsenweit zwischen 1961 und 2010 von 30,6 auf 27,7 reduziert. Im Gegensatz dazu ist die mittlere Anzahl heißer Tage deutlich angestiegen. Während im Zeitraum 1961–1990 im Mittel 4,4 heiße Tage pro Jahr zu verzeichnen waren, traten im Zeitraum 1981–2010 dagegen 6,2 heiße Tage auf. Heiße Tage können insbesondere bei verletzbaren oder älteren Menschen zu einer erhöhten Beeinträchtigung führen.

Die Anzahl der Tage, an denen die Minimumtemperatur deutlich unter dem langjährigen Mittel liegt, ist im Betrachtungszeitraum in Sachsen überwiegend gesunken. Im Gegensatz dazu ist die Anzahl der Tage, an denen die Minimumtemperatur deutlich über dem langjährigen Mittel liegt, für Sachsen überwiegend gestiegen. Die Anzahl der Tage, an denen die Maximumtemperatur deutlich unter dem langjährigen Mittel liegt, ist für Sachsen überwiegend gesunken. Andererseits ist die Anzahl der Tage, an denen die Maximumtemperatur deutlich über dem langjährigen Mittel

2

liegt, für ganz Sachsen gestiegen. Die Anzahl aufeinanderfolgender kalter Tage hat sich im Freistaat leicht bis mäßig verringert. Insgesamt weisen sowohl die mittlere Entwicklung als auch die Entwicklung der Extremereignisse einen ansteigenden Trend auf mit Ausnahme der Minimumtemperatur. Die Anzahl aufeinanderfolgender warmer Tage hat sich für fast ganz Sachsen stark erhöht.

Zusammenfassend ist hier festzuhalten, dass am Beispiel des Freistaates Sachsen zwischen 1961 und 2010 über alle Dekaden ein stetiger Anstieg der minimalen und maximalen Temperaturen im Jahresmittel nachweisbar ist (Bernhofer et al. 2015a). Während in diesem Zeitraum ein stetiger Anstieg der Wärmetage zu verzeichnen ist, findet ein leichter, aber nicht stetiger Rückgang der Kältetage statt. Hinsichtlich der Temperaturextreme nahm die Anzahl wärmeindizierender Ereignistage deutlich zu, während die Anzahl kälteindizierender Ereignistage gleichzeitig deutlich abnahm.

Das Niederschlagsgeschehen im Freistaat Sachsen ist grundsätzlich von topographischen Differenzen sowie von regionalen Besonderheiten, wie etwa Luv-Lee-Effekten, geprägt. Im Vergleich der beiden Klimaperioden 1961–1990 und 1981–2010 ergibt sich eine generelle Zunahme der mittleren jährlichen Niederschlagssumme Sachsens um etwa 3 %, jedoch mit deutlichen jahreszeitlichen Unterschieden. Im Frühling nehmen die Niederschläge der Periode 1981–2010 gegenüber 1961–1990 im Mittel um etwa 4 % ab. Im Sommer sind hingegen überwiegend steigende Niederschlagssummen zu erkennen, welche für das Bundesland im Mittel etwa 6 % betragen. Auch für den Herbst sind die Niederschlagssignale der Klimaperiode 1981–2010 mit einem flächenbezogenen Anstieg von etwa 5 % als positiv anzusprechen. Für den Winter weisen die veränderten Niederschläge der Periode 1981–2010 starke räumliche Differenzierungen auf, wobei auch hier im Flächenmittel ein Zuwachs von etwa 3 % zu verzeichnen ist (Bernhofer et al. 2015a).

Bezüglich der Niederschlagsextreme ergibt sich für den beobachteten regionalen Klimawandel ein klares Betrachtungsergebnis (Bernhofer et al. 2015a). So sind Starkniederschläge oberhalb des 95. Perzentils sachsenweit deutlich gestiegen. Aber auch Extremniederschläge oberhalb des 99. Perzentils sind sachsenweit deutlich gestiegen, was für die Verletzbarkeitsbeurteilung von Gebäuden durchaus relevant ist. Insgesamt besteht in Sachsen somit ein Trend zu mehr Niederschlag und hier insbesondere zu intensiveren Starkniederschlagsereignissen. Dabei nimmt auch die mittlere Intensität von Starkniederschlagsereignissen zu. Dies beeinflusst sowohl die Anzahl der Starkniederschlagsereignisse als auch deren Intensität. Bei grundsätzlich zunehmenden Niederschlagssummen in Sachsen nahm insbesondere die Summe des Niederschlages, der als Starkniederschlag fällt, deutlich zu.

Weiterhin haben sich die Niederschlagsereignisse hinsichtlich ihrer Dauer und Intensität verändert. Das zeigen die gegensätzlichen Entwicklungen von Niederschlag und Sonnenscheindauer/Globalstrahlung. Ungeachtet einer im Mittel zunehmenden Niederschlagshöhe kommt es zu einem Anstieg der Sonnenscheindauer beziehungsweise Globalstrahlung. Hieraus leiten Experten ab, dass die Niederschlagsereignisse kürzer und intensiver geworden sind, also im Mittel mehr Niederschlag bei weniger Bewölkung auftritt (Bernhofer et al. 2015a).

2.3 Klimaanpassung im traditionellen Bauen

Bauen hat als oberstes Ziel, den Menschen vor klimatischen Einwirkungen zu schützen. Dies ist in den verschiedenen Klimaregionen der Erde an Gebäuden ablesbar (Hillmann et al. 1983). Eine klimagerechte Bauweise zeichnet sich durch eine Nutzung der positiven bei gleichzeitiger Minderung der negativen Klimaeinflüsse aus (Schütze und Willkomm 2000). Dabei wurden entsprechend der jeweils etablierten Baukultur und Bautechnik die Kubatur und die Bauart der Gebäude den klimatischen und regional unterschiedlichen Gegebenheiten angepasst. Neben der direkten und diffusen Sonnenstrahlung, der Lufttemperatur und der relativen Luftfeuchtigkeit bilden auch Luftbewegungen und Niederschläge wichtige Klimafaktoren, welche bei der Planung und Erstellung von Gebäuden zu berücksichtigen sind. Je nach Klimazone fällt diesen Faktoren eine andere Gewichtung zu. Muss etwa in der feuchtwarmen Klimazone bei Regenspenden von bis zu 2.000 mm pro Jahr ein besonderes Augenmerk auf die schadensfreie und kontrollierte Ableitung des anfallenden Regenwassers sowie eine gute Belüftung gerichtet werden, so ist in der trocken-heißen Klimazone vor allem auf den Schutz der Menschen vor Überhitzung durch direkte Sonnenstrahlung und hohe Lufttemperaturen zu achten (Hausladen et al. 2012).

Die gemäßigte Klimazone, zu der auch Deutschland gehört, wird vor allem durch ihre Jahreszeiten charakterisiert. Die geforderten baulichen Anpassungen an das in dieser Zone vorherrschende Klima sind daher sehr vielfältig und in ihrer Charakteristik je nach Region sehr unterschiedlich. Bei der Konzeption von Gebäuden sind sowohl der winterliche und sommerliche Wärmeschutz als auch der ausreichende Schutz gegenüber Niederschlagseinwirkungen zu beachten. Dabei ist es unerlässlich, die ganzjährigen Klimaverhältnisse zu untersuchen, da in dieser Klimaregion Anpassungen oft unter entgegengesetzten Anforderungen gefunden werden müssen (Schulze und Willkomm 2000). Somit legten die klimatischen Randbedingungen am Standort fest, welche Schutzbedürfnisse der Bewohner vom Gebäude zu erfüllen waren. Hier zeigen vor allem die Anlage historischer Dörfer und die Konstruktion traditioneller Bauernhäuser die Summe über Generationen weitergegebener Erfahrungen im Umgang mit dem lokalen Klima und klimatischen Extrema. Die Dörfer, Gebäude und Baukonstruktionen unterscheiden sich von Region zu Region und sind gut an die regionalen Klimaeinwirkungen angepasst.

Der Schutz von Gebäuden als wesentlichen Lebens- und Wirtschafträumen des Menschen zieht sich somit als ein Grundanliegen durch nahezu alle Teilbereiche des traditionellen Bauens. Im Hinblick auf die nachfolgend diskutierten hygrischen, thermischen und teilweise mechanischen Einwirkungen auf Gebäude steht dabei die bauliche Hülle, bestehend aus der Dachkonstruktion und den Konstruktionselementen der Fassade, besonders im Fokus. Die Anpassung von Gebäuden an klimatische Randbedingungen hatte naturgemäß stets eine regionale Komponente und hat das Erscheinungsbild sowie das baukonstruktive Gefüge traditioneller Gebäude wesentlich geprägt. In der schriftlichen Dokumentation der Regeln der Technik verschiedener Zeitabschnitte sowie in der mündlichen Weitergabe wesentlicher Bau- und Handwerkstechniken spielte die Nutzung robuster Konstruktionslösungen zur Abwehr schädlicher Einwirkungen auf Gebäude eine große Rolle. Diese langjährigen Entwicklungen bilden im günstigen Fall eine Basis für bis heute genutzte Allgemein anerkannte Regeln der Bautechnik, etwa im Bereich der Fachregeln des Dachdeckerhandwerks (ZVDH 2015). Somit stellt die Klimaanpassung von Gebäuden einen kontinuierlich fortschreitenden Prozess dar, bei dem die langfristige Fixierung eines Status quo weitgehend unmöglich erscheint. Externe Einflüsse auf diesen Prozess bilden dabei

- die Veränderung von wirtschaftlichen Rahmenbedingungen und Nutzungsansprüchen,
- die Verwendung neuartiger Baumaterialien und Bauweisen sowie
- unter Umständen die Veränderung klimabedingter Einwirkungen auf Gebäude.

Vom Streben nach einer verbesserten Klimaanpassung konnten verschiedene Baukonstruktionen am traditionellen Gebäude betroffen sein, wofür charakteristische Beispiele vorliegen. Ebenso vielfältig sind hier die gewählten Lösungsansätze, welche bis in die 2. Hälfte des 19. Jahrhunderts noch durch die limitierten Transportmöglichkeiten eingeschränkt wurden.

So führte man in der Region Dresden bis zum Ende des 19. Jahrhunderts erdberührte oder stark von Spritzwasser beanspruchte Außenwände überwiegend in Natursteinmauerwerk aus, um hier vor allem auf Natursteine mit hohen Rohdichten, geringem Porenvolumen und minimierter Sättigungsfeuchte zurückzugreifen. Erst nachdem die Fertigungsqualität gebrannter Mauerziegel im späten 19. Jahrhundert aufgrund durchgreifender technologischer Innovationen deutlich angestiegen war, konnten diese das Natursteinmauerwerk als bis dahin typische Lösung für Grundmauern und Sockelbereiche verdrängen.

Auch im traditionellen Fachwerkbau in der Region Dresden weisen baukonstruktive Merkmale auf eine bewusste Anpassung an klimabedingte Einwirkungen hin. So existieren zahlreiche Nachweise für Fachwerkbauten, bei denen stark durch Schlagregen beanspruchte West- oder Südwestgiebel bis zum Ortgang oder zum Walmansatz mittels Natursteinmauerwerk ausgeführt wurden. Eine andere baukonstruktive Lösung für stark durch Witterung beanspruchte Fachwerkwände stellt die außenseitige Bekleidung mit Holzschalungen oder Schiefer dar, wie sie etwa im Erzgebirge oder in der Oberlausitz typisch ist.

Die Dachdeckungen traditioneller Gebäude wurden ebenfalls unter dem Anspruch einer Regensicherheit unter starker Beanspruchung diskutiert, so dass man etwa im frühen 20. Jahrhundert für einfache Biberschwanz-Spließdeckungen eine Mindestdachneigung von 45° forderte (Böhm 1911).

2.4 Klimaanpassung von Gebäuden als aktuelle Herausforderung

Bei der Erkennung und Analyse der für die Vulnerabilität unserer Gesellschaft gegenüber Klimaeinwirkungen besonders relevanten Sektoren treten, neben häufig thematisierten Bereichen wie etwa der Wasserwirtschaft sowie der Land- und Forstwirtschaft, das Bauwesen und hier insbesondere der vorhandene Immobilienbestand in den Vordergrund. Die wesentlichen Ziele der Klimaanpassung von Gebäuden liegen hier

- einerseits in der Vermeidung oder Verringerung von Schäden, welche durch veränderte Einwirkungen infolge des Klimawandels, bis hin zu Extremereignissen, auftreten, und
- andererseits in der Vermeidung oder Verringerung von unzumutbaren Beeinträchtigungen für die Nutzer der Gebäude (wie etwa langfristig überhöhte Raumlufttemperaturen), welche im Zusammenhang mit veränderten Einwirkungen zu beachten sind.

Damit werden im Zuge der Klimaanpassung von Gebäuden Ziele verfolgt, welche den grundsätzlichen Anforderungen an qualitätsgerechte Gebäude entsprechen und insoweit Bestandteil der Landesbauordnungen sind. Hier handelt es sich vorwiegend um Anforderungen zum Schutz gegen schädliche Einflüsse wie Wasser, Feuchtigkeit sowie pflanzliche oder tierische Schädlinge, Anforderungen zum Schutz der Gesundheit oder, in kritischen Fällen, um Anforderungen an die Standsicherheit baulicher Anlagen. Die Klimaanpassung von Gebäuden betrachtet demnach die mittel- bis langfristige Einhaltung von weithin bekannten Anforderungen an Gebäude, jedoch vor dem Hintergrund veränderter und intensivierter Einwirkungen auf diese. Unter dem Begriff der veränderten Einwirkungen werden dabei sowohl Einzelereignisse als auch die Auswirkungen stetiger Veränderungen durch den Klimawandel betrachtet.

Sommerhitze | Wind | Schnee | Hagel | Überflutung | Starkregen

Bild 2-3 Einwirkungen auf Gebäude infolge extremer Witterung.

2

Während zum Klimaschutz im Bauwesen, und hier insbesondere zur Energieeinsparung sowie zur Verringerung des Ausstoßes klimaschädlicher Gase, bereits langjährige und umfangreiche Forschungs- und Praxiserfahrungen vorliegen, befinden sich spezifische Analysen zur Klimaanpassung von Gebäuden und Baukonstruktionen vorwiegend noch in einem jüngeren Untersuchungsstadium. Dabei liegt die wesentliche Motivation zur Klimaanpassung von Gebäuden in der Vermeidung beziehungsweise Verringerung unerwünschter Schäden oder Nutzungseinschränkungen infolge von veränderten Einwirkungen auf Gebäude infolge des Klimawandels (Weller et al. 2012). In diesem Zusammenhang ist es erforderlich, die Verletzbarkeit von Gebäuden und Baukonstruktionen systematisch zu untersuchen und ggf. zu klassifizieren, um auf dieser Grundlage taugliche und angemessene Anpassungsmaßnahmen zu empfehlen. Solche Verletzbarkeitsanalysen basieren zunächst auf grundlegenden Informationen, welche

- einerseits den charakteristischen Gebäudebestand eines Untersuchungsgebietes mit seinen Merkmalen und Besonderheiten und
- andererseits die zu erwartende Bandbreite und Intensität zukünftiger klimatischer Veränderungen in diesem Untersuchungsgebiet

betreffen. Diese beiden Untersuchungsfelder wurden für die Region Dresden bereits beispielhaft beschrieben (Nikolowski et al. 2012; Fahrion et al. 2012).

Auf dieser Grundlage basiert nun der nächste Untersuchungsschritt, in welchem Verletzbarkeitsanalysen von Gebäuden und Baukonstruktionen gegenüber veränderten Einwirkungen infolge des Klimawandels einschließlich ihrer Untersuchungsmethoden darzustellen und gebäudetypenspezifische Lösungen zur bau- und haustechnischen Klimaanpassung anzubieten sind. Diese Lösungen werden dann für ausgewählte Beispielgebäude praxisgerecht aufgearbeitet, wobei die Erkenntnisse zu Wohngebäuden sowie zu Nichtwohngebäuden jeweils separat dokumentiert sind. Im Hinblick auf die klimatischen Einwirkungen konzentrieren sich die Autoren dabei konsequenterweise auf die für Sachsen und die Region Dresden besonders relevanten Einwirkungen Sommerhitze, Überflutung, Starkregen und Hagel (Weller et al. 2012).

Die zugehörigen Abschnitte in den Kapiteln 4 bis 9 enthalten, abgegrenzt für jede der vier betrachteten Einwirkungen, eine Übersicht spezifischer ingenieurmäßiger Untersuchungsmethoden zur Analyse der Verletzbarkeit von Gebäuden und Baukonstruktionen gegenüber der jeweiligen Einwirkung. Diese Methoden umfassen verschiedene Untersuchungsansätze und reichen

- von der gezielten Nutzung externer Informationen auf gröberer Betrachtungsebene als das Gebäude (Quartier, Straßenzug, Stadtteil), welche etwa Hochwassergefahren, Grundwassereinwirkungen oder lokale Hitzeeffekte durch Wärmeinseln betreffen,
- über die zielgerichtete und umfassende Anwendung bestehender Normen und Richtlinien verschiedener Fachgebiete zur Planung beziehungsweise Überprüfung bestehender Gebäude und Baukonstruktionen
- bis hin zur gezielten Anwendung bekannter und neuer Bewertungsverfahren, Planungsansätze und Planungslösungen, welche außerhalb der oben benannten Normen und Richtlinien publiziert werden.

Aufgrund der ständigen Weiterentwicklung und Aktualisierung der unter b) angesprochenen Quellen sollen, über die ohnehin zur Anwendung empfohlenen Allgemein anerkannten Regeln der Technik (AaRdT) hinaus, hier auch solche Normen und Richtlinien berücksichtigt werden, die derzeit noch dem Stand der Technik zuzuordnen sind. In jedem Falle erfordert die bereits vorliegende große Vielfalt an Quellen zu b) und c) eine systematische Betrachtung der Problemfelder sowie einen ausdauernden Anwender. Die aus Sicht der Autoren wichtigsten Untersuchungsmethoden für jede Einwirkung werden in den zugehörigen Kapiteln detailliert beschrieben und erläutert.

Eine elementare Grundlage von Verletzbarkeitsanalysen an Gebäuden liegt darin, in einem ersten Untersuchungsschritt für jede der betrachteten Einwirkungen die potentiellen Konsequenzen am Gebäude (etwa Schäden oder Nutzungseinschränkungen) aufzuklären, typische Schadens- und Wirkmechanismen darzustellen und einwirkungsabhängig übliche Schadensausmaße und Schadensintensitäten abzugrenzen. Der zweite Untersuchungsschritt beschäftigt sich mit dem Widerstand des Gebäudes und seiner Baukonstruktionen gegenüber der jeweiligen Einwirkung. Hier sollten die maßgebend betroffenen Konstruktionselemente und Bauteile definiert, deren aktuelle Konstruktionsgrundsätze berücksichtigt und grundlegende Optimierungsansätze erkannt werden. Im Zuge der Verletzbarkeitsanalyse wird demnach systematisch betrachtet, welche negativen Konsequenzen für ein Gebäude beziehungsweise einen Gebäudetyp absehbar sind, welche Eigenschaften und Merkmale die Verletzbarkeit beeinflussen und mit welchen Maßnahmen diese Verletzbarkeit verringert werden kann.

Aufgrund der verschiedenen Einwirkungsparameter, Schadens- und Wirkmechanismen sowie betroffenen Konstruktionselemente unterscheiden sich die Untersuchungsmethoden für die jeweiligen Einwirkungen deutlich. Infolgedessen möchten die Autoren hier zunächst eine Übersicht zu verfügbaren Untersuchungsmethoden geben, um später in den Kapiteln 4 bis 9 für jede betrachtete Einwirkung diejenigen Analysemethoden präziser zu beschreiben, welche nach aktuellem Erkenntnisstand eine objektive und zielführende Verletzbarkeitsanalyse ermöglichen. Dabei wird grundsätzlich Wert auf quantifizierbare und damit vergleichbare Bewertungsmaßstäbe gelegt, die über grobe und mitunter oberflächliche verbale Beurteilungen hinausgehen.

Zu den empfohlenen Untersuchungsmethoden gehören deshalb die dynamisch-thermische Gebäudesimulation für die Einwirkung „Sommerhitze", die synthetische Schadensanalyse ex ante für die Einwirkung „Überflutung", die gewichtete Verletzbarkeitsklassifizierung für die Einwirkung „Starkregen" und die bauteilbezogene Klassifizierung des Hagelwiderstandes für die Einwirkung „Hagel". Alle diese Untersuchungsmethoden sind sowohl für den Gebäudebestand als auch für den Neubau konzipiert, können also bei Bedarf bereits in der Planungsphase zum Einsatz kommen.

Für die beiden Einwirkungen „Wind" und „Schnee" liegt eine andere Situation vor, da hierfür einerseits keine Erkenntnisse über zu erwartende Intensivierungen vorliegen (Schnee) beziehungsweise andererseits zu erwartende Veränderungen regional sehr differenziert zu betrachten sind (Wind). Grundsätzlich gilt für beide Einwirkungen, dass die derzeit im Bauwesen etablierten Planungs- und Bemessungsalgorithmen nach dem vorliegenden Kenntnisstand auch im Falle zukünftiger Intensivierungen eine angemessene bauliche Vorsorge steuern können. Insofern wäre eine flexible Anpassung der Windlastannahmen nach DIN EN 1991-1-4:2010-12 sowie der Schneelastannahmen nach DIN EN 1991-1-3:2010-12, bei Bedarf entsprechend regionalen Erfordernissen, durch die jeweiligen Fachgremien umsetzbar. Dies könnte etwa durch veränderte Grundwerte für die Basiswindgeschwindigkeit oder den Sockelbetrag der Schneelast beziehungsweise regionale Anpassungen von Windzonen oder Schneelastzonen erfolgen.

Die dynamisch-thermische Gebäudesimulation ermöglicht, auf der Grundlage präziser Klimadaten verschiedener Klimaregionen und erhobener Parameter des Gebäudes, eine quantitative Bewertung des sommerlichen Wärmeschutzes. Damit können unter definierten klimatischen Randbedingungen die Intensität sowie die Dauer der Überschreitung angemessener Innenraumtemperaturen abgeschätzt werden.

2

Mit der synthetischen Schadensanalyse ex ante liegt eine taugliche Untersuchungsmethode vor, um für bestimmte Gebäude oder Gebäudetypen die im Überflutungsfall zu erwartenden Hochwasserschäden an Bausubstanz, Haustechnik und ggf. auch Inventar objektiv abzuschätzen. Über den Arbeitsschritt der Erarbeitung von Wasserstand-Schaden-Beziehungen können dabei auch bau- und haustechnische Anpassungsmaßnahmen an die Hochwassergefahr hinsichtlich ihrer Schaden reduzierenden Wirkung beurteilt werden.

Bei der gewichteten Verletzbarkeitsklassifizierung gegenüber Starkregen werden alle gefährdeten Konstruktionselemente dahingehend beurteilt, inwieweit sie die Verletzbarkeit des Gesamtobjektes beeinträchtigen. Mit dieser Methode werden vielfältige, für den Schadensfall maßgebende Kriterien, wie etwa die geometrische Komplexität, die Exposition, die Entwässerungswege sowie die Feuchteresistenz der verwendeten Materialien, bauteilbezogen beurteilt. Eine systematische Betrachtung aller maßgebenden Teile der baulichen Hülle (Steil- und Flachdächer, Dachterrassen, Balkone, Fassaden und dergleichen) ermöglicht so wiederum eine quantitative Bewertung des Ist-Zustandes und baulicher Verbesserungsmöglichkeiten.

Eine vergleichbare Untersuchungsmethode liegt mit der bauteilbezogenen Klassifizierung des Hagelwiderstandes der exponierten Konstruktionselemente eines Gebäudes vor. Unter Berücksichtigung der zu erwartenden Hagelintensität am Standort werden die jeweiligen Konstruktionen auf der Grundlage standardisierter Materialprüfungen bewertet und so bezeichneten Widerstandsklassen zugeordnet. Hier fließen ebenfalls bauteilbezogene Randbedingungen, die sich im Schadensfall als bedeutend erweisen, in die Bewertung ein.

Auch wenn der Fokus der nachfolgenden Ausführungen auf bautechnischen Zusammenhängen liegt, sollte doch stets berücksichtigt werden, dass die Verletzbarkeit von Gebäuden in der Regel durch eine Synthese bau- und haustechnischer Merkmale geprägt wird. Dies ist insbesondere bei den Einwirkungen „Sommerhitze“ und „Überflutung“ zu beachten.

Wenn auf der Grundlage von Verletzbarkeitsanalysen bau- und haustechnische Anpassungsmaßnahmen konzipiert werden, ist eine singuläre Optimierung im Hinblick auf einzelne Einwirkungen nur selten gerechtfertigt. Vielmehr sollten alle am Standort und für den konkreten Baubestand maßgebenden Einwirkungen und Verletzbarkeitskriterien in Form einer integrierten Betrachtung berücksichtigt werden, um ausschließlich solche Maßnahmen umzusetzen, welche die Verletzbarkeit gegenüber anderen als der „Zieleinwirkung“ nicht ungewollt erhöhen. Denn das Ziel aller Klimaanpassungsmaßnahmen an Gebäuden liegt grundsätzlich in einer Erhöhung der Robustheit der betroffenen Konstruktionen.

In diesem Zusammenhang muss auch auf einen teilweise vorliegenden Zielkonflikt zwischen Klimaschutz und Klimaanpassung im Bauen hingewiesen werden. Wenn besondere Maßnahmen zur Verbesserung der Energieeffizienz die Verletzbarkeit bestimmter Konstruktionen erhöhen, etwa durch den Einsatz besonders feuchteempfindlicher und schlecht demontierbarer Dämmstofflösungen in flut-, starkregen- oder hagelgefährdeten Gebäudeteilen, dann wird mitunter unbeabsichtigt ein erhöhtes Schadensrisiko erzeugt, dessen monetäre Konsequenzen im Ereignisfall die prognostizierten Einspareffekte weit übertreffen können.

Nicht zuletzt wird die Verletzbarkeit von Gebäuden auch durch die am jeweiligen Untersuchungsobjekt erzielte Bauqualität der wesentlichen Konstruktionselemente beeinflusst. Hierbei ist zu prüfen, inwieweit die besonderen Konstruktionsdetails, etwa die Randanschlüsse und die Durchdringungen einer Flachdachabdichtung, entsprechend den planerischen Vorgaben und den Allgemein anerkannten Regeln der Technik umgesetzt wurden. Eine fachlich hochwertige Planung kann durch eine mangelhafte Bauausführung im Detail, die häufig aus fehlender Qualitätssicherung vor Ort resultiert, weitgehend konterkariert werden. Andererseits ist eine hochwertige

Bauausführung durchaus in der Lage, gewisse Planungsdefizite zu kompensieren und dadurch im Ereignisfall eine Schaden aufschiebende Wirkung zu erzielen.

Tabelle 2-1: Ingenieurmäßige Untersuchungsmethoden zur Klimaanpassung von Gebäuden gegenüber Umwelteinwirkungen.

Einwirkung	Untersuchungsmethode
Sommerhitze	Erfassung stadtklimatologischer Randbedingungen und Effekte (wie etwa Wärmeinseln) mittels gesonderter Simulationen oder Anpassungen in den DWD-Testreferenzjahren
	Abschätzung der Überhitzungsrisiken von Räumen in Gebäuden mit dem Sonneneintragskennwerteverfahren gemäß DIN 4108-2:2013-02
	Thermische Gebäudesimulation unter Ansatz von DWD-Testreferenzjahren (TRY) für zukünftige Klimarandbedingungen (2021-50), ggf. unter Verwendung vorhandener Kennwerte des Sommers 2003
	Dimensionierung raumlufttechnischer Anlagen mittels aktualisierter Wetterdaten gemäß VDI 4710, Blatt 3 (2011-03)
	Planung und Dimensionierung einer zukunftssicheren Kälteversorgung von Gebäuden nach VDI 6018 (in Bearbeitung)
Überflutung	Systematische Ermittlung der standortspezifischen Hochwasserrisiken mittels ZÜRS public (GDV) beziehungsweise mittels Hochwassergefahrenkarten (HWGK) der zuständigen Landesfachämter
	Systematische Ermittlung des standortspezifischen Bemessungsgrundwasserstandes gemäß BWK-Merkblatt M 8 (2009)
	Planung und Dimensionierung druckwasserresistenter Außenbauteile in flutgefährdeten Gebäudeteilen gemäß WU-Richtlinie der DAfStb (Weiße Wanne) oder DIN 18195-6:2011-12 (Schwarze Wanne)
	Planung, Kontrolle und Wartung planmäßiger mobiler Barrieresysteme gemäß BWK-Merkblatt M 6 (2005) oder notfallmäßiger mobiler Barrieresysteme, jeweils an Gebäuden
	Planung an Hochwasser angepasster baukonstruktiver Schichtenfolgen für gefährdete Wand-, Decken-, Fußboden- und Fassadenkonstruktionen
	Planung angepasster haustechnischer Anlagen in hochwassergefährdeten Gebäudeteilen gemäß VDI 6004, Blatt 1
Starkregen	Verletzbarkeitsklassifizierung der baulichen Hülle zur Abgrenzung der für den Betrachtungsfall wesentlichen Konstruktionen und kritischen Randbedingungen
	Planung oder Überprüfung von Entwässerungsanlagen (Entwässerungsplan, Dachrinnen, Fallrohre, Abläufe, Notüberläufe) mit dem Verfahren gemäß DIN EN 12056-3:2001-01 und DIN 1986-100:2008-05 unter Berücksichtigung zukünftiger Bemessungsregenspenden (KOSTRA-DWD)
	Planung oder Überprüfung von Dachdeckungen einschließlich ihrer Regeldachneigungen, Anschlüsse und Detailpunkte, entsprechend den Regelungen gemäß ZVDH und ZVSHK, unter individueller Berücksichtigung zukünftiger Bemessungsregenspenden (KOSTRA-DWD) bei der Festlegung von Maßnahmen zur Erhöhung der Regensicherheit
	Planung oder Überprüfung von Dachabdichtungen, Balkonen und Dachterrassen einschließlich ihrer Anschlüsse und Detailpunkte, entsprechend den Regelungen gemäß DIN 18531, DIN 18195, ZVDH und ZVSHK, unter individueller Berücksichtigung zukünftiger Bemessungsregenspenden (KOSTRA-DWD) bei der Wahl von Beanspruchungsklassen und Materialqualitäten

2

Einwirkung	Untersuchungsmethode
	Überprüfung durch Schlagregen beanspruchter Fassaden hinsichtlich ggf. modifizierter Beanspruchungsgruppen gemäß DIN 4108-3:2014-11 und jeweils geeigneter Wandbauarten
	Überprüfung durch Schlagregen beanspruchter Fenster, Türen und Vorhangfassaden hinsichtlich ggf. modifizierter Beanspruchungsgruppen nach DIN 18055:2014-11 für die nachgewiesene Schlagregendichtheit gemäß DIN EN 12208:2000-06 und DIN EN 12154:2000-06
Hagel	Systematische Klassifizierung des Hagelwiderstandes typischer Bauteile an Dach und Fassade auf der Grundlage von Prüfergebnissen, in Anlehnung an Untersuchungen in der Schweiz (EMPA und VKF)
	Umsetzung individueller Prüfverfahren hinsichtlich der Hagelbeanspruchung besonderer Bauteile wie Dachabdichtungsbahnen (DIN EN 13583:2012-10), Thermische Solaranlagen (DIN EN 12975-1:2011-01) oder PV-Module (DIN EN 61215:2012-07 und DIN EN 61646:2009-03)
	Bauteilbezogene Beurteilung des Hagelwiderstandes typischer Bauteile an Dach und Fassade unter Berücksichtigung von Alterungsprozessen und erforderlichen Instandsetzungsumfängen

2.5 Literatur

Bernhofer et al. 2009 — Bernhofer, C.; Matschullat, J.; Bobeth, A.: Das Klima in der REGKLAM-Modellregion Dresden. Berlin: Rhombos, 2009.

Bernhofer et al. 2015a — Bernhofer, C.; Franke, J.; Fischer, S.; Kirsten, L.; Körner, P.; Kostrowski, D.; Prasse, H.; Schaller, A.; Donix, T.: Analyse der Klimaentwicklung in Sachsen. Schriftenreihe des Landesamtes für Umwelt, Landwirtschaft und Geologie 3/2015. Dresden: Landesamt für Umwelt, Landwirtschaft und Geologie, 2015.

Bernhofer et al. 2015b — Bernhofer, C; Franke, J; Körner, P; Donix, T.: Bandbreiten regionaler Klimaprojektionen für Sachsen. Schriftenreihe des Landesamtes für Umwelt, Landwirtschaft und Geologie 13/2015. Dresden: Landesamt für Umwelt, Landwirtschaft und Geologie, 2015.

Böhm 1911 — Böhm, T.: Handbuch der Holzkonstruktionen des Zimmermanns mit besonderer Berücksichtigung des Hochbaues. Berlin: Springer Verlag, 1911.

BMU 2009 — Bundesministerium für Umwelt, Naturschutz und Reaktorsicherheit (Hrsg.): Dem Klimawandel begegnen – Die Deutsche Anpassungsstrategie. Berlin: BMU, 2009.

COM 2013 — European Commission: An EU Strategy on Adaptation to Climate Change. Brussels: COM, 2013.

EEA 2008 — European Environment Agency: Impacts of Europe's changing climate – 2008 indicator-based assessment. EEA Report No 4/2008. Copenhagen: EEA, 2008.

Fahrion et al. 2012 — Fahrion, M.-S.; Nikolowski, J.; Zimm, J.; Naumann, T.: Relevante Einwirkungen auf Gebäude. In: Weller, B.; Naumann, T.; Jakubetz, S.: Gebäude unter den Einwirkungen des Klimawandels. Berlin: Rhombos, 2012. Seite 1–66.

Grieser & Beck 2002 — Grieser, J.; Beck, C.: Extremniederschläge in Deutschland – Zufall oder Zeichen? Deutscher Wetterdienst (Hrsg.): Klimastatusbericht 2002. Offenbach: DWD, 2002.

Hausladen et al. 2012 — Hausladen, G.; Liedl, P.; de Saldanha, M.: Klimagerechtes Bauen – Ein Handbuch. Basel: Birkhäuser, 2012.

Hillmann et al. 1983 — Hillmann, G.; Nagel, J.; Schreck, H.: Klimagerechte und energiesparende Architektur. 3. Auflage. Karlsruhe: C. F. Müller, 1983.

2

IPCC 2007	Intergovernmental Panel on Climate Change (Hrsg.): Climate Change 2007: Impacts, Adaptation and Vulnerability. Contribution of Working Group II to the Fourth Assessment Report of the Intergovernmental Panel on Climate Change (IPCC). Cambridge: Cambridge University Press, 2007.
IPCC 2008	Intergovernmental Panel on Climate Change (Hrsg.): Klimaänderung 2007 – Synthesebericht. Berlin: IPCC, 2008.
IPCC 2013	Intergovernmental Panel on Climate Change (Hrsg.): Climate Change 2013: The Physical Science Basis. Contribution of Working Group I to the Fifth Assessment Report of the Intergovernmental Panel on Climate Change [Stocker, T.F., D. Qin, G.-K. Plattner, M. Tignor, S.K. Allen, J. Boschung, A. Nauels, Y. Xia, V. Bex and P.M. Midgley (eds.)]. Cambridge und New York: Cambridge University Press, 2013.
IPCC 2014	Intergovernmental Panel on Climate Change (Hrsg.): Climate Change 2014: Impacts, Adaptation, and Vulnerability. Part A: Global and Sectoral Aspects. Contribution of Working Group II to the Fifth Assessment Report of the Intergovernmental Panel on Climate Change [Field, C.B., V.R. Barros, D.J. Dokken, K.J. Mach, M.D. Mastrandrea, T.E. Bilir, M. Chatterjee, K.L. Ebi, Y.O. Estrada, R.C. Genova, B. Girma, E.S. Kissel, A.N. Levy, S. MacCracken, P.R. Mastrandrea, and L.L. White (eds.)]. Cambridge und New York: Cambridge University Press, 2014.
McMullen & Jabbour 2009	McMullen, C. P.; Jabbour, J.: Climate Change Science Compendium 2009. United Nations Environment Programme. Nairobi: Earth Print, 2009.
MunichRe 2011	Münchener Rückversicherungs-Gesellschaft (Hrsg.): Topics Geo – Naturkatastrophen 2010 – Analyse, Bewertung, Positionen. München: Munich RE, 2011.
MunichRe 2012	Münchener Rückversicherungs-Gesellschaft (Hrsg.): Topics Geo – Naturkatastrophen 2011 – Analyse, Bewertung, Positionen. München: Munich RE, 2012.
Nakicenovic & Swart 2000	Nakicenovic, N.; Swart, R. (Hrsg.): Emissions Scenarios. Cambridge: Cambridge University Press, 2000.
NAOS 1979	National Academy of Sciences (Hrsg.): Carbon Dioxide and Climate: A Scientific Assessment (Charney-Report). Washington, D.C.: NAOS, 1979.

Nikolowski et al. 2012	Nikolowski, J.; Hennersdorf, J.; May, F.: Gebäudetypen der Modellregion Dresden. In: Weller, B.; Naumann, T.; Jakubetz, S.: Gebäude unter den Einwirkungen des Klimawandels. Berlin: Rhombos, 2012. Seite 67–122.
Rahmstorf 2005	Rahmstorf, S.: Die Klimaskeptiker. In: Münchner Rückversicherungs-Gesellschaft (Hrsg.): Wetterkatastrophen und Klimawandel: Sind wir noch zu retten? München: Munich RE, 2005. Seite 77–83.
Rahmstorf & Schellnhuber 2012	Rahmstorf, S.; Schellnhuber, H.-J.: Der Klimawandel: Diagnose, Prognose, Therapie. 7. Auflage. München: C.H. Beck, 2012.
Schütze & Willkomm 2000	Schütze, T.; Willkomm, W.: Klimagerechtes Bauen in Europa: Planungsinstrumente für klimagerechte, energiesparende Gebäudekonzepte in verschiedenen europäischen Klimazonen. Abschlussbericht Forschungsvorhaben „Planungsinstrumente für das umweltverträgliche Bauen“. Hamburg: 2000.
Tripati et al. 2009	Tripati, A. K.; Roberts, C. D.; Eagle, R. A.: Coupling of CO2 and Ice Sheet Stability Over Major Climate Transitions of the Last 20 Million Years. Science, Vol. 326, No. 5958. Washington, D.C.: American Association for the Advancement of Science, 2009. Seite 1394–1397.
Weller et al. 2012	Weller, B.; Naumann, T.; Jakubetz, S. (Hrsg.): Gebäude unter den Einwirkungen des Klimawandels. Berlin: Rhombos, 2012.
Werner 2007	Werner, P.-C.: Rezenter Klimawandel, global und in Deutschland. In: Böhm, R. (Hrsg.): Klimawandel – Anpassungsstrategien in Deutschland und Europa. Tagungsband zum 80. Darmstädter Seminar „Umwelt und Raumplanung“. Schriftenreihe WAR, Nr. 183. Darmstadt: Institut Wasserversorgung und Grundwasserschutz, Abwassertechnik, Abfalltechnik, Industrielle Stoffkreisläufe, Umwelt- und Raumplanung der Technischen Universität, 2007. Seite 5–28.
ZVDH 2015	Zentralverband des Deutschen Dachdeckerhandwerks (ZVDH) (Hrsg.): Deutsches Dachdeckerhandwerk – Regelwerk (Stand 04/2015); Fachregel für Dachdeckungen mit Schiefer (09-1999); Fachregel für Dachdeckungen mit Dachziegeln und Dachsteinen (12-2012); Fachregeln für Abdichtungen – Flachdachrichtlinie (10-2008, mit Änderungen 05-2009 und 12-2011); Fachregeln für Metallarbeiten im Dachdeckerhandwerk (03-2011). Köln: Verlagsgesellschaft Rudolf Müller, 2015.

2

3 Untersuchte Bestandsgebäude

3.1 Begründung der Baualtersstufen

In diesem Buch werden ausgewählte Wohngebäude und Nichtwohngebäude im Hinblick auf die relevanten Einwirkungen Sommerhitze, Überflutung, Starkregen und Hagel untersucht. Dabei werden acht als Beispielgebäude bezeichnete Wohn- beziehungsweise Nichtwohngebäude charakteristischer Baualtersstufen und Bebauungsformen beispielhaft betrachtet, grundlegend baukonstruktiv und haustechnisch untersucht, ihre Verletzbarkeit gegenüber unterschiedlichen Einwirkungen bestimmt und mögliche Anpassungsmaßnahmen beispielhaft ermittelt. Diese Beispielgebäude stehen stellvertretend für eine Vielzahl vergleichbarer Gebäude innerhalb eines Gebäudetyps. Jede einwirkungsabhängige Methodik der Verletzbarkeitsuntersuchung wird mindestens einmal auf ein Beispielgebäude angewendet, in ihrer Tauglichkeit erprobt und hinsichtlich der Ergebnisse verglichen. Die dargestellten Beispiele zeigen baukonstruktive und haustechnische Möglichkeiten auf, welche die Verletzbarkeit von Gebäuden gegenüber sich verändernden Klimaeinwirkungen reduzieren.

3.1.1 Baualtersstufen der Wohngebäude

Untersuchungen im Rahmen eines Forschungsprojektes zum regionalen Klimawandel in der Region Dresden zeigten, dass die Bebauungsform der Wohngebäude für die Ermittlung von Klimaanpassungsmaßnahmen nicht den entscheidenden Faktor darstellt (Nikolowski et al. 2013). Vielmehr sind die Unterscheidung der Nutzung zwischen Ein- und Mehrfamilienhäusern sowie die Differenzierung der zugehörigen Baualtersstufe als Abgrenzungsmerkmal zur Entwicklung von Anpassungsmaßnahmen stärker von Interesse.

Nach Nikolowski et al. 2012, S. 104, Abb. 5.1-1 können innerhalb der großen Gruppe an Wohngebäuden durch eine Typisierung quantitativ relevante Wohngebäudetypen abgegrenzt werden. Eine Vielzahl dieser relevanten Wohngebäudetypen sind der Gruppe der Mehrfamilienhäuser zuzuordnen. Besonders in städtisch geprägten Gebieten bilden sie eine Mehrheit und beherbergen aufgrund ihrer vier bis sechs Wohngeschosse zahlreiche Haushalte.

Da eine Vergleichbarkeit der Ergebnisse auf andere Regionen mit vergleichbaren Bebauungsstukturen angestrebt wird, ist es von elementarer Wichtigkeit, dass die dargestellten Beispiele auch auf andere Gebiete übertragbar sind. Mehrfamilienhäuser, welche nach 1870 in städtischen Gebieten entstanden, entsprechen dabei stärker als Einfamilienhäuser, ländliche Strukturen oder Hinterhäuser diesem Anspruch. Sie haben oft vergleichbare baukonstruktive, nutzungsspezifische und haustechnische Attribute und sind dadurch mit Gebäuden in anderen Untersuchungsgebieten vergleichbar. Zudem kommen Mehrfamilienhäuser gehäuft in städtischen oder stadtnahen Gebieten vor, welche nachweislich eher von klimawandelrelevanten Faktoren wie etwa dem Wärmeinseleffekt betroffen sind.

Um eine möglichst große Bandbreite an Klimanpassungsmaßnahmen zu betrachten, wurden für die Untersuchung diejenigen vier Baualtersstufen ausgewählt, welche sich aus baukonstruktiver und haustechnischer Sicht am stärksten unterscheiden. Dabei wurden je ein Mehrfamilienhaus

aus der Gründerzeit, eines aus der Zwischenkriegszeit, eines in Plattenbauweise aus den 1970er Jahren und eines aus der Bauzeit nach 1990 weiterführend betrachtet.

3.1.2 Baualtersstufen der Nichtwohngebäude

Abgrenzungskriterien für Baualtersstufen sind häufig politische Veränderungen (zum Beispiel Wiedervereinigung 1990), geschichtliche Ereignisse (zum Beispiel Kriege) oder die Entwicklung neuer Materialien und Bautechniken (zum Beispiel Entwicklung von „Eisen-“ und Stahlbeton zum Ende des 19. Jahrhunderts). Dadurch entstehen teils große Variationen in den architektonischen Entwürfen, verwendeten Materialien, entwickelten Details sowie den eingesetzten Tragwerken. Die genannten ideologischen, politischen und technischen Rahmenbedingungen führen nach gewissen Übergangsfristen zu weitgehend einheitlichen Grundprinzipien des Gebäudeentwurfs.

Diese Abgrenzungen treffen, abgesehen von vereinzelten regionalen Besonderheiten, für ganz Deutschland zu, weshalb eine Übertragung der in diesem Buch erarbeiteten Klimaanpassungsmaßnahmen auf den Gebäudebestand der gesamten Bundesrepublik möglich ist. Wegen der fließenden Übergänge zwischen den Baualtersstufen und der in Einzelfällen vorkommenden Abweichungen von den zeitgeschichtlich üblichen Bauweisen ist die Übertragbarkeit der vorgeschlagenen Anpassungsmaßnahmen auf andere Gebäude jedoch immer zu prüfen.

Die vier gewählten Bestandsgebäude stammen aus vier unterschiedlichen Baualtersstufen, welche sich sowohl aus baukonstruktiver als auch aus anlagentechnischer Sicht relativ stark voneinander unterscheiden. Das ermöglicht eine Betrachtung vieler verschiedener Schwachpunkte sowie Anpassungsmaßnahmen. Die Bestandgebäude stammen zu je einem Büro- und Verwaltungsgebäude aus der Gründerzeit, einem der 1950er Jahre, einem der 1970er Jahre sowie einem aus der Zeit nach 1990.

3.2 Begründung der Sanierungszustände

Einen interessanten Punkt markiert der Umgang mit Maßnahmen der Instandsetzung, Modernisierung und Umnutzung und deren Einfluss auf die Typisierung und Zuordnung von Gebäuden. Nach Schmitz 1996 ist eine Typisierung nur dann sinnvoll, wenn die originale Bausubstanz begutachtet werden kann und durch ursprüngliche Charakteristiken Gruppen gebildet werden. So sollte ein Gebäude in der weitgehend originalen Bausubstanz vorliegen, um einem bestimmten Gebäudetypen zu entsprechen. Dabei muss jedoch auf das Ziel, welches mit der Typisierung verfolgt wird, geachtet werden.

Bei der hier bearbeiteten Problemstellung steht weniger die Frage der energetischen Sanierung von Gebäuden im Vordergrund, sondern vielmehr die Verletzbarkeit gegenüber verschiedenen Einwirkungen. In dieser Thematik dient eine Typisierung vor allem einer Vergleichbarkeit der Ergebnisse, etwa durch vergleichbare Gebäudestrukturen und Baukonstruktionen. Eine ungeordnete Überformung mit unterschiedlichen Materialien, grobe Veränderungen der Fassade und dadurch nicht nur des äußeren Erscheinungsbildes, sondern auch der Bauklimatik, oder Veränderungen der Nutzung und der Raumstruktur führen dazu, dass eine Typisierung solcher überformter Gebäude fachlich nicht vorgenommen werden kann.

Ein Beispiel, an dem die Problematik aufgezeigt werden kann, ist der Walther-Hempel-Bau der Technischen Universität Dresden (Bild 3-1). Das Gebäude wurde in den Jahren 1961 bis 1966 erbaut. Es wurde aus Stahlbetonfertigteilen als Skelettbau konzipiert und im Zuge einer Kernsanierung in den Jahren 2009 bis 2012 bis auf die Tragstruktur zurückgebaut. Anschließend wurde es mit einer vorgehängten, hinterlüfteten Fassade mit Photovoltaikintegration versehen. Die Überformung des Gebäudes macht die Einordnung in eine Baualtersstufe auf Grundlage des Baujahrs unmöglich.

Bild 3-1 links: Walther-Hempel-Bau im Jahr 2000 (Foto: Saalfeld, 2010), rechts: nach der Sanierung 2012 (Foto: Flohr, 2012).

Die erste Ölkrise 1973 brachte einen Gesinnungswandel im Umgang mit den natürlichen Ressourcen. Beginnend mit der ersten Wärmeschutzverordnung von 1977 fand im Baubereich schrittweise eine zunehmende Verschärfung der Anforderungen an die Energieeffizienz statt. Aus diesem Grund, aus der Gewöhnung an die aktuellen Baustandards und der damit einhergehenden Behaglichkeitsverbesserungen und aus den generell notwendigen Instandsetzungszyklen kann für städtische Gebiete davon ausgegangen werden, dass fast alle Gebäude, die vor 1990 errichtet wurden, mindestens eine Teilmodernisierung, eine umfassende Sanierung oder in Einzelfällen auch eine Umnutzung erfahren haben.

So wurden bei Gebäuden kleinere Eingriffe – wie etwa die Modernisierung der Fenster oder der Wärmeversorgung –, aber auch größere Eingriffe – wie eine Sanierung der gesamten Fassade durch das Aufbringen neuer Fassadensysteme – vorgenommen. Aus heutiger Sicht ist ein typisches Gebäude aus dem frühen 20. Jahrhundert nicht mehr mit Einscheibenverglasung, sondern mit Mehrscheiben-Isolierverglasung ausgestattet. Eine Einscheibenverglasung stellt bei einem Gebäude mit einer hochwertigen Nutzung vielmehr einen atypischen Zustand dar.

Bei der Zuordnung der Gebäude zu den jeweiligen Gebäudetypen ist es wichtig, dass bei früheren Sanierungen der Gebäude charakteristische Merkmale des baukonstruktiven Gefüges, wie etwa Deckenkonstruktionen, erhalten geblieben sind. Wenn stärkere Eingriffe in die Struktur des Gebäudes – wie das Aufbringen eines Wärmedämmverbundsystems (WDVS) – bei der Mehrzahl der Gebäude gleichen Typs durchgeführt wurden, kann man dies auch als typisch für den heutigen Zustand der Gebäude ansprechen. Da beispielsweise das Aufbringen eines WDVS an Gebäuden der 1930er Jahre bis jetzt noch kein einheitlicher Standard ist und nicht flächendeckend ausgeführt wurde, zählt dies nicht als charakteristisch für diesen Gebäudetyp.

3.2.1 Sanierungszustände der Wohngebäude

Die hier diskutierten vier Beispielgebäude unterschiedlicher Wohngebäudetypen unterscheiden sich in ihrem Sanierungs- und Modernisierungszustand deutlich voneinander. Entspricht das gründerzeitliche Gebäude von außen her weitgehend dem angenommenen originalen Bauzustand, sind im Inneren im Zuge von Sanierungsarbeiten durchaus gravierende Veränderungen etwa der Raumstruktur erfolgt. Das Wohngebäude aus der Zwischenkriegszeit hingegen hat in den 1990er Jahren eine grundhafte Instandsetzung erfahren, welche jedoch nur teilweise in das charakteristische baukonstruktive Gefüge eingegriffen hat. Im Gegensatz dazu ist das Gebäude in Plattenbauweise äußerlich stark verändert worden, bei gleichzeitiger Beibehaltung der Raumstruktur und der wesentlichen Baukonstruktionen. Das Gebäude aus den 1990er Jahren hat bis jetzt keine umfassende Sanierungs- oder Modernisierungsarbeiten erfahren und steht im originalen Bauzustand für die Untersuchung zur Verfügung.

Die gründerzeitlichen Mehrfamilienhäuser, besonders auf dem Gebiet der ehemaligen DDR, befanden sich zum Anfang der 1990er Jahre durchweg in einem sehr schlechten Zustand (Bild 3-2). Ein massiver Sanierungsrückstand hatte die Baukonstruktionen an den Rand ihrer Erhaltungswürdigkeit gebracht und nicht wenige konnten unter wirtschaftlichen Gesichtspunkten weder instandgesetzt noch modernisiert werden und wurden daher rückgebaut. Erfolgte eine Sanierung, war diese zumeist grundlegend und beinhaltete unter anderem die Sanierung der wichtigsten Baukonstruktionen – wie der Deckenkonstruktionen, der Deckenaufbauten und des Dachtragwerks –, den Komplettaustausch der Technischen Gebäudeausrüstung und nicht selten auch eine Anpassung der Raumstruktur an aktuelle wirtschaftliche Erfordernisse oder nutzungsbedingte Bedürfnisse. So wurde das hier vorliegende Beispielgebäude aus einem Zweispänner in einen Dreispänner umgeplant, das Dachgeschoss wurde inklusive Spitzboden voll zu Wohnzwecken ausgebaut, Fußbodenaufbauten, Küchen und Bäder wurden ebenso wie die Heizungszentrale und Trinkwassererwärmung auf einen zur Sanierungszeit modernen Stand gebracht. Die komplette Außenfassade wurde denkmalgerecht saniert, Fenster wurden ausgetauscht und die Dacheindeckung inklusive Dämmung erneuert (Bild 3-2 rechts).

Bild 3-2 links: unsaniertes gründerzeitliches Mehrfamilienhaus, rechts: Beispiel gründerzeitlicher Mehrfamilienhäuser (Fotos: Nikolowski, 2010).

Anders stellt sich die Situation für die Gebäude der 1930er Jahre dar. Diese zumeist in Wohnbaugenossenschaften errichteten Strukturen konnten zumeist mit relativ wenig Aufwand in den 1990er Jahren saniert werden, bei gleichzeitiger Beibehaltung der baukonstruktiv charakteristischen Strukturen. Die Eingriffe in dem hier untersuchten Gebäude beschränken sich auf Teile der Haustechnik, der Sanitärbereiche, der Fußbodenaufbauten und der Fenster. Alle übrigen Baukonstruktionen wurden weitgehend im originalen Zustand belassen beziehungsweise weitgehend originalgetreu instandgesetzt. So wurde weder die Fassadenkonstruktion verändert noch das Kaltdach zu hochwertigen Wohnzwecken ausgebaut.

Bei den Gebäuden in Plattenbauweise zeigte sich je nach Typenserie und Baujahr ein unterschiedliches Bild des Erhaltungszustandes. Baukonstruktiv und vor allem bauphysikalisch entsprachen diese Gebäude bereits in den 1990er Jahren nicht mehr dem allgemein anerkannten Stand der Bautechnik. Die Priorität bestand daher weniger in einer erhaltenden, sondern in einer energetischen Sanierung dieser Gebäude. Die Raumstrukturen wurden bei Sanierungsmaßnahmen an dem hier diskutierten Gebäude erhalten, da sich die nutzungsspezifischen Anforderungen nicht verändert hatten. Auch die baukonstruktive Durchformung von den Fußbodenaufbauten bis zu den Dachkonstruktionen bedurfte lediglich einer erhaltenden Instandsetzung. Gravierendere Veränderungen wurden nur an den Detailpunkten durchgeführt, an denen der energetische Standard verbessert werden musste. So wurden Fenster und Türen ersetzt, die Technische Gebäudeausrüstung mit Heizungszentrale und Trinkwassererwärmung erneuert und die oberste Geschossdecke sowie die Fassade hinsichtlich des Wärmeverlustes optimiert.

3.2.2 Sanierungszustände der Nichtwohngebäude

Das Gebäude der Gründerzeit ist ein typischer Massivbau mit Lochfassade und unterscheidet sich baukonstruktiv nur in wenigen Punkten von den Wohngebäuden dieser Baualtersstufe. Im Jahre 1999 fand eine grundlegende Sanierung statt. Neben dem Austausch der Fenster in den Büroräumen hin zu einer unbeschichteten Zweischeiben-Isolierverglasung wurde die gesamte Haustechnik erneuert. Zudem erfuhren die Räume im Untergeschoss eine Nutzungsaufwertung, zum Beispiel durch die Nutzung als Rechenzentrum. Spezielle Räume, wie beispielsweise die Kantine oder das Rechenzentrum, wurden zudem mit einer mechanischen Belüftung beziehungsweise Klimatisierung versehen. Das Mansarddach bekam eine neue Eindeckung und wurde zur Verringerung von Transmissionswärmeverlusten mit einer Wärmedämmung versehen. Der Großteil der Fassade sowie der Treppenhausverglasung aus Bleiglas wurde aufgearbeitet, verblieb aber in ihrer ursprünglichen Form und Materialität. Im Zuge der Sanierungsmaßnahmen wurde zudem ein Neubau errichtet, welcher zur Schließung der städtebaulichen Blockrandbebauung führte. Dieser Neubau wird im Rahmen dieses Buches jedoch nicht näher betrachtet.

Das untersuchte Gebäude aus den 1950er Jahren ist in seinem äußeren Erscheinungsbild nahezu unverändert. Im Zuge einer 1991 durchgeführten Sanierung wurden im gesamten Gebäude die Verglasungen gegen Zweischeiben-Isolierverglasungen ohne Beschichtung ersetzt. Dabei wurden die ursprünglichen Vertikalschiebefenster in den Bürogeschossen durch zwei übereinander angeordnete Einfachfenster aus Kunststoff mit Dreh-/ Kippflügelbeschlägen ersetzt. Ebenso wurde die Fassade im Staffelgeschoss komplett erneuert. Da bei vielen Gebäuden dieser Baualtersstufe ähnliche Sanierungsmaßnahmen durchgeführt wurden, lassen sich die gewonnenen Erkenntnisse auch auf andere Gebäude dieser Zeit anwenden.

Das untersuchte Gebäude der 1970er Jahre ist ein Mehrzweckgeschossbau des Typs Leipzig. Dieser Typenbau ist noch relativ häufig auf dem Gebiet der ehemaligen DDR anzutreffen, wobei unterschiedliche Sanierungszustände vorgefunden wurden. Während ein untersuchtes Gebäude noch im Ursprungszustand erhalten ist, wurden bei einem anderen recht umfangreiche Modernisierungsmaßnahmen durchgeführt, ohne das Gebäude in seiner äußerlichen Wirkung zu verändern. Die wesentlichen baukonstruktiven Änderungen betreffen wiederum die Fenster. Die ursprünglich eingebauten Stahlfenster ohne thermische Trennung mit unbeschichteter, luftgefüllter Zweischeibenverglasung wurden 1996 durch thermisch getrennte Aluminiumfenster mit Zweischeiben-Wärmeschutzverglasung ersetzt. In den Treppenhäusern wurden die vollflächig verglasten, vorgehängten Fassaden mit Einscheibenverglasung ebenfalls 1996 gegen Systemfassaden mit Zweischeiben-Wärmeschutzverglasung ausgetauscht. Bei einer weiteren Sanierung 2007 wurde die Anlagentechnik erneuert. Einer der bauzeitlichen Ölheizkessel dient heute zur Abdeckung der Spitzenlast, während die Grundlast durch einen Holzpelletkessel gedeckt wird. Die ehemalige Einrohrheizung mit Radiatoren wurde in ein Zweirohrsystem umgewandelt und als Übergabeeinheiten wurden Ventilatorumluftkonvektoren installiert, die auch durch die nachträglich eingebaute konventionelle Kühlung genutzt werden. Die durchgeführten Sanierungsmaßnahmen ändern nichts an der prinzipiellen und für das Baualter typischen Baukonstruktion. Die Aufstellorte der Anlagentechnik und die Installationsführung wurden nicht geändert, so dass nach wie vor von einem für das Baualter typischen Gebäude gesprochen werden kann. Bei der Sanierung eines solchen Gebäudes wäre ein Austausch der Einscheibenverglasung und der thermisch ungetrennten Stahlfenster zwingend erforderlich. Die konventionelle, technische Kühlung bleibt bei der Verletzbarkeitsanalyse zur Sommerhitze sowieso unberücksichtigt, da nachhaltige, klimaschonende Lösungen das Ziel sind.

Aufgrund des relativ jungen Baualters beschränken sich bei Gebäuden nach 1990 Instandsetzungen oder Modernisierungen auf kleinere Eingriffe. Grundlegende baukonstruktive oder anlagentechnische Veränderungen stellen eine Ausnahme dar. Bei dem untersuchten Gebäude sind bis auf die Nachrüstung einer konventionellen Kühlung für einige wenige Räume keine Sanierungsmaßnahmen bekannt. Das Tragwerk mit großen Spannweiten ermöglicht eine variable Grundrissgestaltung, welche die Mieter gelegentlich dazu nutzen, die Raumstruktur in einzelnen Nutzungsbereichen zu ändern (Einzelbüros, Großraumbüros).

3.3 Begründung der Gebäudeauswahl

3.3.1 Wohngebäudeauswahl

Bei in geschlossener Reihenbebauung und auch einzeln stehenden Mehrfamilienhäusern handelt es sich, wie in Nikolowski et al. 2012, S. 90 ff. beschrieben, um weit verbreitete Wohngebäudeformen, welche in ihrer Raumstruktur, ihrer Baukonstruktion und ihrer Nutzung bis auf kleinere regionale Besonderheiten in vergleichbarer Form in zahlreichen Gebieten des deutschsprachigen Raumes zu finden sind. Wegen seiner Kompaktheit sind diese Gebäudetypen oft in innerstädtischen Lagen und Stadterweiterungsgebieten zu finden. Alle hier vorgestellten und näher untersuchten Wohngebäude sind der Dissertation Nikolowski 2014 entnommen.

Das gründerzeitliche Mehrfamilienhaus kommt in offener und geschlossener Reihenbebauung, aber auch als einzeln stehendes Gebäude vor. Sein Kellergeschoss besitzt meist eine untergeordnete Nutzung. Im Zuge von Sanierungsmaßnahmen wurden oftmals das Dachgeschoss und der Spitzboden als hochwertiger Wohnraum ausgebaut. Aus diesen Randparametern ergibt sich ein erhöhtes Interesse an der Untersuchung der Verletzbarkeit dieses Gebäudetyps gegenüber den Einwirkungen Sommerhitze und Starkregen.

Der Gebäudetyp aus den 1930er Jahren ist mehrheitlich in Stadterweiterungsgebieten in aufgelockerter offener Bebauung zu finden. Die zumeist genossenschaftlich errichteten Gebäudetypen dieser Baualtersstufe weisen zumeist eine vollständige Unterkellerung auf, welche ein Waschhaus und Lagerräume umfasst. Das Dachgeschoss des hier untersuchten Gebäudes ist nicht hochwertig genutzt. Daher ist hier eine Untersuchung gegenüber Sommerhitze, Starkregen oder Hagel nicht zielführend, um eine relevante Verletzbarkeit gegenüber eine Einwirkung darzustellen.

Der Fokus der Untersuchung liegt hier daher vielmehr in der Verletzbarkeitsanalyse gegenüber Überflutung.

Die untersuchte Mehrfamilienhauszeile der 1970er Jahre ist ein typischer Vertreter des ab den 1960er Jahren in der ehemaligen DDR üblichen Wohnhausbaus mit Hilfe von industriell vorgefertigten Plattenelementen. Besonders auf dem Gebiet der neuen Bundesländer sind diese Gebäudetypen weit verbreitet und bilden in der Regel neu angelegte Stadtviertel aus vereinheitlichten Typenserien. In diesen Serien wurden Mehrfamilienhäuser in offener Reihenbebauung ebenso wie Punkthochhäuser errichtet. Die in dieser Untersuchung analysierten Gebäude kommen typischerweise in Reihen von fünf Hauseingängen vor, wobei sich die Heizungszentrale im Kellergeschoss eines dieser Gebäude befindet und die komplette Hausreihe versorgt. Die baukonstruktive Durchformung sowie ihre Raumstruktur und Nutzung haben die Gebäude im Zuge ihrer Sanierung in den 1990er Jahren weitgehend behalten. Oftmals haben diese Gebäudetypen jedoch eine außenseitige Fassadendämmung erhalten und besitzen ein als Trogdach ausgeführtes Flachdach mit innenliegender Entwässerung. Diese beiden Parameter machen eine Verletzbarkeitsuntersuchung gegenüber Hagel und Überflutung interessant.

Einzeln stehende Mehrfamilienhäuser in offener Bebauung der Bauzeit nach 1990 wurden vor allem im Zuge innerstädtischer Lückenschließung und Nachverdichtung in gewachsenen Stadtquartieren, aber auch in Neubaugebieten am Stadtrand geplant und ausgeführt. In ihrer Kubatur und äußeren Erscheinung nutzen diese Gebäude zumeist den rechtlichen Bebauungsrahmen vollständig aus, um eine auf wirtschaftliche Gesichtspunkte maximierte Nutzung zu erreichen. Eine Tiefgarage, eine Nutzung des kompletten Dachraumes als Wohnraum, ein ebenerdig liegendes Erdgeschoss sowie Balkone, Erker und großformatige Fenster- und Terrassenflächen können als charakteristisch für diesen Gebäudetyp angesehen werden. Baukonstruktiv sind diese Gebäude oft mit Hochlochziegeln oder Kalksandsteinmauerwerk mit außenseitigem Wärmedämmverbundsystem ausgeführt und besitzen im Kellergeschoss eine Stahlbetonkonstruktion, welche oft als Weiße Wanne ausgeführt wurde. In dieser Analyse wird ein charakteristisches Gebäude in Bezug auf die Einwirkungen Überflutung und Starkregen untersucht.

3.3.2 Nichtwohngebäudeauswahl

Im Vergleich zu den Wohngebäuden ist die Art der Nutzung bei Nichtwohngebäuden wesentlich differenzierter. Bei Wohngebäuden wird lediglich zwischen Ein- und Mehrfamilienhäusern unterschieden, wobei dies keinen oder nur einen geringfügigen Einfluss auf die Randbedingungen der Verletzbarkeitsanalysen hat. Bei Nichtwohngebäuden besteht eine große Variabilität, die sich beispielsweise in den insgesamt 43 Nutzungsrandbedingungen der DIN V 18599-10:2011-12 widerspiegelt. In Nikolowski et al. 2012, S. 110 werden die Nichtwohngebäude allein in der Region Dresden in 10 Kategorien unterteilt:

- Kindertagesstätten
- Lehrgebäude
- Handelsgebäude
- Hotels
- Landwirtschaftliche Gebäude
- Produktionsstätten
- Museen
- Kulturelle Nutzungen

3

- Sporteinrichtungen
- Verwaltungsgebäude

Bei ersten Untersuchungen stellte sich heraus, dass vor allem bei den Einwirkungen Sommerhitze und Überflutung die Art der jeweiligen Nutzung einen wesentlich größeren Einfluss auf die Verletzbarkeit eines Gebäudes hat als die Baukonstruktion. So können bei Produktionsgebäuden interne Wärmeeinträge durch Maschinen eine enorme Auswirkung auf den sommerlichen Wärmeschutz haben. Des Weiteren bestimmt bei einem Hochwasserereignis häufig der Wert der installierten Produktionsanlagen und Maschinen die Schadenssumme, so dass der Schaden am Gebäude im Vergleich zum Gesamtschaden bei hochtechnisierten Betrieben vernachlässigbar werden kann.

Diese Variabilität der Randbedingungen würde eine Übertragbarkeit der Ergebnisse auf andere Gebäude der gleichen Baualtersstufe nahezu unmöglich machen. Aus diesem Grund bleiben bei der Verletzbarkeitsanalyse Produktionsstätten unberücksichtigt. Stattdessen wird sich auf die Büro- und Verwaltungsgebäude konzentriert. Diese zeichnen sich zudem durch einheitliche Nutzungsanforderungen hinsichtlich des Innenraumklimas, der Beleuchtung und vergleichbare interne Wärmeeinträge aus. Des Weiteren ist die Nutzerdichte in Verwaltungsgebäuden in der Regel höher als in Produktionsstätten, so dass Klimaanpassungsmaßnahmen insbesondere hinsichtlich des sommerlichen Wärmeschutzes bei mehr Menschen für Entlastung sorgen.

Die vier gewählten Beispielgebäude stammen aus unterschiedlichen Baualtersstufen, welche sich sowohl in baukonstruktiver als auch in anlagentechnischer Sicht relativ stark voneinander unterscheiden. Das ermöglicht eine Betrachtung vieler verschiedener Schwachpunkte sowie Anpassungsmaßnahmen. Dabei werden Verwaltungsgebäude der Gründerzeit, der 1950er Jahre, der 1970er Jahre und aus der Zeit nach 1990 weiterführend betrachtet.

Das betrachtete Gebäude der Gründerzeit unterscheidet sich baukonstruktiv nur in wenigen Detailpunkten von den Wohngebäuden aus dieser Zeit. Typisch ist die hochwertige Nutzung sämtlicher Räume von dem Kellergeschoss bis unter das Dach. In dieser Analyse wird ein Vertreter dieser Baualtersstufe auf die Einwirkung Sommerhitze untersucht.

Die qualitative und herstellungstechnische Weiterentwicklung der Baumaterialien Eisen und Eisenbeton während der Industrialisierung sowie die zu Beginn des 20. Jahrhunderts durch Irving Colburn und Emile Fourcault eingeleiteten Innovationen bei der Glasherstellung führten erstmalig in der „Klassischen Moderne“ zu einer Abwendung vom ursprünglichen Massivbau mit Lochfassade, wie er auch in der Gründerzeit vorherrschte. Die Konstruktionsprinzipien der Moderne setzten sich vor allem in den neuen Bundesländern erst nach dem Tod Stalins durch. Somit markiert das gewählte Gebäude aus den 1950er Jahren den Übergang zwischen handwerklichem Massivbau und industrialisiertem Typenbau und weist eine zeittypische Skelettfassade auf. Die Analyse wird für die Einwirkungen Sommerhitze und Starkregen durchgeführt.

In den 1960er Jahren findet in der DDR eine Abkehr von traditionell, handwerklich errichteten Stahlbetonskelettkonstruktionen und eine Hinwendung zur Montagebauweise und Typisierung statt (Escherich 2012, S. 2). Die Zentralisierung erreicht ihren Höhepunkt in den Baukombinaten, die die Planung, die Fertigung und den Bau der Typenkonstruktionen durchführen. Mit Beginn der 1970er Jahre werden zunehmend ressourcenschonende Stahlskelett-Montagebauweisen mit Vorhangfassaden entwickelt. Typisch für diese Zeit sind lang gestreckte, solitäre Riegel mit rechteckiger Grundfläche (Bild 3-3 links). Die Vereinheitlichung und Typisierung des Verwaltungsbaus auf Grundlage einer Baukastenstruktur wurde in der Bundesrepublik Deutschland so nie erreicht. Die Untersuchung eines Typenbaus ermöglicht eine weite Übertragbarkeit der Ergebnisse und steht repräsentativ für die Architekturgeschichte der DDR von der Mitte der 1960er

Jahre bis zur Wiedervereinigung. Die häufigste Dachform ist das Flachdach mit innenliegendem Regenablauf. Die Bauweise mit leichten, nichttragenden Innenwänden und der Dachabdichtung als oberster Schicht des Dachaufbaus legen Verletzbarkeitsuntersuchungen gegenüber Hagel und Sommerhitze nahe.

Nach der Wiedervereinigung fand vor allem in den ostdeutschen Bundesländern ein erheblicher Bauboom statt. Insbesondere in Großstädten und Ballungsgebieten sind Gebäude aus den 1990er Jahren zahlenmäßig von erheblicher Bedeutung. Die Gebäude sind meist mehrfach unterkellert. Hier befinden sich oftmals die Haustechnik, Lagerräume und Tiefgaragenstellplätze. Die meist relativ hochwertig genutzten Untergeschosse sowie unterschiedliche Fassadenausführungen mit oftmals großem Verglasungsanteil (Bild 3-3 rechts) machen die Betrachtung der Verletzbarkeit für die Einwirkungen Überflutung und Sommerhitze interessant.

Bild 3-3 links: Bürogebäude in Stahlskelettbauweise (Foto: Fahrion, 2012), rechts: Beispiel Bürogebäude der Zeit nach 1990 (Foto: May, 2011).

3

3.4 Vorstellung der untersuchten Gebäude

3.4.1 Mehrfamilienhaus, Baujahr etwa 1890

Das gründerzeitliche Mehrfamilienhaus entspricht einem typischen Vertreter in hoch verdichteten Vorstädten der Gründerzeit, welche vorrangig in Blockrandbebauung bebaut wurden. Die zahlreichen gründerzeitlichen Stilelemente der straßenseitigen Fassade, wie etwa Sandsteingesimse und -gewände, sind ebenso wie die schlichter gehaltene hofseitige Fassade für die Bauzeit typisch. Häufig befindet sich hinter den Gebäuden ein für Gewerbezwecke oder untergeordnete Wohnzwecke genutztes Hinterhaus.

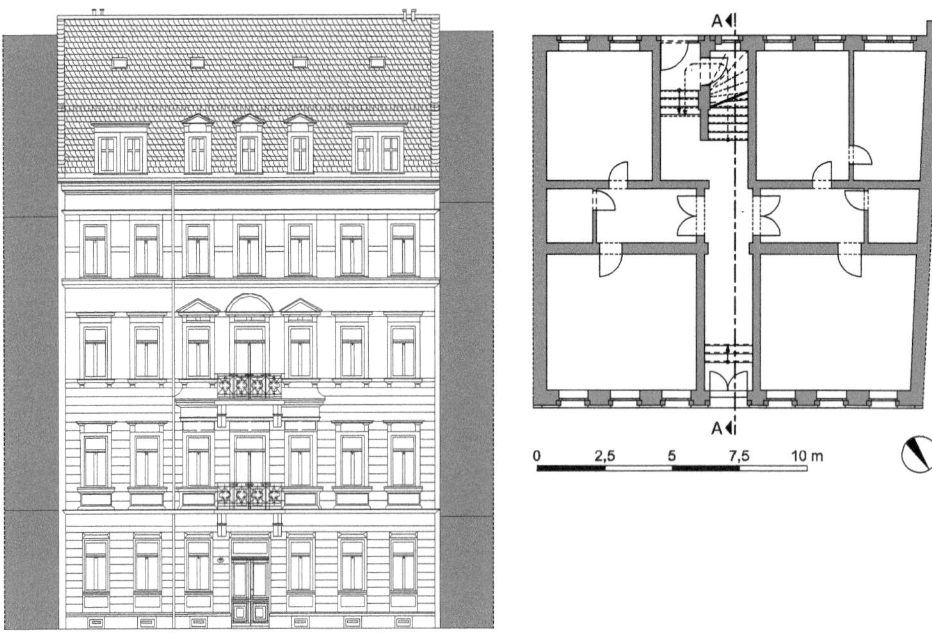

Bild 3-4 links: Ansicht Nordost, rechts: Grundriss Erdgeschoss (Quelle: Nikolowski 2014).

Das Gebäude wurde um 1890 errichtet und in den späten 1990er Jahren grundlegend saniert. Dabei wurden alle Fenster ausgetauscht, die Fassade instandgesetzt, die Fußbodenaufbauten modernisiert, die Nassräume grundlegend saniert, die Elektroinstallationen erneuert, die Nutzung der Wohngeschosse von einem Zweispänner zu einem Dreispänner erweitert, das Dachgeschoss bis in den Spitzboden ausgebaut und das Dach neu gedeckt. Das Kellergeschoss dient als Lagerraum für die Mieter, wobei zwei Räume den Hausanschlussraum und die Heizungszentrale sowie die zentrale Warmwasseraufbereitung beherbergen. Das Erdgeschoss ist aufgrund der Eingangssituation als Zweispänner ausgeführt und besteht aus einer Zwei- und einer Dreizimmerwohnung. Die übrigen drei Obergeschosse besitzen seit der Sanierung eine Ein- und zwei Zweizimmerwohnungen. Das Dachgeschoss und der Spitzboden sind ebenfalls als Dreispänner ausgeführt und bestehen aus einer Ein-, einer Zwei- und einer Dreizimmermaisonettewohnung.

Das aus Ziegelsteinen bestehende Außenmauerwerk der Wohngeschosse nimmt in seiner Wandstärke nach oben hin ab. Als Kellerdecke ist eine bauzeittypische Preußische Kappendecke vorzufinden. Die Geschossdecken der Wohnetagen sind Holzbalkenkonstruktionen mit Einschüben und Schlackefüllung, welche bei der Sanierung den gleichen Fußbodenaufbau wie im Erdgeschoss erhielten.

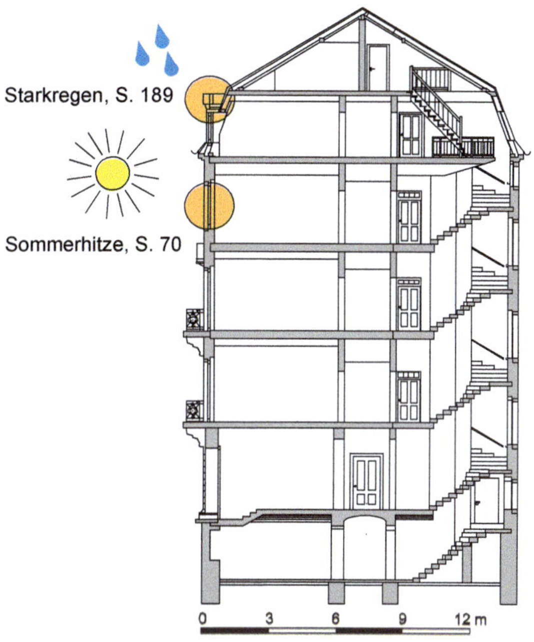

Bild 3-5 Schnitt A-A (Quelle: Nikolowski 2014).

Das Treppenhaus ist zentral auf der Hofseite des Gebäudes innenliegend angeordnet. Das Dachgeschoss ist ein Mansarddach, welches als Pfettendach konstruiert wurde und aus einem Mansardgeschoss und einem voll ausgebauten Dachspitz besteht. Dieser zusätzliche Wohnraum wurde bereits zur Bauzeit aus wirtschaftlichen Gründen genutzt und als separate Kammern vermietet. Zur Straßenseite existieren im Mansardgeschoss fünf Gauben mit Sandsteingesimsen, während im Dachspitz und auf der Rückseite des Gebäudes insgesamt 16 Dachflächenfenster vorhanden sind. Die Dachhaut besteht aus einer Schieferdeckung, welche bei der Sanierung des Gebäudes neu erstellt wurde, aber an den Originalzustand der Bauzeit angelehnt ist. Die Fenster des Gebäudes bestanden ursprünglich aus hölzernen Kastenfenstern mit Einfachverglasung. Diese sind bei der Sanierung durch Holzrahmenfenster mit Zweischeiben-Isolierverglasung ersetzt worden. Aufgrund denkmalpflegerischer Auflagen wurde auf der Straßenseite eine klassische zweiflügelige Teilung der Fenster mit Oberlicht verwendet, während auf der Rückseite einflügelige Fenster eingebaut wurden.

3

3.4.2 Büro- und Verwaltungsgebäude, Baujahr 1914

Das untersuchte Büro- und Verwaltungsgebäude besteht aus 7 Geschossen, wurde 1914 errichtet und weist zusammen mit einem Neubau, welcher bei den weiteren Untersuchungen nicht näher betrachtet wird, einen rechteckigen Grundriss mit Atrium auf. Im Jahr 1999 erfolgte eine umfangreiche Sanierung.

Das Traggerüst bilden Außenwände aus Ziegelmauerwerk und eine Stahlbetonplattenbalkendecke, welche innen auf Stahlbetonstützen auflagert. Das Dachtragwerk des Mansarddaches besteht aus eine Stahlbetonskelettkonstruktion mit einer Plattendicke von 8 cm. Mansard- und Dachgeschoss haben eine Wärmedämmung auf der Stahlbetonplatte und sind mit einer Biberschwanzkronendeckung versehen. Hier sind mehrere stehende Gauben und Schleppgauben vorhanden, welche eine Titanzinkverkleidung aufweisen.

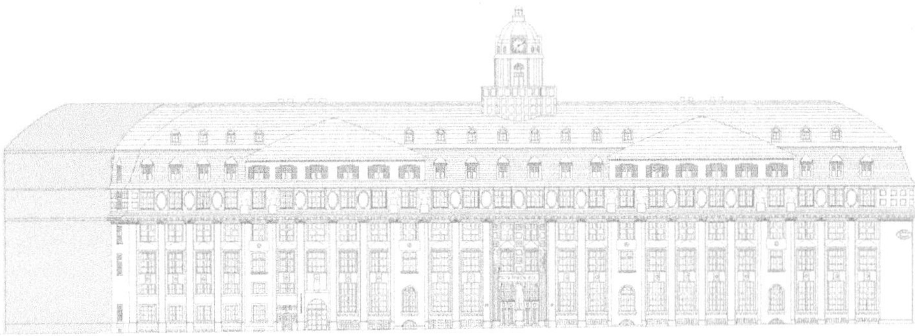

Bild 3-6 Ansicht Nordwest.

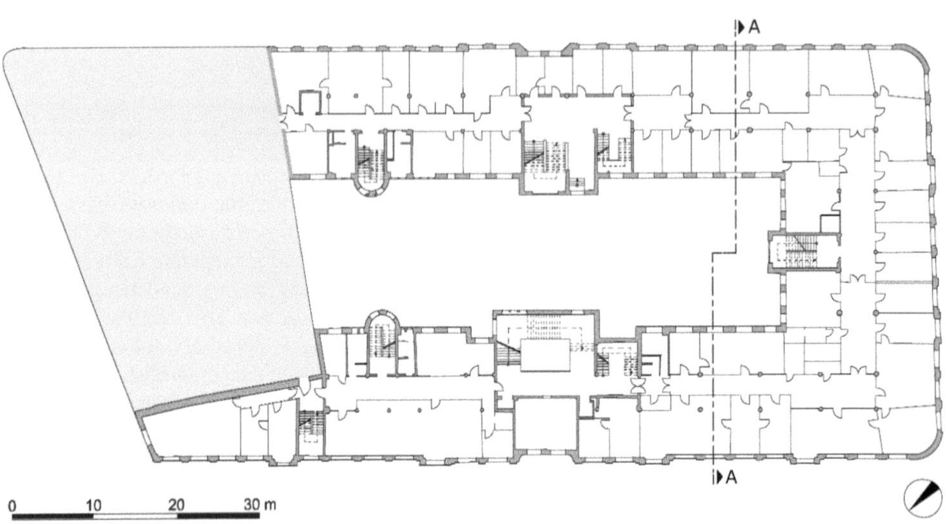

Bild 3-7 Grundriss 2. Obergeschoss.

Die Fassade zu den Straßenseiten ist mit zahlreichen Holzrahmenfenstern versehen, welche größtenteils eine Zweischeiben-Isolierverglasung besitzen. Lediglich im Kellergeschoss, Treppenhaus und vereinzelten Räumen mit spezieller Nutzung sind andere Verglasungen anzutreffen. An der Fassade befinden sich weiterhin mehrere Gliederungselemente, unter anderem Vor- und Rücksprünge mittlerer Tiefe, Lisenen, Sohlbänke, Vouten, Sturzüberdeckungen und Leibungen an Fenstern. Hinzu kommen Fassadenschmuckelemente, wie Konsolreihen, Friese, Medaillons. Während der Sockelbereich mit Natursteinen aus Granit verblendet ist, ist der Rest der Fassade mit mineralischem Außenputz als Kratzputz versehen. Im Bereich von Fensterleibungen, Sohlbänken und Traufgesimsen wurde geriebener Putz verwendet.

Die Fassade im Innenhof ist mit vorgeblendeten Klinkersteinen versehen und ebenfalls mit zahlreichen Fensteröffnungen durchsetzt. Im Bereich unterhalb der Dachtraufe ist mineralischer Außenputz als durchgängiger circa 1,5 m hoher Streifen vorhanden. Der Sockelbereich ist wie an der Außenfassade mit Natursteinplatten aus Granit verblendet. Es sind Gebäudevorsprünge durch eckig beziehungsweise halbrund vorstehende Treppenhäuser vorhanden.

Die Wärmebereitstellung erfolgt über das örtliche Fernwärmenetz. Die dafür vorhandene Wärmeübergabestation im Untergeschoss ist an sechs Heizkreise angeschlossen. Das Gebäude selbst wird über eine Warmwasser-Heizungsanlage im Zweirohrsystem beheizt. In Räumen mit großen Raumkühllasten und Geruchsstoffreizung ist zudem eine mechanische Lüftungsanlage installiert. Hierzu zählen die Küche der Kantine und WCs. Im Untergeschoss untergebrachten Rechenzentrum erfolgt zudem eine Klimatisierung. Die raumluft- beziehungsweise kältetechnischen Anlagen sind in der Lüftungszentrale im Dachgeschoss sowie in der Kältezentrale im Kellergeschoss aufgestellt.

Sommerhitze, S. 81

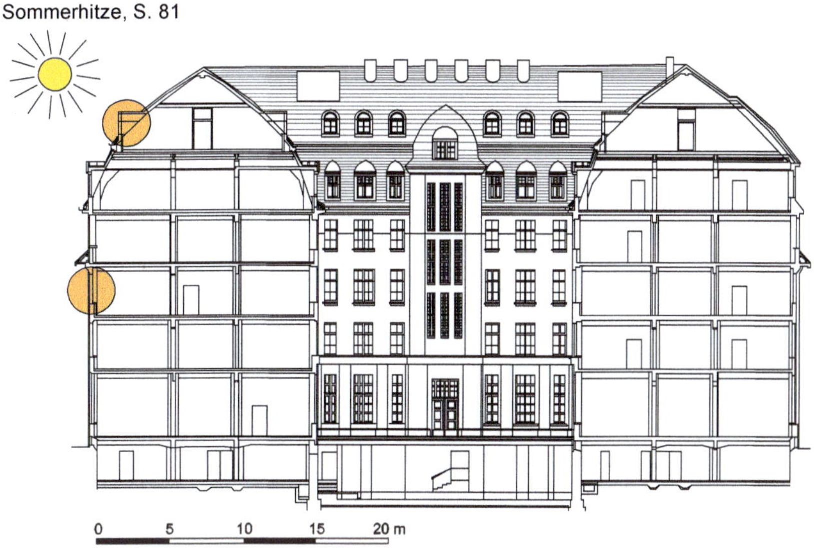

Bild 3-8 Schnitt A-A.

3.4.3 Mehrfamilienhaus, Baujahr etwa 1930

Das einzeln stehende Mehrfamilienhaus der Zwischenkriegszeit ist typischerweise in der Region Dresden in aufgelockerter Bebauung in städtischen Erweiterungsgebieten zu finden. Dieser Gebäudetyp wurde oftmals im Rahmen von zusammenhängenden Siedlungen gebaut. Hierfür wurden oftmals eigens Wohnungsbaugenossenschaften gegründet. Das Gebäude weist keine herausragenden Stilelemente auf, ist jedoch aufgrund seiner Schlichtheit charakteristisch für diese Bauzeit. Hierunter fallen als Erkennungsmerkmale die fast quadratisch wirkenden Fenster, die Aufteilung der Fenster mit Sprossen, der abgesetzte Sockel aus Sandstein, die zurückhaltende glatte Putzfassade und das große gebäudebestimmende Walmdach. Die Kubatur wird durch die im Vergleich zu Wohngebäuden der Gründerzeit niedrigeren Geschosshöhen und die kleinen, jedoch effizient geteilten Wohnungen bestimmt.

Diese Merkmale sind ein Spiegelbild der konjunkturellen Lage der Bauzeit. Diese Zeit war von wirtschaftlichen Problemen geprägt, in denen im Wohnungsbau zunächst Angestellten- und Beamtenwohnungen, später Volks- und darauf folgend Kleinstwohnungen vor allem durch Wohnungsbaugenossenschaften entstanden. Dies war eine direkte Reaktion auf die Wirtschaftskrise. In dieser Zeit konnten die Menschen die durch überhöhte Baupreise gestiegenen Neubaumieten für normale Wohnungsgrößen oftmals nicht aufbringen. Als haustechnische Neuerung dieser Jahre können jedoch Toiletten und Küchen mit fließend Wasser gesehen werden, die in das Gebäude integriert wurden.

Das hier untersuchte Gebäude wurde im Jahr 1932 erbaut und nach der Wiedervereinigung Deutschlands erstmals im Jahr 1998 grundlegend saniert. Im Rahmen dieser Sanierungsarbeiten wurden die ursprünglichen Doppelscheibenfenster durch Kunststofffenster mit Isolierglas ersetzt, die Bäder der Wohnungen vergrößert, das Dach neu gedeckt, im abgesetzten 2. Obergeschoss ein Wärmedämm-Verbundsystem (WDVS) angebracht, die gesamte Elektrik sowie Wasserver- und Wasserentsorgung neu verlegt und eine neue Heizungszentrale im Kellergeschoss installiert.

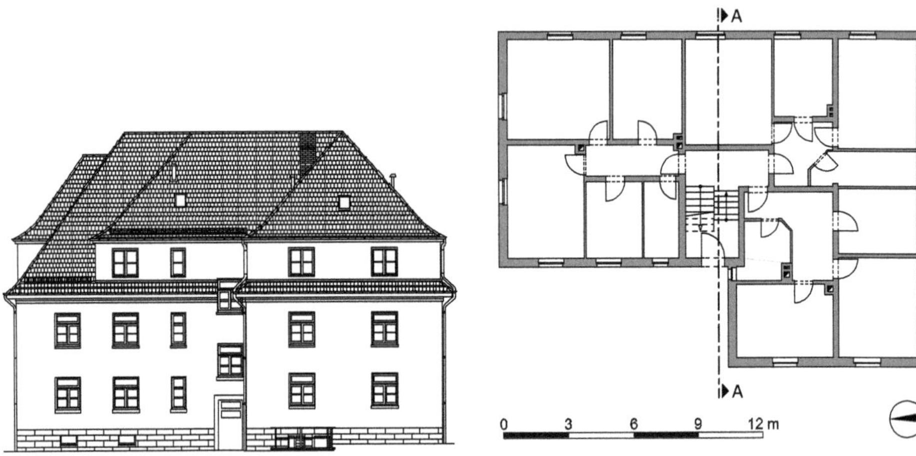

Bild 3-9 links: Ansicht West, rechts: Grundriss Erdgeschoss (Quelle: Nikolowski 2014).

Dieser Gebäudetyp ist vollständig unterkellert und besitzt einen Kelleraußenzugang, der in die ehemalige Waschküche führt. Dieser Raum ist aufgrund der damals sich in der Waschküche befindenden Feuerstelle zum Aufheizen des Wassers nur durch den Außenzugang erreichbar. Heute wird der Raum als Heizungszentrale mit zentraler Trinkwassererwärmung genutzt. Die übrigen Räume des Kellergeschosses, ursprünglich zur Lagerung von Vorräten und Kohle gedacht, werden heute als Abstellräume der Mieter genutzt.

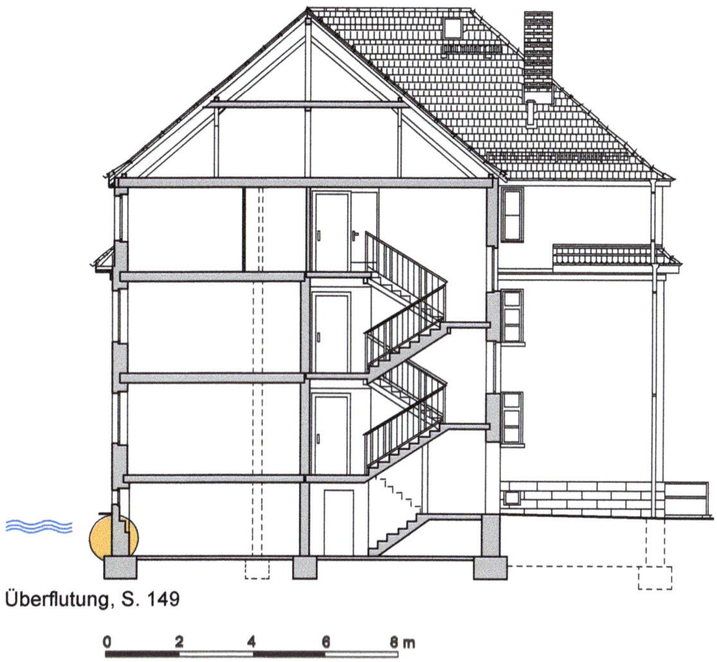

Bild 3-10 Schnitt A-A (Quelle: Nikolowski 2014).

Das Gebäude ist als Dreispänner errichtet worden. Es besitzt in jedem Geschoss eine Drei- und zwei Zweizimmerwohnungen. Das durch eine angedeutete Traufe abgesetzte 2. Obergeschoss dient bereits seit der Erbauung des Gebäudes als Wohnraum mit demselben Grundriss wie die übrigen Wohngeschosse, wohingegen das Dachgeschoss des Walmdaches als Trockenboden belassen ist.

Im Zuge der Sanierung des Gebäudes in den 1990er Jahren sind die funktional geschnittenen Wohnungen in den Grundrissen überwiegend erhalten worden. Eine Anpassung erfolgte lediglich im Bereich der Badezimmer, welche durch das Versetzen einer Wand vergrößert wurden. Zusätzlich wurde der Fußbodenaufbau in den Nassräumen den heutigen bautechnischen Anforderungen und Nutzungsanforderungen angepasst und grundlegend erneuert. Vier der ursprünglich fünf Schornsteinschlote wurden im Rahmen der Neueindeckung des Daches im Bereich des Dachbodens entfernt. Lediglich ein Schlot, an dem die Heizungsanlage angeschlossen ist, wurde erhalten. Das Treppenhaus befindet sich in einer innenliegenden Ecklage auf der Rückseite (West) des Gebäudes.

3.4.4 Mehrfamilienhaus, Baujahr 1958

Auf dem Gebiet der ehemaligen DDR herrschte in den Jahren nach 1945 vor allem in Städten und Großstädten ein dramatischer Wohnungsnotstand. In den ersten Jahren wurden neue Gebäude vorwiegend aus Trümmerschutt in traditioneller Ziegelbauweise vor allem im Geschosswohnungsbau errichtet. Die Planung und Ausführung typisierter Gebäudegrundrisse und Bauelemente war dabei eine logische Konsequenz aus Rohstoffknappheit, Zeitnot und Baukostensenkung. Ziel war es dabei *„das Bauwesen in der ganzen Breite in einen mechanisierten Fließfertigungsprozess der Montage aus industriell vorgefertigten Großbauelementen"* zu verwandeln (Kurzmann et al. 1961, Seite 4).

Das hier untersuchte Gebäude stellt eine Zwischenstufe von der traditionellen Ziegelbauweise zur Großblockbauweise dar. Bei der Errichtung kamen vorgefertigte Betonblöcke aus Ziegelsplittgemisch zum Einsatz, wobei die Grundrissformen von den bereits bestehenden Typenbauten in traditioneller Bauweise übernommen wurden. Äußerlich unterscheiden sich die Gebäude der Großblockbauweise nicht von denen in traditioneller Bauweise. Bei der Sanierung des Gebäudes im Jahre 1999 wurde die Raumstruktur nicht verändert. Erneuert wurde die Haustechnik, wie etwa die Heizungszentrale, es wurde ein WDVS aufgebracht, die Fenster ersetzt, Balkone neu angesetzt und das Dach neu eingedeckt.

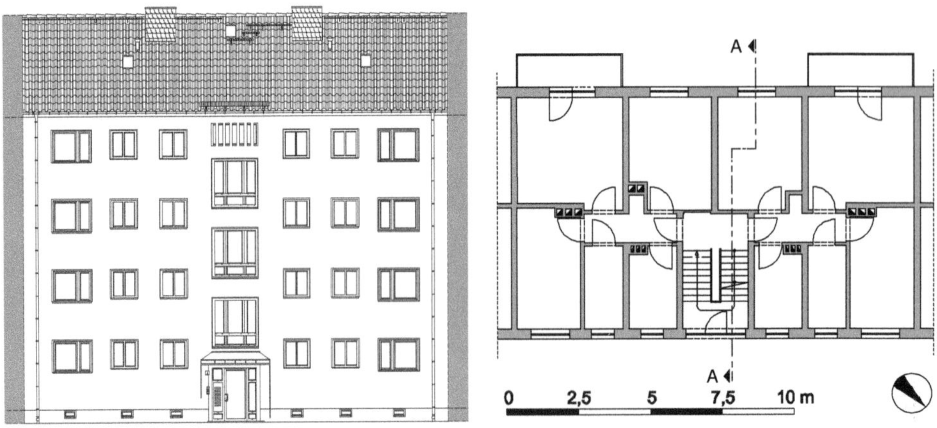

Bild 3-11 links: Ansicht Nord, rechts: Grundriss Erdgeschoss (Quelle: Nikolowski 2014).

Das untersuchte Gebäude trägt die Typenbezeichnung „QD 58". Diese Bezeichnung verschlüsselt, dass es sich um ein Gebäude in Querwandbauweise handelt, dessen Projektierung im Jahre 1958 durchgeführt wurde. Die Grundrissform ist ein Zweispänner mit zwei Dreizimmerwohnungen je Etage. Bei der Sanierung des Gebäudes wurde in die Grundrissstruktur nicht eingegriffen. Innerhalb der Wohnungen wurde der Fußbodenbelag teilweise ersetzt, die Bäder und Küchen auf einen zeitgemäßen Stand gebracht sowie die Elektroverteilung und Wasserver- und Wasserentsorgung erneuert. Die bauzeittypischen Balkone wurden abgebrochen und durch eine Konstruktion aus vorgefertigten Stützen und Balkonplatten ersetzt, welche an das Gebäude rückverankert wurde. Das Gebäude steht in offener Reihenbebauung mit drei gleichen Sektionen und beinhaltet fünf Wohngeschosse. Im unbeheizten Kellergeschoss befinden sich sowohl Lagerflächen der Mieter als auch die Gebäudetechnik, wie etwa die Heizungszentrale. Das Dachgeschoss ist nicht ausgebaut und wird als Trockenraum genutzt.

Das Gebäude ist ein Vertreter der Entwicklungsstufe I des industriellen Wohnungsbaus in Großblockbauweise. Daher besteht die Außenwand aus einer vierschichtigen Konstruktion mit Großblöcken ohne Aussparungen, welche nach der Montage beidseitig verputzt wurden (Häusler et al. 1963).

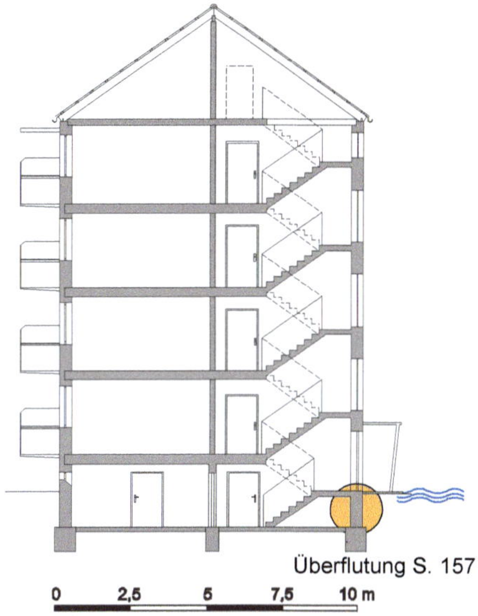

Bild 3-12 Schnitt A-A (Quelle: Nikolowski 2014).

Die tragenden Wände des Gebäudes sind aus Großblöcken gebildet, die in Form von Normalelementen und Sonderteilen wie Türelementen bestehen. Die tragenden Innenwände, welche vor allem als Wohnungstrennwände die Einhaltung des Schallschutzes und die Ableitung der anfallenden Lasten übernehmen, haben im verputzten Zustand eine Dicke von etwa 21 cm. Nicht tragende Innenwände sind aus einem steinbreiten Ziegelmauerwerk erstellt. Wandbaustoffe waren je nach Verfügbarkeit Vollziegel, Hohlblocksteine oder Langlochziegel, die in Handmontage verlegt wurden.

Die Geschossdecken werden in der I. Entwicklungsstufe dieses Gebäudetyps aus Stahl- beziehungsweise Spannbetonelementen, so bezeichneten Hohlraumplattendecken, in einer Dicke von 12 cm gebildet. Zur Ausführung einer starren Scheibe wurden die Deckenfugen ausbetoniert und alle Deckenfelder mit einem Ringanker versehen. Der Fußbodenaufbau besteht aus einem auf Gummischrot schwimmend gelagerten Estrich mit unterschiedlichen Fußbodenbelägen. Im Zuge der Sanierung konnten die hochwertigen Fußbodenbeläge einiger Räume erhalten bleiben. In den restlichen Räumen wurden Laminat oder Fliesen auf die bestehende Schichtenfolge verlegt.

3.4.5 Büro- und Geschäftshaus, Baujahr 1959

Das untersuchte Büro- und Geschäftshaus wurde in den Jahren 1959 bis 1960 als Teil einer Blockrandbebauung errichtet. Es ist gekennzeichnet durch den Übergang zwischen der Architektursprache des sozialistischen Klassizismus und der anschließenden Hinwendung zu einer funktionalen, industrialisierten Architektur. Das Spannungsfeld zwischen den Architekturstilen wird durch den Widerspruch zwischen funktional gegliederter Fassade und den massiv erscheinenden, sandsteinverkleideten Gebäudeecken sowie dem monumentalen Walmdach mit Kronendachdeckung deutlich (Fahrion 2015).

Das unter Denkmalschutz stehende Gebäude verfügt über sieben Vollgeschosse, ein Kellergeschoss, ein Staffelgeschoss sowie ein nicht ausgebautes Dachgeschoss. Das Erd- und das erste Obergeschoss bilden eine zusammenhängende Ladeneinheit. Darüber befinden sich fünf nahezu identische Bürogeschosse. Das Staffelgeschoss überragt die angrenzende Wohnbebauung (in Bild 3-13 grau hinterlegt).

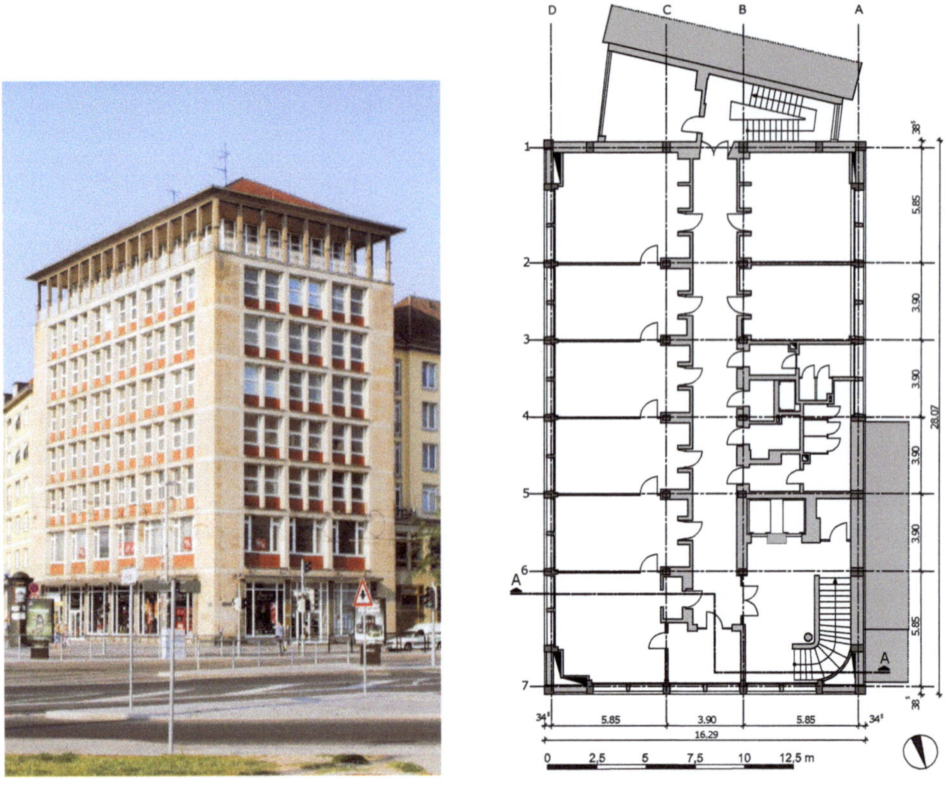

Bild 3-13 links: Ansicht Nordost (Foto: Fahrion, 2013), rechts: Grundriss 2. Obergeschoss

Es handelt sich um eine Stahlbetonskelettkonstruktion. Das Tragwerk bestehend aus Stützen und Decken zeichnet sich in der Fassade ab. Zwischen den Stützen spannen Stahlbetonunterzüge, die als Linienlager für Menzel-L-Decken dienen. Bei der Menzel-L-Decke handelt es sich um eine

Hohlkörperdecke aus Stahlbeton-Fertigteilen. Zwischen den Fertigteilen entstehen vertikale Rippen, die bewehrt und zusammen mit der Druckschicht betoniert werden (Ahnert und Krause 1996, S. 183 f.). Als Raumteiler kommen nichttragende Trennwände aus Mauerwerk zum Einsatz.

Das Skelett wird an den Gebäudeecken durch ein zweischaliges Mauerwerk ausgefacht. Die dabei entstehenden Hohlräume werden als Installationsschächte für die Elektroverteilung und die Steigleitungen der Heizung genutzt. In den übrigen Bereichen besteht die Ausfachung aus gemauerten Brüstungen mit darüberliegenden Fenstern. Die Gebäudeecken sowie die sich in der Fassade abzeichnenden Stützen und Decken des Skeletts sind mit Sandstein verkleidet. Die Brüstungen sind mit roten Klinkerplatten versehen. Die Außenwände sind weitestgehend ungedämmt. Die Fassade des Staffelgeschosses ist in Bezug auf die Fassade der darunterliegenden Stockwerke um circa zwei Meter nach innen versetzt. Die tragenden Stützen innerhalb der Fassade werden bis zur obersten Geschossdecke durchgeführt und dienen als Lager für die Fußpfette des Walmdaches mit vierfach stehendem Stuhl. Im Staffelgeschoss entsteht dadurch ein von Stützen gesäumter, überdachter Umgang. Die oberste Geschossdecke kragt um 70 cm über die Stützen des Umgangs hinaus. Die gemauerte Brüstung des Staffelgeschosses ist lediglich 60 cm hoch. Darauf ist eine vollverglaste Pfosten-Riegel-Fassade aus Stahl befestigt.

Die Wärmeversorgung des Gebäudes erfolgt über das örtliche Fernwärmenetz. Das Heizwasser wird über die an den Außenwänden verlegten Rohrleitungen verteilt und an die ebenfalls an den Außenwänden montierten Radiatoren übergeben. Das Staffelgeschoss wurde ursprünglich als Kantine genutzt und verfügt seitdem über eine Lüftungsanlage, die allerdings defekt und außer Betrieb ist. Des Weiteren bestehen zwei Personen- und zwei Lastenaufzüge sowie ein Müllaufzug.

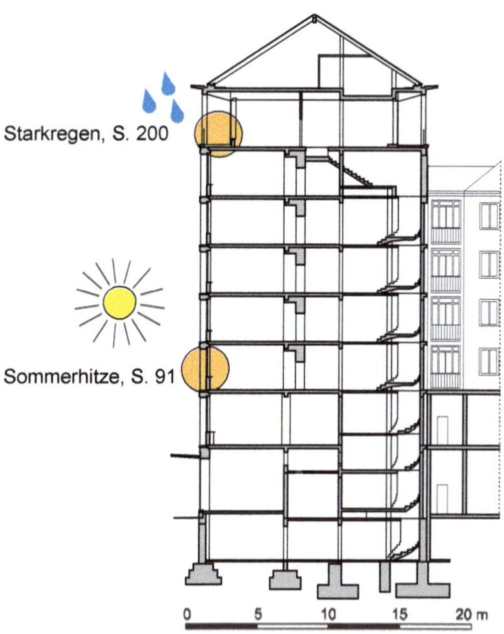

Bild 3-14 Schnitt A-A.

3.4.6 Mehrfamilienhaus, Baujahr etwa 1970

Zu einer charakteristischen Gruppe von Mehrfamilienhäusern zählen Gebäude, welche in industrieller Plattenbauweise seit Ende der 1950er Jahre auf dem Gebiet der ehemaligen DDR errichtet wurden. Ihr Vorteil bestand darin, dass Bauelemente in einer effektiven Serienfertigung in ortsfesten Plattenwerken hergestellt und an einem beliebigen Ort zu Gebäuden gleichen Typs zusammengesetzt werden konnten. Die einheitliche Maßordnung der Platten ermöglichte dabei eine Serienproduktion immer wiederkehrender Fertigteile und vereinfachte dadurch den Prozess des Planens und Errichtens von Gebäuden (IEMB 1992).

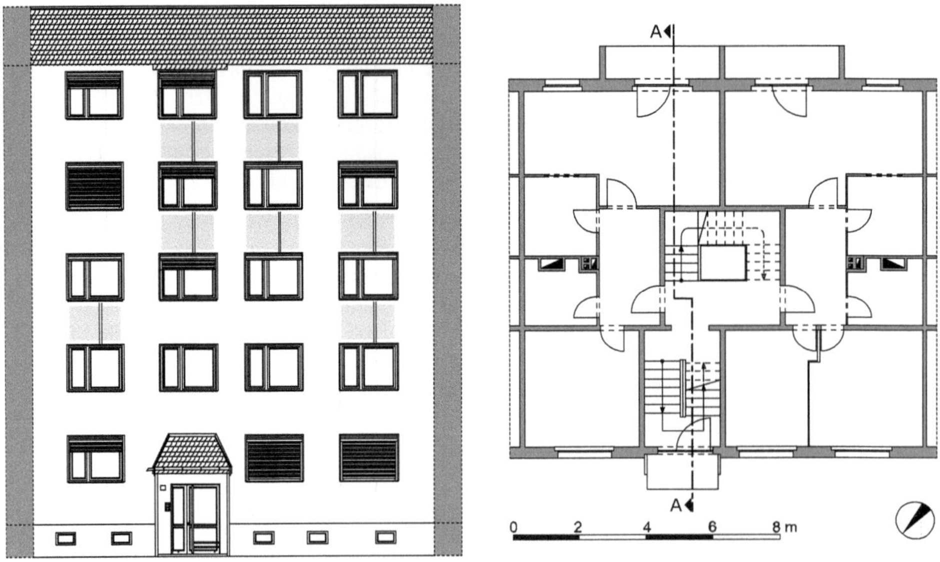

Bild 3-15 links: Ansicht Nordwest, rechts: Grundriss Erdgeschoss (Quelle: Nikolowski 2014).

Das in diesem Abschnitt untersuchte Beispielgebäude ist ein im Jahr 1996 umfassend saniertes Mehrfamilienhaus, welches Anfang der 1970er Jahre im Dresdner Elbtal errichtet wurde und der Typenserie IW 66 / P2 5,0 t zuzuordnen ist. In der Typenserie P2 wurden von 1966 bis 1990 etwa 363.600 Wohneinheiten errichtet, wobei sich die Bezeichnung „5 t“ auf die Laststufe der Fertigteile mit einem Maximalgewicht von fünf Tonnen bezieht. Bei Gebäuden dieses Typs befinden sich jeweils zwei Wohneinheiten in den Wohngeschossen, wobei Bäder und Küchen innenliegend angeordnet sind. Der hier untersuchte Gebäudetyp der P2-Baureihe besteht in den Regelgeschossen aus zwei Dreizimmerwohnungen, wobei das Erdgeschoss aufgrund der Eingangssituation eine leicht veränderte Aufteilung besitzt (Bild 3-15). Das Kellergeschoss beinhaltet einen Fahrradkeller, einen Trockenraum, diverse Mieterkeller sowie einen Hausanschlussraum mit Fernwärmeanschluss, Heizungszentrale und zentraler Warmwasseraufbereitung. Die Außenwände sind in den Wohngeschossen aus 3-schichtigen Sandwichelementen gefertigt und setzen sich aus einer 12 cm starken Stahlbetoninnenschale, einer 5 cm dicken Kerndämmung aus PS-Platten und einer 6 cm starken Außenschale aus Waschbeton zusammen, welche im Zuge der

Sanierung im Jahr 1996 nachträglich mit einem Wärmedämmverbundsystem (WDVS) ausgestattet wurden. Die Außenwände des Kellergeschosses bestehen aus 26 cm dicken monolithischen Stahlbetonfertigteilen. Die tragenden Wohnungstrennwände (Querwände) sind in 15 cm Normalbeton und die nichttragenden Trennwände der Wohnungen sind in 7 cm Normalbeton ausgeführt. Unterseitig gespachtelte Spannbetonfertigteile mit einer Spannweite von 6,00 m bilden die Geschossdecken, wobei im Kellergeschoss während der Sanierung unterseitig eine Wärmedämmung angebracht wurde.

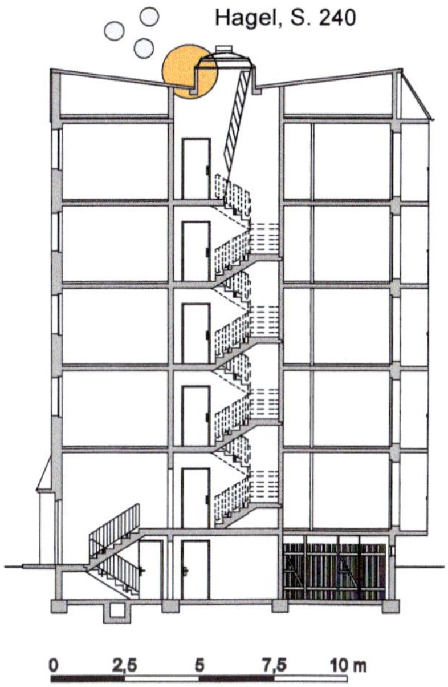

Bild 3-16 Schnitt A-A (Quelle: Nikolowski 2014).

Das innenliegende Treppenhaus in Form einer dreiläufigen Treppe in U-Form mit zwei Viertelpodesten wird durch verschiedene Stahlbetonelemente gebildet. Den oberen Abschluss des Treppenhauses bildete ein mit Glassteinen durchsetztes Stahlbetonelement mit integriertem Rauchabzug und Dachausstieg. 1996 wurde dieses durch eine Lichtkuppel und einen Dachausstieg aus Kunststoff mit integriertem Rauchabzug ersetzt.

Die Dachkonstruktion ist ein nach innen geneigtes bekriechbares Kaltdach mit Innenentwässerung. Die an der Außenwand der Wohnraumseite des Gebäudes vorgestellten Loggien bestehen aus Stahlbetonplatten, welche auf geschosshohen Schaftelementen und Seitenwänden aufliegen und über Außenrinnen und separate Fallrohre entwässert werden.

In den Fensteröffnungen waren ursprünglich hölzerne Verbundfenster mit Thermoscheibenverglasung eingebaut, welche im Zuge der Sanierung durch Kunststofffenster mit Zweischeiben-Isolierverglasung ersetzt wurden. Die technische Gebäudeausrüstung besteht aus einer zentralen Wärme- und Warmwasserversorgung, der Raumtemperaturregelung sowie der Wasserversorgung und Abwasserentsorgung. Das Gebäude ist an das örtliche Fernwärmenetz angeschlossen und verfügt über einen Wärmetauscher für die Warmwasserversorgung.

3.4.7 Bürogebäude, Baujahr 1974

Bei dem betrachteten Bürogebäude handelt es sich um den vom Forschungsinstitut des Metallleichtbaukombinats der DDR im Jahr 1969 entwickelten Mehrzweckgeschossbau Typ Leipzig. Das erste Gebäude des Typs Leipzig wurde im Oktober 1971 in der Siegfriedstraße in Berlin-Lichtenberg fertiggestellt (Pisternik 1979, S. 15). Auf dem Staatsgebiet der ehemaligen Deutschen Demokratischen Republik und Polens finden sich noch zahlreiche Gebäude des Typs (Fahrion 2015). Anhand des hier untersuchten Gebäudes wird die Baukonstruktion vorgestellt, welche sich bei anderen Gebäuden des Typs in kleinen Details unterscheiden kann.

Eine Stahlskelettkonstruktion dient als primäre Tragkonstruktion. Die Aussteifung erfolgt im Wesentlichen durch zweifeldrige Stockwerkrahmen. Die Geschossdecken werden durch vorgefertigte, 260 mm starke Stahlbetonverbunddecken gebildet. Charakteristisch für die Typenbauweise sind die modularen Teilsysteme des Stahltragwerkes, die in einem definierten Raster zusammengefügt wurden. Insgesamt hat das untersuchte Gebäude Abmessungen von 73,44 m mal 13,44 m. Die Höhe eines Regelgeschosses beträgt 3,60 m. Das Kellergeschoss hat nur eine Höhe von 3,30 m. Die vertikale Erschließung erfolgt über jeweils zwei Treppen und Personenaufzüge an den Schmalseiten des Gebäuderiegels. Auf den Etagen erfolgt der Zugang zu den auf der Nordnordost- und Südsüdwestseite liegenden Büros über einen zentralen leicht außermittig im Grundriss angeordneten Flur (Bild 3-17).

Bild 3-17 links: Mehrzweckgeschossbau Typ Leipzig – Gebäude in Berlin, rechts: Gebäude in Radebeul (Foto: Fahrion, 2014).

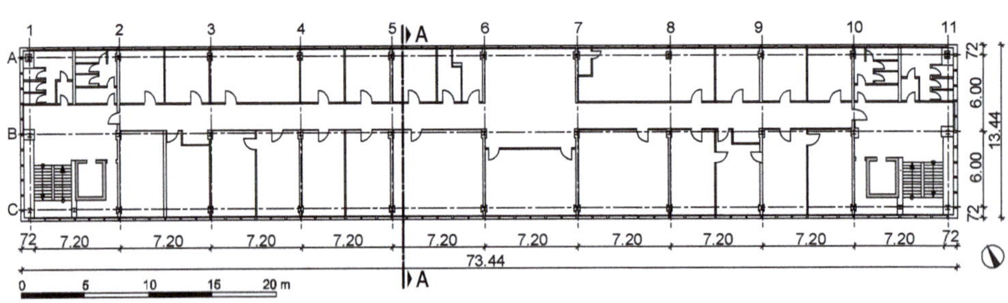

Bild 3-18 Grundriss 4. Obergeschoss.

Bei der Fassade handelt es sich um eine vorgehängte hinterlüftete Elementfassade mit Brüstungs- und Sturzpaneelen aus emailliertem Einscheibensicherheitsglas (Bild 3-17 rechts). Die innere Schale des zweischaligen Fassadenaufbaus besteht raumseitig aus einer 20 mm dicken Mineralfaser-Leichtbauplatte, welche als schwachgebundenes Asbestprodukt (Bayerisches Landesamt für Umwelt 2004) gilt. Die Wetterschale des zweischaligen Aufbaus besteht aus einem hinterlüfteten, emaillierten Einscheibensicherheitsglas. Die in einem dünnen Aluminiumrahmen gefassten, emaillierten Glaspaneele sind 134,5 mm vor der eigentlichen raumbildenden Schale angeordnet (für weitere Informationen zur Fassadenkonstruktion vergleiche Fahrion 2015). Die bauzeitlichen Thermofenster wurden im Zuge einer Sanierung 1996 durch Aluminiumfenster mit Zweischeiben-Isolierverglasung ersetzt (U_g = 1,3 W/(m²K)).

Die bauzeitliche Glasfassade in den Treppenhäusern war mit Einscheibenverglasung ausgeführt und wurde, wie die Thermofenster der Hauptfassade, im Zuge einer ersten Sanierung 1996 durch eine Pfosten-Riegel-Fassade mit Zweischeiben-Wärmeschutzverglasung ausgetauscht. Mit Ausnahme der Aufzugsschächte handelt es sich bei sämtlichen Innenwänden oberhalb des Kellergeschosses um leichte, nichttragende Trennwände. Die erdberührten Außenwände im Kellergeschoss wurden in Stahlbetonbauweise hergestellt und haben eine Dicke von 30 cm. Die Abdichtung gegen Feuchtigkeit erfolgte mit einer bituminösen Dickbeschichtung. Das Dach ist als einschaliges, nicht belüftetes Flachdach (Warmdach) mit 2 % Gefälle ausgeführt. Die Abdichtung ist der freien Bewitterung ausgesetzt.

Bei einer weiteren Sanierung 2007 wurde die Anlagentechnik erneuert. Seitdem erfolgt die Beheizung des untersuchten Gebäudes und der Nachbargebäude über ein Blockheizkraftwerk mit einem Holzpelletskessel. Die Spitzenlast wird durch einen zusätzlichen Ölkessel abgedeckt. Das Gebäude verfügt des Weiteren über eine konventionelle technische Kühlung mittels Kompressionskältemaschine. Die Übergabe der Nutzwärme und -kälte in den Räumen erfolgt durch im Jahr 2007 installierte Ventilatorumluftkonvektoren.

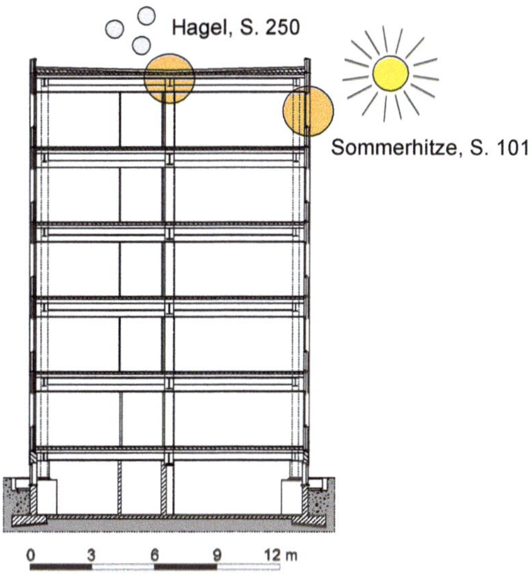

Bild 3-19 Schnitt A-A.

3.4.8 Mehrfamilienhaus, Baujahr etwa 1995

Das in diesem Abschnitt betrachtete Wohngebäude ist ein typischer Vertreter der in den 1990er Jahren ausgeführten Mehrfamilienhäuser.

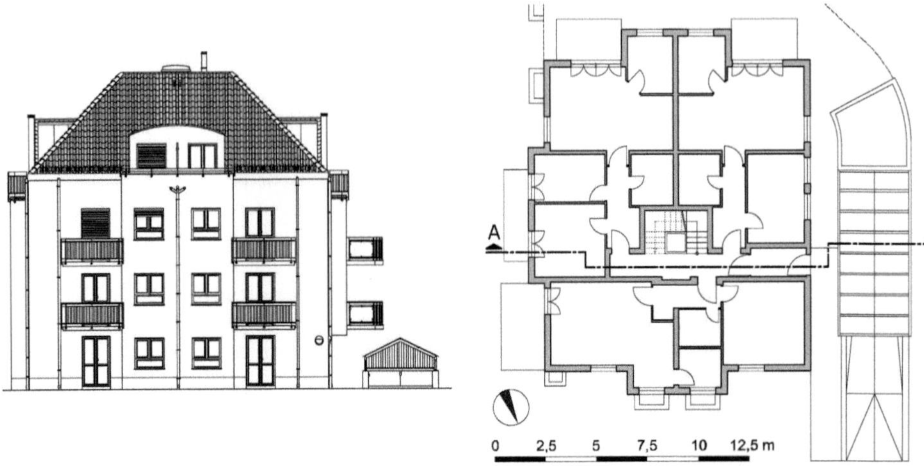

Bild 3-20 links: Ansicht Straßenseite, rechts: Grundriss Erdgeschoss (Quelle: Nikolowski 2014).

Ein markantes Merkmal bildet die teilweise unter das Gebäude ragende erdüberdeckte Tiefgarage mit sieben Doppelparksystemen. Diese ermöglichen ein platzsparendes Abstellen von bis zu vierzehn Pkw auf dem Grundstück. Lichtschächte sorgen für die Belüftung der Tiefgaragenebene. Die Einfahrt ist straßenseitig rechts gelegen und teilweise überdacht. Von der tiefer gelegenen Tiefgarage gelangt man über Stufen in das Kellergeschoss, welches als Mieterkeller mit Hausanschluss-, Fahrrad-, Heizungsraum und Waschküche genutzt wird.

Das Gebäude ist in den Wohngeschossen ein Dreispänner, nur das erste Dachgeschoss wird als Zweispänner genutzt. Das zweite Dachgeschoss dient als Lagerraum für Mieter. Für Gebäude dieser Bauzeit ist es typisch, dass alle Wohnungen über mindestens einen Ausgang zu einem Balkon oder einer Terrasse verfügen. Dadurch ergeben sich vorspringende Erker an allen Gebäudeseiten, welche in Höhe des Dachgeschosses jeweils durch Dachterrassen nach oben hin abgeschlossen werden.

Das Kellergeschoss ist als wasserundurchlässige Weiße Wanne konstruiert und besteht aus einer Stahlbetonbodenplatte und 30 cm dicken Kelleraußenwänden aus Stahlbeton. Die 34 cm dicken Außenwände der Wohngeschosse sind hingegen aus Hochlochziegeln gemauert und beidseitig verputzt. Lediglich die beiden Seitenwände des Erkers und die auskragende Geschossdecke über dem Erdgeschoss sind mit einem Wärmedämmverbundsystem (WDVS) versehen.

In den Wohngeschossen sind alle tragenden Innenwände aus beidseitig verputztem Kalksandsteinmauerwerk, nichttragende Innenwände aus Hochlochziegeln beziehungsweise Trockenbauwänden erstellt. Vor allem in den Badbereichen kommen Trockenbauvorsatzschalen zum Einsatz. Die Bäder sind raumhoch gefliest und entsprechen dem bauzeittypischen Standard.

Der Fußbodenaufbau der Wohngeschosse besteht aus einem schwimmend verlegten Zementestrich auf einer Trittschall- und Wärmedämmung, auf dem je nach Anforderung Teppichboden oder Laminat verlegt wurde. Die Nassbereiche wie Bäder und Küchen sind hingegen mit Fliesen ausgestattet.

Das Treppenhaus ist zentral im Gebäude angeordnet. Die Treppenläufe bestehen aus Stahlbetonfertigteilelementen. Das Treppenhaus wird durch eine Lichtkuppel in der Dachhaut mit Tageslicht versorgt.

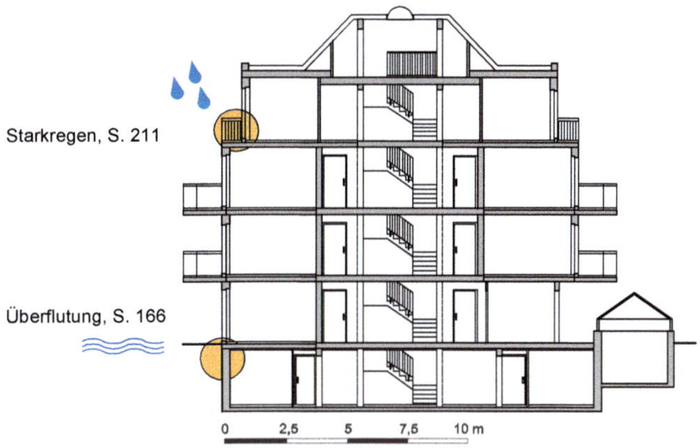

Bild 3-21 Schnitt A-A (Quelle: Nikolowski 2014).

Das Dach ist ein mit Zwischensparrendämmung versehenes Walmdach, welches aus einer zimmermannsmäßig ausgeführten Holzkonstruktion besteht und allseitig durch Zwerchhäuser und stehende Gauben gegliedert ist.

Die Fensterkonstruktionen in den Wohngeschossen bestehen aus Isolierglas und besitzen einen weißen Kunststoffrahmen. An der westlichen und östlichen Fassade reichen neben den Terrassen- und Balkontüren die Fenster teilweise bis zum Fußboden herunter. Sämtliche Fenster und Fenstertüren haben als Außenverschattung Kunststoffrollläden, lediglich die Dachflächen- und Dachgaubenfenster verfügen über innenliegende Sonnenschutzrollos. Im Kellergeschoss wurden Stahlfenster mit Einfachverglasung und Gitterschutz eingebaut.

Die Technische Gebäudeausrüstung (TGA) besteht im Kellergeschoss unter anderem aus einer zentralen Gastherme, die als zentraler Wärmeerzeuger für die Heizungsanlage und die Trinkwassererwärmung genutzt wird. Die Gastherme ist im Hausanschlussraum installiert. Die Elektroverteilung erfolgt über einen zentralen, im Hausanschlussraum gelegenen Sicherungs- und Zählerschrank und einen daran anschließenden senkrechten Verteilerstrang im Treppenhaus. Die Warm- und Kaltwasserversorgung sowie die Entwässerung sind über drei separate senkrechte Erschließungsstränge realisiert.

3.4.9 Bürogebäude, Baujahr 1995

Das untersuchte Bürogebäude wurde 1995 fertiggestellt und verfügt über sieben Vollgeschosse sowie zwei Untergeschosse. Im Erdgeschoss befinden sich eine Kantine mit angeschlossener Küche sowie Büroräume. Die darüberliegenden sechs Obergeschosse werden als Büros genutzt. Die oberirdischen Stockwerke sind durchgängig um einen Innenhof angeordnet und bilden einen geschlossenen Baukörper. Der Innenhof wird nach oben hin durch ein Glasdach abgeschlossen, so dass ein Atrium entsteht. Der gesamte Umriss des Gebäudes einschließlich des Atriumhofes ist unterkellert (Bild 3-23). Die beiden Untergeschosse werden hauptsächlich als Tiefgarage genutzt, beherbergen aber auch wesentliche Teile der Gebäudetechnik und einige Lagerflächen. Die Gründungssohle liegt unterhalb des Grundwasserspiegels. Der Bemessungswasserstand des Grundwassers liegt auf Höhe der Geschossdecke zwischen erstem und zweitem Untergeschoss. Infolge des Einflussbereiches benachbarter Flussläufe wurde bis zur Oberkante des Geländes eine Weiße Wanne ausgebildet (Fahrion 2015).

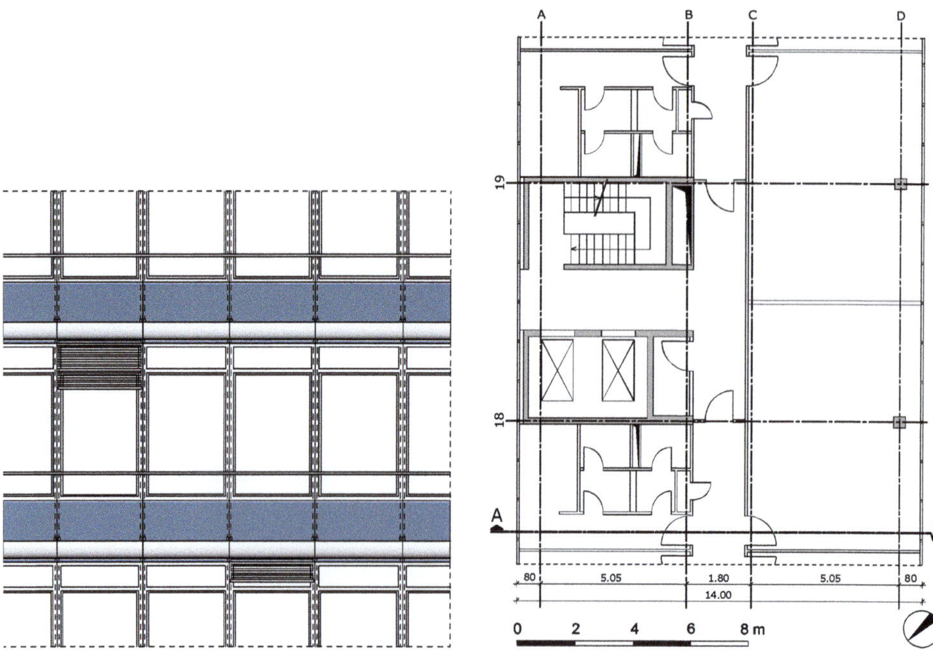

Bild 3-22 links: Fassadenansicht, rechts: Schematischer Grundriss.

Eine Stahlbetonskelettkonstruktion bildet das Primärtragwerk. Die Tiefe der Gebäudeflügel beträgt jeweils 14,00 m und wird durch drei Stützenreihen untergliedert (Bild 3-22 rechts). Die Stützen sind asymmetrisch im Grundriss angeordnet. Der Raumabschluss wird durch eine Fassade in Mischbauweise gebildet (Dorsemagen 2004, S. 86). Die Fensterelemente bestehen aus einem feststehenden Oberlicht und einem Fenster mit Drehkippbeschlag und sind an der Unterkante der Geschossdecke sowie an der 0,6 m hohen Stahlbetonbrüstung befestigt. Auf der Außenseite der Stahlbetonbrüstung sind 100 mm Mineralfaserdämmung angebracht. Die Brüstung wird durch bedruckte, hinterlüftete Verbundsicherheitsglasscheiben verkleidet (Bild 3-22 links). Der Fassadensockel ist mit Aluminiumlamellen verkleidet. Sämtliche Fenster sind mit Zweischeiben-Schallschutzverglasung mit Wärmeschutzbeschichtung und Argonfüllung versehen. Alle Fenster verfügen über außenliegende, durch Windwächter gesteuerte Lamellenraffstore.

Der Fußbodenaufbau der Büroräume und Flure wird durch eine mit Estrich verfüllte Hohlraumbodenschalung mit Teppichauflage gebildet. Die lichte Höhe des Installationsraumes zwischen den Schalungsstützen beträgt 70 mm. Im Hohlraumboden werden die horizontalen Verteilleitungen des Heizsystems, die Elektroleitungen sowie sämtliche Leitungen der Informations- und Kommunikationstechnik geführt. Die Decke zwischen Erdgeschoss und erstem Untergeschoss ist auf der Oberseite mit einer 40 mm dicken Dämmung aus Polyurethan-Hartschaum versehen.

Sommerhitze, S. 112

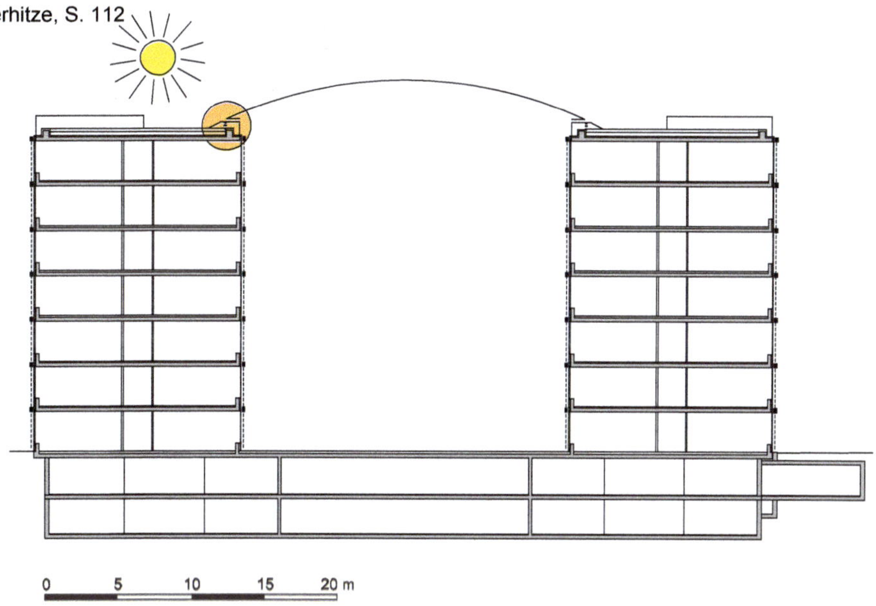

Bild 3-23 Schnitt A-A.

Das Atriumdach entwässert auf das zusammenhängende Flachdach der Gebäudeflügel, welches als Gründach mit einem Gefälle von 2 % ausgebildet ist und über zehn innenliegende Dachabläufe verfügt. Das Gebäude hat drei Erschließungskerne mit jeweils zwei Personenaufzügen, zudem existieren ein hydraulischer Müllaufzug und ein Lastenaufzug für die Kantine. Das Gebäude wird über Fernwärme beheizt. Die Teeküchen und WCs werden durch dezentrale Kleinspeicher mit Trinkwarmwasser versorgt. Die Küche verfügt hingegen über einen durch Fernwärme beheizten Trinkwarmwasserspeicher. Sämtliche WC-Räume sind innenliegend und werden über Abluftanlagen entlüftet. Die Kantine mit zugehöriger Küche sowie die Technikräume in den Untergeschossen sind mit zentralen Zu- und Abluftanlagen ausgestattet.

3

3.5 Literatur

Ahnert & Krause 1996 — Ahnert, R.; Krause, K. H.: Typische Baukonstruktionen von 1860 bis 1960 – zur Beurteilung der vorhandenen Bausubstanz – Bd. 1: Gründungen, Wände, Decken, Dachtragwerke. 5. Auflage. Berlin: Verlag für Bauwesen, 1996.

Bayerisches Landesamt für Umwelt 2004 — Bayerisches Landesamt für Umwelt (Hrsg.): *Schadstoffratgeber – Gebäuderückbau.* URL: http://www.lfu.bayern.de/altlasten/schadstoffratgeber_gebaeuderueckbau/suchregister/doc/402.pdf (Stand März 2004)

DIN V 18599-10 — DIN V 18599-10 , Dezember 2011: Energetische Bewertung von Gebäuden – Berechnung des Nutz-, End- und Primärenergiebedarfs für Heizung, Kühlung, Lüftung, Trinkwarmwasser und Beleuchtung – Teil 10: Nutzungsrandbedingungen, Klimadaten. Berlin: Beuth, 2011.

Dorsemagen 2004 — Dorsemagen, D.: Büro- und Geschäftshausfassaden der 50er Jahre – Konservatorische Probleme am Beispiel West-Berlin. Band 1. Berlin, Technische Universität, Fakultät VII Architektur, Umwelt, Gesellschaft, Institut für Baugeschichte, Architekturtheorie und Denkmalpflege, Dissertation, 2004.

Escherich 2012 — Escherich, M.: Verwaltungsbauten der 1960er Jahre in der DDR – Entwicklungslinien in den thüringischen Bezirken Erfurt, Gera und Suhl. In: kunsttexte.de (2012), Nr 2. URL: http://edoc.hu-berlin.de/kunsttexte/2012-2/escherich-mark-2/PDF/escherich.pdf.

Fahrion 2015 — Fahrion, M.-S.: Sommerlicher Wärmeschutz im Zeichen des Klimawandels – Anpassungsplanung für Bürogebäude. Dresden, Technische Universität, Fakultät Bauingenieurwesen, Institut für Baukonstruktion, Dissertation, 2015.

Häusler et al. 1963 — Häusler; H.; Grothe; H.; Hellwig, G.: Industrieller Wohnungsbau – Band 1 „Großblockbauweise“. Berlin: VEB Verlag für Bauwesen, 1963.

IEMB 1992 — Institut für Erhaltung und Modernisierung von Bauwerken (IEMB): Leitfaden für die Instandsetzung und Modernisierung von Wohngebäuden in der Plattenbauweise – Typenserie P2 0,5t. Bundesministerium für Raumordnung, Bauwesen und Städtebau (Hrsg.). Berlin: BMRBS, 1992.

Kurzmann et al. 1961 — Kurzmann, A.; Paulick, R.; Brügmann, J.: So wollen wir wohnen. Berlin: VEB Verlag für Bauwesen, 1961.

Nikolowski et al. 2012 — Nikolowski, J.; May, F.; Hennersdorf, J.: Gebäudetypen der Modellregion Dresden. In: Weller, B.; Naumann, T.; Jakubetz, S. (Hrsg.): Gebäude unter den Einwirkungen des Klimawandels. Berlin: Rhombos, 2012. Seite 67–122.

Nikolowski et al. 2013 — Nikolowski, J.; Günther, B.; Bolsius, J.: Klimaanpassung für Wohngebäude. In: Weller, B.; Fahrion, M.-S.; Naumann, T. (Hrsg.): Gebäudeertüchtigung im Detail für den Klimawandel. Berlin: Rhombos, 2013. Seite 31–90.

Nikolowski 2014 — Nikolowski, J.: Wohngebäude im Klimawandel – Verletzbarkeit und Anpassung am Beispiel von Überflutung und Starkregen. Dresden: Technische Universität, Fakultät Bauingenieurwesen, Institut für Baukonstruktion, Dissertation, 2014.

Pisternik 1979 — Pisternik, W.; Raeschler, H.; Ertel, G.; Weixelbraun, A.; Bauakademie der DDR (Hrsg.): Chronik Bauwesen Deutsche Demokratische Republik 1971–1976. Berlin: Bauakademie der DDR, Bauinformation, 1979.

Schmitz 1996 — Wuppertal Institut für Klima, Umwelt, Energie; Planungsbüro Schmitz: Energiegerechtes Bauen und Modernisieren – Grundlagen und Beispiele für Architekten, Ingenieure und Bewohner. Bundesarchitektenkammer (Hrsg.). Berlin: Birkhäuser, 1996.

4 Sommerhitze

4.1 Relevanz für die Baukonstruktion

Die Einwohner westlicher Industriestaaten halten sich während eines Jahres im Durchschnitt fast 90 % der Zeit in Gebäuden auf (Leech et al. 2002). Die restliche Zeit verbringen sie in Verkehrsmitteln und im Freien. Sogar im Verlauf des kalendarischen Sommers befinden sich Erwachsene zwischen 79 % (Krause und Schulz 1998) und 84 % (Leech et al. 2002) des Tages in Innenräumen. Demzufolge sind die Qualität und das Klima von Innenräumen für das menschliche Wohlbefinden und die Gesundheit von größerer Bedeutung als das Außenklima (Fahrion 2015).

Während die meisten klimatischen Einwirkungen direkte, monetär bewertbare Gebäudeschäden verursachen können, ist dies bei sommerlichen Hitzeperioden nicht der Fall. Diese führen im Gegensatz zu Flut- oder Sturmereignissen nur in sehr seltenen Fällen zu materiellen Schäden an der Gebäudesubstanz. Dennoch ist ein angenehmes Innenraumklima während sommerlicher Hitzeperioden von entscheidender Bedeutung. Wie die folgenden Ausführungen zeigen, hat die Temperatur einen wesentlichen Einfluss auf die Behaglichkeit, die Leistungsfähigkeit und die Sterblichkeit des Menschen.

Um den Einfluss der Umgebungstemperatur bewerten zu können, ist eine kurze Einführung in den Wärmehaushalt des menschlichen Körpers erforderlich. Für eine optimale Funktion der Stoffwechselprozesse in den menschlichen Organen ist eine nahezu konstante Temperatur erforderlich. Die Temperatur im Körperkern (Schädel-, Brust-, Bauchhöhle) schwankt in Abhängigkeit der Tageszeit zwischen 36,4 °C und 37,4 °C (Gunga 2008). Die biochemischen Prozesse in den Zellen werden durch Enzyme katalysiert, die in diesem Temperaturbereich ihre höchste Wechselzahl erreichen. Aus diesem Grund muss der Mensch, wie sämtliche homoiothermen Lebewesen, seine Körperkerntemperatur unabhängig von den klimatischen Umgebungsrandbedingungen und dem eigenen Aktivitätsgrad innerhalb einer geringen Schwankungsbreite konstant halten. Um dies zu erreichen, muss zwischen der Wärmeproduktion des Körpers, der Wärmeaufnahme aus der Umgebung und der Wärmeabgabe an die Umgebung ein dynamisches Gleichgewicht herrschen (VDI 3787, Blatt 2). Die Wärmeproduktion des menschlichen Körpers ist abhängig von der metabolischen Rate, also dem körperlichen Aktivitätsgrad. Vor allem in den stoffwechselaktiven Organen im Körperkern, wie Herz, Gehirn und Leber, entsteht auch im körperlichen Ruhezustand Wärme (Gunga 2008). Mit zunehmendem körperlichem Aktivitätsgrad nimmt die Wärmeproduktion durch die Muskelkontraktion zu. Der Wirkungsgrad mechanischer Muskelarbeit beträgt lediglich 20 % bis 30 %. Die restlichen 70 % bis 80 % der chemischen Bindungsenergie der verbrannten Nährstoffe werden folglich als Wärme frei (Gunga 2008). Die Wärme wird über den Blutkreislauf im Körper verteilt. Die Wärmeabgabe an die Umgebung ist abhängig von der Lufttemperatur, der Strahlungstemperatur der Umgebungsflächen, der relativen Luftfeuchtigkeit, der Windgeschwindigkeit und dem Wärmedurchgangswiderstand der Bekleidung.

Der Mensch kann seine Körperkerntemperatur entweder über die verhaltensgesteuerte oder die physiologische Thermoregulation konstant halten. Die Anpassung der Bekleidung sowie das

Aufsuchen beheizter oder schattiger Plätze sind beispielsweise Teil der verhaltensgesteuerten Thermoregulation. Die physiologische Thermoregulation umfasst hingegen sämtliche unbewussten, körperlichen Reaktionen auf einen Temperaturreiz (Koppe 2005).

Im Winter ist das Innenraumklima eines Gebäudes deutlich stärker vom Außenraumklima entkoppelt als im Sommer. Während sämtliche Gebäude in Deutschland über eine Heizung verfügen, sind nur die wenigsten mit einer technischen Kühlung ausgestattet. Dadurch kann im Winter, unabhängig von der Außentemperatur, eine behagliche Innenraumtemperatur gewährleistet werden. Im Winter ist die „technische" und verhaltensgesteuerte Thermoregulation entscheidend. Indem der Wärmedurchgangswiderstand der Kleidung erhöht wird und beheizte Räume aufgesucht werden, ist das physiologische Thermoregulationssystem weitgehend entlastet. Technisch gekühlte Aufenthaltsräume sind in unseren Breiten eher die Ausnahme und die Kleidung kann insbesondere im Berufsalltag nicht beliebig angepasst werden. Deshalb wird das thermische Gleichgewicht des Körpers im Sommer weitestgehend durch die physiologische Thermoregulation sichergestellt.

Überschreitet die Körperkerntemperatur den Soll-Wert, wird die Durchblutung der Extremitäten und der Haut erhöht. Durch Gefäßerweiterung kann die Hautdurchblutung bis auf das 15-fache gesteigert werden (Koppe 2005). Dadurch steigt die Temperaturdifferenz zwischen Haut und Umgebung, wodurch mehr Wärme über Strahlung und Konvektion abgeführt werden kann. Das Blut muss verstärkt in die peripheren Körperregionen und die feinen Blutgefäße der Haut transportiert werden und gleichzeitig müssen das Herzminutenvolumen und der Blutdruck konstant gehalten werden. Durch die stärkere Durchblutung herzferner Körperregionen und feiner Blutgefäße wird der Strömungswiderstand erhöht. Folglich steigt der durch das Herz zu erzeugende Druck und somit die Belastung des Herz-Kreislaufsystems an. Des Weiteren kann dem Körper über die Sekretion und Verdunstung von Schweiß latent Wärme entzogen werden. Je höher die Umgebungstemperatur, desto wichtiger wird die Transpiration für eine ausgeglichene Wärmebilanz. Die maximale Oberflächentemperatur der Haut beträgt 36 °C. Überschreitet die Luft- und Strahlungstemperatur der Umgebung diesen Wert, dann ist die Transpiration die einzige verbleibende Möglichkeit zur Wärmeabgabe. Je höher die Luftfeuchtigkeit der Umgebung und je höher der Salzgehalt des Schweißes, desto geringer ist die Wasserdampfpartialdruck-Differenz und damit die mögliche Wärmeabgabe über Schweißverdunstung. Deshalb wird auch ein trocken-warmes Wüstenklima als angenehmer empfunden als ein feucht-warmes Klima wie in den Tropen. Das für die Schweißbildung notwendige Wasser wird dem Blutplasma entzogen. Bei unzureichender Flüssigkeitszufuhr erhöht sich die Viskosität des Blutes und somit wiederum die Belastung des Herz-Kreislauf-Systems (Gunga 2008).

In den 1960er Jahren entwickelte Fanger ein Modell zur Bewertung der thermischen Behaglichkeit in Innenräumen. Eine wesentliche Stärke des Modells liegt darin, dass es die oben genannten Einflussfaktoren auf den Wärmehaushalt des menschlichen Körpers berücksichtigt: körperlicher Aktivitätsgrad, Isolationswert der Bekleidung, Lufttemperatur, mittlere Strahlungstemperatur, Luftgeschwindigkeit und Luftfeuchtigkeit. Durch wissenschaftliche Studien in Klimakammern konnte Fanger einen statistischen Zusammenhang zwischen diesen Variablen und dem „vorausgesagten mittleren Votum", bekannter unter der englischen Bezeichnung „predicted mean vote" (PMV), herstellen. Das vorausgesagte mittlere Votum entspricht dem durchschnittlichen thermischen Empfinden einer großen Gruppe von Personen, wenn man diese einem konstanten thermischen Raumklima bei definierter Bekleidung und körperlicher Aktivität aussetzt (Fanger 1972). Fangers Modell fand Eingang in internationale Normen wie zum Beispiel ISO 7730 und ANSI/ASHRAE 55.

Tabelle 4-1: Regelwerke thermische Behaglichkeit/ sommerlicher Wärmeschutz (Fahrion 2015).

Regelwerk	Vorgaben zum sommerlichen Wärmeschutz und zur Behaglichkeit	
ISO 7730:2006-05	Berechnung des PMV (siehe oben) –0,5 < PMV < +0,5 für weniger als 10 % Unzufriedene.	
Adaptives Modell nach EN 15251: 2012-12	Oberer Grenzwert der operativen Innentemperatur $\theta_{i,max}$ in Abhängigkeit des gleitenden Mittelwerts der Außenlufttemperatur θ_{rm}.	
	Kategorie I: Kategorie II: Kategorie III:	$\theta_{i,max} = 0{,}33 \cdot \theta_{rm} + 18{,}8 + 2$ $\theta_{i,max} = 0{,}33 \cdot \theta_{rm} + 18{,}8 + 3$ $\theta_{i,max} = 0{,}33 \cdot \theta_{rm} + 18{,}8 + 4$
	gültig für 10 °C < θ_{rm} < 30 °C	
DIN EN 15251: 2012-12 Nationaler Anhang	Obere Grenze der operativen Raumtemperatur in Abhängigkeit des stündlichen Mittelwertes der Außentemperatur AT. AT ≤ 16 °C: θ_{Ra} = 24 °C AT ≥ 32 °C: θ_{Ra} = 28 °C Dazwischen: θ_{Ra} = 18 °C + 0,25·AT + 2 °C	
Adaptives Modell nach ANSI/ASHRAE 55	Obere Grenze der operativen Temperatur in Abhängigkeit des arithmetischen Mittelwerts der Außenlufttemperatur $\bar{t}_{pma(out)}$ der letzten 7 bis 30 Tage: $t_o = 0{,}31 \cdot \bar{t}_{pma(out)} + 21{,}3$ [°C] bei 20 % Unzufriedenen	
Adaptives Modell nach ISSO 74	Obere Grenze der operativen Temperatur T_{oper} in Abhängigkeit des gleitenden Mittelwerts der Außenlufttemperatur des aktuellen Tages und der letzten drei Tage $T_{e,ref}$.	
	Gebäudetyp Alpha Wenn $T_{e,ref}$ > 11 °C Wenn $T_{e,ref}$ < 11 °C	 $T_{oper} < 21{,}3 + 0{,}31 \cdot T_{e,ref}$ $T_{oper} < 23{,}45 + 0{,}11 \cdot T_{e,ref}$
	Gebäudetyp Beta $T_{oper} < 23{,}45 + 0{,}11 \cdot T_{e,ref}$ jeweils bei 20 % Unzufriedenen (zusätzlich angegeben: Werte für 10 % und 35 % Unzufriedene)	
ASR A3.5	Lufttemperatur in Arbeitsräumen soll +26 °C nicht überschreiten **Außenlufttemperatur > +26 °C** *und Lufttemperatur im Raum > +26 °C:* Es sollen zusätzliche Maßnahmen nach ASR A3.5 Tabelle 4 ergriffen werden. *und Lufttemperatur im Raum > +30 °C:* Es müssen wirksame Maßnahmen nach ASR A3.5 Tabelle 4 ergriffen werden. *und Lufttemperatur im Raum > +35 °C:* Raum ist ohne Maßnahmen wie bei Hitzearbeit nicht als Arbeitsraum geeignet.	
DIN 4108-2: 2013-02	Sonneneintragskennwerteverfahren oder thermische Gebäudesimulation. Nachweis der Einhaltung des Übertemperaturgradstunden-Anforderungswerts.	
	 Wohngebäude Nichtwohngebäude	Anforderungswert 1200 Kh/a 500 Kh/a
	Übertemperaturgradstunden werden berechnet, wenn der Bezugswert der operativen Innentemperatur $\theta_{b,op}$ in der Nutzungszeit überschritten wird.	
	Sommerklimaregion A Sommerklimaregion B Sommerklimaregion C	$\theta_{b,op}$ = 25 °C $\theta_{b,op}$ = 26 °C $\theta_{b,op}$ = 27 °C

Sind die zuvor genannten Variablen bekannt, dann lässt sich das vorausgesagte mittlere Votum berechnen. Als Ergebnis ergibt sich ein Zahlenwert, der einer thermischen Empfindung entspricht, dabei bedeutet +3 heiß, +2 warm, +1 etwas warm, 0 neutral, –1 etwas kühl, –2 kühl und –3 kalt. Der PMV-Index sollte jedoch nur im Bereich zwischen +2 und –2 verwendet werden (DIN EN ISO 7730:2006-05). Aus dem vorausgesagten mittleren Votum (PMV) lässt sich der vorausgesagte Prozentsatz an Unzufriedenen, predicted percentage of dissatisfied (PPD), berechnen. Dies ist der Anteil an Personen, die bei vorgegebener Aktivität und Bekleidung ein thermisches Raumklima als zu kalt oder zu warm empfinden (Fanger 1994).

Zahlreiche Feldstudien zeigen, dass das PMV-Modell das Wärmeempfinden der Nutzer klimatisierter Gebäude gut vorhersagt. In natürlich belüfteten Gebäuden ohne technische Kühlung empfinden die Gebäudenutzer hohe Innenraumtemperaturen im Sommer weniger unangenehm, als dies durch das PMV-Modell vorausgesagt wird (de Dear et al. 1997; de Dear und Brager 2002; Brager und de Dear 1998; Wagner et al. 2007). Dieser Widerspruch wird von einigen Forschern auf eine geringere Erwartungshaltung der Nutzer natürlich belüfteter Gebäude zurückgeführt (Fountain et al. 1996; de Dear und Brager 1998). Deshalb schlägt Fanger die Erweiterung seines Modells um den sogenannten expectancy-Faktor vor (Fanger und Toftum 2002).

Der festgestellte Widerspruch hat auch zur Entwicklung weiterer Behaglichkeitsmodelle geführt. Diese werden als adaptive Behaglichkeitsmodelle bezeichnet und verknüpfen durch lineare Regressionsanalysen die Außentemperatur mit der Behaglichkeitstemperatur im Innenraum (de Dear und Brager 1998; Nicol und Humphreys 2002; van der Linden et al. 2006; Nicol und Humphreys 2010). Eine Übersicht über Regelwerke zur thermischen Behaglichkeit und zum sommerlichen Wärmeschutz liefert Tabelle 4-1.

Innerhalb der Europäischen Union machen die Personalkosten im Dienstleistungssektor und im Bereich der Forschung und Entwicklung 40 % der gesamten betrieblichen Aufwendungen aus (Eurostat 2009). Allein dieses Verhältnis macht deutlich, wie entscheidend ein die Leistungsfähigkeit förderndes Innenraumklima aus wirtschaftlicher Sicht ist. Die geistige Leistungsfähigkeit ist von zahlreichen Umgebungseinflüssen abhängig. Dazu gehören unter anderem die Raumluftqualität (Wyon und Wargocki 2006), Umgebungsgeräusche (Beaman 2005), Tageslichtversorgung und Blendung (Heschong 2006), aber als wesentlicher Faktor eben auch die Innenraumtemperatur. Der Zusammenhang zwischen Innenraumtemperatur und geistiger Leistungsfähigkeit kann über zwei Ansätze untersucht werden. In Laborstudien wird die Leistungsfähigkeit durch Gedächtnis-, Rechen-, Textverständnis- und Korrekturaufgaben festgestellt (Wyon et al. 1975; Fang et al. 2004; Clausen und Wyon 2008). Der Vorteil von Laborstudien ist, dass sämtliche Umgebungsbedingungen kontrollierbar sind, von Nachteil ist die Unklarheit, inwiefern die gewählten Aufgaben in der Lage sind, reale Bürotätigkeiten abzubilden. Ein Problem bei Feldstudien ist, dass die Arbeitsleistung im Büroalltag nur schwer quantifizierbar ist. Je komplexer und vielschichtiger die Aufgaben der Mitarbeiter, umso weniger kann deren Leistung objektiv gemessen werden. Eine Ausnahme stellen Call Center dar. Es wird davon ausgegangen, dass bei vielen Mitarbeitern und über längere Beobachtungszeiträume gleich aufwendige und zeitintensive Anrufe eingehen. Die Leistungsfähigkeit wird dann als bearbeitete Anrufe pro Zeiteinheit definiert (Niemelä et al. 2002; Federspiel et al. 2004; Tanabe et al. 2009). Auch bei Tätigkeiten in der Buchhaltung kann ähnlich vorgegangen werden, indem als Maß für die Leistungsfähigkeit die Anzahl bearbeiteter Gehaltsabrechnungen oder die Anzahl bearbeiteter Buchungen pro Zeiteinheit herangezogen wird (Kekäläinen et al. 2010).

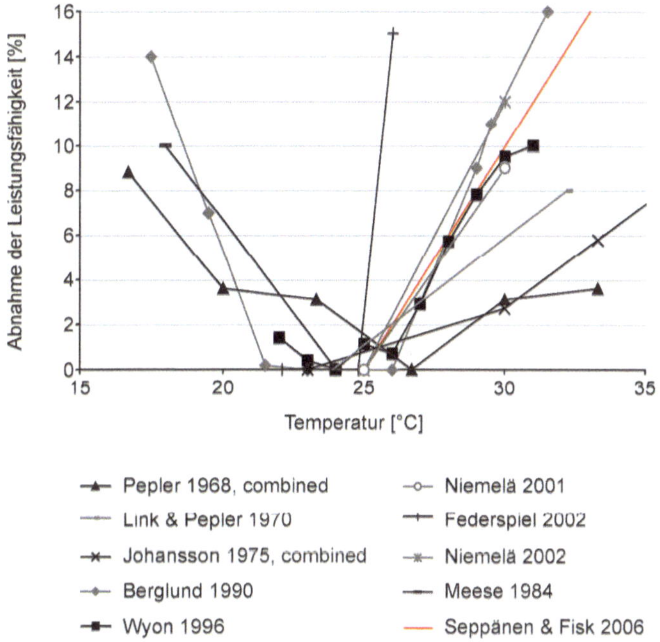

Bild 4-1 Zusammenhang zwischen Leistungsfähigkeit und Temperatur (Quelle: Seppänen und Fisk 2006).

Durch eine Metaanalyse zum Zusammenhang zwischen Innenraumtemperatur und geistiger Leistungsfähigkeit kamen Seppänen et al. zu dem Schluss, dass im Temperaturbereich zwischen 21 °C und 25 °C die Leistungsfähigkeit unbeeinträchtigt ist. Bei Temperaturen über 25 °C fällt die geistige Leistungsfähigkeit jedoch um 2 % pro Kelvin Temperaturanstieg ab (Bild 4-1) (Seppänen et al. 2003; Seppänen und Fisk 2006).

Durch eine weitere Metaanalyse, in die zusätzliche publizierte Studienergebnisse integriert wurden, verfeinerten Seppänen et al. den festgestellten statistischen Zusammenhang zwischen Temperatur und Leistungsfähigkeit. Dabei bezogen sie ausschließlich Studien in ihre Auswertung ein, die die beiden folgenden Kriterien erfüllten: objektive Messung der Leistungsfähigkeit und Verwendung von Aufgaben zur Messung der Leistungsfähigkeit, die für den realen Büroalltag von Bedeutung sind. Die Daten der analysierten Studien werden nach Stichprobengröße (Anzahl an Probanden) und nach der Bedeutung der ausgeführten Tätigkeiten für den realen Büroalltag gewichtet (Bild 4-2) (Seppänen et al. 2006).

Während einer Hitzewelle auftretende Todesfälle sind häufig keine direkte Folge der Hitzebelastung wie beispielsweise bei einem Hitzschlag, sondern eine Folge der hitzebedingt erhöhten Belastung des Organismus, insbesondere des Herz-Kreislauf-Systems (Koppe 2005; Kinney et al. 2008), wie zuvor beschrieben. Die hitzebedingte Sterblichkeit ist definiert als die Differenz zwischen beobachteter und erwarteter Mortalität (Gosling et al. 2009b). Der Erwartungswert entspricht der Anzahl an Sterbefällen, die auch ohne den Einfluss eines relevanten meteorologischen Ereignisses (also in diesem Fall hoher Temperaturen) eingetreten wären (Dessai 2002;

4

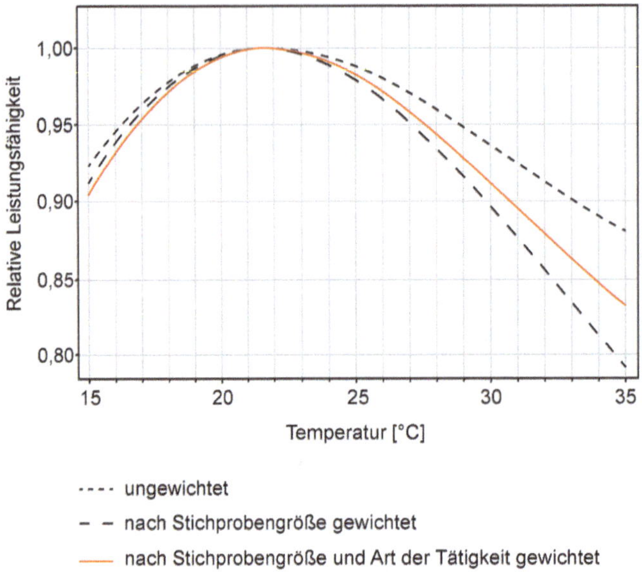

Bild 4-2 Verfeinerter Zusammenhang zwischen Leistungsfähigkeit und Temperatur (Quelle: Seppänen et al. 2006).

Koppe 2005). Ab einer bestimmten Grenzwerttemperatur wird ein Anstieg der Sterblichkeit über den Erwartungswert beobachtet. In einer umfangreichen Studie von Baccini et al. 2008 wurde der Zusammenhang zwischen hohen Temperaturen im Sommerhalbjahr und der Sterblichkeit für 15 europäische Städte untersucht. In 12 der 15 untersuchten Städte kann ein deutlicher Anstieg der Sterbefallzahlen über den Erwartungswert bei hohen Temperaturen festgestellt werden. Dabei liegt die Grenzwerttemperatur, ab der ein Anstieg über den Erwartungswert beobachtet werden kann, umso höher, je wärmer das Klima in der entsprechenden Region ist (Keatinge et al. 2000; Gosling et al. 2007; Baccini et al. 2008). Die Ursache hierfür liegt insbesondere in der langfristigen Akklimatisation und Verhaltensanpassung. Bei Bewohnern heißer Regionen, die sich über Generationen akklimatisiert haben, liegt die Schwitzschwelle höher. Der Körper toleriert einen breiteren Temperaturbereich und die Flüssigkeits- und Elektrolytverluste werden reduziert (Werner 1984). Zudem ist es in wärmeren Regionen durchaus üblich, in den heißen Mittagsstunden den Körper zu schonen (Siesta). Zahlreiche Untersuchungsergebnisse deuten darauf hin, dass als Folge des Klimawandels die hitzebedingte Mortalität zunehmen wird (Koppe 2005; Baccini et al. 2011; Gosling et al. 2009a). Ein wesentlicher Unsicherheitsfaktor liegt in der Frage, inwieweit der menschliche Organismus in der Lage ist, sich an die relativ schnell fortschreitende Veränderung der Temperaturen infolge des Klimawandels anzupassen. Von den gesundheitlich negativen Auswirkungen einer Hitzewelle sind insbesondere ältere Menschen, Babys und Kleinkinder betroffen (Basu 2009). Ein erhöhtes Risiko besteht zudem bei gesundheitlich vorbelasteten Personen mit Atemwegs- oder Herz-Kreislauferkrankungen (D'Ippoliti et al. 2010). Weitere Risikofaktoren sind Bettlägerigkeit sowie Pflegebedürftigkeit (Semenza et al. 1996). Folglich ergibt sich ein besonders dringlicher Handlungsbedarf im Hinblick auf die Einwirkung Sommerhitze in Kindergärten und Grundschulen sowie in Krankenhäusern, Alten- und Pflegeheimen.

4.2 Erkenntnisse der Klimaforschung

Wie bereits in Kapitel 2 eingeführt, kann durch lange Messreihen der Temperatur die Erderwärmung im Verlauf des 20. Jahrhunderts nachgewiesen werden. Auf Grundlage weltweiter, teilweise bis in die Mitte des 19. Jahrhunderts zurückreichender, Messungen der Lufttemperatur über Land und der Wassertemperatur an der Wasseroberfläche kann die jährlich und weltweit gemittelte Erdoberflächentemperatur abgeschätzt werden. Als Mittelwert dreier unabhängiger Schätzungen ergibt sich für den Zeitraum 1901 bis 2012 eine Erhöhung der mittleren Erdoberflächentemperatur um 0,89 K (Hartmann et al. 2013).

Dieser Erwärmungstrend spiegelt sich in weiten Teilen der Welt auch in einer Zunahme der Sommertemperaturen und der Häufigkeit und Dauer von Hitzewellen wider. In dem Zeitraum 1951 bis 2003 konnte insbesondere über Westeuropa eine Zunahme an Sommertagen festgestellt werden (Alexander et al. 2006). Sommertage sind definiert als Tage mit einer Tageshöchsttemperatur von über 25 °C. Luterbacher et al. veröffentlichten im Jahr 2004 eine Temperaturrekonstruktion für die Jahreszeiten in Europa, die bis ins Jahr 1500 zurückreicht. Darin wird festgestellt, dass die Zeitperiode 1994 bis 2003 sehr wahrscheinlich das Jahrzehnt mit den höchsten Sommertemperaturen seit Beginn des 16. Jahrhunderts war (Luterbacher et al. 2004). Des Weiteren zeigt sich beim Vergleich der einzelnen Jahre, dass der Sommer 2003 über Europa sehr wahrscheinlich der heißeste seit dem Jahr 1500 war. Auch eine neuere Untersuchung unterstreicht die herausragende Stellung der Sommertemperaturen im ersten Jahrzehnt des 21. Jahrhunderts in Europa. Mindestens zwei Sommer dieses Jahrzehnts, nämlich die Sommer der Jahre 2003 und 2010, waren höchstwahrscheinlich die wärmsten seit dem Jahr 1500 (Barriopedro et al. 2011).

Die Tageshöchsttemperaturen im Sommer in Westeuropa sind zwischen 1880 und 2005 um 1,6 ± 0,4 K angestiegen. Dementsprechend konnte eine Verdreifachung der heißen Tage im Sommer beobachtet werden. Dabei wurde ein heißer Tag als ein Tag definiert, an dem die Tageshöchsttemperatur das 95. Perzentil der jeweiligen langjährigen Tageshöchsttemperatur des Bezugszeitraumes 1906 bis 1990 übersteigt. Des Weiteren hat sich über den Zeitraum 1880 bis 2005 die Dauer von Hitzewellen in Westeuropa verdoppelt (Della-Marta et al. 2007). Auch Perkins et al. 2012 konnten anhand von Temperaturmessungen, die ins Jahr 1950 zurückreichen, eine Zunahme der Häufigkeit, Intensität und Dauer von Hitzewellen sowohl weltweit als auch in Europa nachweisen.

Der weitere Wandel des Klimas im Verlauf des 21. Jahrhunderts hängt wesentlich von den zukünftigen Treibhausgas- und Aerosolemissionen ab. Diese werden wiederum durch die weltweite gesellschaftliche Entwicklung beeinflusst. Bestimmende Größen sind dabei das Bevölkerungswachstum, das Wirtschaftswachstum und der technologische Fortschritt. Die Entwicklung der Gesellschaft ist jedoch in höchstem Maße unsicher und nicht vorhersagbar. Aus diesem Grund hat der Zwischenstaatliche Ausschuss für Klimaänderungen 40 Szenarien erstellt, die zukünftige alternative Entwicklungsrichtungen beschreiben. Alle 40 Szenarien stellen plausible Entwicklungen der Weltgesellschaft dar und keines der Szenarien wird als wahrscheinlicher oder weniger wahrscheinlich angesehen (Nakićenović et al. 2000). Die 40 sogenannten SRES-Szenarien (Special Report on Emissions Scenarios) basieren auf vier Modellgeschichten, die sehr unterschiedliche, zukünftig mögliche Entwicklungen der Welt qualitativ beschreiben. Sie werden als A1, A2, B1 und B2 bezeichnet. In Modellgeschichten mit einem A im Namen wird zukünftig der wirtschaftlichen Entwicklung Vorrang eingeräumt. Bei einem B im Namen steht der Umweltschutz mehr im Vordergrund. Die Zahlen im Namen deuten darauf hin, ob zukünftig auf

4

globaler Ebene Lösungen gesucht werden – „1“ – oder eine regionale Denkweise das Handeln beherrscht – „2“ (Nakićenović et al. 2000).

Die Modellgeschichte A1 beschreibt eine Zukunft mit sehr schnellem Wirtschaftswachstum, geringem Bevölkerungswachstum sowie einer schnellen Einführung neuer effizienter Technologien. Diese Modellgeschichte teilt sich zudem in drei Gruppen auf. In der Szenariogruppe A1FI (fossil intensive) wird die Energieversorgung durch fossile Energieträger dominiert. Die Gruppe A1T (technology) zeichnet sich durch einen verstärkten Einsatz erneuerbarer Energien und Atomenergie aus, während in der Gruppe A1B von einer ausgeglichenen Nutzung aller Energieträger ausgegangen wird. Die Modellgeschichte A2 ist durch ein langsameres und ungleich verteiltes Wirtschaftswachstum geprägt. Die Weltbevölkerung wächst kontinuierlich an und der Technologiewechsel geht wesentlich langsamer vonstatten. Die Modellgeschichte B1 skizziert eine Gesellschaft, die durch ein hohes Umweltbewusstsein und das Streben nach sozialer Gerechtigkeit geprägt ist. Es findet ein schneller Wandel der Wirtschaft hin zu einer Dienstleistungs- und Informationswirtschaft statt. Hohe Investitionen in Bildung und Forschung sowie Umweltsteuern befördern die Einführung effizienter Technologien. Die hohe Bildung und der weltweit gleichmäßiger verteilte Wohlstand führen zu einem geringen Wachstum der Weltbevölkerung. Im Szenario B2 wird das Handeln in Politik und Wirtschaft zwar auch durch umweltbewusste Bürger beeinflusst, allerdings sind die Lösungsansätze lokal und regional. Durch den Bedeutungsverlust der internationalen Institutionen verbreiten sich neue Technologien langsamer. Das Bevölkerungswachstum ist nur mäßig (Nakićenović et al. 2000).

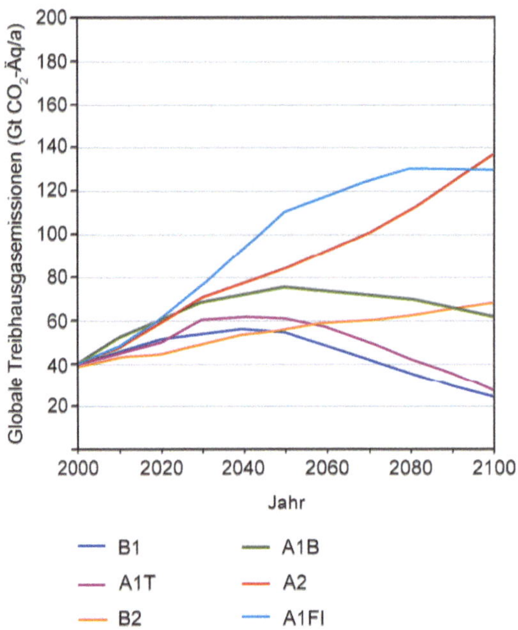

Bild 4-3 Entwicklung globaler Treibhausgasemissionen für verschiedene Emissionsszenarien (Quelle: Bernstein et al. 2008).

Die qualitativen Modellgeschichten wurden in einem zweiten Schritt mit Hilfe komplexer Verfahren in quantitative Emissionsszenarien übersetzt. Da die Übersetzung der Modellgeschichten in Emissionen weitere Annahmen erfordert, ergibt sich pro Modellgeschichte nicht ein eindeutiges Emissionsszenario. Deshalb wurden insgesamt 40 Emissionsszenarien entwickelt, um die mögliche Spannbreite innerhalb der Modellgeschichten abbilden zu können. Aus Gründen der Übersichtlichkeit wurde für jede Szenariogruppe ein illustratives Szenario ausgewählt. Die Treibhausgasemissionen für die sechs illustrativen Szenarien im Verlauf des 21. Jahrhunderts sind in Bild 4-3 als Gigatonnen CO_2-Äquivalent pro Jahr dargestellt.

Klimaprojektionen werden insbesondere für das Ende des 21. Jahrhunderts zum Teil erheblich durch das zugrunde gelegte Emissionsszenario beeinflusst. Eine Simulation des zukünftigen Klimas liefert folglich immer eine Wenn-Dann-Aussage (Latif 2009). Dies wird im Folgenden anhand der projizierten Entwicklung der mittleren Erdoberflächentemperatur erläutert (Bild 4-4). Wenn die Treibhausgas- und Aerosolemissionen dem illustrativen Emissionsszenario der Szenariogruppe A1B folgen und keine unerwarteten Ereignisse wie starke Vulkanausbrüche, Meteoriteneinschläge oder wesentliche Veränderungen in der Sonnenaktivität innerhalb des 21. Jahrhunderts eintreten, dann wird sich die mittlere Erdoberflächentemperatur bis zum Ende des 21. Jahrhunderts (Mittelwert des Zeitraumes 2080–2099) im Vergleich zum Mittel des Zeitraumes 1980–1999 um 2,65 K erhöhen. Im Vergleich dazu ergibt sich für die illustrativen Szenarien A2 und B1 eine Erwärmung um 3,13 K respektive 1,79 K (Meehl et al. 2007).

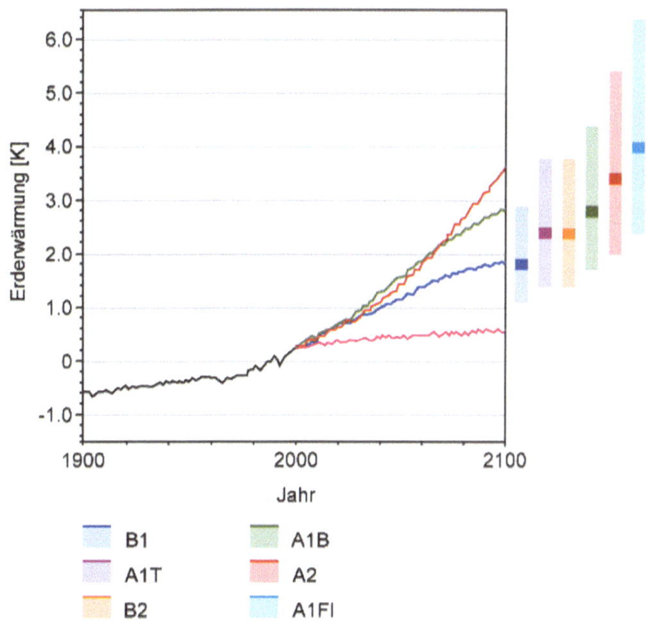

Bild 4-4 Entwicklung der mittleren Erdoberflächentemperatur in Abhängigkeit des Emissionsszenarios (Quelle: Bernstein et al. 2008).

4

Ein wichtiger Faktor, den es bei der Planung und Umsetzung sowohl von Klimaschutzmaßnahmen als auch von Maßnahmen zur Anpassung an den Klimawandel zu berücksichtigen gilt, ist die Trägheit des Klimasystems. Dies verdeutlicht wiederum Bild 4-4. Die pinkfarbene Linie stellt die Entwicklung der mittleren Erdoberflächentemperatur dar, wenn die atmosphärischen Treibhausgaskonzentrationen über das gesamte 21. Jahrhundert auf dem Niveau des Jahres 2000 konstant gehalten würden. Trotz der konstanten Treibhausgaskonzentrationen würde sich die Erde um weitere 0,6 K erwärmen (Meehl et al. 2007). Eine Stabilisierung der Treibhausgaskonzentrationen auf einem bestimmten Niveau führt erst nach einem Zeitraum von mehreren Jahrhunderten zu einer Stabilisierung der mittleren Erdoberflächentemperatur (Matthews 2006 und Plattner et al. 2008). Selbst nach einem sofortigen Stopp der Treibhausgasemissionen würde sich die Erdoberflächentemperatur in den darauffolgenden 900 Jahren infolge der Trägheit des Klimasystems kaum beziehungsweise nur um wenige Zehntel Grad Celsius, im Vergleich zum Zeitpunkt des Emissionsstopps, reduzieren (Plattner et al. 2008 und Solomon et al. 2009). Folglich lassen sich die, einmal durch Treibhausgasemissionen verursachten, Klimaänderungen auf natürlichem Wege auch über Generationen hinweg nicht rückgängig machen (Fahrion 2015).

Die folgenden Absätze geben einen Überblick über Ergebnisse verschiedener Klimaprojektionen zur Entwicklung des Sommerklimas in Europa und Deutschland im Verlauf des 21. Jahrhunderts. Mehrere Untersuchungen weisen darauf hin, dass die Durchschnittstemperaturen der Sommermonate Juni, Juli und August in Europa nicht gleichmäßig ansteigen werden. In Südeuropa und insbesondere im Mittelmeerraum ist demnach mit einem stärkeren Anstieg der Sommertemperaturen zu rechnen (Fischer und Schär 2010; Kjellström et al. 2011; Giorgi et al. 2004). Im Mittelmeerraum wird unter dem Emissionsszenario A1B ein Anstieg der Sommertemperatur bis zum Ende des 21. Jahrhunderts von bis zu 6 K projiziert. In Mitteleuropa ist für dieses Szenario immer noch mit einem Anstieg zwischen 2 K und 4 K zu rechnen (Kjellström et al. 2011). Diffenbaugh und Scherer 2011 führten unter Ansatz desselben Emissionsszenarios eine Untersuchung durch, aus der geschlossen werden kann, dass zum Ende des Jahrhunderts in Mitteleuropa 60 % bis 70 % der Sommer heißer sein werden als der heißeste Sommer der Zeitspanne 1980 bis 1999.

Die regionalen Klimabüros der Helmholtz-Gemeinschaft haben für das Gebiet der Bundesrepublik Deutschland regionale Klimaprojektionen ausgewertet. In Bild 4-5 ist die Änderung der durchschnittlichen Sommertemperatur bis zum Ende des 21. Jahrhunderts für eine Projektion unter dem Emissionsszenario A1B dargestellt. Auch innerhalb Deutschlands ist das oben genannte Süd-Nord-Gefälle zu erkennen. Im Gebietsmittel Deutschlands ergibt sich für diese Klimamodellrechnung eine Erhöhung der durchschnittlichen Sommertemperatur um 3,9 K. Selbst unter Ansatz des weniger kritischen, illustrativen Szenarios B1 ergibt sich im Gebietsmittel noch mindestens eine Erhöhung um 2,2 K (Meinke et al. 2010).

Nach übereinstimmender Aussage zahlreicher Untersuchungen werden in Mitteleuropa die extrem hohen Sommertemperaturen im Vergleich zur durchschnittlichen Sommertemperatur stärker ansteigen (Fischer und Schär 2010; Deutschländer und Dalelane 2012; Schär et al. 2004). Damit wird die Wahrscheinlichkeit für das Auftreten extrem hoher Sommertemperaturen deutlich zunehmen (Schär et al. 2004; Giorgi et al. 2004). Die erhöhte Temperaturvariabilität ist in einem Band von Süd- und Mittelfrankreich über Norditalien, die Schweiz und Südwestdeutschland bis nach Ungarn und zum Balkan besonders stark ausgeprägt (Schär et al. 2004; Fischer und Schär 2010; Vidale et al. 2007).

Einhergehend mit dem mittleren Anstieg und der erhöhten Variabilität der Sommertemperaturen nimmt die Intensität, Häufigkeit und Dauer von Hitzewellen in Zukunft wesentlich zu (Fischer und Schär 2010; Meehl und Tebaldi 2004; Beniston et al. 2007). In einer ausführlichen Studie

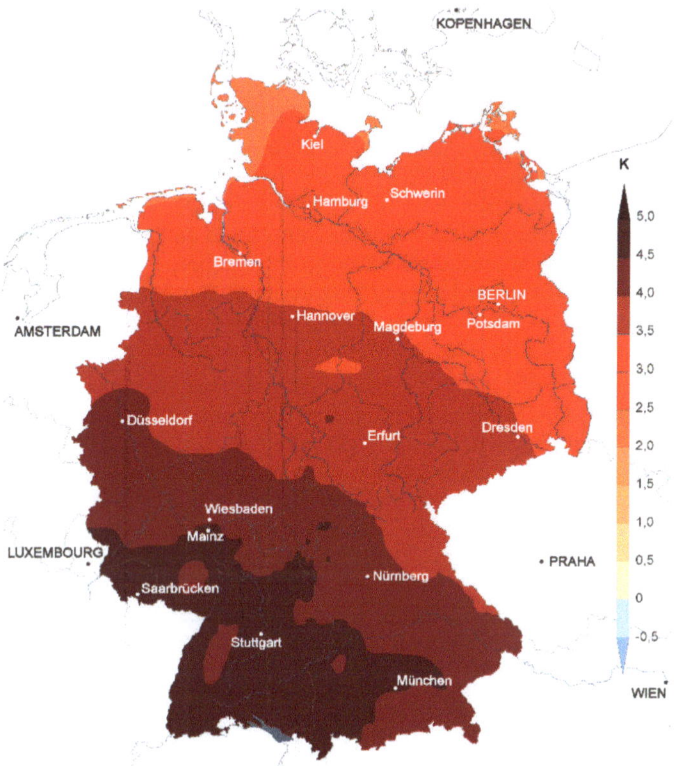

Bild 4-5 Mögliche mittlere Änderung der durchschnittlichen Sommertemperatur bis zum Ende des 21. Jahrhunderts im Vergleich zur Referenzperiode 1961 bis 1990 unter dem Emissionsszenario A1B (Quelle: Meinke et al. 2010, abgerufen am 07.10.2014).

zur Entwicklung von Hitzewellen in Europa stellen Fischer und Schär 2010 unter Verwendung des Emissionsszenarios A1B für Mitteleuropa fest, dass Hitzewellen anstatt einmal jeden zehnten Sommer, wie im Bezugszeitraum 1961 bis 1990, zum Ende des Jahrhunderts in jedem Sommer auftreten werden. Zudem werden sich die Tage, die ein definiertes Hitzewellenkriterium erfüllen, in Norddeutschland verneunfachen, in Süddeutschland sogar verachtzehnfachen. Ebenfalls unter Zugrundelegung des Szenarios A1B stellen Nikulin et al. fest, dass die Jahreshöchsttemperatur, die in der Zeitspanne 1961–1990 nur alle 20 Jahre erreicht wurde, zum Ende des Jahrhunderts in Süddeutschland in jedem zweiten oder dritten Jahr und in Norddeutschland in jedem dritten oder vierten Jahr erreicht werden wird (Nikulin et al. 2011).

Unter Ansatz des Emissionsszenarios A2 werden zum Ende des 21. Jahrhunderts in der Mitte und im Süden Deutschlands so viele heiße Tage – das sind Tage mit einer Tageshöchsttemperatur von mindestens 30 °C – auftreten wie in der Zeitspanne 1961 bis 1990 in Nord- und Mittelitalien. Das Sommerklima wird sich unter diesem Szenario circa 400 km bis 500 km nach Norden verschieben (Beniston et al. 2007).

4.3 Verletzbarkeitsanalyse

Im Bauwesen sind zum Nachweis des sommerlichen Wärmeschutzes das Sonneneintragskennwerteverfahren und die dynamisch-thermische Gebäudesimulation eingeführt. Des Weiteren existieren Ansätze, den sommerlichen Wärmeschutz über den Berechnungsalgorithmus der DIN V 18599 zu beurteilen (Höttges und Kempkes 2009) (zu den verschiedenen Nachweisverfahren vergleiche Fahrion 2015). Die dynamisch-thermische Gebäudesimulation ist aktuell die genaueste Methode zur Bewertung des sommerlichen Wärmeschutzes und am besten geeignet, die Auswirkungen des Klimawandels auf bestehende Gebäude zu untersuchen. Wegen der zahlreichen Eingabeparameter, die bei Simulationsrechnungen festzulegen sind, müssen einheitliche Randbedingungen definiert werden, um die Verletzbarkeit von Gebäuden miteinander vergleichen zu können. DIN 4108-2:2013-02 legt in Abschnitt 8.4 Simulationsrandbedingungen fest, die auch hier im weiteren Verlauf verwendet wurden.

Gemäß DIN 4108-2:2013-02 wird Deutschland in drei Sommerklimaregionen eingeteilt (Bild 4-6). Dabei entspricht Region A sommerkühlen, Region B gemäßigten und Region C sommerheißen Gebieten. In Abhängigkeit der Sommerklimaregion und damit des Gebäudestandortes werden unterschiedliche Randbedingungen für die Nachweisführung definiert (Tabelle 4-2). Für den normativen Nachweis mittels dynamisch-thermischer Gebäudesimulation sind als Klimarandbedingungen die mittleren Testreferenzjahre 2010 (englisch: Test Reference Years, kurz: TRY) anzusetzen. TRY sind Klimadatensätze, die den charakteristischen Wetterverlauf eines Jahres in einer Region darstellen und für ausgewählte Klimaelemente (zum Beispiel direkte Sonnenstrahlung, diffuse Sonnenstrahlung, Windgeschwindigkeit ...) Stundenwerte für ein ganzes Jahr bereitstellen. Sie werden speziell für die Anwendung in Simulationsprogrammen erstellt (Christoffer et al. 2004).

Tabelle 4-2: Definierte Klimarandbedingungen, Bezugswerte der operativen Innentemperatur und Anforderungswerte gemäß DIN 4108-2:2013-02.

Sommerklimaregion nach Bild 4-6	Klimarandbedingung	Bezugswert $\theta_{b,op}$ der Innentemperatur (°C)	Anforderungswert Übertemperaturgradstunden (Kh/a)	
			Wohngebäude	Nichtwohngebäude
A	Normaljahr TRY 2010 TRY-Region 2 Repräsentanzstation Rostock-Warnemünde	25		
B	Normaljahr TRY 2010 TRY-Region 4 Repräsentanzstation Potsdam	26	1200	500
C	Normaljahr TRY 2010 TRY-Region 12 Repräsentanzstation Mannheim	27		

Es ist nachzuweisen, dass während der Nutzungszeit in den kritischen Räumen eines Wohngebäudes nicht mehr als 1200 beziehungsweise in einem Nichtwohngebäude nicht mehr als 500 Übertemperaturgradstunden im Jahr auftreten. Der Nachweis ist raumweise zu führen. Dabei ist es ausreichend, den kritischen Raum zu betrachten. Übertemperaturgradstunden sind eine geeignete Kenngröße, um die Temperaturverhältnisse innerhalb eines Raumes über längere Zeiträume beurteilen und mit anderen Räumen vergleichen zu können. Dieser Kennwert berücksichtigt nicht nur die Dauer; während der eine definierte Temperatur, nämlich der Bezugswert der operativen Innentemperatur $\theta_{b,op}$, überschritten wird, sondern auch die Höhe der Temperaturüberschreitung. In Abhängigkeit der Sommerklimaregion unterscheidet sich der Bezugswert der operativen Innentemperatur $\theta_{b,op}$ (Tabelle 4-2). Dadurch soll die Adaption der Nutzer an das vorherrschende Außenklima berücksichtigt werden. Die operative Innentemperatur ist der arithmetische Mittelwert aus Raumlufttemperatur und mittlerer Strahlungstemperatur der raumumschließenden Flächen.

Bild 4-6 Einteilung Deutschlands in Sommerklimaregionen gemäß DIN 4108-2:2013-02. Wiedergegeben mit Erlaubnis des DIN Deutsches Institut für Normung e. V. Maßgebend für das Anwenden der DIN-Norm ist deren Fassung mit dem neuesten Ausgabedatum, die bei der Beuth Verlag GmbH, Burggrafenstraße 6, 10787 Berlin erhältlich ist.

Zur Bestimmung der Übertemperaturgradstunden wird für jede Stunde, in der die operative Innentemperatur innerhalb des betrachteten Raumes oberhalb des Bezugswertes liegt, die Differenz zwischen operativer Innentemperatur und dem Bezugswert gebildet und anschließend die Jahressumme ermittelt. Berücksichtigt werden dabei nur die Temperaturüberschreitungen während der Nutzungszeit. Bei Wohngebäuden wird von einer ständigen Nutzung an 24 Stunden pro Tag und 365 Tagen im Jahr und somit von insgesamt 8760 Nutzungsstunden pro Jahr ausgegangen. Die Nutzungszeit von Nichtwohngebäuden wird für den Nachweis jeweils von Montag bis Freitag von 7.00 Uhr bis 18.00 Uhr definiert. Es wird von einem fiktiven Kalender ausgegangen der nur aus Wochentagen und Wochenenden besteht, Feiertage und Ferienzeiten werden nicht berücksichtigt. Der Kalender beginnt an einem Montag, so dass sich 261 Wochentage à 11 Nutzungsstunden und somit 2871 Nutzungsstunden pro Jahr ergeben. Bild 4-7 beschreibt anhand eines fiktiven Verlaufs der operativen Innentemperatur die Vorgehensweise zur Ermittlung der Übertemperaturgradstunden für einen Wochentag in einem Raum eines Nichtwohngebäudes in der Sommerklimaregion C. Für den Beispieltag ergeben sich 8 Übertemperaturgradstunden. Informativ werden entsprechend DIN 4108-2:2013-02 zusätzlich die Übertemperaturgradstunden für $\theta_{b,op}$ + 2 K und $\theta_{b,op}$ + 4 K angegeben.

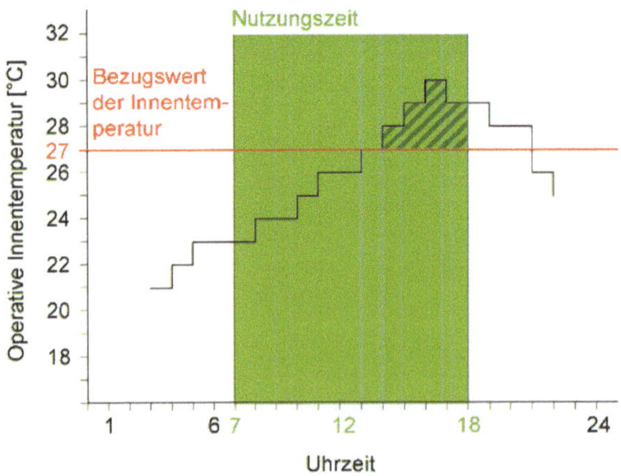

Bild 4-7 Ermittlung der Übertemperaturgradstunden anhand eines fiktiven Verlaufs der operativen Innentemperatur.

Die DIN 4108-2:2013-02 definiert in Abhängigkeit des Gebäudetyps, Wohngebäude oder Nichtwohngebäude, und in Abhängigkeit des Nutzungszustandes, während oder außerhalb der Nutzungszeit, weitere Randbedingungen. So werden exakte Vorgaben für die Höhe der internen Wärmeeinträge, für die Luftwechselzahlen und für die Soll-Raumtemperaturen für Heizzwecke gemacht.

Entscheidenden Einfluss auf die Ergebnisse hat zudem die angenommene Aktivierung eventuell vorhandener, variabler und manuell betätigter Sonnenschutzsysteme. Es wurde angenommen, dass diese aktiviert werden, wenn die Summe aus direkter und diffuser Solarstrahlung auf der äußeren Verglasungsoberfläche 300 W/m^2 überschreiten (Fahrion 2015). Außerhalb der Nutzungszeit wird davon ausgegangen, dass ein manuell betätigter Sonnenschutz nicht aktiv ist. Der Parameter zur Bewertung der Aktivierung beweglicher Sonnenschutzsysteme in DIN V 18599-2:2007-02 wurde auch über Simulationsrechnungen bestimmt, bei denen ebenfalls von einer

Grenzbestrahlungsstärke von 300 W/m^2 ausgegangen wurde (Rouvel et al. 2006 in Verbindung mit David et al. 2005). Auch DIN EN ISO 13790:2008-09 definiert diesen Grenzwert für die Aktivierung eines Sonnenschutzes.

In einer Untersuchung des Fraunhofer-Instituts für Solare Energiesysteme beurteilen über 80 % der Nutzer die Sichtverbindung vom Arbeitsplatz nach außen als sehr wichtig oder eher wichtig (Voss et al. 2007). Des Weiteren zeigen Feldstudien, dass die Tageslichtversorgung und der Sichtkontakt zur Umwelt durch Fenster sich positiv auf die Leistungsfähigkeit auswirken (Heschong 2006). Auf Grund der Bedeutung des Sichtkontakts zur Außenumgebung wurde davon ausgegangen, dass ein Sonnenschutz aus Lamellen bei Erreichen der Grenzbestrahlungsstärke nicht komplett geschlossen wird, sondern die Lamellen im Winkel von 45° zur Horizontalen schräg gestellt werden (Fahrion 2015).

Sämtliche, hier vorgestellte, Untersuchungen wurden für die Sommerklimaregion C durchgeführt. Zum einen lässt sich mit dieser Wahl die längste Reihe an Klimadatensätzen zum Nachweis des sommerlichen Wärmeschutzes generieren, zum anderen stellt dies für Deutschland eine Worst-Case-Betrachtung dar (Schlitzberger 2014).

Für die Berechnung des Heizwärme- und Kühlbedarfs wurden Simulationsrandbedingungen angesetzt, die sich an den Maßgaben der DIN V 18599:2007-02 orientieren (Fahrion 2015).

Die dynamisch-thermische Gebäudesimulation benötigt als Eingangsparameter verschiedene Klimaelemente in stündlicher Auflösung. Dabei ist es weder für die Vergangenheit noch für die aktuelle Situation ausreichend, Beobachtungsdaten von Wetterstationen für willkürlich ausgewählte Jahre zu verwenden. Ziel ist es vielmehr; Klimarandbedingungen einzusetzen, die in der Lage sind, den typischen beziehungsweise charakteristischen Witterungsverlauf eines mehrjährigen Zeitraumes widerzuspiegeln. Hierfür eignen sich die sogenannten Testreferenzjahre (TRY). Im Jahr 1986 wurden erstmals TRY (TRY 1986) für das ehemalige Bundesgebiet Deutschlands veröffentlicht (Blümel et al. 1986). Um die Klimavariabilität innerhalb Deutschlands abbilden zu können, wurde das Staatsgebiet in Regionen unterteilt. Für jede Region wurde eine darin liegende Repräsentanzstation ausgewählt, die charakteristisch für das Klima in der gesamten Region ist (Bild 4-8 links). Auf Basis der Beobachtungsdaten aus dem Zeitraum 1951 bis 1976 an den Repräsentanzstationen wurde für jede Station jeweils ein TRY entwickelt, welches – unter Umständen nach Höhenkorrekturen – mit hinreichender Genauigkeit für die gesamte TRY-Region gültig ist (Blümel et al. 1986). Im Jahr 2004 veröffentlichte der Deutsche Wetterdienst TRY für das Gebiet des wiedervereinigten Deutschlands (Christoffer et al. 2004). Als Bezugszeitraum wurde die internationale Klimanormalperiode 1961 bis 1990 verwendet. An der Methodik der Regionseinteilung und der Repräsentanzstationen wurde festgehalten, allerdings veränderten sich die Grenzen der Regionen und teilweise auch die verwendeten Repräsentanzstationen (Bild 4-8 rechts).

Im Jahr 2011 veröffentlichte der Deutsche Wetterdienst aktualisierte TRY (TRY 2010) sowie TRY für die Zukunft (TRY 2035). Dabei wurde an der Regionseinteilung festgehalten. Lediglich die Repräsentanzstation Passau wurde durch Mühldorf am Inn ersetzt (DWD 2011a). Die TRY 2010 basieren auf Beobachtungsdaten aus dem Zeitraum 1988 bis 2007. Die TRY 2035 wurden auf Grundlage von Klimaprojektionen von fünf regionalen Klimamodellen erstellt. Sie basieren auf dem Emissionsszenario A1B und sind unter dieser Voraussetzung nach heutigem Kenntnisstand für die in der Zukunft liegende Zeitspanne 2021 bis 2050 repräsentativ (DWD 2011a).

Regionseinteilung der TRY 1986 (Quelle: Blümel et al. 1986)

Regionseinteilung der TRY 2004, TRY 2010 und TRY 2035 (Quelle: Christoffer et al. 2004)

Bild 4-8 Einteilung Deutschlands in TRY-Regionen und zugehörige Repräsentanzstationen.

Für den Nachweis des sommerlichen Wärmeschutzes nach DIN 4108-2:2013-02 ist für sommerheiße Gebiete der Region C das TRY der Repräsentanzstation Mannheim zu verwenden. Die TRY 1986 scheinen für das erläuterte Nachweisverfahren zunächst nicht kompatibel. Vergleicht man in Bild 4-8 die Regionseinteilung der TRY 1986 mit der seit 2004 gültigen Regionseinteilung; erkennt man jedoch, dass der nördliche Teil der aktuellen TRY-Region 12 weitgehend deckungsgleich mit der TRY-Region 6 der TRY 1986 ist (beide orange hinterlegt). Die beiden Repräsentanzstationen Mannheim und Frankfurt liegen Luftlinie nur circa 60 km voneinander entfernt. Der Höhenunterschied über NN beträgt lediglich 16 m. In guter Näherung kann mit dem TRY der Region 6 von 1986 die Reihe der mittleren TRY der aktuellen Region 12 verlängert werden (Fahrion 2015).

Mit den dargestellten Klimarandbedingungen lassen sich der bereits stattgefundene und der projizierte, mittelfristige, Klimawandel in den sommerheißen Gebieten Deutschlands über dynamisch-thermische Gebäudesimulationen abbilden. Sowohl der Nachweis des sommerlichen Wärmeschutzes nach DIN 4108-2:2013-02 als auch die Entwicklung des Nutzwärme- und Nutzkältebedarfs können beginnend mit einem repräsentativen Klima für die Zeitspanne 1951 bis 1976 bis hin zu einem repräsentativen Klima für die Zeitspanne 2021 bis 2050 untersucht werden (Bild 4-9). Allerdings wird für die zweite Hälfte des 21. Jahrhunderts ein weiterer, erheblicher Temperaturanstieg projiziert (Bernhofer et al. 2011; Meehl et al. 2007). Dieser kann durch die bisher erläuterten TRY nicht erfasst werden. Aus diesem Grund ist ein weiterer Klimadatensatz erforderlich (Fahrion 2015).

Da kein synthetisch generierter Klimadatensatz für das Ende des 21. Jahrhunderts zur Verfügung steht, wird stattdessen angestrebt; ein real aufgetretenes Wetterextrem als Analogie für zukünftig typische Sommerverhältnisse zu verwenden. In Deutschland war der Sommer 2003 im Gebietsmittel der heißeste seit Beginn der Flächenmittel-Abschätzungen im Jahr 1761 (Schönwiese et al. 2004). Das Zentrum der Hitzeanomalie lag über Südostfrankreich, der Schweiz und Südwestdeutschland (Barriopedro et al. 2011; Schär et al. 2004). Im Zentrum der Hitzewelle wurden zum Teil extreme Temperaturabweichungen im Vergleich zu den sonstigen existierenden Beobachtungsdaten festgestellt (Schönwiese et al. 2004; Schär et al. 2004; Beniston 2004; Beniston und Diaz 2004). Verschiedene wissenschaftliche Untersuchungen deuten darauf hin, dass der Sommer 2003 über Westeuropa zum Ende des Jahrhunderts ein durchschnittliches oder typisches Ereignis darstellen wird. Schär et al. 2004, Beniston 2004 sowie Beniston und Diaz 2004 verglichen Beobachtungsdaten des Sommers 2003 von Wetterstationen der Nordwestschweiz mit Klimaprojektionen unter dem Emissionsszenario A2 für das Ende des 21. Jahrhunderts. Sie kommen übereinstimmend zu dem Schluss, dass der Sommer 2003 große Ähnlichkeiten mit den Projektionen für das Ende des 21. Jahrhunderts aufweist und geeignet ist, die Auswirkungen des Klimawandels zu untersuchen (Fahrion 2015).

Im weiteren Verlauf werden die Beobachtungsdaten des Jahres 2003 an der DWD-Wetterstation Mannheim verwendet, um den Nachweis des sommerlichen Wärmeschutzes in den sommerheißen Gebieten Deutschlands für die Klimaperiode 2071 bis 2100 zu führen. Mannheim lag ebenfalls im Zentrum der Hitzewelle des Jahres 2003, so dass die Ergebnisse von Schär und Beniston in guter Näherung auf das Gebiet der TRY-Region 12 übertragen werden können.

Tabelle 4-3 Übersicht über die verwendeten Klimadatensätze zur Abbildung des bereits stattgefundenen und des projizierten Klimawandels.

	TRY 1986	TRY 2004	TRY 2010	TRY 2035	Jahr 2003
Datengrundlage	Real gemessene Klimadaten an den Repräsentanzstationen nach Bild 4-8 links	Real gemessene Klimadaten an den Repräsentanzstationen nach Bild 4-8 rechts	Real gemessene Klimadaten an den Repräsentanzstationen nach Bild 4-8 rechts	Klimaprojektionen für die Repräsentanzstationen nach Bild 4-8 rechts	Auf Grundlage von Klimaprojektionen ausgewählte, unveränderte Beobachtungsdaten für ein ganzes Jahr an der DWD-Station Mannheim
Emissionsszenario	–	–	–	A1B	A2
Bezugszeitraum	1951–1976	1961–1990	1988–2007	2021–2050	2071–2100

Die Beobachtungsdaten des Jahres 2003 an der Station Mannheim sind zwar in der Lage; einen charakteristischen Sommer zum Ende des 21. Jahrhunderts abzubilden, die aufgezeichneten Temperaturen der Wintermonate sind jedoch deutlich zu kalt, als dass sie repräsentativ für eine zukünftige Winterperiode sein könnten. Im deutschen Gebietsmittel lagen die Temperaturen der Wintermonate Januar, Februar und Dezember des Jahres 2003 circa 0,5 K unter denen eines durchschnittlichen Winters des Zeitabschnitts 1961 bis 1990 (Müller-Westermeier und Riecke 2004).

Betrachtet man die äußeren Grenzen der Bezugszeiträume, dann lassen sich mit den hier vorgestellten Klimadatensätzen der sommerliche Wärmeschutz und der Kühlbedarf in der Sommerklimaregion C (sommerheiße Gebiete Deutschlands) mittels dynamisch-thermischer Gebäudesimulation über eine Zeitspanne von 150 Jahren untersuchen. Geht man lediglich von der Mitte der Zeiträume aus, dann verbleibt immerhin ein Untersuchungszeitraum von 122 Jahren. Die Entwicklung des Heizwärmebedarfs kann lediglich über 100 Jahre beziehungsweise 72 Jahre nachverfolgt werden (Fahrion 2015).

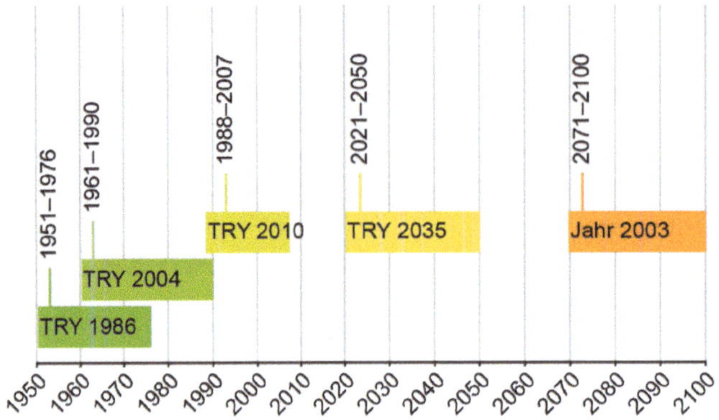

Bild 4-9 Verwendete Klimadatensätze zur Abbildung des bereits stattgefundenen und des projizierten Klimawandels.

4.4 Baukonstruktive Anpassung

4.4.1 Mehrfamilienhaus, Baujahr etwa 1890

In einer ersten Betrachtung wird für die Abbildung des Ist-Zustandes des zu untersuchenden Gebäudes der Heizwärme- und Kühlbedarf mit Hilfe einer dynamisch-thermischen Gebäudesimulation ermittelt. Aufgrund der Reihenbebauung werden nicht nur das betrachtete Gebäude, sondern auch die benachbarten Gebäudeteile in der Berechnung abgebildet (Bild 4-10). Somit kann sowohl der Einfluss von Verschattungen als auch von angrenzenden, beheizten, Räumen auf die Transmissionwärmeverluste über die Gebäudehülle betrachtet werden.

Die für die Berechnung notwendigen Randbedingungen, wie zum Beispiel interne Wärmelasten, Luftwechselraten und Raumsolltemperaturen, werden aus DIN V 18599-10:2011-12, Tabelle 4 entnommen. Diese Norm in Verbindung mit den weiteren Teilen bildet auch die Grundlage für Berechnungen nach der aktuell gültigen Energieeinsparverordnung 2016 (EnEV 2016) .Um den Einfluss des Klimawandels auf die Entwicklung von Heizwärme- und Kühlbedarf zu untersuchen, wird die Berechnung mit den bereits in Abschnitt 4.3 dieses Buches vorgestellten Klimarandbedingungen durchgeführt.

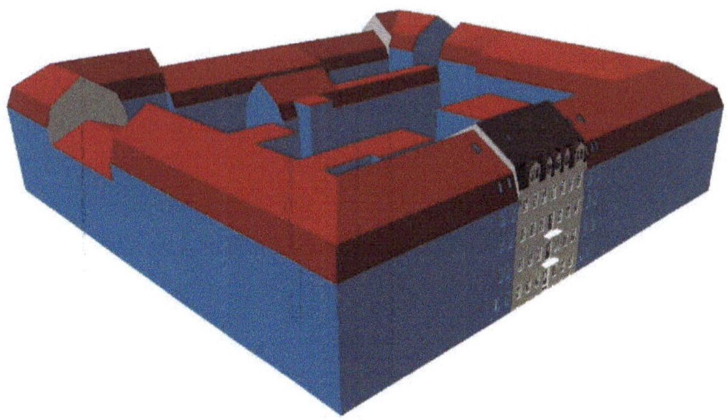

Bild 4-10 Entwicklung des Heizwärme- und Kühlbedarfs unter verschiedenen Klimarandbedingungen für den Ist-Zustand.

Bild 4-11 zeigt die Ergebnisse dieser ersten Berechnungen. Die relativ geringen Werte des Heizwärmebedarfes für ein Gebäude um 1890 begründen sich neben einer nachträglich angebrachten Innendämmung der Außenwände auch durch eine flächenmäßig geringe wärmeübertragende Oberfläche, da nach Osten und Westen weitere Gebäude direkt an den Baukörper anschließen. Weiterhin ist deutlich zu erkennen, dass der Heizwärmebedarf mit fortschreitendem Klimawandel (von 1951–1970 bis 2021–2050) um circa 31 % abnimmt. Der Heizwärmebedarf bei Klimarandbedingungen des Jahres 2003 in Mannheim für die Abbildung der Periode 2071–2100 kann allerdings nicht mit diesem Trend verglichen werden, da es sich hier im Vergleich zu den TRY des DWD nicht um gemittelte Klimabedingungen handelt, sondern um real gemessene Daten. Das Jahr 2003 eignet sich zwar zur Abbildung des durchschnittlichen Sommerklimas in der Periode von 2071–2100, jedoch nicht für die dazugehörige Winterperiode.

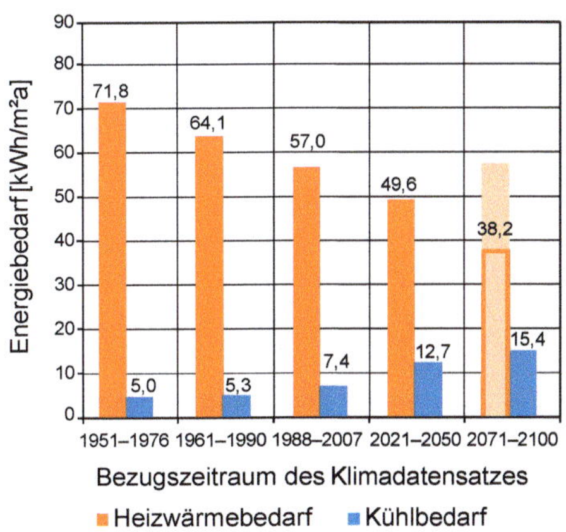

Bild 4-11 Entwicklung des Heizwärme- und Kühlbedarfs unter verschiedenen Klimarandbedingungen für den Ist-Zustand.

Um dennoch Aussagen über die Entwicklung des Heizwärmebedarfes für die Periode von 2071–2100 treffen zu können, kann man eine Trendfortschreibung durchführen. Unter der Annahme eines exponentiellen Trends ergibt sich für das Jahr 2085 ein Heizwärmebedarf von 38,2 kWh/m²a bei einem Bestimmtheitsmaß von $R^2 = 0{,}97$. Dieses Maß gibt die Qualität der Trendlinie an und bewegt sich zwischen 0 und 1, wobei $R^2 = 0$ keinen und $R^2 = 1$ einen perfekten Zusammenhang zwischen Trend und Realität bedeutet. Bezogen auf den Heizwärmebedarf der Periode 1951–1970 bedeutet dies eine Verringerung um circa 47 %.

4

Bei der Betrachtung der Entwicklung des Kühlbedarfs, welcher vor allem von der Entwicklung der Klimarandbedingungen in den Sommerhalbjahren abhängt, wird deutlich, wie stark der Einfluss des Klimawandels ist. Innerhalb des Bezugszeitraumes der einzelnen Klimadatensätze erhöht sich der Bedarf an Kühlenergie um etwa 208 %, beziehungsweise 10,4 kWh/m²a.

Durch die Nord-Süd-Ausrichtung des Gebäudes orientieren sich sämtliche kritischen Räume zum Hinterhof nach Süden. Die Räume zur Straßenseite haben dagegen eine Nord-Ausrichtung, was bei der Betrachtung des sommerlichen Wärmeschutzes aufgrund der geringeren solaren Einstrahlung zunächst als Vorteil zu bewerten ist.

Die Dachflächen des Mansard- und Dachgeschosses sind nahezu jederzeit der Sonneneinstrahlung ausgesetzt. Zu den nach Süden orientierten Räumen zählt auch das Treppenhaus. Sämtliche Fassadenfenster bestehen aus Isolierverglasung mit einem g-Wert von circa 0,75. Dies und die Tatsache eines nicht vorhandenen Sonnenschutzes sind als nachteilig bei der Untersuchung des Überhitzungsrisikos zu bewerten. Zwar ist in den einzelnen Wohnräumen ein individueller innenliegender Sonnenschutz vorhanden, jedoch unterscheidet sich dieser je nach Mietpartei in seinen physikalischen Eigenschaften (zum Beispiel Lichttransmission und -reflexion) relativ stark. Weiterhin besitzt ein innenliegender Sonnenschutz nicht den hohen Wirkungsgrad eines außenliegenden Sonnenschutzes, da sich das Material infolge der Einstrahlung erhitzt und diese Wärme an den Raum abgibt.

Der g-Wert (Gesamtenergiedurchlassgrad) beschreibt jenen Anteil an Strahlungsenergie, welcher durch transparente Bauteile nach innen gelangt. Je niedriger dieser Wert, desto geringer ist der Energieeintrag durch die solare Strahlung.

Die Räume im hochwertig ausgebauten Mansard- und Dachgeschoss verfügen über Dachflächenfenster mit einem etwas besseren g-Wert von 0,65, jedoch nicht über einen außenliegenden Sonnenschutz. Im Mansardgeschoss sind zudem zur Nordseite hin Dachgauben angebracht.

An der kritischen südorientierten Gebäudeseite sind zwei verschiedene Gebäudehüllen anzutreffen – zum einen die massiven Außenwände vom Erd- bis zum 3. Obergeschoss und zum anderen die Dachflächen des Mansard- und Dachgeschosses. In Bild 4-12 werden die Auswirkungen des Klimawandels in Form von Übertemperaturgradstunden sowohl an einem Raum im 3. Obergeschoss (kritischer Raum mit massiven Außenwänden) als auch an einem Raum im Dachgeschoss (kritischer Raum der Dachgeschosse) aufgezeigt.

Beim Vergleich der Ergebnisse aus Bild 4-12 ist deutlich zu erkennen, dass zum einen der Raum im Dachgeschoss wesentlich anfälliger bei sommerlichen Hitzeperioden ist als der Raum im 3. Obergeschoss und dass zum anderen in beiden Räumen die Zahl der Übertemperaturgradstunden mit zunehmenden Klimawandel steigt.

Grundlage dieser Ergebnisse ist der Nachweis des sommerlichen Wärmeschutzes nach DIN 4108-2:2013-02, Kap. 8.4 wobei die Zahl der Übertemperaturgradstunden den Wert von 1200 nicht überschreiten darf. Betrachtet man demnach Bild 4-12 links, ist der Nachweis für den südlichen Raum im 3. Obergechoss mit aktuell anzusetzenden Klimarandbedingungen (1988–

2007) mit 462 Kh/a deutlich erfüllt. Der südlich orientierte Raum im Dachgeschoss erfüllt nach Bild 4-12 rechts diesen Nachweis mit 2273 Kh/a jedoch nicht.

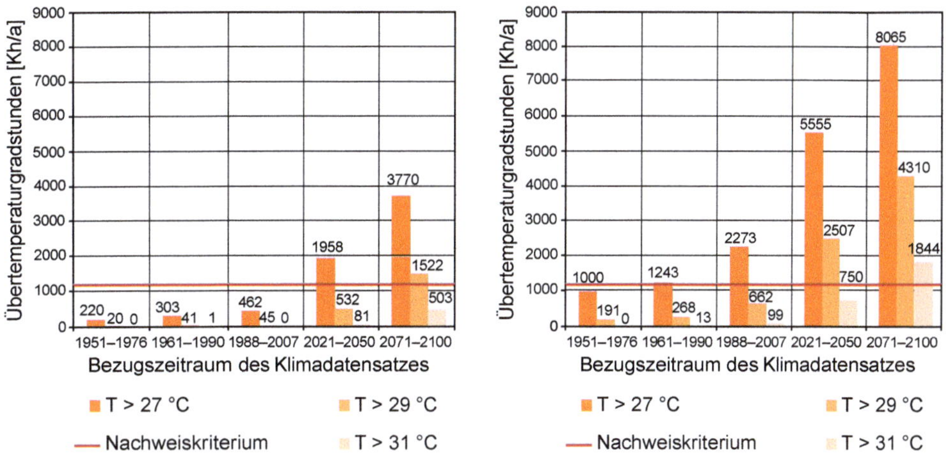

Bild 4-12 links: Übertemperaturgradstunden der untersuchten Räume in Südlage im Ist-Zustand im 3. Obergeschoss, rechts: Übertemperaturgradstunden der untersuchten Räume in Südlage im Ist-Zustand im Dachgeschoss.

Betrachtet man die wirksame Wärmekapazität C_{wirk} im Verhältnis zur Nettogrundfläche, fällt auf, dass es sich bei dem Raum im 3. Obergeschoss mit $C_{wirk}/A_G \approx 104$ Wh/(K·m²) nach der Klassifizierung nach DIN 4108-2:2013-02, Tabelle 8 um eine mittelschwere Bauart und bei dem Raum im Dachgeschoss mit $C_{wirk}/A_G \approx 40$ Wh/(K·m²) um eine leichte Bauart handelt. Dies und die fehlenden Verschattungsmaßnahmen sowie ein schlechter g-Wert der Verglasung sind die Gründe für das schlechte Abschneiden dieses Raumes. Mit Bezug auf den sommerlichen Wärmeschutz sind Räume mit einer schweren Bauart günstiger anzusehen als Räume mit einer leichten Bauart, da diese sich nicht so schnell erhitzen und bei einer Nachtlüftung in den Morgenstunden länger kühl bleiben. Zusammengefasst ergeben sich somit folgende Schwachpunkte für das Gebäude in Bezug auf Sommerhitze:

- hoher g-Wert der Verglasung
- fehlender Sonnenschutz des Treppenhauses und der Dachflächenfenster
- innenliegender, wenig effektiver Sonnenschutz in einigen Mietwohnungen
- teilweise geringe bis mittlere wirksame Wärmekapazität der Räume

Bei der Wahl sinnvoller Anpassungen gilt es vor allem, die derzeit vorhandenen Schwachpunkte zu beseitigen oder zumindest zu minimieren. Als Planer sollte man sich allerdings bewusst sein, dass jede bauliche Veränderung mit dem Ziel der Verbesserung des sommerlichen Wärmeschutzes auch negative Auswirkungen auf den Heizwärmebedarf haben kann. Ersetzt man etwa die vorhandene Verglasung sämtlicher Räume durch eine Sonnenschutzverglasung mit relativ niedrigem g-Wert, verringert sich durch die gesunkenen solaren Wärmeeinträge die Zahl der Übertemperaturgradstunden. Dadurch erhöht sich jedoch der Heizwärmebedarf, da vor allem die in den Wintermonaten verminderten solaren Energieeinträge durch die Heizungsanlage kompensiert werden müssen. Bei der Wahl von Anpassungsmaßnahmen bedarf es von daher eines ganzheitlichen Betrachtungsprozesses bezüglich des Nutzens hinsichtlich des sommerlichen Wärmeschutzes sowie des Einflusses auf den Heizwärmebedarf.

Ein weiterer entscheidender Faktor für die Wahl von Anpassungsmaßnahmen ist die Berücksichtigung der Gebäudenutzer. Diese sind unmittelbar von den baulichen Verbesserungsmaßnahmen betroffen und müssen diese akzeptieren. So ist zum Beispiel ein in den Sommermonaten ganztägig aktivierter außenliegender Sonnenschutz von Vorteil für die Raumtemperaturen, kann jedoch zu Unbehagen beim Nutzer führen, da dieser den Bezug zur äußeren Umwelt verliert.

Zusammengefasst existieren daher drei Kriterien, nach denen die im weiteren Verlauf vorgeschlagenen Anpassungsmaßnahmen bewertet werden:

- Beseitigung/Verminderung der zuvor genannten Schwachpunkte
- Einfluss der Anpassungsvariante auf den Heizwärmebedarf
- Nutzerakzeptanz der jeweiligen Anpassungsvariante

Für die Durchführung von Ertüchtigungsmaßnahmen empfiehlt sich zunächst die Durchführung einer Variantenuntersuchung, in welcher der Nutzen verschiedener Einzelmaßnahmen betrachtet wird. Darauf aufbauend kann in einem zweiten Schritt durch die sinnvolle Kombination mehrerer Einzelmaßnahmen ein Gesamtkonzept erarbeitet werden.

Zunächst soll der in den meisten Räumen bereits vorhandene innenliegende Sonnenschutz berücksichtigt werden. Da der Sonnenschutz in Material und Eigenschaften zwischen den einzelnen Wohnungen stark variieren kann, wurde zur Vereinheitlichung ein opaker weißer Sonnenschutz angenommen. Aus den zuvor beschriebenen Gründen der Nutzerakzeptanz kann man nicht davon ausgehen, dass der Sonnenschutz ständig aktiviert ist. Vielmehr wird er von den Nutzern nur dann verwendet, wenn diese sich durch eine zu hohe Einstrahlung geblendet fühlen. In Anlehnung an DIN EN ISO 13790:2008-09, Abschnitt G.5.3.1 ist das bei einer Einstrahlung von > 300 W/m² der Fall. Für die Berechnung wird demnach angenommen, dass der innenliegende Sonnenschutz erst ab einer Einstrahlung von 300 W/m² aktiviert wird, sowohl im Sommer als auch im Winter. Eine Ausnahme bilden dabei die Fenster im Treppenhaus, bei welchen aufgrund der Nutzung kein innenliegender Sonnenschutz möglich ist.

Prinzipiell ist ein außenliegender Sonnenschutz stets einer innenliegenden Lösung vorzuziehen, da er einen wesentlich höheren Wirkungsgrad besitzt. Ein außenliegender Sonnenschutz heizt sich durch die Sonneneinstrahlung zwar ebenfalls auf, jedoch kann er, im Gegensatz zum innenliegenden Sonnenschutz, seine Wärme an die Außenumgebung abgeben. Da die Anbringung eines außenliegenden Sonnenschutzes an den Fenstern der Mauerwerksfassade früher häufig Standard war, heute aber eher unüblich ist, richtet sich der Blick auf die vorhandenen Dachflächenfenster. Zudem handelt es sich um ein denkmalgeschütztes Gebäude, bei welchem die nachträgliche Anbringung eines außenliegenden Sonnenschutzelementes an die Fassade sehr schwierig umzusetzen wäre. Die Dachflächenfenster sind dagegen von öffentlich zugänglichen Bereichen nicht einsehbar. Ein nachträglicher außenliegender Sonnenschutz würde das äußere Erscheinungsbild des Gebäudes nicht verändern und könnte somit auch unter den Auflagen des Denkmalschutzes angebracht werden. Für Dachflächenfenster gibt es je nach Hersteller eine Vielzahl an Nachrüstsätzen, welche eine relativ einfache und kostengünstige Verbesserung darstellen. Für diese Anpassungsoption wird ein elektrisch betriebener Sonnenschutz verwendet, welcher in Abhängigkeit von der Einstrahlung arbeitet. Auch hier erfolgt, sowohl im Winter als auch im Sommer, ab einer Intensität von 300 W/m² eine Aktivierung des Sonnenschutzes. Weiterhin verfügt der Nachrüstsatz über einen Windsensor. Bei zu hohen Windgeschwindigkeiten fährt der Sonnenschutz automatisch in Schutzstellung. Dies ist auch bei eventuell auftretenden Hagelereignissen von Vorteil, da diese häufig mit starkem Sturm einhergehen. Zusätzlich ermöglicht diese Variante dem Nutzer, unabhängig von der automatisierten Steuerung den Sonnenschutz manuell jederzeit individuell zu regulieren.

Eine weitere Variante zur Verringerung der solaren Energieeinträge ist die Verwendung einer Sonnenschutzverglasung. In Bild 4-13 ist die prinzipielle Wirkung einer Sonnenschutzverglasung dargestellt. Durch eine Beschichtung auf der dem Raum zugewandten Seite der äußeren Verglasung wird ein Großteil der durch die solare Strahlung einfallenden Energie nach außen reflektiert beziehungsweise in Form von Absorptionswärme wieder nach außen abgegeben. Lediglich ein geringer Anteil der solaren Energie wird durch direkte Transmission oder Absorptionswärme ins Rauminnere geleitet.

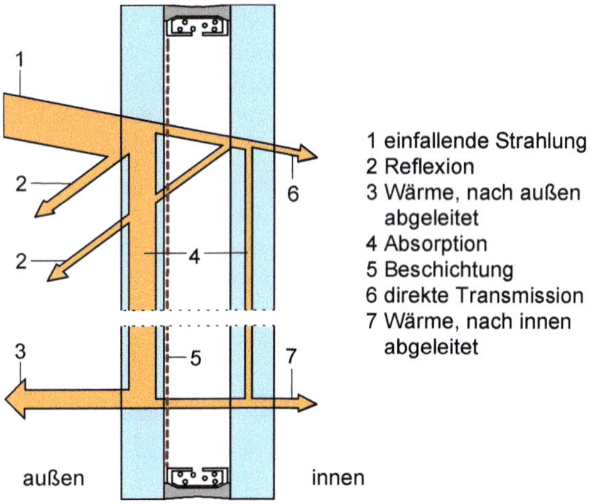

Bild 4-13 Wirkungsweise einer Sonnenschutzverglasung (Datengrundlage: Exner und Hürdler 2013).

Im Rahmen der dynamisch-thermischen Gebäudesimulation werden anstatt der Verwendung des g-Wertes die tatsächlich physikalischen Vorgänge (Zusammenspiel von Transmission, Reflexion und Absorption) abgebildet. Dies macht die zu erwarteten Aussagen wesentlich genauer.

Als erste Anpassungsoption werden sämtliche vorhandenen Fenster durch Fenster mit Sonnenschutzverglasung ersetzt. Die entscheidenden Parameter dieser Verglasung sind:

- $U_g = 1{,}125$ W/(m²K)
- $g = 0{,}187$

Es wird erwartet, dass diese Maßnahme eine deutliche Reduktion der Übertemperaturgradstunden erwirkt. Aufgrund der für ein Sonnenschutzglas dennoch hohen Lichttransmission von circa 80 % wird der Nutzer in der Wahrnehmung der äußeren Umgebung nicht beeinträchtigt. Der Nachteil ist jedoch der Anstieg des Heizwärmebedarfes, da nunmehr in den Wintermonaten nur sehr wenig solare Energie ins Innere der Räume gelangt.

4

Neben dem Austausch von Materialien der Gebäudehülle kann auch die Nachtauskühlung eine sehr effektive und wirtschaftliche Möglichkeit darstellen, die Anzahl an Übertemperaturgradstunden durch die Durchströmung eines Raumes mit kühler Nachtluft zu verringern. Voraussetzung dafür ist jedoch zum einen ein ausreichend hoher Luftwechsel, welcher von Parametern wie Größe der Fensteröffnung, Luftgeschwindigkeit, Windrichtung und dem Temperaturunterschied zwischen außen und innen bestimmt wird. Zum anderen muss das Gebäude über eine ausreichend hohe wirksame Wärmekapazität verfügen. Einschränkungen bei dieser Art der Kühlung entstehen häufig durch den Nutzer beziehungsweise durch die Lage des Gebäudes. So ist es aus Gründen des Einbruchschutzes oftmals nicht möglich, Fenster in den unteren Etagen, speziell im Erdgeschoss, über Nacht zu öffnen. Weiterhin können geöffnete Fenster mit Orientierung zu Verkehrsanbindungen wie Straßen oder Bahngleisen zu einer zu hohen Lärmbelastung führen. Die Behaglichkeit des jeweiligen Nutzers kann zusätzlich beeinträchtigt werden, wenn sich aufgrund eines sehr hohen Luftwechsels eine zu hohe Luftgeschwindigkeit ergibt. Hierbei kann man vom sogenannten Zugluftrisiko (draught rating, DR) sprechen, welches in DIN EN ISO 7730:2006-05 Berücksichtigung findet. Ein weiterer einschränkender Punkt sind klimatische Randbedingungen, wie Regen oder Wind. Für die ersten Berechnungen wurde angesetzt, dass die Fenster der Mauerwerksfassade in den Nachtstunden in Kippstellung (Öffnungswinkel 15°), die Dachflächenfenster relativ weit geöffnet (Öffnungswinkel 60°) und die Fenster im Treppenhaus und Kellergeschoss geschlossen sind.

Zur Erhöhung der wirksamen Wärmekapazität C_{wirk} der Räume können Latentwärmespeicher, auch als Phase Change Materials (PCM) bekannt, verwendet werden. Diese nutzen den hohen Bedarf an latenter Wärmeenergie beim Übergang des Aggregatzustandes von fest zu flüssig aus. Bei diesem Phasenwechsel muss viel thermische Energie aufgebracht werden, um die chemischen Bindungskräfte zwischen den Molekülen zu überwinden. Dabei steigt die Enthalpie des Stoffes, ohne dass dessen sensible Temperatur ansteigt. Diese Wärmeenergie wird auch als latente Wärmeenergie bezeichnet (Bild 4-14).

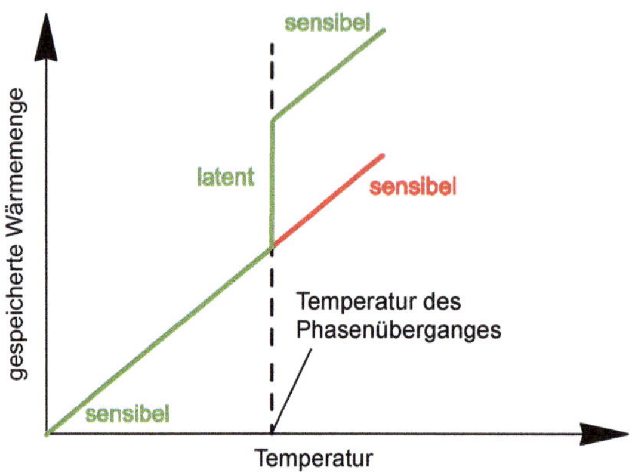

Bild 4-14 Speicherverhalten von latenten und sensiblen Speichermaterialien.

Besonders hilfreich sind solche Materialien bei relativ leichten Gebäuden. Untersuchungen von Glück 2005 zeigten, dass der Einsatz von PCM in Gips- oder Lehmbauplatten bei Gebäuden in Holzbauweise deutliche Verbesserungen hinsichtlich der Behaglichkeit und der zu erwartenden

Temperaturen in den Sommermonaten bringt. Entscheidend für die Wirkungsweise solcher Materialien ist neben der Phasenübergangstemperatur auch die Möglichkeit einer „Entladung" des PCMs, also der Rückgang in den Ausgangsaggregatzustand. Anzustreben ist eine solche Entladung über die Nachtauskühlung.

Als Anpassungsoption werden demnach in den Räumen des Mansard- und Dachgeschosses Gipskartonplatten mit integriertem PCM an den Dachschrägen montiert. Um das tagsüber geschmolzene PCM in den Nachtstunden wieder zum Erstarren zu bringen, muss diese Anpassungsoption mit einer Nachtauskühlung kombiniert werden. Grundsätzlich könnten auch die Wände mit PCM-Platten beplankt werden, jedoch muss dabei mit einem geringeren Wirkungsgrad gerechnet werden, da vor Wänden häufig Möbelstücke gestellt oder Bilder aufgehängt werden. Dies würde die Wärmeübertragung an der Oberfläche behindern. Dachschrägen sind dagegen aufgrund ihrer Geometrie nahezu frei zugänglich.

Um die Effektivität der fünf genannten Anpassungsoptionen zu untersuchen, wurde zunächst die Entwicklung des Heizwärme- und Kühlbedarfs untersucht (Bild 4-15 links). In weiteren Berechnungen wurde für jede Anpassung zudem der Nachweis des sommerlichen Wärmeschutzes nach DIN 4108-2:2013-02, Kap. 8.4 durchgeführt (Bild 4-15 rechts).

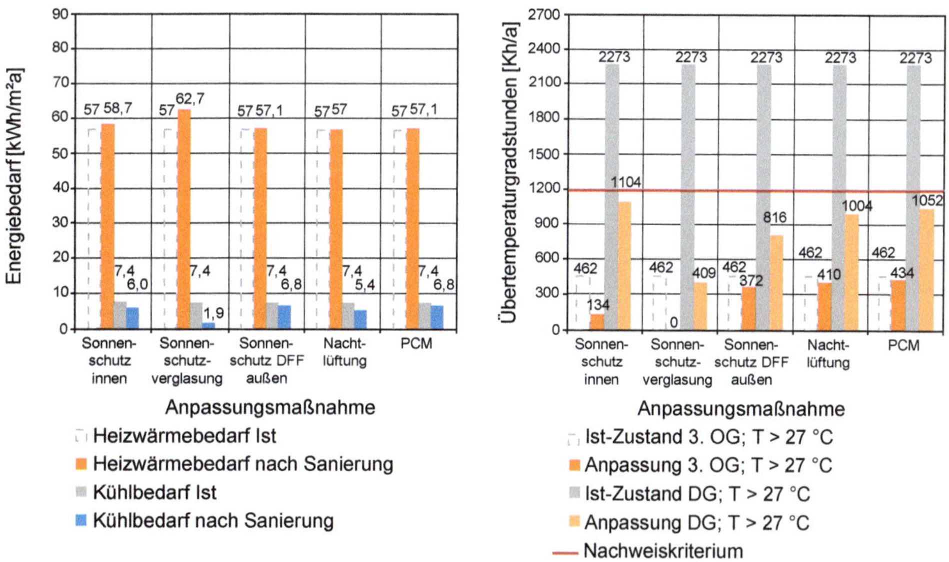

Bild 4-15 links: Heizwärme- und Kühlbedarf für die einzelnen Anpassungsmaßnahmen bei Klimarandbedingungen für 1988–2007, rechts: Übertemperaturgradstunden der untersuchten südlichen Räume im 3. Obergeschoss und Dachgeschoss bei Klimarandbedingungen für 1988 –2007.

Für den Nachweis des sommerlichen Wärmeschutzes werden die erreichten Übertemperaturgradstunden der jeweiligen Anpassungsmaßnahmen sowohl für den südlichen Raum im 3. Obergeschoss als auch für den südlichen Raum im Dachgeschoss mit Klimarandbedingungen für die Periode 1988 bis 2007 betrachtet. Es ist erkennbar, dass nahezu jede Anpassungsmaßnahme eine Reduzierung der Übertemperaturgradstunden zur Folge hat. Es geht zudem deutlich daraus hervor, dass durch eine Sonnenschutzverglasung die größte Einsparung an Übertemperaturgradstunden erreicht werden kann. Ein innenliegender Sonnenschutz hat wie erwartet kein großes Einsparpotential. Dennoch lässt sich mit dieser Maßnahme die Zahl der Übertemperaturgradstunden um 75 % im 3. Obergeschoss und um 50 % im Dachgeschoss im Vergleich zum Ist-Zustand senken. Betrachtet man den Effekt eines außenliegenden Sonnenschutzes, so fällt auf, dass die Einsparung an Übertemperaturgradstunden im Raum im 3. Obergeschoss geringer ist als bei Verwendung eines innenliegenden Sonnenschutzes. Dies ist darauf zurückzuführen, dass in diesem Geschoss gar kein außenliegender Sonnenschutz verwendet wird, sondern nur in den darüberliegenden Mansard- und Dachgeschossen.

Der positive Effekt des außenliegenden Sonnenschutzes in Bild 4-15 rechts mit niedrigeren Raumtemperaturen wirkt sich indirekt auch auf die darunterliegenden Räume im 3. Obergeschoss aus. Somit entsteht eine Senkung der Übertemperaturgradstunden, obwohl in diesem Geschoss gar keine Maßnahme ergriffen wurde.

Ein ähnlicher Effekt tritt auch bei der Verwendung von PCM ein. In den betroffenen Räumen ist ein deutlicher Rückgang der Übertemperaturgradstunden zu erkennen. Die Räume im darunterliegenden 3. Obergeschoss, in welchen keine Maßnahmen getroffen wurden, profitieren jedoch ebenfalls indirekt von dieser Maßnahme, wenn auch nicht in dem gleichen Ausmaß. Die Zunahme an Übertemperaturgradstunden im 3. Obergeschoss bei der Anpassungsoption Nachtlüftung ist auf unterschiedliche Simulationsrandbedingungen zwischen Anpassungsoption und Nachweis nach DIN 4108-2:2013-02, Kap. 8.4 zurückzuführen. So lassen sich die Dachflächenfenster in Mansardgeschoss und Dachgeschoss weiter öffnen als die Fassadenfenster in den darunterliegenden Geschossen bei Kippöffnung. Dadurch entsteht bei den Dachflächenfenstern eine höhere und bei den Fassadenfenstern eine niedrigere Luftwechselrate als nach DIN 4108-2:2013-02, Kap. 8.4.

Aufbauend auf diesen Erkenntnissen gilt es nun, ein Gesamtkonzept für das Gebäude zu entwickeln, welches sich aus den zuvor beschriebenen Anpassungsmaßnahmen zusammensetzt. Dabei müssen jedoch die einzelnen Anpassungsoptionen so gewählt werden, dass ein optimales Verhältnis zwischen Energieeinsparung, Wirtschaftlichkeit und Nutzerakzeptanz erreicht wird. Die für das Gebäude zu treffenden Anpassungen sind nach den Vorbetrachtungen:

- Sonnenschutzverglasung in den Fenstern des Treppenhauses
- außenliegender Sonnenschutz der Dachflächenfenster in Mansard- und Dachgeschoss
- innenliegender Sonnenschutz der Fenster der Mauerwerksfassade
- PCM-Gipsbauplatten an den Dachschrägen in Mansard- und Dachgeschoss und an den Decken in kritischen Räumen mit Mauerwerksfassade
- automatisierte Öffnung von Fenstern zur Nachtauskühlung des Gebäudes
- Abluftanlage für erhöhten Luftwechsel
- Installation einer PV-Anlage auf der südlichen Dachfläche

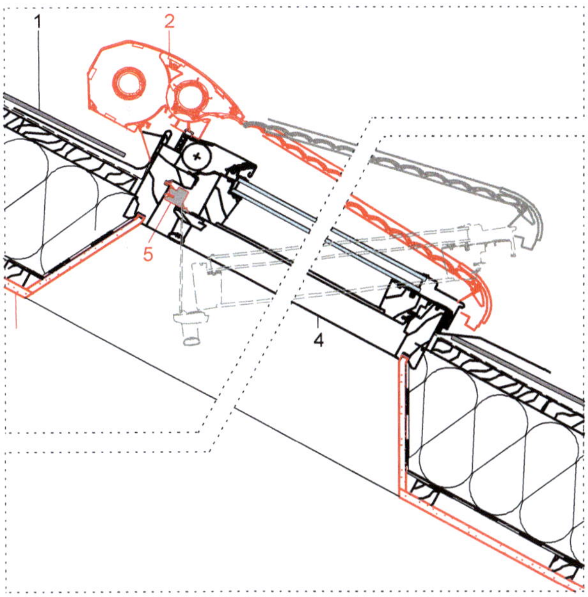

1 Dachaufbau:
Dacheindeckung
Unterspannbahn
Dachschalung
Zwischensparrendämmung, MiWo
Dampfsperre
Lattung
Gipskartonplatte mit PCM
2 nachrüstbarer elektrisch betriebener Sonnenschutz (z. B. Velux MML)
3 Gipskartonplatte mit PCM
4 Dachflächenfenster (Velux GGL)
5 nachrüstbare elektrisch betriebene Fensteröffnung (Velux KMX 100)

Bild 4-16 Detailschnitt Anpassung Dachflächenfenster.

Eine Besonderheit dieses Konzeptes bildet die PV-Anlage, da diese in erster Linie nicht direkt zur Reduzierung der Übertemperaturgradstunden beiträgt. Da jedoch für die Umsetzung der Fensterfunktionen und der Abluftanlage Strom benötigt wird, soll der gestiegene Energieverbrauch durch die Anlage kompensiert werden. Solarenergie ist nach den Vorgaben der EnEV 2016 mit einem Primärenergiefaktor von $f_p = 0$ wesentlich umweltfreundlicher als der allgemeine Strommix mit $f_p = 1{,}8$ (f_p bezieht sich auf den nicht erneuerbaren Anteil). Zudem bietet die Dachschräge mit der relativ guten Nord-Süd-Ausrichtung und einem Winkel von circa 30° optimale Ertragsbedingungen. Die südlich orientierte Dachfläche zeigt zum Hinterhof, wodurch die PV-Anlage keine Beeinträchtigung für das straßenseitige Erscheinungsbild des Gebäudes darstellt.

Bild 4-16 zeigt das Zusammenwirken der einzelnen Anpassungsmaßnahmen aus baukonstruktiver Sicht an einem Detailschnitt eines Dachflächenfensters. Durch die Automatisierung der Fenster ist es möglich, zum einen den Sonnenschutz in Abhängigkeit von der Einstrahlung und der Windgeschwindigkeit zu steuern und zum anderen die Fenster in Abhängigkeit von Temperatur, Luftverschmutzung, Regen, Windgeschwindigkeit und der Abluftanlage öffnen oder schließen zu lassen. Dieser Effekt wirkt sich auch positiv auf den Heizwärmebedarf aus, da so die Lüftungswärmeverluste auf ein Minimum reduziert werden.

Die Installation einer Abluftanlage wurde nötig, da durch die Kippstellung der Fenster kein ausreichender Luftwechsel erzeugt werden konnte. Die Abluftanlage erzeugt einen Unterdruck in den jeweiligen Räumen, welcher das Nachströmen kühler Außenluft durch die geöffneten Fenster verbessert. Eine solche Maßnahme sollte jedoch nicht die Behaglichkeit beeinträchtigen. Bei der Realisierung dieser Variante ist das Zugluftrisiko deshalb zu minimieren.

In Bild 4-17 sind die Übertemperaturgradstunden des Gesamtkonzeptes für die Betrachtung des Nachweises des sommerlichen Wärmeschutzes nach DIN 4108-2:2013-02, Kap. 8.4 in Abhängigkeit von der jeweiligen Klimarandbedingung zu unterschiedlichen Klimaperioden aufgelistet.

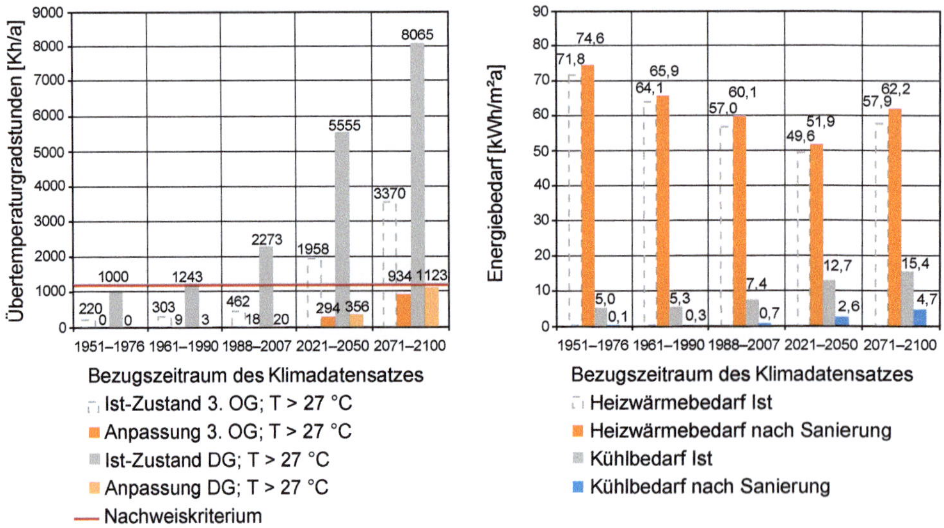

Bild 4-17 links: Übertemperaturgradstunden der untersuchten Räume für das Gesamtkonzept, rechts: Heizwärme- und Kühlbedarf für das Gesamtkonzept.

Es wird deutlich, dass durch das Gesamtkonzept eine beachtliche Einsparung an Übertemperaturgradstunden zu verzeichnen ist. Über den gesamten Bezugszeitraum von 1951 bis 2100 konnte das Nachweiskriterium von 1200 Übertemperaturgradstunden für die kritischen Räume eingehalten werden. Ein Blick auf Bild 4-17 rechts zeigt, dass sich der Heizwärmebedarf durch das Anpassungskonzept zwar leicht erhöht, jedoch die Kühlenergie einen deutlichen Rückgang erfährt. Subtrahiert man die Mehrenergie für die Heizwärme von der Einsparung für die Kühlenergie unter Einbezug der Primärenergiefaktoren nach DIN V 18699-1:2011-12, Tabelle A.1 unter Berücksichtigung des seit 01.01.2016 gültigen Primärenergiefaktors für Strommix von $f_p = 1{,}8$ ergibt sich eine absolute Energieeinsparung aufgrund des wesentlich geringeren Primärenergiefaktors für die Bereitstellung der Heizwärme aus Kraftwärmekopplung ($f_p = 0{,}7$) im Vergleich zur Erzeugung von Kühlenergie mit allgemeinem Strommix ($f_p = 1{,}8$).

4.4.2 Büro- und Verwaltungsgebäude, Baujahr 1914

Ähnlich wie auch bei dem Mehrfamilienhaus um 1890 wird zu Beginn zunächst der Ist-Zustand des Bürogebäudes genauer untersucht, um die Schwachpunkte in Bezug auf die Einwirkung Sommerhitze zu ermitteln und anschließend gezielte Anpassungsmaßnahmen zu erarbeiten. Für diese Untersuchung wird in einem ersten Schritt der Heizwärme- und Kühlbedarf des Gebäudes für unterschiedliche Klimarandbedingungen mittels einer dynamisch-thermischen Gebäudesimulation berechnet, um den Einfluss des Klimawandels zu berücksichtigen. Die Bedeutung der jeweils verwendeten Klimadatensätze wurde bereits in dem vorangegangenen Abschnitt 4.3 näher beschrieben.

Um die erhaltenen Ergebnisse auch mit denen anderer Gebäude vergleichen zu können, wird die Berechnung des Heizwärme- und Kühlbedarfes in Anlehnung an die DIN V 18599 mit den dort angegebenen Randbedingungen durchgeführt.

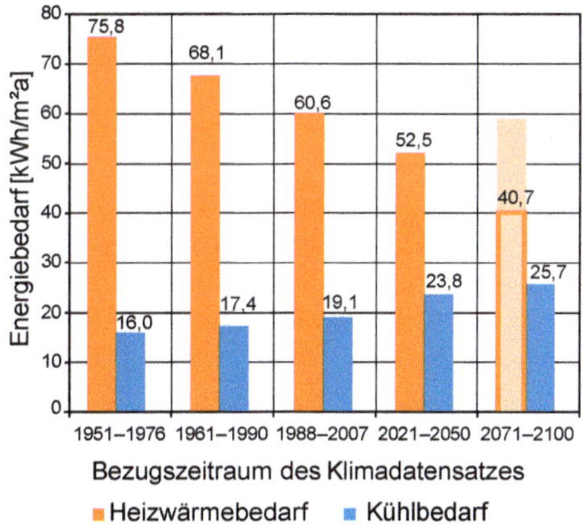

Bild 4-18 Entwicklung des Heizwärme- und Kühlbedarfs unter verschiedenen Klimarandbedingungen für den Ist-Zustand.

In Bild 4-18 ist die Entwicklung des Energiebedarfes sowohl für Heizwärme als auch für Kühlenergie in Abhängigkeit des jeweiligen Bezugszeitraumes der verwendeten Klimarandbedingungen zu sehen. Ähnlich wie auch bei dem Mehrfamilienhaus um 1890 steht einer stetigen Verringerung des Heizwärmebedarfs eine stetige Erhöhung des Kühlbedarfs bei zunehmendem Betrachtungszeitraum gegenüber. Auch hier sei darauf verwiesen, dass der Heizwärmebedarf für den Bezugszeitraum 2071–2100 nicht als repräsentativ angesehen werden kann, da die für diesen Zeitraum verwendeten Klimadaten die realen Wetterrandbedingungen von Mannheim aus dem Jahr 2003 beinhalten. Diese Randbedingungen eignen sich zwar sehr gut zur Abbildung eines Sommers zum Ende des 21. Jahrhunderts, weshalb die Werte des Kühlbedarfes durchaus als repräsentativ gesehen werden können, jedoch nicht zur Abbildung eines Winters. Um dennoch eine Aussage über die Entwicklung des Heizwärmebedarfes bis zum Ende des 21. Jahrhunderts treffen zu können, wurde für die vier repräsentativen Werte für den Bezugszeitraum von 1951 bis 2100 eine Trendfortschreibung durchgeführt. Unter der Annahme eines exponentiellen Trendverlaufes ergibt sich für den Bezugszeitraum von 2071–2100 ein Heizwärmebedarf von 40,7 kWh/m²a. Das Bestimmtheitsmaß R^2, welches die Qualität der Trendlinie angibt, beträgt dabei $R^2 = 0{,}97$. Bei einem Wert von $R^2 = 1$ hätte man einen perfekten Zusammenhang zwischen Trend und Realität. Unter dieser Annahme würde sich der Heizwärmebedarf für das Gebäude in seinem jetzigen Zustand innerhalb von 150 Jahren um circa 47 % verringern. Der Kühlbedarf steigt dagegen in der gleichen Zeit um circa 60 %.

4

Bei näherer Betrachtung der Ergebnisse aus Bild 4-18 fällt auf, dass der jährliche Heizwärmebedarf bezogen auf die beheizte Fläche für ein Gebäude dieser Baualtersstufe relativ gering ist. Das hat mehrere Gründe. Zum einen handelt es sich bei dem betrachteten Gebäude „nur" um einen Gebäudeteil. Dieser grenzt an zwei Seiten an einen Neubau, welcher jedoch aufgrund seiner unterschiedlichen Baukonstruktion nicht mit betrachtet wurde. Bild 4-19 zeigt das für die dynamisch-thermische Gebäudesimulation erstellte 3D-Modell mit dem benannten Neubau (grauer Gebäudeteil). Durch diese Nachbarbebauung verringert sich der Anteil an Flächen mit direktem Kontakt zur Außenumgebung. Folglich verringern sich dadurch auch die Transmissionswärmeverluste.

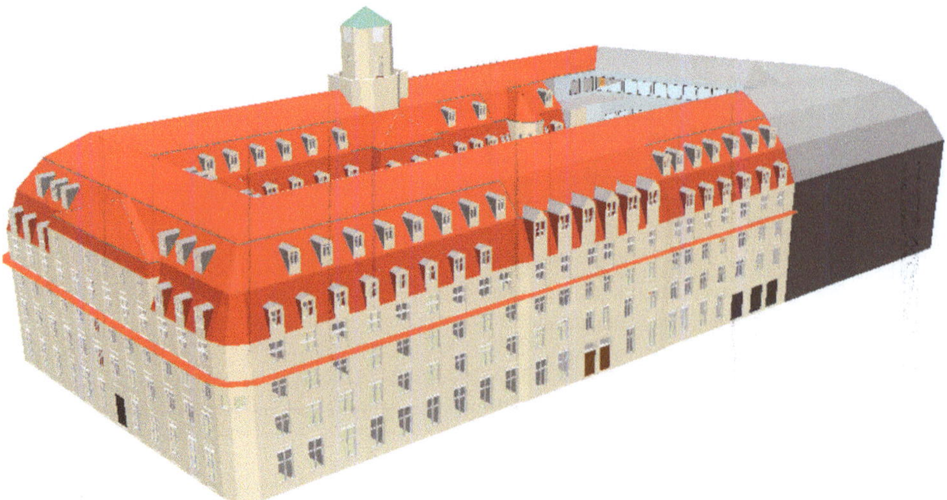

Bild 4-19 3D-Modell für die dynamisch thermische Gebäudesimulation unter Berücksichtigung der Nachbarbebauung (grauer Gebäudeteil).

Ein weiterer Aspekt für den relativ geringen Heizwärmebedarf ist ein 373 m² großes Rechenzentrum, welches aufgrund seiner hohen internen Wärmelasten gar nicht geheizt werden muss. Im Zweifelsfall werden hier sogar noch benachbarte Räume indirekt beheizt. Dieses Rechenzentrum ist zugleich aber auch der Grund, warum der Kühlbedarf auf einem relativ hohen Niveau anzusiedeln ist. Durch die hohen internen Lasten und die ständige Nutzung müssen andauernd über 1000 m³ Luft gekühlt werden, sowohl im Winter als auch im Sommer. Bei der Betrachtung der Raumnutzung fällt auf, dass circa 42 % der beheizten Gesamtfläche beziehungsweise 40 % des beheizten Gesamtvolumens aus Zonen mit geringem nutzungsbedingten Außenluftvolumenstrom (zum Beispiel Nebenflächen, Lager, Archiv, Verkehrsflächen) bestehen. Je weniger Außenluft durch Luftwechsel in ein Gebäude eindringt, umso weniger Heizenergie muss aufgebracht werden, um diese Außenluft auf die geforderte Raumsolltemperatur zu bringen.

In einem weiteren Berechnungsschritt wurde für den Ist-Zustand zudem noch der Nachweis des sommerlichen Wärmeschutzes nach DIN 4108-2:2013-02, Kap. 8.4 durchgeführt. Auch hier wurde die Berechnung mit unterschiedlichen Klimarandbedingungen durchgeführt, um den Einfluss des Klimawandels aufzuzeigen. Im Gegensatz zum Mehrfamilienhaus um 1890 handelt es sich bei dem hier betrachteten Bürogebäude um ein Nichtwohngebäude. Demnach sind die für die Berechnung anzusetzenden Randbedingungen und Nachweiskriterien etwas anders. So gilt der Nachweis des sommerlichen Wärmeschutzes als erfüllt, wenn in einem kritischen Raum die Zahl der Übertemperaturgradstunden innerhalb der Nutzungszeit einen Wert von 500 nicht überschreitet. Die genauen Randbedingungen und Berechnungsverfahren für die Übertemperaturgradstunden sind in Abschnitt 4.3 näher beschrieben. Da sich die Gebäudehülle und damit auch die eventuellen Anpassungsmaßnahmen für Räume des Erd- bis dritten Obergeschosses von Räumen des Mansard- und Dachgeschosses unterscheiden, wurde sowohl ein kritischer Raum im 2. Obergeschoss als auch ein kritischer Raum im Dachgeschoss betrachtet (Bild 4-20).

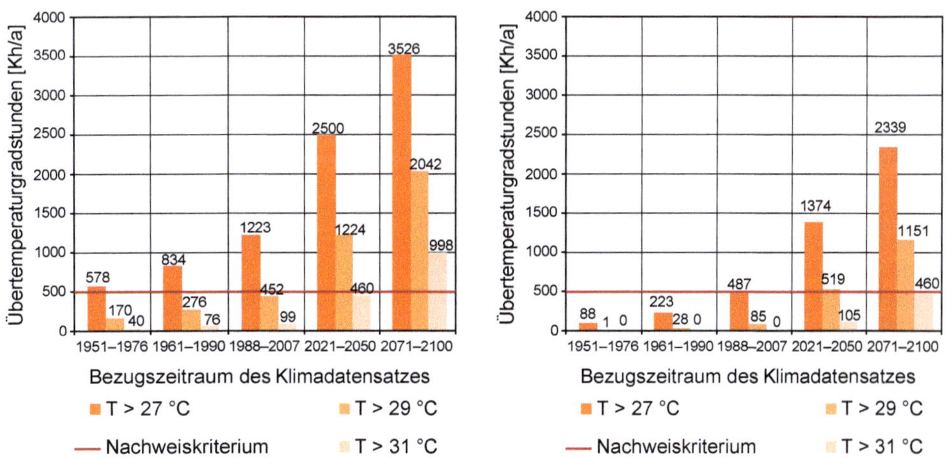

Bild 4-20 links: Übertemperaturgradstunden des untersuchten Raumes im Ist-Zustand im 2. Obergeschoss, rechts: Übertemperaturgradstunden des untersuchten Raumes im Ist-Zustand im Dachgeschoss.

Bei der Betrachtung der beiden Diagramme fällt auf, dass der kritische Raum im 2. Obergeschoss unabhängig vom Bezugszeitraum mehr Übertemperaturgradstunden aufweist als der Raum im Dachgeschoss. Das erscheint zunächst verwunderlich, da Räume im Dachgeschoss häufig hinter einer leichten Dachkonstruktion aus Holzbalken und Wärmedämmung liegen, wohingegen Räume in den darunterliegenden Geschossen von einer massiven Außenwand begrenzt werden. Dies hat zur Folge, dass die wirksame Wärmekapazität C_{wirk} in Räumen des Dachgeschosses häufig wesentlich geringer ist als bei darunterliegenden Räumen. Im Hinblick auf den sommerlichen Wärmeschutz ist eine hohe wirksame Wärmekapazität jedoch als positiv zu bewerten, da sich so Räume tagsüber nicht so schnell aufheizen und kühlende Nachtluft länger speichern.

Bei dem betrachteten Gebäude besteht die Dachkonstruktion jedoch aus einer massiven Stahlbetonplattenbalkendecke, wodurch die wirksame Wärmekapazität im Verhältnis zur Nettogrundfläche mit $C_{wirk}/A_G = 88$ Wh/(K·m²) nahezu identisch ist mit der des Raumes im 2. Obergeschoss ($C_{wirk}/A_G = 89$ Wh/(K·m²)). Analysiert man zudem noch den grundflächenbezogenen Fensterflächenanteil der beiden Räume, erkennt man, dass im Raum im 2. Obergeschoss wesentlich mehr Fensterfläche je m² Grundfläche (10,4 %) vorhanden ist als im Raum im Dachgeschoss (3,8 %). Je größer dieser Wert ist, desto mehr solare Energie gelangt in den jeweiligen Raum und führt zum Temperaturanstieg.

Bezugnehmend auf das Nachweiskriterium für den sommerlichen Wärmeschutz kann festgehalten werden, dass der Raum im 2. Obergeschoss zu keiner Zeit den geforderten Wert von 500 Übertemperaturgradstunden unterschreitet. Über den gesamten Betrachtungszeitraum von 150 Jahren steigert sich die Zahl der Übertemperaturgradstunden sogar um über 600 %. Der Raum im Dachgeschoss ist aufgrund der bereits beschriebenen wirksamen Wärmekapazität in Verbindung mit dem geringen grundflächenbezogenen Fensterflächenanteil weitaus weniger anfällig gegenüber sommerlichen Temperaturen. So wird sogar bei dem aktuell anzusetzenden Bezugszeitraum (1988–2007) das Nachweiskriterium von 500 Übertemperaturgradstunden eingehalten. Beim Blick in die Zukunft ist aber auch hier eine Überschreitung festzustellen. Die Steigerung in 150 Jahren beträgt bei diesem Raum aufgrund des geringen Wertes im Bezugszeitraum 1951–1970 sogar weit mehr als 600 %, wenngleich der absolute Wert geringer ausfällt.

Ein weiterer Grund für die hohe Zahl an Übertemperaturgradstunden ist der g-Wert der Verglasung. Dieser Wert beziffert den Anteil der Sonnenenergie, welcher durch das Fenster in den Raum gelangt und zur Temperaturerhöhung beiträgt. Die am untersuchten Gebäude vorhandenen Fenster haben einen relativ hohen g-Wert von $g = 0{,}744$, womit 74,4 % der auf einer Verglasung einfallenden Sonnenenergie in den Raum gelangen. Zwar besitzen die meisten Fenster einen innenliegenden Sonnenschutz, welcher den Lichteintrag minimiert und die solare Energie zunächst aufnimmt, jedoch wird er dadurch auch wärmer und gibt diese Energie ebenfalls an den Raum ab. Damit ist diese Form des Sonnenschutzes weit weniger effektiv als ein außenliegender, hinterlüfteter Sonnenschutz, welcher die absorbierte Solarenergie größtenteils an die Außenluft abgibt.

Als letzten Punkt gibt es noch die Betrachtung der Nachtlüftung, welche vor allem beim Vorhandensein von genügend wirksamer Wärmekapazität ein gutes Mittel zur passiven Kühlung von Gebäuden darstellt. Nach der Klassifizierung nach DIN 4108-2:2013-02, Tabelle 8 handelt es sich bei den kritischen Räumen im 2. Obergeschoss und Dachgeschoss um eine mittelschwere Bauart. Für die Untersuchung des Ausgangszustandes wurde zudem keine Nachtlüftung abgebildet, da dies auch in der Praxis derzeit nicht angewandt wird. Dies liegt vor allem an der fehlenden Automatisierung der Fernster sowie an Fragen des Einbruchschutzes.

Zusammenfassend ergeben sich somit folgende Schwachpunkte für das Gebäude in Bezug auf Sommerhitze:

- Hoher g-Wert der Fenster
- Kein außenliegender Sonnenschutz
- Innenliegender, wenig effektiver Sonnenschutz
- Fehlende Nachtlüftung
- Nur eine mittlere wirksame Wärmekapazität der Räume

In Bezug auf die Ertüchtigungsmaßnahmen ist eine sinnvolle Anpassungsstrategie zunächst die Beseitigung beziehungsweise Verbesserung der zuvor aufgezeigten Schwachstellen des Gebäudes in Bezug auf die Einwirkung Sommerhitze. Dazu werden im weiteren Verlauf verschiedenste Möglichkeiten aufgezeigt, welche hinsichtlich ihrer Wirkungsweise untersucht werden. Weitere, für eine praktische Umsetzung relevante Details, wie zum Beispiel Baurecht oder Denkmalpflege, werden zwar qualitativ beschrieben, jedoch nicht gänzlich und in voller Tiefe untersucht. Analog zur Beschreibung der Anpassungsmaßnahmen bei dem Mehrfamilienhaus um 1890 gilt auch hier, dass die Beseitigung einer bestimmten Schwachstelle in Bezug auf Sommerhitze mögliche neue Probleme erzeugt, wie zum Beispiel der steigende Heizwärmebedarf beim Einsatz einer Sonnenschutzverglasung mit niedrigem g-Wert oder die verminderte Nutzerakzeptanz bei ständig aktiviertem Sonnenschutz. Folglich werden auch die hier vorgeschlagenen Anpassungen nach deren Einfluss auf die folgenden drei Kriterien bewertet:

- Beseitigung/Verminderung der zuvor genannten Schwachpunkte
- Einfluss der Anpassungsvariante auf den Heizwärmebedarf
- Nutzerakzeptanz der jeweiligen Anpassungsvariante

Der Einsatz einer Sonnenschutzverglasung hat den Effekt, dass aufgrund eines geringeren g-Wertes (in der Regel $g < 0,4$) weniger solare Energie ins Rauminnere gelangt. Dies ist vor allem dann sinnvoll, wenn kein außenliegender Sonnenschutz vorhanden ist. Nachteilig ist dabei jedoch, dass der verminderte g-Wert der Verglasung auch im Winter dazu führt, dass weniger solare Energie ins Rauminnere gelangt, was wiederum zum Anstieg des Heizwärmebedarfes führt. Weiterhin besitzen Sonnenschutzgläser aufgrund der speziellen Beschichtung oftmals ein anderes Erscheinungsbild (Reflexionen oder Färbungen) als die ursprünglichen Verglasungen. Dies kann vor allem bei Baudenkmälern zum Problem werden. Zwar gibt es auch speziell beschichtete Sonnenschutzgläser für den Denkmalbereich, jedoch sind diese dafür auch etwas teurer.

Für das betrachtete Gebäude wurden als Anpassungsoption sämtliche Fenster durch ein Sonnenschutzglas mit folgenden Parametern ersetzt:

- $U_g = 1,125$ W/(m^{2}K)
- $g = 0,187$

Trotz des geringen g-Wertes besitzt die Verglasung einen Lichttransmissionsgrad von 80 %, wodurch auch der Nutzer noch eine ausreichende Versorgung mit Tageslicht bekommt.

Ein außenliegender Sonnenschutz ist zweifelsohne eine der effektivsten Sonnenschutzmaßnahmen, welche sich aufgrund der individuellen und bedarfsgeregelten Steuerung auch nicht negativ auf den Heizwärmebedarf und das Nutzerempfinden auswirkt. Jedoch wird diese Variante hier nicht näher betrachtet, da die nachträgliche Anbringung eines außenliegenden Sonnenschutzes aus denkmalpflegerischer Sicht eher fragwürdig ist.

Ein innenliegender Sonnenschutz ist bereits jetzt in dem Gebäude vorhanden, ist aber, wie bereits beschrieben, weniger effektiv als ein außenliegender Sonnenschutz. Für die Berechnungen des Ist-Zustandes wurde dieser aktiviert, sobald die Solarstrahlung einen Wert von 300 W/m² überschreitet. Damit wurde analog zum Mehrfamilienhaus um 1890 die kritische Strahlungsmenge nach DIN EN ISO 13790:2008-09, Abschnitt G.5.3.1 gewählt, ab der sich die Nutzer geblendet fühlen. Im Gegensatz zum Mehrfamilienhaus, wo die Materialeigenschaften des Sonnenschutzes stark vom jeweiligen Mieter abhängen, kann bei dem untersuchten Nichtwohngebäude, welches zudem von einer einzelnen Firma genutzt wird, ein einheitliches Material angesetzt werden. Als

Anpassungsvariante wurde neben der Aktivierung bei einer Einstrahlung über 300 W/m² innerhalb der Nutzungszeit zudem vorgesehen, dass der Sonnenschutz außerhalb der Nutzungszeit (Montag bis Freitag 18 bis 7 Uhr, Samstag und Sonntag komplett) ständig aktiv ist. Die praktische Durchführung kann entweder automatisiert oder über eine Dienstanweisung von den Angestellten ausgeführt werden. Durch die Anwendung außerhalb der Nutzungszeit werden die Nutzer zudem nicht durch die Maßnahme beeinträchtigt.

Durch eine Nachtlüftung sollen die Raumtemperaturen durch kühle Nachtluft gesenkt werden, sodass einer Überhitzung am darauffolgenden Tag entgegengewirkt werden kann. Dazu werden in der dynamisch-thermischen Gebäudesimulation jeweils die Fenster in den Nachtstunden (18 bis 7 Uhr) sowohl an Werk- als auch an Feiertagen und am Wochenende in Kippstellung gebracht. Voraussetzung dafür ist, dass die Raumtemperatur über der Raum-Solltemperatur für Heizzwecke liegt und die Außentemperatur kühler ist als die Raumtemperatur, sodass auch wirklich eine kühlende Wirkung entsteht und die Heizung nicht aktiviert wird. Gleichzeitig werden Überströmöffnungen in den Bürotüren eingebaut, sodass eine deutlich effektivere Querlüftung entsteht (Bild 4-21 links).

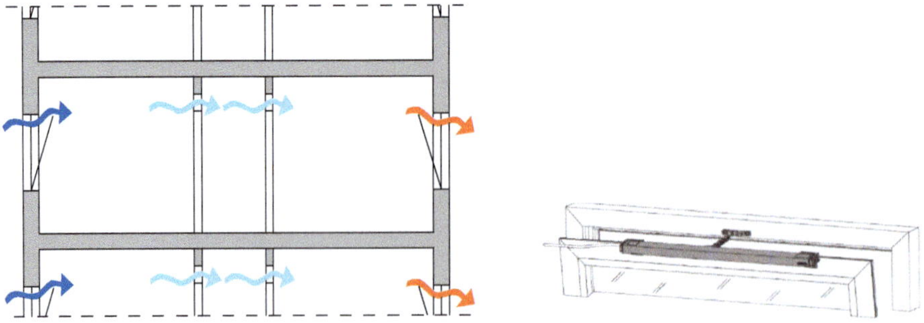

Bild 4-21 links: Prinzip der Nachtlüftung, rechts: Prinzip Kettenantrieb zur automatisierten Fensterlüftung.

Durch die automatisierte Fensterlüftung mittels Kettenantrieb (Bild 4-21 rechts) werden die Fenster auch am Wochenende und an Feiertagen unabhängig vom Nutzer und nur bei Bedarf geöffnet. Zudem können die Fenster bei ungewollten Witterungseinflüssen, wie zum Beispiel Regen, rasch wieder geschlossen werden. Da die Fensterlüftung nur stattfindet, wenn sich die Raumtemperatur über der Raum-Solltemperatur befindet, hat diese Anpassungsmaßnahme auch nahezu fast keinen Einfluss auf den Heizwärmebedarf. Für die praktische Umsetzung müssten jedoch je nach Lage der Räume noch Fragen des Einbruchschutzes beantwortet werden.

Zusätzlich gibt es noch die Möglichkeit einer nächtlichen Lüftung über eine Lüftungsanlage. Diese Methode wird vorerst nicht näher untersucht, da hier zum einen größere Umbauarbeiten nötig wären und zum anderen zur Verkleidung der Lüftungskanäle neue abgehängte Decken eingezogen werden müssten, welche die wirksame Wärmekapazität verringern und sich somit negativ auf den sommerlichen Wärmeschutz auswirken.

Wie bereits erwähnt, wirkt sich eine hohe wirksame Wärmekapazität positiv auf die Verringerung einer Überhitzung aus, da Wärmespitzen am Tag von der Baukonstruktion abgepuffert und in die Nachtstunden verlagert werden. Folglich werden für diese Variante sowohl die Innenwände aus Trockenbau durch massive Wände ersetzt als auch der aufgeständerte Fußboden entfernt. Durch diese Maßnahme erhöht sich die wirksame Wärmekapazität bezogen auf die Nettogrundfläche beim Raum im 2. Obergeschoss von C_{wirk}/A_G = 89 Wh/(K·m²) auf C_{wirk}/A_G = 142 Wh/(K·m²) und im Raum im Dachgeschoss von C_{wirk}/A_G = 88 Wh/(K·m²) auf C_{wirk}/A_G = 138 Wh/(K·m²). Beide Räume können damit als schwere Bauart nach DIN 4108-2:2013-02, Tabelle 8 klassifiziert werden. Die Maßnahmen haben keine nennenswerten Auswirkungen auf die Nutzerakzeptanz. Die praktische Durchführung der Maßnahmen führt jedoch zu statischen und haustechnischen Änderungen, da die massiven Innenwände höhere Lasten bedeuten und durch den Wegfall des aufgeständerten Fußbodens die Medienführung verändert werden muss.

Da eine Nachtlüftung den meisten Nutzen bringt, wenn die wirksame Wärmekapazität relativ groß ist, sollen in einer eigenen Variante die zuvor beschriebenen Einzelmaßnahmen Nachtlüftung und wirksame Wärmekapazität miteinander kombiniert werden.

Analog zur Untersuchung des Ist-Zustandes wurden auch für die einzelnen Anpassungsmaßnahmen der Heizwärme- und Kühlbedarf sowie die Anzahl der Übertemperaturgradstunden in einem kritischen Raum im 2. Obergeschoss und Dachgeschoss für den Nachweis des sommerlichen Wärmschutzes nach DIN 4108-2:2013-02, Kap. 8.4 berechnet. Für die Untersuchungen wurden jeweils die aktuell gültigen Klimarandbedingungen für den Bezugszeitraum von 1988–2007 verwendet.

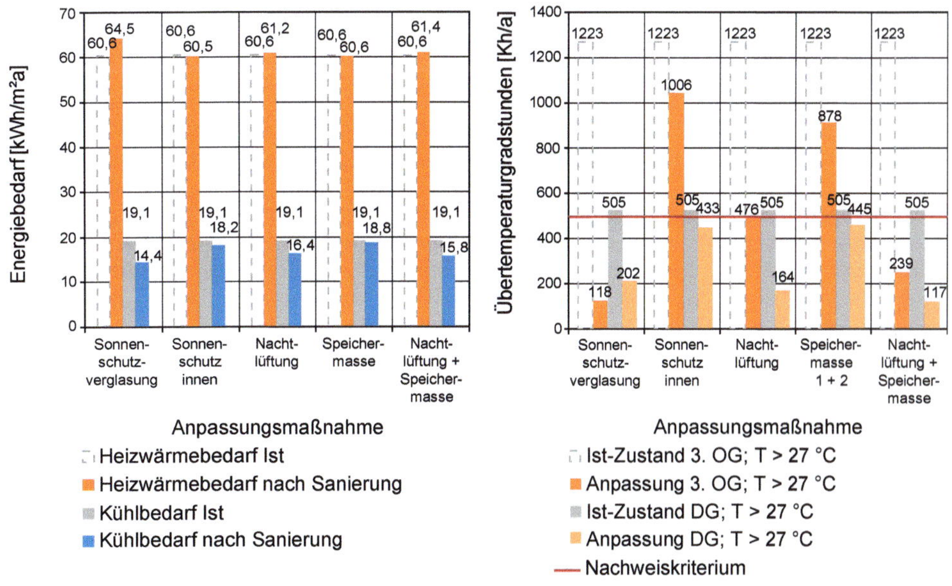

Bild 4-22 links: Heizwärme- und Kühlbedarf der untersuchten Räume im 2. Obergeschoss und Dachgeschoss für die einzelnen Anpassungsmaßnahmen bei Klimarandbedingungen für 1988–2007, rechts: Übertemperaturgradstunden der untersuchten Räume im 2. Obergeschoss und Dachgeschoss für die einzelnen Anpassungsmaßnahmen bei Klimarandbedingungen für 1988–2007.

Beim Blick auf den Heizwärmebedarf (Bild 4-22 links) fällt auf, dass sich dieser, bis auf die Variante mit dem Sonnenschutzglas, kaum ändert. Der geringe Anstieg bei der Maßnahme Nachtlüftung liegt vor allem an der durch die kühle Nachtluft ausgekühlten Baukonstruktion, welche zu einem etwas erhöhten Heizwärmebedarf führt.

Die Betrachtung des Kühlbedarfes zeigt, dass vor allem die Maßnahme der Sonnenschutzverglasung die größten Einsparungen erzielt, gefolgt von der Nachtlüftung in Verbindung mit der Erhöhung der wirksamen Wärmekapazität. Es wird auch deutlich, dass die alleinige Erhöhung der Wärmekapazität nur einen geringen Effekt erzielt. Ähnlich zeigt sich dieser Sachverhalt auch bei der Entwicklung der Übertemperaturgradstunden (Bild 4-22 rechts). Weiterhin wird deutlich, dass alle Anpassungen, mit Ausnahme der wirksamen Wärmekapazität, zur Einhaltung des Nachweiskriteriums führen. Es ist jedoch davon auszugehen, dass dies bei der Verwendung von zukünftigen Klimarandbedingungen nicht überall mehr der Fall sein wird.

Zudem haben die einzelnen Anpassungsmaßnahmen auch eine unterschiedliche Wirkung auf die beiden kritischen Räume. Während zum Beispiel bei der Sonnenschutzverglasung die Einsparung an Übertemperaturgradstunden im Raum des 2. Obergeschoss bei circa 90 % liegt, werden beim Raum im Dachgeschoss nur 60 % eingespart. Die Erklärung liegt hier im grundflächenbezogenen Fensterflächenanteil, welcher beim Raum im 2. Obergeschoss höher ist als beim Raum im Dachgeschoss. Folglich wirkt sich eine Verbesserung der Verglasung hier höher aus.

Mit dem Ziel der Anpassung des Gebäudes an den Klimawandel und der Aussicht, dass die Anpassungsmaßnahmen als Einzelmaßnahme vor allem bei Klimarandbedingungen für den Bezugszeitraum von 2071–2100 das Nachweiskriterium für den sommerlichen Wärmeschutz nicht mehr erfüllen werden, gilt es, durch die gezielte Verknüpfung der zuvor beschriebenen Maßnahmen ein Gesamtkonzept zu entwickeln.

Bei der Zusammenführung von Einzelmaßnahmen zu einem Gesamtkonzept ist darauf zu achten, dass Einzelmaßnahmen mit zuvor guten Einsparpotentialen auch im Verbund funktionieren und Sinn ergeben. Weiterhin müssen die Anpassungsoptionen so gewählt werden, dass ein optimales Verhältnis zwischen Energieeinsparung, Wirtschaftlichkeit und Nutzerakzeptanz erreicht wird. Auch wenn sich die Sonnenschutzverglasung als effektivstes Mittel erwiesen hat, wird diese Maßnahme vorerst nicht weiter betrachtet, da es hier unter Umständen aufgrund der speziellen Oberflächenansicht bei herkömmlichen Sonnenschutzgläsern (Reflexionen, Färbungen) zu Problemen mit dem Denkmalschutz kommen kann. Es soll an dieser Stelle jedoch erwähnt werden, dass es auch Sonnenschutzverglasungen für den Denkmalbereich gibt. Diese sind in Hinblick auf g-Wert und Lichttransmission aber nicht so vielseitig vorhanden wie herkömmliche Sonnenschutzgläser. Weiterhin bedeutet diese Maßnahme auch eine deutliche Zunahme des Heizwärmebedarfes.

Vielmehr sollen die folgenden Maßnahmen miteinander kombiniert werden:

- Innenliegender Sonnenschutz, außerhalb der Nutzungszeit ständig aktiviert
- Erhöhung der wirksamen Wärmekapazität durch die Entfernung des aufgeständerten Fußbodens und den Austausch von Trockenbauwänden durch massive Wände
- Einbau von Kettenantrieben in die Fenster für eine automatisierte Nachtlüftung
- Einbau von Überströmöffnungen in die innenliegenden Bürotüren zur Ermöglichung einer Querlüftung

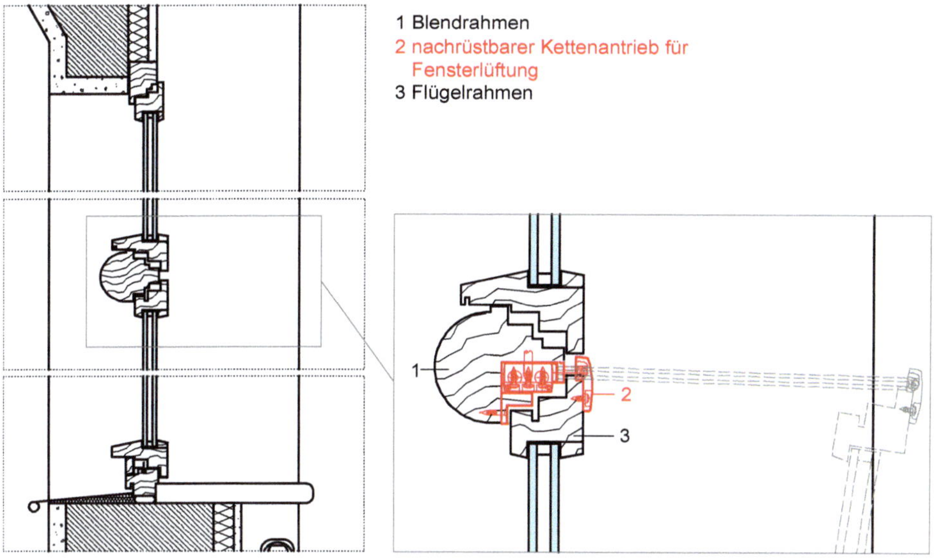

Bild 4-23 Detailschnitt Anpassung Fenster für Nachtlüftung.

Ein entscheidendes Detail ist die Realisierung der Nachtlüftung. Diese erfolgt automatisiert mit Kettenantrieben, welche in die bestehenden Holzrahmen integriert werden können (Bild 4-23) und das Fenster mit einem Hub von bis zu 30 cm in Kippstellung bringen. Von innen ist nur der relativ kleine Kettenbock zu sehen, wodurch diese Maßnahme für den Nutzer kaum wahrnehmbar ist. Ein wichtiger Detailpunkt für das Gelingen dieser Maßnahme ist jedoch noch die Frage der Einbruchsicherheit.

Ein Blick auf die Ergebnisse für den Nachweis des sommerlichen Wärmeschutzes (Bild 4-24 links) zeigt, dass auch für den Bezugszeitraum von 2021–2050 das Nachweiskriterium von 500 Übertemperaturgradstunden eingehalten beziehungsweise mit 514 im Raum im 2. Obergeschoss nur knapp überschritten wird. Für den noch weiter in der Zukunft gelegenen Zeitraum 2071–2100 wird das Nachweiskriterium jedoch weiterhin um circa 100 % überschritten.

Um dennoch den Nachweis des sommerlichen Wärmeschutzes auch für diesen Bezugszeitraum zu bestehen, wurde für diesen Zeitraum das Gesamtkonzept um folgende weitere Anpassungen modifiziert:

- Umsetzung eines höheren Nachtluftwechsels ($n = 5\ h^{-1}$), realisierbar zum Beispiel über eine RLT-Anlage
- Austausch der bestehenden Fensterscheiben durch eine Sonnenschutzverglasung
- Kombination von höherem Nachtluftwechsel ($n = 5\ h^{-1}$) und Sonnenschutzverglasung

Auch wenn diese zusätzlichen Maßnahmen vielleicht nicht wirtschaftlich oder praktisch sinnvoll sind, soll doch zumindest theoretisch aufgezeigt werden, ob man damit den Nachweis des sommerlichen Wärmeschutzes nach DIN 4108-2:2013-02, Kap. 8.4 erfüllen und auf den Einsatz einer technischen Kühlung verzichten könnte.

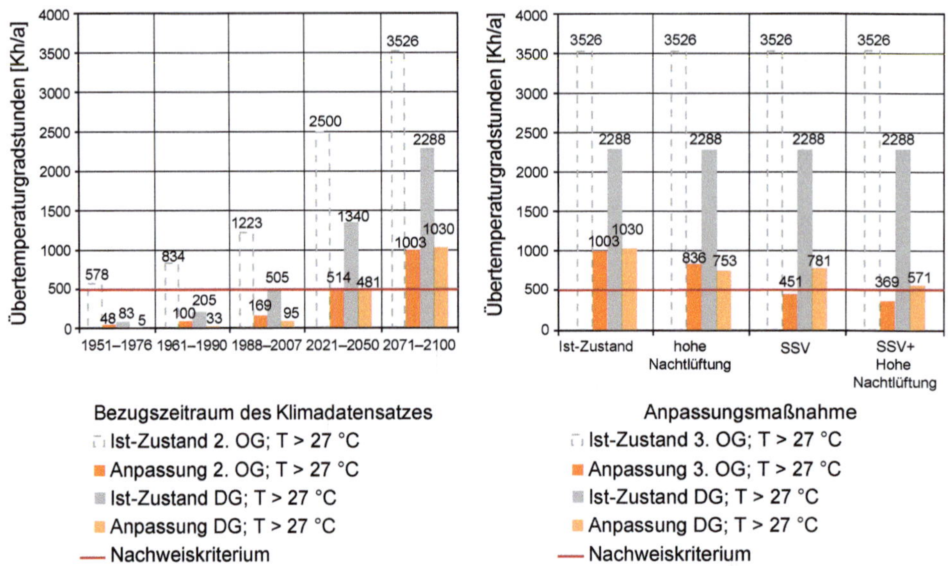

Bild 4-24 links: Übertemperaturgradstunden der untersuchten Räume im Bezugszeitraum 2071–2100 für das Gesamtkonzept, rechts: Übertemperaturgradstunden der untersuchten Räume im Bezugszeitraum 2071–2100 für modifizierte Anpassungen.

Der Blick auf Bild 4-24 rechts zeigt, dass selbst durch die Kombination aus Sonnenschutzverglasung und hohem Nachtluftwechsel zumindest im Raum im Dachgeschoss das Nachweiskriterium von 500 Übertemperaturgradstunden leicht überschritten wird. Weiterhin zeigt sich auch hier wieder, dass die einzelnen Maßnahmen für die beiden Räume unterschiedlich starke Effekte haben. Während der höhere Nachtluftwechsel positiver für den Raum im Dachgeschoss ist, sorgt die Sonnenschutzverglasung für mehr Einsparpotential beim Raum im Dachgeschoss. Der Grund ist auch hier wieder der höhere grundflächenbezogene Fensterflächenanteil.

Bei einer weiteren Erhöhung der Luftwechselrate für Räume im Dachgeschoss könnte jedoch auch hier das Nachweiskriterium erfüllt werden.

4.4.3 Büro- und Geschäftshaus, Baujahr 1959

Wie aus dem Grundriss in Kapitel 3.4.5 ersichtlich wird, ist die Längsachse des Gebäudes Nord-Süd orientiert. Es handelt sich um eines der Eckhäuser einer geschlossenen Blockrandbebauung. Das Gebäude ist im Süden und Westen über architektonisch abgesetzte Verbindungsgebäude mit der angrenzenden Bebauung verbunden. Die Verbindungsbauten verfügen über geschosshoch verglaste Räume. Der südliche Verbindungsbau (Bild 4-25) beherbergt auf jeder Etage einen Büroraum und ein zum Innenhof orientiertes Treppenhaus. Der westliche Verbindungsbau ist Teil des angrenzenden Wohngebäudes.

Bild 4-25 Ansicht der nach Osten orientierten Hauptfassade des Büro- und Geschäftshauses (Foto: Fahrion, 2012).

Bild 4-26 zeigt die Situation in einem typischen Büroraum des Hauptgebäudes im aktuellen Zustand. In den Bürogeschossen befinden sich jeweils zwei übereinander angeordnete, gleich große Einfachfenster aus Kunststoff mit Drehkippflügelbeschlägen und Zweischeiben-Isolierverglasung ohne Beschichtung. Die Verglasung ist vermutlich luftgefüllt und weist einen U_g-Wert von lediglich 2,8 W/(m^2·K) auf. Als Sonnen- und Blendschutz befinden sich in den meisten Räumen innenliegende, beige Vertikallamellen aus Stoff. In den Büroräumen sind abgehängte Decken installiert. Die nichttragenden Trennwände zwischen den Räumen bestehen aus beidseitig verputztem Mauerwerk. Die Büroräume im Hauptgebäude weisen eine auf die Nettogrundfläche bezogene wirksame Wärmekapazität von C_{wirk}/A_G = 127 Wh/(K·m^2) auf. Damit fallen sie gemäß DIN 4108-2:2013-02 in den Übergangsbereich zwischen mittlerer und schwerer Bauart. Die geschosshoch verglasten Büroräume im südlichen Verbindungsbau haben als Sonnenschutz ebenfalls nur innenliegende, vertikale Stofflamellen. Hier sind keine abgehängten Decken installiert und demzufolge können sie mit einer wirksamen Wärmekapazität von C_{wirk}/A_G = 180 Wh/(K·m^2) der schweren Bauart zugeordnet werden (Fahrion 2015).

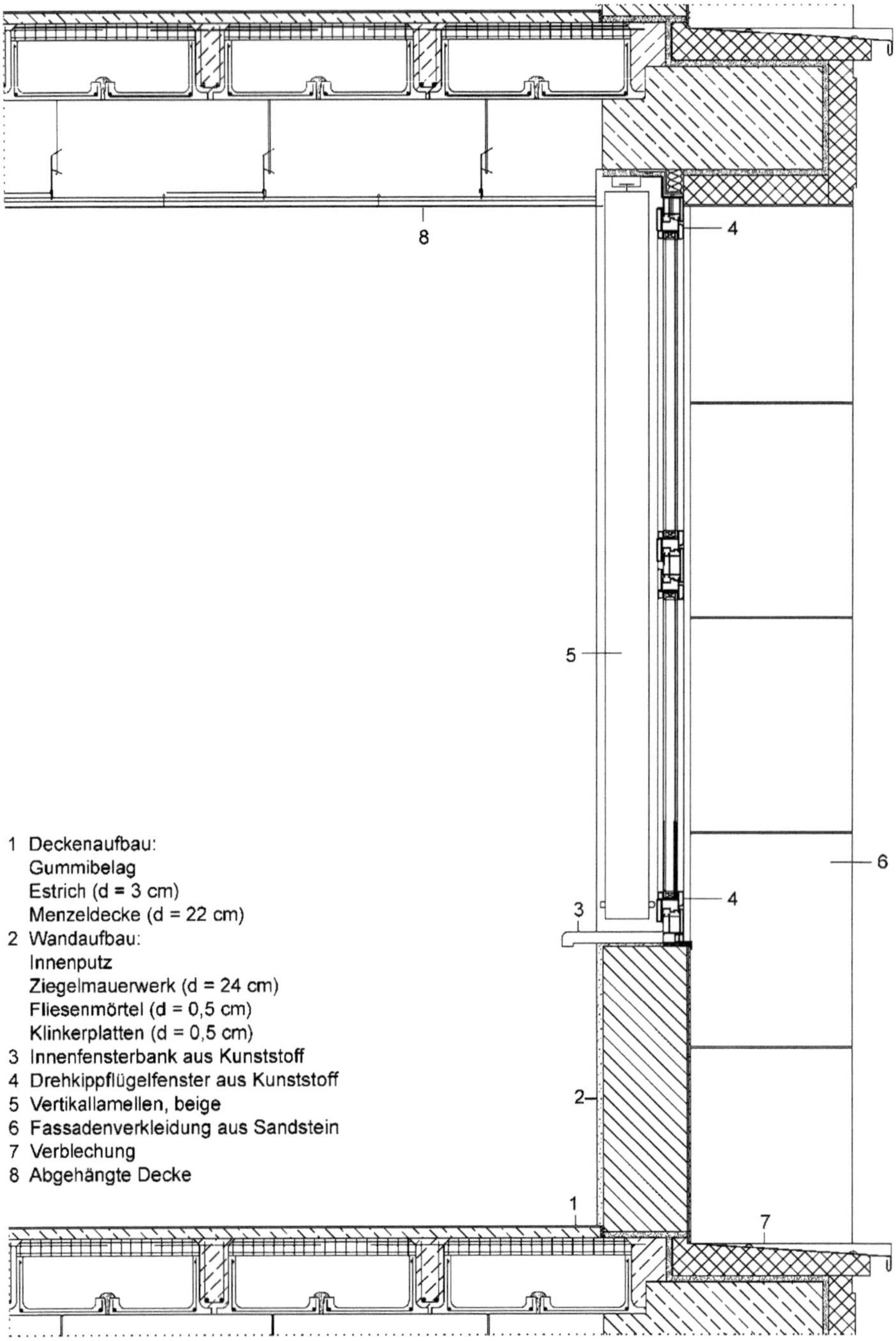

Bild 4-26 Schnitt durch die Fassade und einen angrenzenden Büroraum im Hauptgebäude.

Die aus Bild 4-26 ersichtliche Fensterteilung mit zwei gleichgroßen, übereinander angeordneten Drehkippflügelfenstern ist ungewöhnlich. Diese Fenster wurden jedoch erst bei einer Sanierung im Jahre 1991 eingebaut. Bis dahin verfügten die Bürogeschosse über Vertikalschiebefenster. Im Zuge der Sanierung ging zwar die ursprüngliche Öffnungsfunktion der Fenster verloren, das äußere Erscheinungsbild mit der besonderen Fensterteilung blieb jedoch erhalten.

In einem ersten Schritt wurde die Entwicklung des Heizwärme- und Kühlbedarfs im Zuge des beobachteten und projizierten Klimawandels untersucht (Bild 4-27). Über den gesamten Untersuchungszeitraum gesehen halbiert sich der Heizwärmebedarf nahezu, während sich der Kühlbedarf fast verdreifacht. Dies deutet auf die zukünftig zunehmende Bedeutung des sommerlichen Wärmeschutzes hin. Trotzdem bleibt bei dem betrachteten Gebäude auch in Zukunft der Heizwärmebedarf deutlich höher als der Kühlbedarf. Die Summe aus Heizwärme- und Kühlbedarf nimmt für das untersuchte Gebäude mit fortschreitendem Klimawandel sogar ab (Fahrion 2015).

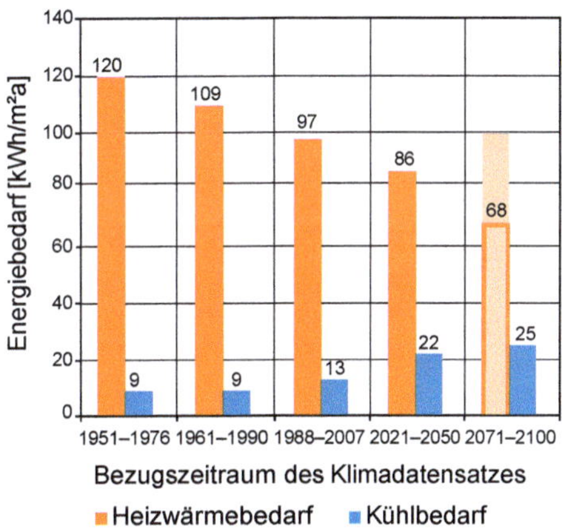

Bild 4-27 Entwicklung des auf die Nutzfläche bezogenen Heizwärme- und Kühlbedarfs.

Im Folgenden wird die Situation im Hinblick auf den sommerlichen Wärmeschutz mittels dynamisch-thermischer Gebäudesimulation analysiert. Sämtliche Räume innerhalb des Gebäudes verfügen über keinen ausreichenden Sonnenschutz. Die Verkaufsräume im Erdgeschoss und ersten Obergeschoss weisen überhaupt keinen Sonnenschutz auf. Die Büroräume in den darüberliegenden Stockwerken verfügen über innenliegende Vertikallamellen. Die Räume im Staffelgeschoss haben außer dem 2,70 m auskragenden Dach keinen weiteren Sonnenschutz. Das auskragende Dach führt jedoch nur bei den nach Süden orientierten Fenstern zu einer effektiven Verschattung im Sommer. Die nach Osten orientierten Büros im Hauptgebäude weisen einen grundflächenbezogenen Fensterflächenanteil von 30 % auf. Die ebenfalls nach Osten ausgerichteten Büros im Verbindungsbau verfügen mit 66 % über einen extrem hohen grundflächenbezogenen Fensterflächenanteil.

Wird davon ausgegangen, dass außerhalb der Nutzungszeit der innenliegende Sonnenschutz inaktiv ist, ergeben sich als Folge der Ost-West-Orientierung der Büros wesentliche solare Energieeinträge außerhalb der Nutzungszeit. Im Juni geht in Mannheim die Sonne gegen 5.20 Uhr auf und gegen 21.30 Uhr unter. Der Standort Mannheim ist aufgrund der Vorgaben der DIN 4108-2:2013-02 für sommerheiße Gebiete der Region C zu verwenden.

Das bedeutet, dass die Sonne bei einem freistehenden Bürogebäude am Morgen über 1,5 Stunden ungehindert in die östlichen Büros und am Abend 3,5 Stunden in die westlichen Büros scheinen kann. Im vorliegenden Fall werden die westorientierten Räume, mit Ausnahme des Staffelgeschosses, mehr als eine Stunde vor Sonnenuntergang durch die Nachbarbebauung verschattet. Die massiven Umschließungsbauteile der Räume sind in der Lage, große Mengen Wärmeenergie sensibel zu speichern. Allerdings kann die eingespeicherte Wärmeenergie im vorliegenden Zustand nicht in ausreichender Form abgeführt werden, so dass am darauffolgenden Tag die Speichermassen nicht vollständig regeneriert sind. Folglich sind zum Nutzungsbeginn des darauffolgenden Tages die Temperaturen des Raumes und der Bauteilmassen erhöht, so dass geringere Energieeinträge in den Raum erforderlich sind, um unbehaglich hohe Raumtemperaturen zu erreichen.

4

Infolge der dargestellten Defizite ergeben sich für die Räume des Büro- und Geschäftshauses hohe Übertemperaturgradstunden (Bild 4-28). Unter Ansatz der zur Erbauungszeit vorherrschenden Klimarandbedingungen wird im kritischen Raum des Hauptgebäudes der heutige Anforderungswert von 500 Kh/a noch eingehalten. Schon bei Ansatz der direkt daran anschließenden Klimadaten des Zeitraumes 1961 bis 1990 wird der Grenzwert allerdings überschritten. Betrachtet man die insgesamt abgebildete Zeitspanne, dann werden sich ausgehend von der Mitte des 20. Jahrhunderts bis zum Ende des 21. Jahrhunderts die Übertemperaturgradstunden im kritischen Raum des Hauptgebäudes nahezu verachtfachen. Ein noch problematischeres Bild ergibt sich für den kritischen Raum des Verbindungsbaus (Fahrion 2015).

Wie bereits erwähnt, steht das betrachtete Büro- und Geschäftshaus unter Denkmalschutz, wodurch bei der Planung von Klimaanpassungsmaßnahmen erhebliche Einschränkungen bestehen. Zunächst sollte versucht werden, die solaren Energieeinträge in den Sommermonaten deutlich zu reduzieren. Eine nachträgliche Installation eines außenliegenden Sonnenschutzes ist bei

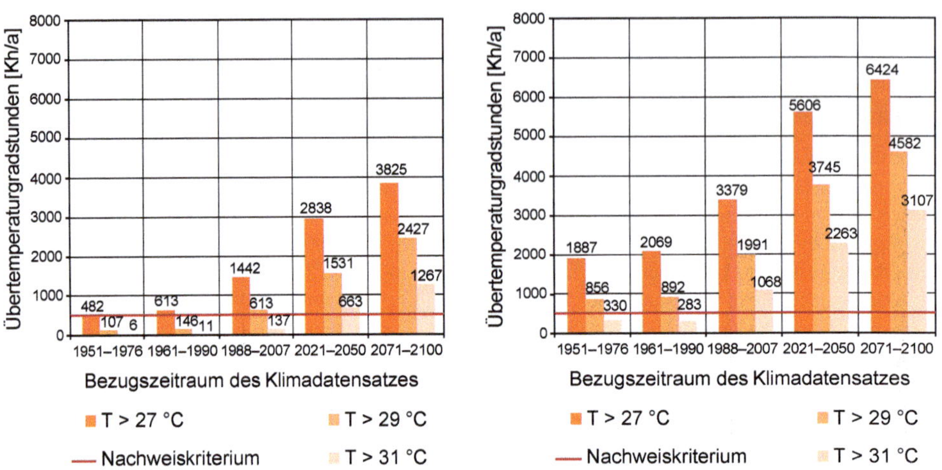

Bild 4-28 links: Entwicklung der Übertemperaturgradstunden der kritischen Büroräume im Hauptgebäude, rechts: Entwicklung der Übertemperaturgradstunden der kritischen Büroräume im Verbindungsbau.

dem vorliegenden Gebäude aus denkmalpflegerischen Gesichtspunkten möglichst zu vermeiden. Folglich muss ein innenliegendes System oder ein System im Scheibenzwischenraum zur Anwendung kommen. Im Sommer sollten auch außerhalb der Nutzungszeit solare Wärmeeinträge vermieden werden. Um dies sicherzustellen, sollte der Sonnenschutz möglichst automatisiert werden. Dies ist im Prinzip unabhängig von der Lage des Sonnenschutzes in Bezug zur Verglasung möglich. Allerdings haben hierbei innenliegende Systeme den Nachteil, dass die automatisierte Bewegung in den Nutzungsbereich des Raumes eingreift. Folglich besteht die Gefahr, dass achtlos abgestellte Gegenstände bei einer Automation beschädigt werden oder den Sonnenschutz beschädigen. Infolgedessen wird bei der Planung der Anpassungsmaßnahme ein Sonnenschutz im Scheibenzwischenraum bevorzugt. Bei diesen Systemen ist ein verbreiterter Scheibenzwischenraum von mindestens 22 mm erforderlich. Dies stellt im vorliegenden Fall kein Problem dar, da die historischen Fensterrahmen nicht erhalten sind und somit neue Rahmen mit ausreichender Konstruktionstiefe eingebaut werden können (Fahrion 2015).

Als in den Scheibenzwischenraum integrierbare Sonnenschutzsysteme existieren Lamellenraffstores, Faltstores und Rollos. Faltstores und Rollos sind lediglich in der Höhe verfahrbar. Im Gegensatz dazu ist bei Lamellenraffstores im Scheibenzwischenraum zusätzlich deren Winkel stufenlos veränderbar. Infolge der geringen Abmessungen der Lamellen ergeben sich zahlreiche Zwischenräume zwischen diesen. Damit bleibt bei herabgefahrenen und schräggestellten Lamellen ein visueller Bezug zum Außenraum erhalten (Bild 4-29). Eine umfangreiche Studie von Heschong 2006 zeigt, dass der Sichtkontakt zur Umwelt und die Versorgung mit natürlichem Tageslicht die geistige Leistungsfähigkeit von Büroangestellten und Schülern positiv beeinflussen.

Bild 4-29 Neues Institutsgebäude der Universität Wien mit Blick auf die Votivkirche (Quelle: Pellini/ScreenLine).

Durch die Lage zwischen den Scheiben ist der Lamellenraffstore vor Witterungseinflüssen geschützt. Dadurch kann der Sonnenschutz auch an strahlungsreichen, windigen Tagen aktiviert werden. Des Weiteren wurde in den letzten Jahrzehnten in der Schweiz und in Süddeutschland eine Zunahme von Hagelereignissen festgestellt (Kapitel 7.2). Heutige 4 mm dicke Floatglasscheiben überstehen den Aufprall eines Hagelkorns mit einem Durchmesser von 5 cm unbeschadet (Stucki und Egli 2007). Da Sonnenschutzsysteme im Scheibenzwischenraum in aller Regel sogar in Kombination mit Einscheibensicherheitsglas ausgeführt werden, ist das System auch gegen diese Einwirkung geschützt.

Wie aus der Analyse des Ist-Zustandes hervorgeht, ergeben sich im Sommer bei nicht aktiviertem Sonnenschutz außerhalb der Nutzungszeit erhebliche solare Energieeinträge. Sonnenschutzsysteme im Scheibenzwischenraum können sowohl manuell als auch motorisch bedient werden. Die motorisch betriebenen Systeme können durch eine zentrale Steuereinheit relativ einfach automatisiert werden. Infolge der geschützten Lage des Sonnenschutzes im Scheibenzwischenraum sind keine Windwächter oder Ähnliches erforderlich, sondern die Automatisierung kann über eine einfache Zeitsteuerung erfolgen. Im vorliegenden Fall soll der Sonnenschutz im Sommer von Montag bis Freitag zwischen 18.00 Uhr und 7.00 Uhr sowie am gesamten Wochenende geschlossen sein. Während der Nutzungszeit soll die Bedienung des Sonnenschutzes weiterhin durch die Nutzer und nicht zentral gesteuert erfolgen. Die beschriebenen Maßnahmen können die solaren Wärmeeinträge in das Gebäude effektiv reduzieren (Fahrion 2015).

Die in den Bürogeschossen vorhandenen übereinander angeordneten Drehkippflügelfenster aus Kunststoff sollen gegen Vertikalschiebefenster aus Holz mit integriertem Sonnenschutz im Scheibenzwischenraum ersetzt werden. Um das äußere Erscheinungsbild des Gebäudes nicht durch massive Rahmenprofile zu beeinträchtigen, wird eine Zweischeiben-Isolierverglasung gewählt. Bei der Bemessung von Isolierglaseinheiten mit integrierten Sonnenschutzsystemen sind einige Besonderheiten zu beachten (Fahrion et al. 2013b). Unter den hier vorliegenden Randbedingungen ist bei einer Lamellenbreite des Sonnenschutzes im Scheibenzwischenraum von 12,5 mm ein Verglasungsaufbau von 10/22/8 erforderlich. Die Vertikalschiebefenster können aus Holzprofilen mit einer Profilbreite von 78 mm und einer Profilhöhe von 68 mm aus Nadelholz-Vollholz der Festigkeitsklasse C 40 gefertigt werden.

Um das Potential der vorhandenen Wärmekapazität vollständig ausnutzen zu können, sollte die sensibel gespeicherte Wärmeenergie durch eine Nachtlüftung abgeführt werden. Im Idealfall sollte die Nachtlüftung in Abhängigkeit der Außenlufttemperatur automatisch aktiviert werden. Um dies zu realisieren, bietet sich eine Automatisierung der Vertikalschiebefenster an. Wie das Schutzrecht EP 1 437 469 A1 zeigt, ist ein elektromotorischer Betrieb von Vertikalschiebefenstern prinzipiell möglich. Wie bei Vertikalschiebefenstern generell üblich, sind Hohlräume, in diesem Fall beidseitig des Fensters, erforderlich. Bolzen werden durch die seitlichen Führungsschienen (Bild 4-30) der Futterbretter in die Hohlräume geführt. Die Bolzen der unteren Führungsschienen werden mit Gasfedern oder Spiralfedern verbunden. Die in den oberen Führungsschienen befindlichen Bolzen werden mit einer durch einen Elektromotor angetriebenen Gewindespindel verbunden, wodurch auch eine automatisierte Öffnung ermöglicht wird. Das Detail in Bild 4-31 zeigt den Anschluss des Fensters im Laibungsbereich sowohl im Ist-Zustand als auch nach Umsetzung der Anpassungsmaßnahmen. Zu erkennen ist der seitliche Installationshohlraum für die Gasfeder und die elektromotorisch betriebene Gewindespindel.

Da die abgehängten Decken in den Büroräumen und Fluren kaum als Installationsebene genutzt werden, empfiehlt es sich, diese zu entfernen, um die wirksame Wärmekapazität weiter erhöhen zu können. Es ist besonders ungünstig, Speichermassen in der Decke thermisch vom Raum zu entkoppeln. Während Speichermassen im Bereich des Fußbodens oder der Wände teilweise

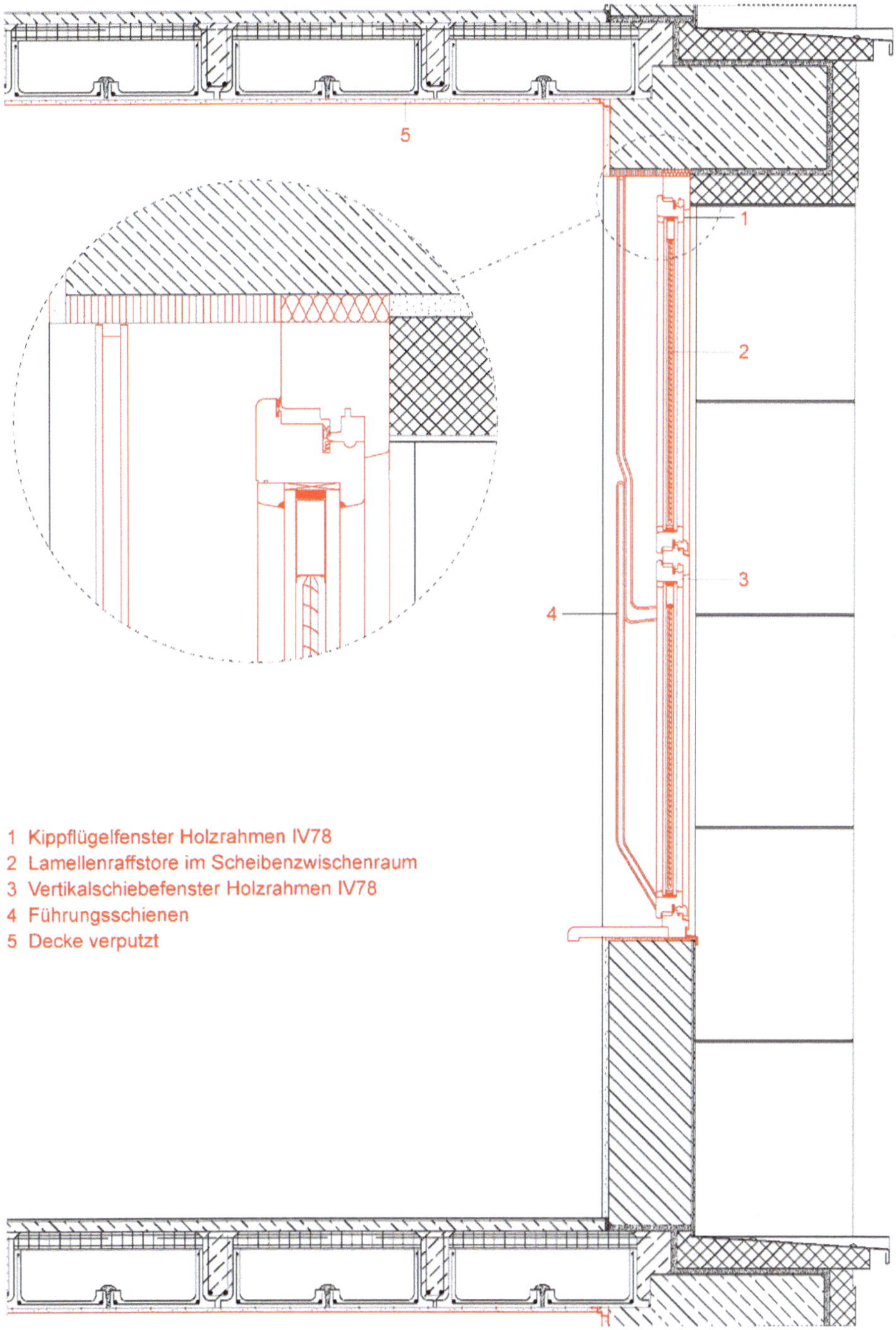

Bild 4-30 Detailschnitt nach Umsetzung der vorgeschlagenen Klimaanpassung.

4

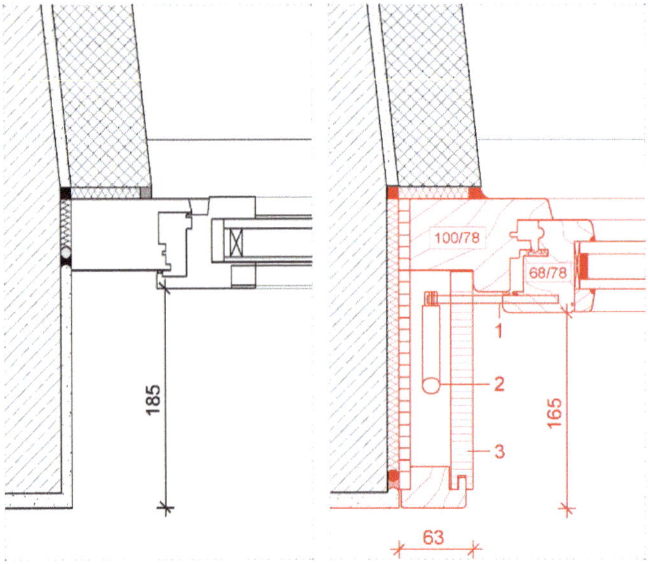

1 Bolzen
2 Gas- oder Spiralfeder, oberhalb der Schnittebene Gewindespindel
3 Futterbrett

Bild 4-31 Anschluss der vorhandenen Fenster und eines Vertikalschiebefensters an den Baukörper im Laibungsbereich.

durch Einrichtungsgegenstände verdeckt und somit thermisch vom Innenraum entkoppelt werden, ist dies bei Deckenflächen nicht der Fall.

Ein Schnitt durch die Fassade und einen angrenzenden Büroraum nach Umsetzung der beschriebenen Anpassungsmaßnahmen zeigt Bild 4-30. Veränderungen gegenüber dem Ausgangszustand sind in roter Farbe gekennzeichnet. Grundsätzlich kann festgehalten werden, dass die vorgeschlagenen Anpassungsmaßnahmen nur geringfügige optische Veränderungen gegenüber dem Ursprungszustand hervorrufen. Dies ist aus denkmalpflegerischer Sicht äußerst positiv zu bewerten.

Nach den Maßgaben der DIN 4108-2:2013-02, Abschnitt 8.4.2 i) muss die Lufttemperatur im Innenraum bei Nachtlüftung in Nichtwohngebäuden über 21 °C bleiben. Deshalb wurde für die Umsetzung der Nachtlüftung in den Simulationen folgender Öffnungsalgorithmus angenommen: Zwischen 18.00 Uhr und 7.00 Uhr öffnen sich die Fenster, wenn die Innenlufttemperatur über 21,5 °C liegt und die Außenlufttemperatur niedriger als die Innenlufttemperatur ist. Das Fenster wird 10 % geöffnet, was einem Spalt von etwas über 8 cm entspricht. Um einen möglichst hohen Luftwechsel durch die automatisierte Fensterlüftung in der Nacht sicherstellen zu können, sollte eine Querlüftung angestrebt werden. Hierzu sind Überströmöffnungen zwischen den Büroräumen und dem mittig im Grundriss angeordneten Flur erforderlich (Fahrion 2015). Diese können sehr einfach durch gekürzte Türblätter oder Lüftungsgitter in den Türblättern realisiert werden. Ist zwischen den Räumen und dem Flur ein erhöhter Schallschutz erwünscht, sollten Überströmöffnungen mit integrierten schallabsorbierenden Materialien eingebaut werden.

Die nach Osten orientierten Schaufenster im Erdgeschoss können nicht ohne Weiteres mit einem Sonnenschutzsystem versehen werden, da die Warenauslage für die Passanten ständig sichtbar sein muss. Aus diesem Grund werden die Schaufenster im Erdgeschoss gegen neue Fenster mit einer Sonnenschutzverglasung ausgetauscht. Bei den nach Osten und Westen orientierten Fenstern im 1. Obergeschoss wird gleich verfahren.

Im Verbindungsbau zwischen dem untersuchten Hauptgebäude und der südlich angrenzenden Wohnbebauung befindet sich ab dem 1. Obergeschoss in jedem Stockwerk jeweils ein Büroraum mit geschosshoher Verglasung. Auch hier werden die, zwischen die Geschossdecken eingestellten, Glasfassaden ausgetauscht und stattdessen Glasfassaden mit Zweischeiben-Isoliergläsern und Lamellenraffstores im Scheibenzwischenraum eingebaut. Um auch in diesen Räumen eine Nachtlüftung umsetzen zu können, werden von den vier Öffnungsflügeln je Büroraum jeweils die beiden mittleren Fenster automatisiert. Dies kann über einen Elektrokettenantrieb erfolgen. Aufgrund der großen Fensterflügel wären im hier vorliegenden Fall jedoch zwei Antriebe je Öffnungsflügel erforderlich. Es werden nur zwei Öffnungsflügel automatisiert, so dass die beiden anderen Flügel wie gewohnt zur manuellen Fensterlüftung zur Verfügung stehen. Eine Querlüftung ist in diesem Bereich des Gebäudes wegen dem angrenzenden Fluchttreppenhaus nicht möglich. Im Staffelgeschoss wird die bestehende, auf der Brüstung montierte, Glasfassade ausgetauscht. In den nach Osten und Westen orientierten Bereichen ist ebenfalls ein Sonnenschutz im Scheibenzwischenraum vorgesehen. In diesem Fall werden mehrere Oberlichter für die Nachtlüftung mit einem System zur automatisch gesteuerten, elektromotorischen, Öffnung ausgestattet. Zwischen den Räumen des Staffelgeschosses werden zur Erhöhung der erreichbaren Luftwechselzahl Überströmöffnungen angeordnet.

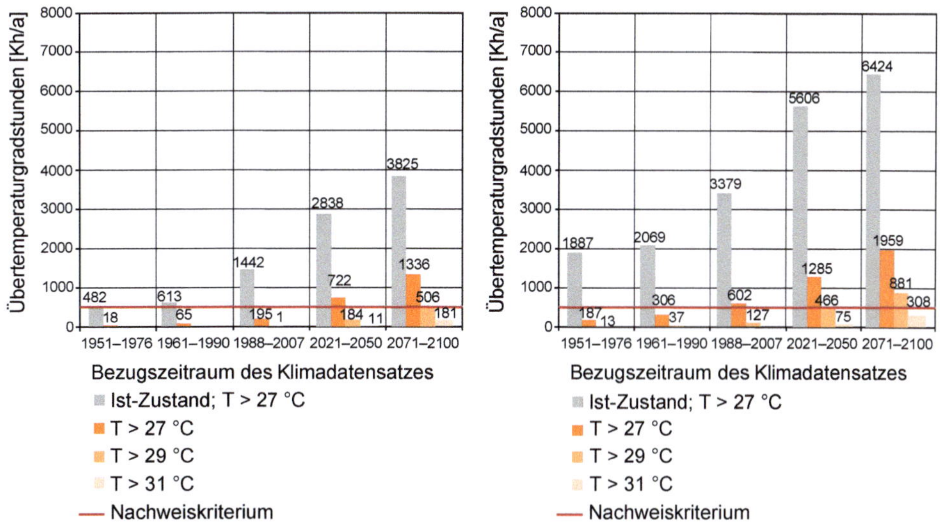

Bild 4-32 links: Übertemperaturgradstunden nach Klimaanpassung im kritischen Raum Hauptgebäude, rechts: Übertemperaturgradstunden nach Klimaanpassung im kritischen Raum Verbindungsbau.

4

Die vorgeschlagenen Maßnahmen zur Anpassung an den Klimawandel führen nicht nur zu einer deutlichen Reduktion der Übertemperaturgradstunden (Bild 4-32) und des Kühlbedarfs, sondern gleichzeitig auch zu einem gesenkten Heizwärmebedarf. Der reduzierte Heizwärmebedarf lässt sich im Wesentlichen auf die deutlich verbesserten U-Werte der neuen Verglasungen und die neuen Fensterprofile zurückführen (Fahrion 2015). Dies zeigt, dass die Maßnahmen in ihrer Gesamtheit positiv zu bewerten sind und keine Fehlanpassung darstellen.

Nach wie vor kritisch stellt sich die Situation im Verbindungsbau dar. Selbst bei Umsetzung sämtlicher vorgeschlagener Anpassungsmaßnahmen kann unter aktuellen Klimarandbedingungen der Anforderungswert nicht eingehalten werden. Hier stellt sich die Frage, ob die geschosshohe Verglasung nicht zumindest im Brüstungsbereich als Sonnenschutzverglasung mit sehr geringem Gesamtenergiedurchlassgrad oder gar als opake Verglasungsfläche ausgeführt werden sollte (für weitere Anpassungsvarianten vergleiche Fahrion 2015).

Im Zuge einer umfangreichen Sanierung des untersuchten Büro- und Geschäftshauses würde aller Voraussicht nach auch eine Verringerung der Transmissionswärmeverluste über die opake Gebäudehülle angestrebt werden. Infolge des Denkmalschutzes und der aufwendig gestalteten Fassade ist davon auszugehen, dass eine Innendämmung zur Ausführung kommen würde. Dadurch würde die Speichermasse der massiven Außenwände thermisch vom Innenraum entkoppelt, was sich auch auf den sommerlichen Wärmeschutz auswirken würde. Wie Bild 4-33 zeigt, hätte eine zusätzliche Innendämmung nur eine geringfügige Erhöhung der Übertemperaturgradstunden zur Folge. Infolge der freiliegenden Decken und der massiven Innenwände würden die Räume nach wie vor über eine ausreichende Speichermasse verfügen.

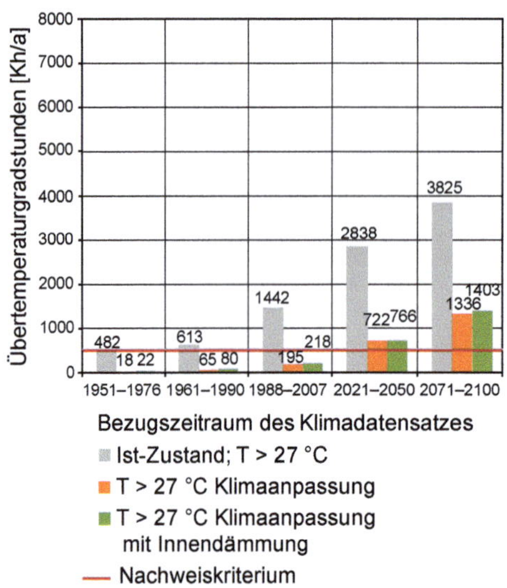

Bild 4-33 Übertemperaturgradstunden kritischer Raum Hauptgebäude nach Klimaanpassung und nach Sanierung mit zusätzlicher Innendämmung.

4.4.4 Bürogebäude, Baujahr 1974

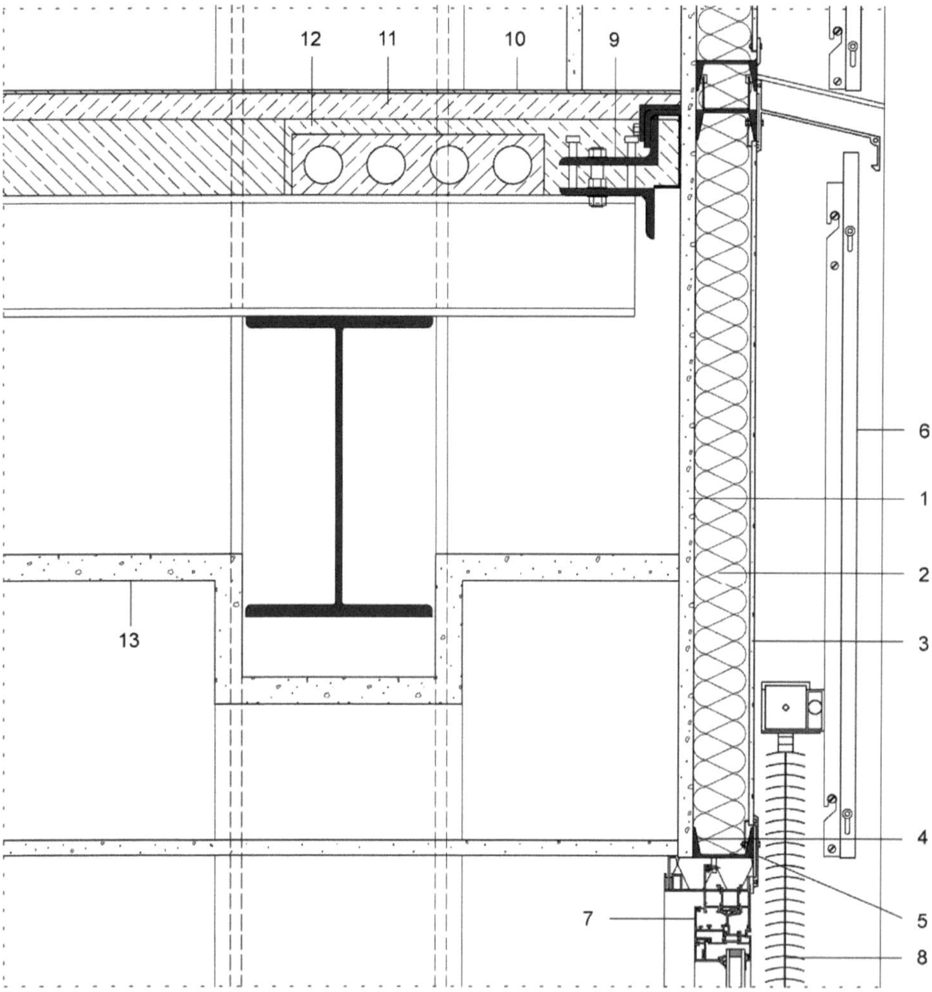

1 Sokalitplatte mit Gölzathenfolie oder gepresste Asbestzementplatte
2 Mineralwolle
3 ungepresste Asbestzementplatte
4 U-Profil aus Stahl
5 Abdeckblech
6 Emailliertes Glaspaneel in Aluminiumrahmen
7 Aluminiumfenster
8 Außenliegender Sonnenschutz
9 Fassadenauflager
10 Teppich
11 Zementestrich
12 Ortbeton
13 Brandschutzdecke

Bild 4-34 Vertikalschnitt durch die Fassade des Gebäudes im heutigen Zustand.

Wie bereits bei der Vorstellung des Gebäudes in Kapitel 3.4.7 erwähnt, handelt es sich um eine Stahlskelettkonstruktion. Bild 4-34 zeigt den Schnitt durch die Fassade und einen angrenzenden

Büroraum des untersuchten Gebäudes im Ist-Zustand. Die zur Erbauungszeit geforderten Feuerwiderstände nach TGL 10685 wurden durch die Ummantelung der Stützen und Riegel mit vorgefertigten U-Gipsschalen mit Asbestfasereinlage und durch eine abgehängte Decke aus vorgefertigten Gipsplatten mit Asbestfasereinlage erreicht. Man erkennt, dass auch die Fassade teilweise mit Asbest belastet ist. Die Schichtenfolge in den opaken Bereichen der Fassade wird von innen nach außen kurz erläutert: Bei den hier verwendeten Blankenburger Fassadenelementen kann die Innenschale in zwei Varianten ausgebildet sein – zum einen als 20 mm dicke Sokalitplatte mit dahinterliegender Gölzathenfolie, zum anderen als gepresste 8 mm dicke Asbestzementplatte (Bild 4-34, Nr. 1) (VEB MLK 1979). Im ersten Fall übernimmt die Sokalitplatte, eine Mineralfaser-Leichtbauplatte, welche als schwachgebundenes Asbestprodukt gilt (Herr 2010), die Funktion des Raumabschlusses und brandschutztechnische Aufgaben, die dahinterliegende Gölzathenfolie dient als dampfbremsende Schicht. Im zweiten Fall werden die genannten Aufgaben in Gesamtheit durch die gepresste Asbestzementplatte übernommen. Im weiteren Bauteilaufbau folgen eine 80 mm dicke Wärmedämmung aus Mineralwolle (Nr. 2) und als äußerer nicht direkt bewitterter Raumabschluss eine 6 mm dicke ungepresste Asbestzementplatte (Nr. 3). Davor befindet sich als Schutz vor direkten Witterungseinflüssen eine hinterlüftete Wetterschale (Nr. 6), die beim untersuchten Gebäude mit emailliertem Einscheiben-Sicherheitsglas ausgeführt wurde. Der Hinterlüftungsspalt ist 134,5 mm breit.

Im Erdgeschoss und in den Obergeschossen sind die gemauerten Aufzugsschächte und die Stahlverbund-Deckenplatten die einzigen massiven Bauteile mit nennenswerter Wärmekapazität. Man erkennt, dass die Stahlverbunddecke vom darunterliegenden Raum durch zwei abgehängte Decken thermisch entkoppelt ist (Bild 4-35). Bei der oberen der beiden abgehängten Decken handelt es sich um die Brandschutzdecke. Die untere abgehängte Decke wurde bei einer späteren Sanierung eingezogen. Sie dient als Raumabschluss und in diese sind auch die Beleuchtungsmittel integriert. Da im vorliegenden Fall als Fußbodenbelag ein schlecht wärmeleitender Teppich verwendet wurde, ist die Wärmekapazität der Fußboden- und Deckenkonstruktion auch vom darüberliegenden Raum thermisch entkoppelt.

Für einen typischen Büroraum ergibt sich eine auf die Nettogrundfläche bezogene Wärmekapazität C_{wirk}/A_G von circa 10 Wh/(K·m²), berechnet nach DIN EN ISO 13786:2008-04, Anhang A, für eine Periodendauer von einem Tag. Damit handelt es sich um eine leichte Konstruktion. Der Grenzwert für eine mittelschwere Konstruktion liegt nach DIN 4108-2:2013-02 bei 50 Wh/(K·m²).

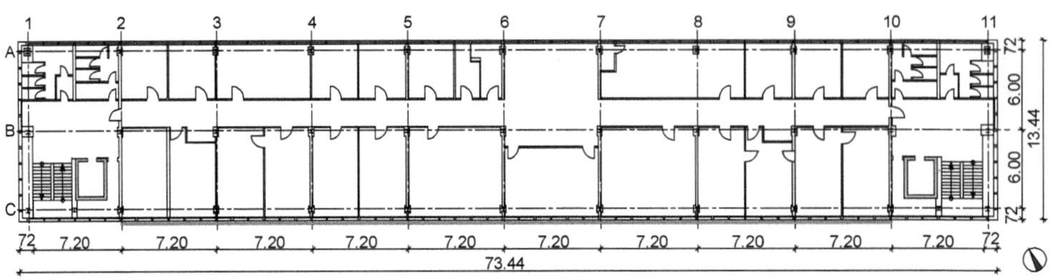

— manuell gesteuerte, außenliegende Lamellenraffstores

Bild 4-35 Grundriss des untersuchten Typs Leipzig mit Lage der Sonnenschutzvorrichtungen.

Infolge der durchgehenden Fensterbänder ergeben sich im Verhältnis zur Wärmekapazität der Innenbauteile recht hohe solare Energieeinträge. Lediglich die Fenster an der Südsüdwest-Fassade verfügen über raumweise, manuell steuerbare, außenliegende Lamellenraffstores als Sonnenschutz. Die nach Südsüdwest orientierten vollverglasten Treppenhausfassaden, die Fenster an den Schmalseiten des Gebäudes und die nach Nordnordost orientierten Fenster verfügen über keinerlei Sonnenschutzvorrichtungen (Bild 4-35).

Die Auswirkungen des bereits stattgefundenen und des projizierten Klimawandels auf den Heizwärme- und Kühlbedarf des untersuchten Gebäudes sind in Bild 4-36 dargestellt. Über die gesamte Betrachtungsdauer halbiert sich der Heizwärmebedarf nahezu, während sich der Kühlbedarf fast verdoppelt. Die Summe aus Heizwärme- und Kühlbedarf reduziert sich infolge des Klimawandels von 182 kWh/ (m^2a) auf 118 kWh/(m^2a). Dies entspricht einer Reduktion um 35 %, ausschließlich infolge der sich ändernden Klimarandbedingungen (Fahrion 2015).

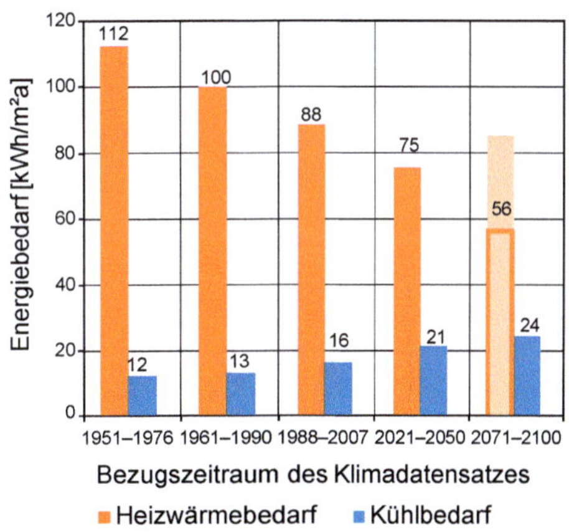

Bild 4-36 Entwicklung des auf die Nutzfläche bezogenen Heizwärme- und Kühlbedarfs.

Im Folgenden wurde die Entwicklung der Übertemperaturgradstunden in den Räumen des Gebäudes untersucht. Die Ergebnisse sind für den kritischen nach Nordnordost orientierten Raum in Bild 4-37 links und für den kritischen nach Südsüdwest orientierten Raum in Bild 4-37 rechts dargestellt. Die kritischen Räume zu beiden Seiten des Gebäudes grenzen direkt an das im Osten befindliche Treppenhaus mit seiner großzügig verglasten Fassade. Man erkennt, dass zu keinem Zeitpunkt in einem der beiden Räume der heutige Anforderungswert an die Übertemperaturgradstunden eingehalten werden kann. Zudem wird deutlich, dass in den nach Nordnordost orientierten Räumen unter sämtlichen Klimarandbedingungen mehr Übertemperaturgradstunden auftreten. Dies erscheint im ersten Moment überraschend. Ursächlich hierfür sind die außenliegenden Lamellenraffstores in den nach Südsüdwest orientierten Räumen. Wie in Kapitel 4.3 erläutert, wurde für die Simulationen angenommen, dass ab einer Grenzbestrahlungsstärke von 300 W/m^2 auf der Oberfläche der äußeren Scheibe der Sonnenschutz im Winkel von 45° geschlossen wird. Weitere Berechnungen nach DIN V 18599 bestätigen dieses Verhalten. Bei dieser Berechnungsmethode weisen die Zonen im Nordnordosten des Gebäudes einen höheren Kühlbedarf auf als die im Südsüdwesten.

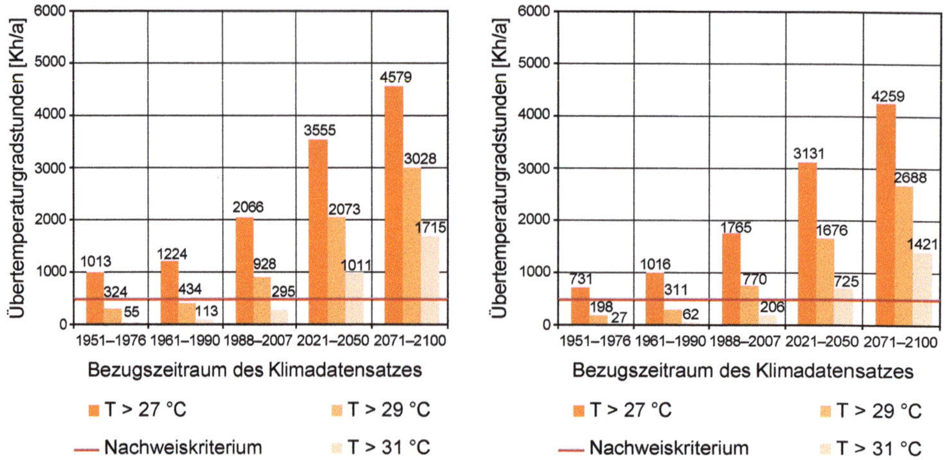

Bild 4-37 links: Entwicklung der Übertemperaturgradstunden im Ist-Zustand im kritischen nach Nordnordost orientierten Raum, rechts: Entwicklung der Übertemperaturgradstunden im kritischen nach Südsüdwest orientierten Raum.

Messungen vor Ort konnten bestätigen, dass eine konsequente Nutzung der außenliegenden Lamellenraffstores dazu führt, dass in den Räumen im Südsüdwesten des Gebäudes geringere Übertemperaturen auftreten als im Nordnordosten. Bild 4-38 zeigt beispielhaft für drei Tage den Verlauf der Lufttemperaturen in zwei Untersuchungsräumen. Die Messungen wurden in den beiden direkt an das östliche Treppenhaus angrenzenden Büroräumen des vierten Obergeschosses durchgeführt. Um Einflüsse durch unterschiedliche Nutzung der Räume auszuschließen, wurden ungenutzte Räume herangezogen. Auch die Nachbarräume waren ungenutzt. Des Weiteren ist in Bild 4-38 der Verlauf der Außenlufttemperatur und der Globalstrahlung dargestellt. Diese beiden meteorologischen Kenngrößen wurden mittels einer mobilen Wetterstation auf dem Flachdach des Gebäudes aufgenommen.

Die Messungen in den Untersuchungsräumen wurden unter folgenden Randbedingungen durchgeführt. Zu Beginn der Nutzungszeit, die nach DIN 4108-2:2013-02 von 7.00 Uhr bis 18.00 Uhr definiert ist, wurden die beiden Untersuchungsräume und die angrenzenden Räume manuell über die Fenster gelüftet. Ziel war es, in beiden Untersuchungsräumen gleiche Ausgangsbedingungen zu erreichen, um die im Tagesverlauf gemessenen Temperaturänderungen einfach miteinander vergleichen und interpretieren zu können. Um 12.00 Uhr wurden die Raffstores im untersuchten südsüdwestorientierten Raum und den Nachbarräumen in 45°-Stellung gebracht und um 17.30 Uhr wieder vollständig geöffnet.

In Bild 4-38 ist der Abfall der Lufttemperatur an jedem Morgen ab 7.00 Uhr zu erkennen. Im Anschluss steigt die Raumlufttemperatur in den beiden Räumen gleichmäßig an. Mit Aktivierung der außenliegenden Raffstores entwickeln sich die Raumlufttemperaturen auseinander. Während die Temperatur im Nordnordostraum infolge der diffusen Strahlungsgewinne weiter ansteigt, bleibt sie im Südsüdwestraum auf einem nahezu konstanten Niveau. An strahlungsreichen Tagen werden Temperaturdifferenzen zwischen den Räumen von mehr als einem Kelvin erreicht. Erst in den Abendstunden nähern sich die Raumtemperaturen wieder an (Fahrion et al. 2013a). Wie weitere messtechnische Untersuchungen gezeigt haben, bleiben diese prinzipiellen

Unterschiede bezüglich der Raumlufttemperatur zwischen Nordnordost- und Südsüdwestraum auch bei einer Neigung der Raffstores von lediglich 30° erhalten.

Wesentliche Problempunkte im Hinblick auf den sommerlichen Wärmeschutz bei dem untersuchten Gebäude sind die geringe Wärmekapazität sowie die hohen solaren Energieeinträge. Die oben erläuterten Messergebnisse zeigen, dass bei Räumen mit geringer Wärmekapazität die diffuse Strahlung zu einem deutlichen Temperaturanstieg im Innenraum führen kann. Aus diesem Grund wird vorgeschlagen, die Fenster der Nordnordosträume mit einer Sonnenschutzverglasung zu versehen, wie es beispielsweise bei einem Demonstrationsbauvorhaben schon umgesetzt wurde (Voss 2010). Hierbei sollte auf einen ausreichend hohen Lichttransmissionsgrad der Verglasung Wert gelegt werden, um eine gute Tageslichtversorgung sicherzustellen. Den Simulationen liegt eine Verglasung mit einem Gesamtenergiedurchlassgrad von 0,33 und einem Lichttransmissionsgrad von 0,60 zugrunde (Fahrion 2015).

Eine Sonnenschutzverglasung ist ein statisches System, das nicht in der Lage ist, die Strahlungseinträge jahreszeitabhängig zu steuern. An ost- , süd- und westorientierten Fenstern bietet sich der Einsatz variabler Systeme an, da mit diesen im Sommer der Strahlungseinfall effektiv reduziert werden kann und in der Übergangszeit beziehungsweise im Winter die solaren Energieeinträge zur Reduktion des Heizwärmebedarfs herangezogen werden können. Während die solaren Wärmeeinträge über nordorientierte Verglasungsflächen im Sommer durchaus von Bedeutung sind, liefern sie in den Wintermonaten nur einen geringen Beitrag zur Reduktion des Heizwärmebedarfs (Fahrion 2015). Folglich bietet sich bei Nordorientierungen der Einbau von Sonnenschutzverglasungen an. Es ist davon auszugehen, dass manuell gesteuerte, variable Sonnenschutzsysteme an nordorientierten Verglasungsflächen infolge der fehlenden direkten Sonneneinstrahlung nur selten durch die Nutzer aktiviert werden. Auch bei einer Automatisierung werden die Nutzer bei nordorientierten Fenstern in vielen Fällen die Steuerung durch manuelle Eingriffe umgehen. Des Weiteren wird vorgeschlagen, auch die Treppenhausfassade mit einer Sonnenschutzverglasung zu versehen.

4

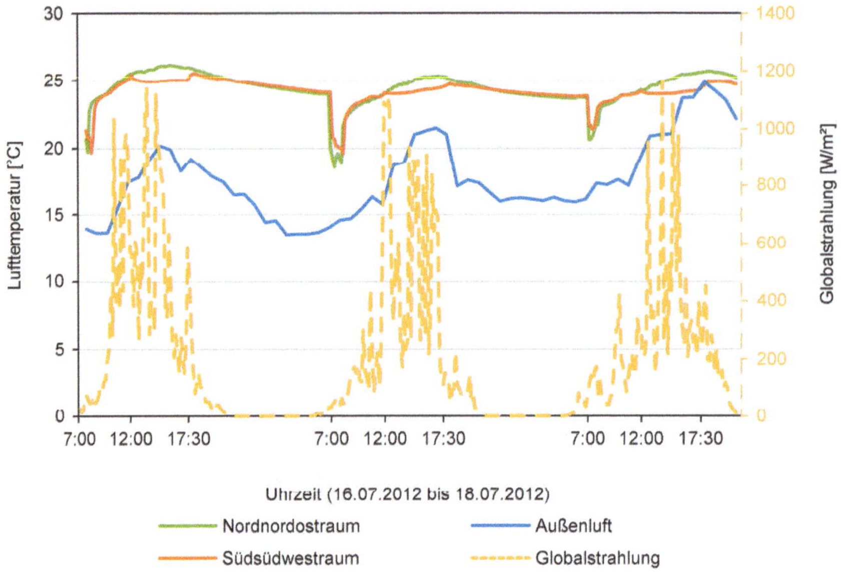

Bild 4-38 Gemessener Temperaturverlauf in Raummitte in zwei Untersuchungsräumen (Quelle: Fahrion et al. 2013a).

Zur weiteren Verbesserung des Sonnenschutzes wird vorgeschlagen, bei den nach Südsüdwest orientierten Abstellräumen hinter den Aufzugsschächten außenliegende Lamellenraffstores nachzurüsten. Entsprechende Haltevorrichtungen sind an den betreffenden Fassadenelementen bereits vormontiert. Gleiches gilt auch für die Treppenhausfenster an den Schmalseiten des Gebäudes. Damit die installierten Lamellenraffstores auch bei Abwesenheit der Raumnutzer, außerhalb der Nutzungszeit oder in Räumen ohne dauerhaften Aufenthalt von Personen genutzt werden, empfiehlt sich eine Automatisierung der Sonnenschutzsysteme über Globalstrahlungs- und Windsensoren. Für die Simulationen wurde davon ausgegangen, dass der außenliegende Sonnenschutz auch außerhalb der Nutzungszeit des Gebäudes ab einer Bestrahlungsstärke von 180 W/m^2 auf der Verglasungsoberfläche aktiviert wird (Lichtmeß 2008). Dieses Einstrahlungskriterium entspricht dem minimalen Wert, welcher in der Praxis erfolgreich umgesetzt wurde, und dient der Abschätzung, was bestenfalls erreichbar ist.

Ein entscheidender Nachteil des Mehrzweckgeschossbaus Typ Leipzig ist die extrem geringe wirksame Wärmekapazität. Zu deren nachträglicher Erhöhung bietet sich der Einsatz von Latentwärmespeichern an. Bei diesen Materialien handelt es sich in der Regel um Paraffine oder Salzhydrate. Dabei wird deren hohe Schmelzenthalpie beim Phasenwechsel von fest nach flüssig ausgenutzt. Zur Überwindung der Bindungsenergie zwischen den Molekülen beim Übergang vom festen in den flüssigen Aggregatzustand muss Wärmeenergie von außen zugeführt werden. Dabei verändert sich die fühlbare Temperatur des Materials nicht, sondern lediglich dessen Aggregatzustand. Je nach Einsatzbereich lässt sich der Schmelzpunkt der Materialien durch Veränderung der chemischen Zusammensetzung beeinflussen. Ein besonderer Vorteil von Latentwärmespeichern beim Bauen im Bestand ist die Tatsache, dass sich mit einer sehr geringen zusätzlichen Masse eine sehr hohe Wärmekapazität erzielen lässt. So wird beispielsweise bei einem auf dem Markt erhältlichen Phasenwechselmaterial auf Salzhydratbasis mit einem Schmelzbereich zwischen 22 °C und 28 °C dieselbe Wärmeenergie benötigt, um es von 21 °C auf 34 °C zu erwärmen, wie bei einem Stahlbetonbauteil mit der 12,5-fachen Masse.

Um ein möglichst stabiles Raumklima und geringe Temperaturdifferenzen über die Raumhöhe sicherstellen zu können, bietet es sich an, thermische Speichermassen im Bereich der Decke anzuordnen. Demzufolge wird vorgeschlagen, die vorhandene abgehängte Decke gegen eine abgehängte Decke mit integriertem Latentwärmespeichermaterial auszutauschen. Aus brandschutztechnischen Gründen und wegen der höheren Schmelzenthalpie wird empfohlen, Materialien auf Basis von Salzhydraten zu verwenden. Das verwendete dynamisch-thermische Gebäudesimulationsprogramm ist nicht in der Lage, Latentwärmespeichermaterialien abzubilden. Deshalb wurde die abgehängte Decke mit integriertem Latentwärmespeichermaterial durch eine 10 cm dicke Stahlbetonplatte angenähert (Fahrion 2015).

Um den Effekt der latenten Wärmespeicherung mehrfach ausnutzen zu können, muss versucht werden, das Material durch Wärmeentzug wieder zu verfestigen. Dies sollte im Idealfall durch natürliche Wärmesenken, wie beispielsweise die kühle Nachtluft, geschehen. Je größer die tagsüber eingespeicherte Energiemenge, umso schwieriger ist es, diese über natürliche Wärmesenken abzuführen. Zunächst wird eine Anpassungsplanung vorgestellt, bei der die latent gespeicherte Wärme über eine natürliche Lüftung abgeführt wird (Bild 4-39). Dieser Vorschlag ist im Betrieb mit geringem Energieaufwand verbunden, macht es jedoch erforderlich, die Fassade im Bereich des Sturzes in ihrem heutigen Erscheinungsbild leicht zu verändern.

Bei der Umsetzung dieser Variante muss im vorliegenden Fall zunächst überprüft werden, ob es sich bei der vorhandenen Brandschutzdecke und der Verkleidung der Stahlstützen noch um die Originale mit Asbestfasereinlage handelt.

4

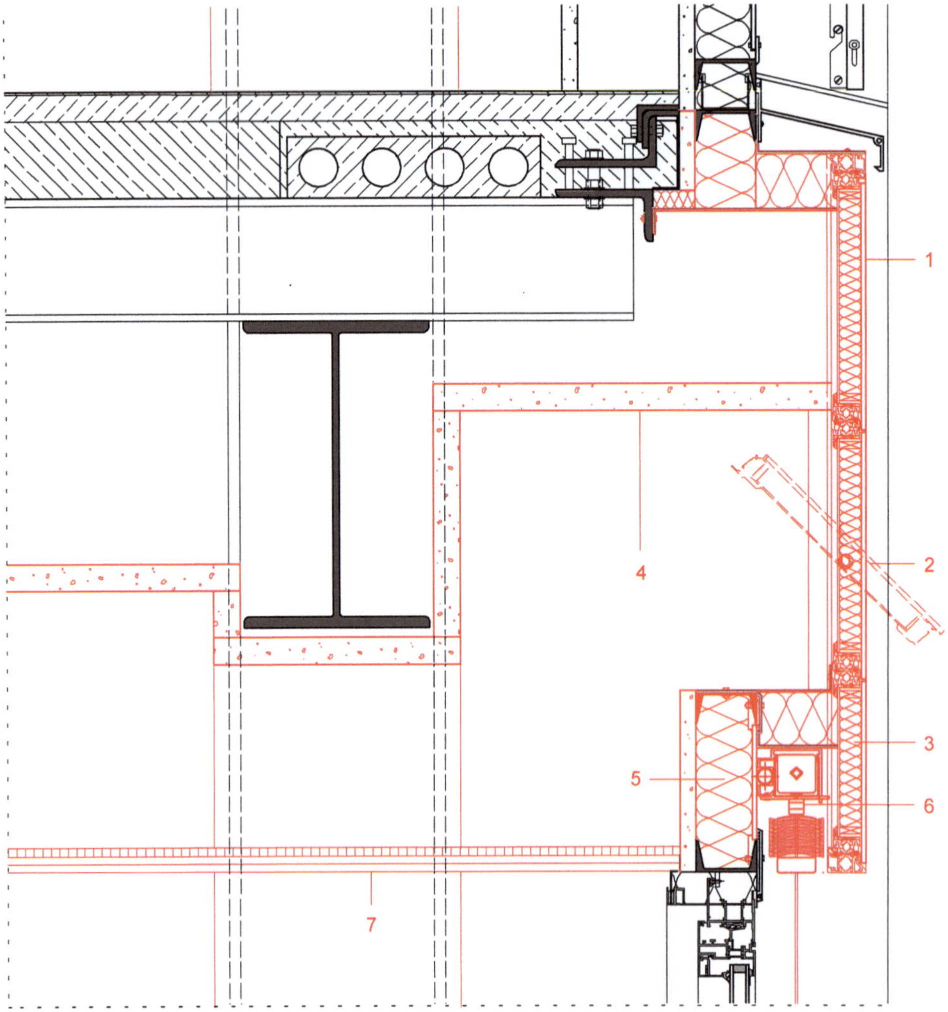

1 Feststehendes Lamellenfenster
2 Öffenbares Lamellenfenster
3 Vakuum-Isolationspaneel
4 Brandschutzdecke
5 Wärmedämmung
6 Lamellenraffstore, Lamellenbreite 50 mm
7 Abgehängte Decke mit integriertem Latentwärmespeichermaterial

Bild 4-39 Anpassungsplanung mit natürlicher Lüftung.

In diesem Fall müssten diese Bauteile unter Berücksichtigung der TRGS 519 ausgebaut und entsorgt werden. Zudem werden die asbestbelasteten Sturzpaneele zurückgebaut. Sie werden gegen Sturzpaneele in Form von Lamellenfenstern ausgetauscht. Die Brüstungspaneele bleiben von dem Vorschlag unberührt und können wegen der bei einer ersten Sanierung durchgeführten staubdichten, räumlichen Trennung prinzipiell in der Fassade verbleiben. Wegen der sowieso notwendigen Asbestsanierung und der damit erforderlichen, umfangreichen Sicherheitsmaßnahmen empfiehlt es sich, die Brüstungspaneele mit zu sanieren. In diesem Fall könnte die vorhandene Mineralwolledämmung gegen ein Dämmmaterial mit geringerer Wärmeleitfähigkeit ersetzt werden, wie beispielsweise pyrogene Kieselsäure. Damit könnte der Heizwärmebedarf des Gebäudes wesentlich reduziert werden. Die Auswirkungen auf den sommerlichen Wärmeschutz wären eher als gering einzustufen. Aus diesem Grund sind die folgenden dynamisch-thermischen Gebäudesimulationen mit der ursprünglichen Brüstungskonstruktion durchgeführt worden.

Um die Fassadenansicht auch im Sturzbereich weitgehend zu erhalten, werden die Lamellenfenster mit farbig emailliertem Einscheiben-Sicherheitsglas und als Structural Glazing ausgeführt. Dadurch kann die Farbigkeit des Sturzbereiches erhalten werden und der sichtbare Anteil der Fugen zwischen den Lamellen sowie der sichtbare Anteil des Rahmens deutlich reduziert werden. Anstelle eines Isolierglasaufbaus werden die Lamellen mit folgendem Aufbau ausgeführt (von außen nach innen): farbig emailliertes Einscheiben-Sicherheitsglas, Vakuum-Isolationspaneel, Metallblech. Zur Gewichtsreduktion wird die innere Scheibe durch ein dünnes Metallblech ersetzt. Der Hohlraum zwischen Metallblech und außenliegendem emailliertem Einscheiben-Sicherheitsglas wird zur Verbesserung des Wärmedurchgangskoeffizienten mit einem Vakuumisolationspaneel ausgefüllt. Zwischen der Brandschutzdecke und der abgehängten Decke mit integriertem Latentwärmespeichermaterial entsteht ein über die Gebäudebreite durchgängiger Luftkanal, welcher zur Abfuhr der latent gespeicherten Wärmeenergie genutzt werden kann. Durch Öffnen der Lamellenfenster kann eine Querlüftung erzielt werden. Die Lamellenfenster sollten mit einer Temperaturregelung automatisiert werden, so dass sich diese öffnen, wenn die Temperatur im Lüftungsspalt über 21,5 °C und über der Außenlufttemperatur liegt. Durch die Trennung des Lüftungsbereiches vom Aufenthaltsbereich kann die Automatisierung problemlos auf die Nutzungszeit ausgeweitet werden, ohne dass Zugluft die Aufenthaltsqualität beeinträchtigt. Außerdem muss nicht darauf geachtet werden, leichte Gegenstände, wie beispielsweise Briefe, vor Verlassen des Büros zu fixieren. Bild 4-40 liefert nochmals eine Übersicht, an welchen Stellen des Gebäudes, welche Maßnahmen vorgeschlagen werden (Fahrion 2015).

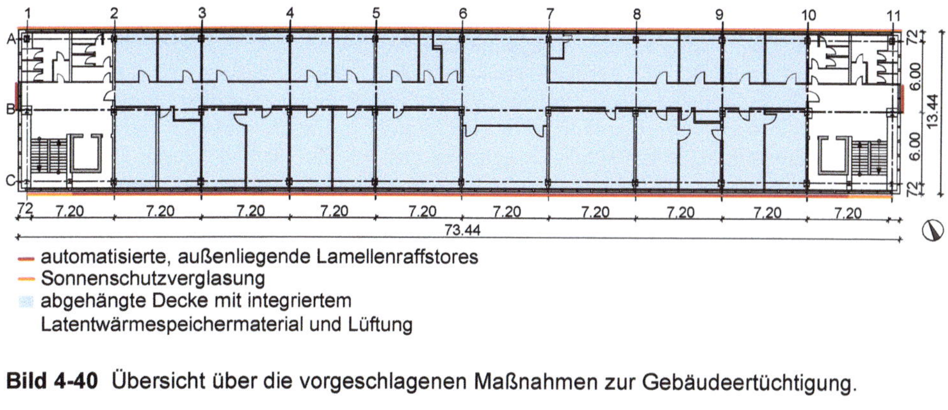

Bild 4-40 Übersicht über die vorgeschlagenen Maßnahmen zur Gebäudeertüchtigung.

Durch das vorgestellte Maßnahmenpaket können erhebliche Verbesserungen im Hinblick auf den sommerlichen Wärmeschutz erzielt werden (Bild 4-41). Im kritischen Raum kann selbst unter den für die Mitte des 21. Jahrhunderts gültigen Klimarandbedingungen der heutige Anforderungswert eingehalten werden. Zum Ende des 21. Jahrhunderts wird der Anforderungswert von 500 Kh/a nur moderat überschritten.

4

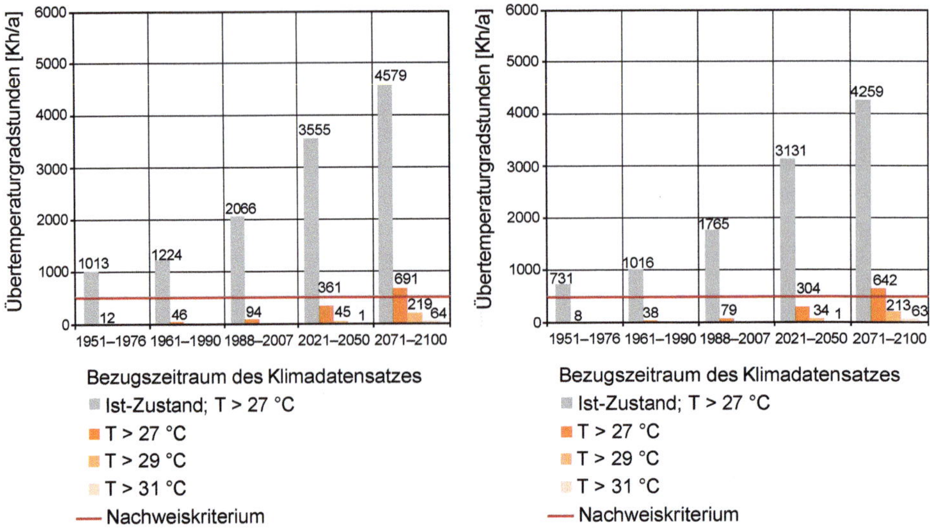

Bild 4-41 links: Übertemperaturgradstunden nach Durchführung sämtlicher Anpassungsmaßnahmen im kritischen Nordnordostraum, rechts: Übertemperaturgradstunden nach Durchführung sämtlicher Anpassungsmaßnahmen im kritischen Südsüdwestraum.

Nach Durchführung der vorgeschlagenen Anpassungsmaßnahmen werden zum Ende des 21. Jahrhunderts weniger Übertemperaturgradstunden erreicht, als dies im ursprünglichen Zustand zur Zeit der Erbauung der Fall war. Zudem wird deutlich, dass sich die Wärmebelastung in den unterschiedlich orientierten Räumen annähert (Fahrion 2015). Im weiteren Verlauf wird eine Variante zur Anpassung an den Klimawandel vorgestellt, die auf demselben Konzept basiert, aus denkmalpflegerischer Sicht und im Hinblick auf den Schallschutz zwischen den Räumen aber wesentliche Vorteile bietet (Bild 4-42). Anstelle einer natürlichen Belüftung des Zwischenraumes zwischen der Brandschutzdecke und der Decke mit integriertem Latentwärmespeichermaterial über Lamellenfenster wird eine Abluftanlage eingesetzt. Dadurch kann die Fassade in ihrem äußeren Erscheinungsbild vollständig erhalten werden. Der nicht hinterlüftete Teil des Sturzpaneels muss wegen der Asbestbelastung trotzdem komplett ausgetauscht werden. In diesen werden steuerbare, gedämmte Zuluftöffnungen eingebaut. Die Abluftanlage verursacht einen Unterdruck im Lüftungsquerschnitt zwischen der Brandschutzdecke und der Decke mit integriertem Latentwärmespeichermaterial. Über die Zuluftöffnungen strömt kalte Nachtluft nach. Übliche, auf dem Markt erhältliche Außenluftdurchlässe sind ungeeignet, da sie gewöhnlich nicht automatisch verschließbar sind. Über eine Abluftanlage soll normalerweise sowohl im Sommer als auch im Winter dauerhaft mindestens der hygienisch notwendige Luftwechsel sichergestellt werden. In dem hier beschriebenen Fall dient die Abluftanlage lediglich zur Abführung der im Sommer latent, in der abgehängten Decke, eingespeicherten Wärme. Im Winter findet keine Lüftung statt und die Wärmeverluste durch ungewollte Infiltration über einen nicht verschließbaren Außenluftdurchlass sowie die Transmission über einen ungedämmten Außenluftdurchlass sollen vermieden werden. Ein Nachteil dieser Variante ist, dass bei aktiviertem Sonnenschutz keine Lüftung möglich ist. Des Weiteren ist für den Betrieb der Abluftanlage Energie erforderlich. Dieser Nachteil kann im Vergleich zur vorherigen Variante aber durch geringere Wärmeverluste im Winter zumindest teilweise kompensiert werden. Infolge des großen Rahmenanteils der Lamellenfenster können keine vergleichbar guten U-Werte im Sturzpaneel erreicht werden wie bei Austausch der Beplankung und Dämmung in der jetzt beschriebenen Variante. Zudem bietet das Flachdach des Gebäudes die Möglichkeit zur nachträglichen Installation einer Photovoltaikanlage. Sollten die Reserven des statischen Systems für eine aufgeständerte Aufdachanlage nicht ausreichen, könnte stattdessen auf Kunststoffdachbahnen mit integrierter, flexibler Photovoltaik zurückgegriffen werden. Hier sollte wiederum der Hagelwiderstand des gewählten Produkts beachtet werden (Fahrion 2015).

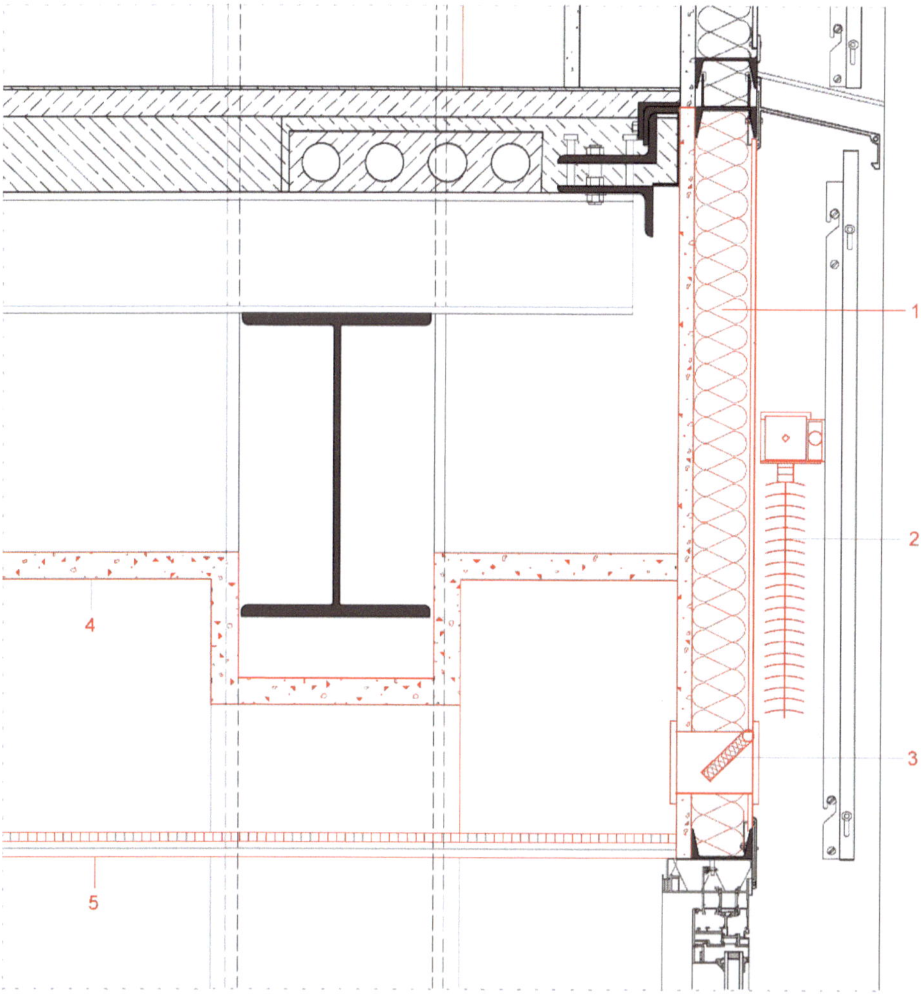

1 Wärmedämmung
2 Lamellenraffstore
3 Steuerbare Zuluftöffnung
4 Brandschutzdecke
5 Abgehängte Decke mit integriertem Latentwärmespeichermaterial

Bild 4-42 Denkmalpflegerisch optimierte Anpassungsplanung mit Abluftanlage.

4

4.4.5 Bürogebäude, Baujahr 1995

Der sommerliche Wärmeschutz des untersuchten Gebäudes wird ganz wesentlich durch das mittig im Gebäudegrundriss angeordnete Atrium und dessen Belüftung beeinflusst. Die Technikräume in den Untergeschossen werden über eine Zu- und Abluftanlage mit Frischluft versorgt. Die Tiefgarage wird über eine Zuluftanlage belüftet. Die Frischluftansaugung für die Lüftungsanlagen befindet sich im Atrium auf Höhe des ersten Obergeschosses (Bild 4-43). Stündlich werden 64.720 m^3 Luft gefördert, wodurch im Atrium ein Unterdruck entsteht. Durch die nicht verschließbaren Öffnungen zwischen den Widerlagern des Atriumdaches strömt frische Außenluft nach. Dadurch wird die Belüftung des Atriums sichergestellt, da der Baukörper ansonsten keinerlei Öffnungen zum Atrium hin aufweist.

Den Simulationen liegen Annahmen zur Betriebszeit der Lüftungsanlage der Tiefgarage zugrunde. Die Tiefgarage ist nicht öffentlich. Demzufolge ist davon auszugehen, dass die Lüftungsanlage nicht die gesamte Nacht durch aktiv ist. In DIN V 18599-10:2011-12 wird bei einer Büronutzung die Betriebszeit der Heizung von 5.00 Uhr bis 18.00 Uhr angenommen. Für die Berechnung des Heizwärme- und Kühlbedarfs wurde diese Betriebszeit auf die Lüftungsanlage der Tiefgarage übertragen. Bei den Simulationen zum Nachweis des sommerlichen Wärmeschutzes wurde davon ausgegangen, dass die Lüftungsanlage eine Stunde vor Beginn der Nutzungszeit eingeschaltet und eine Stunde nach Ende der Nutzungszeit ausgeschaltet wird. An den Wochenenden ist die Lüftungsanlage nicht in Betrieb.

Außer den WC-Anlagen und der Kantine werden sämtliche Räume oberhalb des Geländes durch Öffnen der Fenster natürlich belüftet. Dies betrifft sowohl die zum Außenraum als auch die zum Atrium orientierten Räume. Dadurch ergeben sich innerhalb des Gebäudes keine eindeutig definierten Lüftungszustände. Deshalb liegen den durchgeführten dynamisch-thermischen Gebäude-

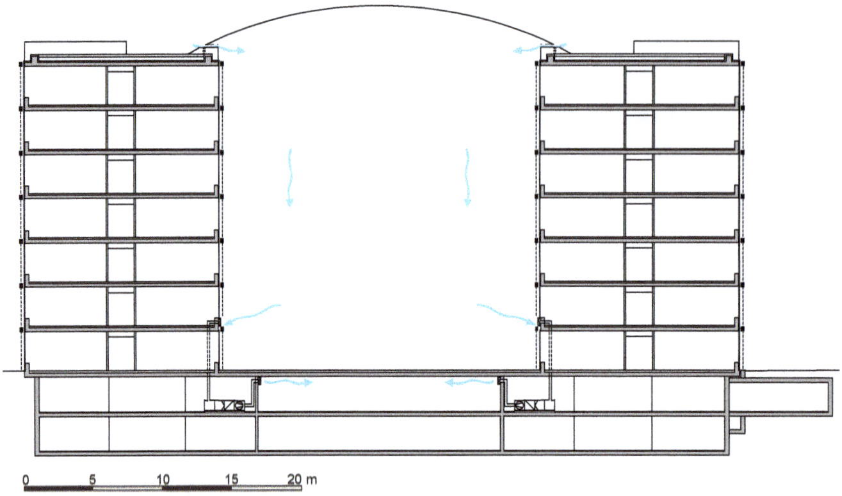

Bild 4-43 Frischluftansaugung der Lüftungsanlagen und Belüftung des Atriums im Ist-Zustand.

simulationen Annahmen über das Nutzerverhalten innerhalb des Atriumgebäudes zugrunde, die wesentlichen Einfluss auf den Luftaustausch zwischen dem Atrium und den an das Atrium angrenzenden Räumen haben. Infolge des Treibhauseffekts im Atrium ist die Lufttemperatur der Atriumluft gegenüber der Außenluft in aller Regel ganzjährig erhöht (Fisch und Zargari 2009). Dies ist im Winter durchaus erwünscht, im Sommer jedoch von Nachteil. Sind die Türen zwischen den Büroräumen und den Flurbereichen geschlossen, dann werden die außenliegenden Räume bei Fensterlüftung mit Außenluft versorgt und die zum Atrium orientierten Räume mit Atriumluft. Würde man davon ausgehen, dass die Außenfenster sowie die zum Atrium orientierten Fenster und gleichzeitig auch die Türen zu den Fluren geöffnet sind, würde sich ein anderes Verhalten einstellen. Der Unterdruck im Atrium würde dazu führen, dass Außenluft über die geöffneten Fenster in die nach außen orientierten Räume einströmt. Die Luft würde den Querschnitt des entsprechenden Gebäudeflügels durchströmen und schließlich das Atrium erreichen. Bei starkem Wind könnte sich das Verhalten jedoch wiederum verändern. Auf der windabgewandten Seite des Gebäudes würde ein Unterdruck entstehen. Während im windzugewandten Gebäudeflügel die Luft nach wie vor von außen quer durch den Gebäudeflügel ins Atrium strömen würde, würde der Luftstrom im windabgewandten Gebäudeflügel je nach Windstärke verringert werden, ganz zum Erliegen kommen oder sich sogar umkehren, so dass warme Luft aus dem Atrium durch den Gebäudeflügel in den Außenbereich strömte.

Ob der Fall mit beidseitig geöffneten Fenstern und geöffneten Türen zum Flur tatsächlich realistisch ist, ist jedoch fraglich. In der Realität treffen am Morgen nicht alle Büroangestellten gleichzeitig im Gebäude ein. Folglich werden nicht in allen Büros gleichzeitig Fenster und Türen geöffnet. Es ist wahrscheinlich, dass zu Beginn nur in einem zum Atrium orientierten Raum ein oder mehrere Fenster geöffnet werden. Würden in diesem Fall die Bürotüren offenstehen und wären in einem außenliegenden Raum bereits Fenster geöffnet, dann würde ein sehr hoher Luftvolumenstrom durch diesen Bereich auftreten. Der Nutzer würde infolge starker Zugerscheinungen die Bürotür vermutlich wieder schließen. Dieses „Anfangsproblem" stellt sich auch ein, wenn bereits alle Nutzer im Gebäude sind. Aufgrund unterschiedlicher Orientierungen der Räume, unterschiedlicher interner Wärmequellen und unterschiedlichen thermischen und olfaktorischen Empfindens der Nutzer werden auch im Verlauf des Tages nicht viele Nutzer gleichzeitig die Fenster zum Atrium und die Türen zum Flur öffnen. Es wurde davon ausgegangen, dass die nach DIN V 18599 und DIN 4108-2:2013-02 anzusetzenden Luftwechsel in den zum Atrium orientierten Räumen durch Atriumluft gedeckt werden und in den außenliegenden Räumen durch Außenluft. Dies ist wohlgemerkt eine Worst-Case-Annahme (Fahrion 2015).

Die real im Gebäude auftretenden Luftströme unter verschiedenen meteorologischen Randbedingungen und bei unterschiedlichem Verhalten der Nutzer ließen sich in dem untersuchten Gebäude nur mittels eines sehr aufwendigen, mehrmonatigen oder sogar ganzjährigen Monitorings erfassen. Doch selbst dann wäre unsicher, ob aus den gewonnenen Daten und dem stark variierenden Nutzerverhalten verwertbare Nutzungsprofile für Simulationszwecke erstellt werden könnten. Zudem wird sich in der Realität das Nutzerverhalten in Abhängigkeit der meteorologischen Randbedingungen vermutlich unterscheiden. So ein Verhalten könnte jedoch nur mit erheblichem Aufwand in dynamisch-thermischen Gebäudesimulationen abgebildet werden. Zudem wird das reale Nutzerverhalten nicht zu allen Zeitpunkten mit den nach DIN 4108-2:2013-02 anzusetzenden Luftwechselzahlen übereinstimmen.

Des Weiteren ist zu bedenken, dass selbst bei einer Durchströmung der Querschnitte der Gebäudeflügel, den Räumen an der Atriumfassade nicht direkt frische Außenluft zugeführt werden würde sondern vorerwärmte Luft aus den Außenräumen und Flurbereichen. Nur bei sehr hohen Luftwechselzahlen wäre dies vernachlässigbar.

Die diskutierten Unsicherheiten und insbesondere das angenommene Lüftungsverhalten sind bei der Bewertung der im Folgenden dargestellten Simulationsergebnisse zu beachten. Das Nutzerverhalten hat bei Atriumgebäuden ohne klar definierte Lüftungsverhältnisse, zum Beispiel Versorgung aller Büroräume mit Außenluft durch eine Zu- und Abluftanlage, wesentlichen Einfluss auf den Luftaustausch zwischen verschiedenen Zonen und die sich dadurch real einstellenden Verhältnisse (vergleiche hierzu die in Pfafferott und Herkel 2002 beschriebenen Luftwechselmessungen).

Unter Berücksichtigung der oben erwähnten Randbedingungen wurde die Entwicklung des Heizwärme- und Kühlbedarfs im Verlauf des beobachteten und des projizierten Klimawandels bis zum Ende des 21. Jahrhunderts ermittelt (Bild 4-44 links). Um die Auswirkungen des Atriums auf den Heizwärme- und Kühlbedarf beurteilen zu können, wurde das Gebäude zudem ohne Atriumdach simuliert (Bild 4-44 rechts). In der Simulation wurde dazu das Glasdach entfernt, so dass eine Innenhofsituation entsteht. Es wird davon ausgegangen, dass im nicht überdachten Innenhof Temperaturen wie im Außenraum vorherrschen (Fahrion 2015).

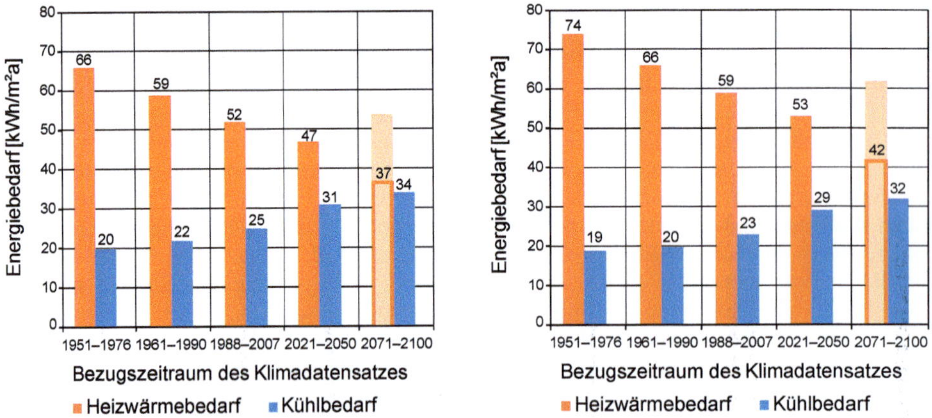

Bild 4-44 links: Entwicklung des absoluten Heizwärme- und Kühlbedarfs im Ist-Zustand, rechts: Entwicklung des absoluten Heizwärme- und Kühlbedarfs im Ist-Zustand ohne Atriumdach.

Selbst zum Ende des 21. Jahrhunderts ist die Summe aus Heizwärme- und Kühlbedarf für das Gebäude mit Atriumdach geringer als ohne Atriumdach. Die positive Wirkung des Atriumdaches auf den Heizwärmebedarf dominiert gegenüber dem negativen Einfluss auf den Kühlbedarf. Dies ist jedoch eine Feststellung, die auf das hier untersuchte Gebäude, beziehungsweise auf vergleichbare Atriumgebäude mit einem entsprechenden Dämmstandard, begrenzt ist. Bei Gebäuden mit höherem Dämmstandard gilt diese Aussage nicht zwangsläufig. Des Weiteren wird deutlich, dass sich der aus dem Atriumdach resultierende Vorteil im Hinblick auf die Summe aus Heizwärme- und Kühlbedarf mit fortschreitendem Klimawandel reduziert. Zudem erkennt man, dass zum Ende des 21. Jahrhunderts der Kühlbedarf des Gebäudes im Ist-Zustand, also mit Atriumdach, den Wertebereich des Heizwärmebedarfs erreicht. Insgesamt wird deutlich, dass in diesem Fall der Kühlbedarf in Zukunft eine ganz wesentliche Rolle spielen wird. Dieser Eindruck verfestigt sich bei Betrachtung der Simulationsergebnisse zum Nachweis des sommerlichen Wärmeschutzes (Fahrion 2015).

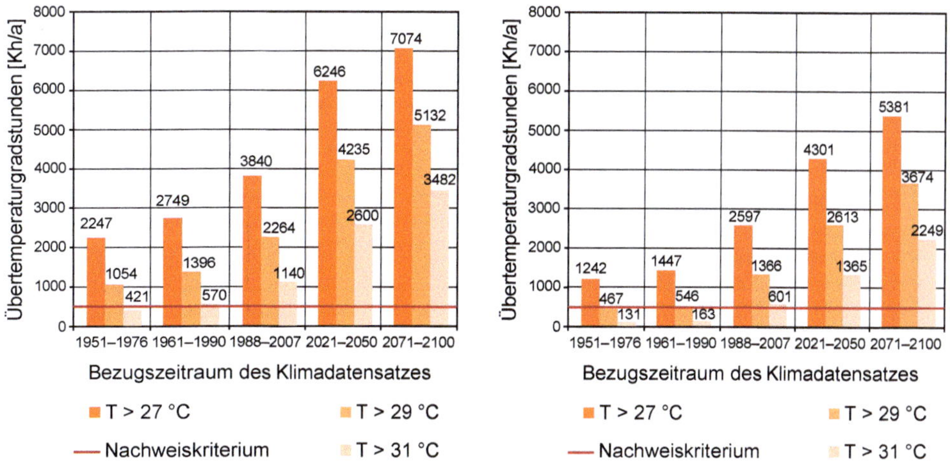

Bild 4-45 links: Entwicklung der Übertemperaturgradstunden im kritischen, an das Atrium grenzenden Raum, rechts: Entwicklung der Übertemperaturgradstunden im kritischen, an den Außenraum grenzenden Raum.

Bild 4-45 zeigt die Übertemperaturgradstunden im kritischen Raum des untersuchten Gebäudes. Dieser befindet sich im fünften Obergeschoss, grenzt an das Atrium und ist nach Südwest orientiert. Durch die Südorientierung und die Anordnung im zweitobersten Geschoss wird dieser Raum im Sommer nur relativ kurzzeitig durch die anderen Gebäudeflügel verschattet. Deutlich geringere Übertemperaturgradstunden ergeben sich im kritischen an den Außenraum grenzenden Raum (Bild 4-45). Zwischen den zum Atrium und den zum Außenraum orientierten Räumen treten große Differenzen bezüglich der Übertemperaturgradstunden auf. Die Hauptursache hierfür ist, dass entsprechend der oben erläuterten Annahmen der nach DIN 4108-2:2013-02 anzusetzende Grundluftwechsel bei den zum Atrium gerichteten Räumen ausschließlich durch Atriumluft gedeckt wird, auch wenn die Temperatur im Atrium über der jeweiligen Raumlufttemperatur liegt. In der Realität würden die Raumnutzer die Fenster schließen, wenn sie bemerkten, dass deutlich wärmere Luft durch die geöffneten Fenster einströmt. Unter den oben beschriebenen Simulationsrandbedingungen kann zu keinem Zeitpunkt in einem der beiden betrachteten, kritischen Räume der Anforderungswert von 500 Kh/a eingehalten werden (Fahrion 2015).

Es wird deutlich, dass der durch die Lüftungsanlagen der Tiefgarage und der Technikräume hervorgerufene Luftwechsel im Atrium nicht ausreichend ist, um bei hohen Außentemperaturen und starker Sonneneinstrahlung eine geringe Überwärmung des Atriumhofes im Vergleich zur Außenluft zu erreichen. Überhaupt kann die umgesetzte Anlagenkonfiguration den unterschiedlichen Anforderungen zwischen Sommer und Winter nur bedingt gerecht werden. Der durch die Lüftungsanlagen in der Tiefgarage und den Technikräumen im Untergeschoss bereitzustellende Zuluftvolumenstrom ist unabhängig von der Jahreszeit. Folglich ergibt sich Sommers wie Winters derselbe Luftwechsel im Atrium. Im Winter sollte jedoch ein möglichst geringer Atriumluftwechsel angestrebt werden, um deutliche Übertemperaturen gegenüber der Außenluft zu erreichen. Nur dadurch kommt der Vorteil des Atriums im Hinblick auf den Heizwärmebedarf im vollen Umfang zum Tragen. Im Gegensatz dazu sollte im Sommer ein sehr hoher Luftwechsel im Atrium angestrebt werden, um keine beziehungsweise nur geringe Übertemperaturen im Vergleich zur Außenluft erzielen zu können.

4

Um unabhängig vom konkreten Nutzerverhalten behagliche Innenraumtemperaturen sicherstellen zu können, existieren zwei Herangehensweisen. Entweder wird versucht, die im Vergleich zur Außenluft im Atriumhof herrschenden Übertemperaturen im Sommerhalbjahr zu reduzieren, oder die zum Atrium orientierten Räume sollten lüftungstechnisch gezielt vom Atriumhof entkoppelt und beispielsweise über eine mechanische Zu- und Abluftanlage belüftet werden.

Die Temperaturen im Atriumhof können im Wesentlichen durch zwei Maßnahmen reduziert werden. Zum einen kann der solare Energieeintrag durch das Glasdach reduziert werden, zum anderen kann die Durchlüftung des Atriums mit Außenluft erhöht werden. Die Reduktion der solaren Energieeinträge in Atrien ist insofern kritisch, da in den an das Atrium angrenzenden Räumen eine ausreichende Tageslichtversorgung gewährleistet werden sollte. Eine vollständige Verschattung des Atriumdaches mit außenliegenden Sonnenschutzelementen ist demzufolge eher ungeeignet. Der Einbau einer entsprechenden Verglasung mit Sonnenschutzbeschichtung und einem hohen Tageslichttransmissionsgrad ist sinnvoll. Allerdings wäre zur Überprüfung der Tageslichtversorgung der verschiedenen, zum Atrium orientierten, Räume und damit zur Auslegung der Sonnenschutzverglasung eine detaillierte Tageslichtsimulation erforderlich, die im Rahmen dieser Arbeit nicht durchgeführt wurde. Prinzipiell kann jedoch festgehalten werden, dass es bei Atrien vorteilhaft ist, in die zum Atrium orientierten Fenster Verglasungen mit sehr hohem Lichttransmissionsgrad einzubauen und dafür bei der Verglasung der Glasdächer den g-Wert und damit zwangsläufig in gewissem Umfang auch den Lichttransmissionsgrad zu reduzieren. Dadurch kann die Überhitzung des Atriums reduziert und gleichzeitig noch eine ausreichende Tageslichtversorgung der Räume sichergestellt werden. Die Möglichkeiten zur erhöhten Durchströmung des Atriums mit Außenluft bei gleichzeitiger Realisierung einer Nachtlüftung der Büroräume werden im Folgenden untersucht.

In einer ersten Variante wurde geprüft, ob eine natürliche Durchlüftung des Atriums unter Nutzung des thermischen Auftriebs eine Verbesserung der Situation hervorrufen könnte (Fahrion 2015). Durch die Sonneneinstrahlung erwärmt sich die Luft im Atrium und steigt infolge der geringeren Dichte nach oben in Richtung Atriumdach. Dadurch entsteht im unteren Bereich des Atriums ein Unterdruck. Sind dort Öffnungen zum Außenraum vorhanden, dann strömt kühlere Außenluft nach. Dieses Prinzip soll im Sommer tagsüber zur Frischluftversorgung des Atriums genutzt werden. Die Lüftungsanlage der Tiefgarage würde der angestrebten Strömungsrichtung entgegenwirken. Deshalb muss für diese eine neue beziehungsweise zusätzliche Frischluftansaugung im Außenraum geschaffen werden. Der Kamineffekt im Atrium soll des Weiteren zur Nachtlüftung der Büroräume in den Gebäudeflügeln genutzt werden. Eine Übersicht über die Anpassungsvariante liefert Bild 4-46. Auf der linken Seite ist das Lüftungsprinzip am Tag und auf der rechten Seite während der Nacht dargestellt.

Um tagsüber ein Nachströmen kühlerer Außenluft gewährleisten zu können, muss der Atriumhof in den unteren Etagen mit dem Außenraum verbunden werden. Ein Hindernis dabei ist, dass der Baukörper um den Atriumhof komplett geschlossen ist. Die einzigen, von der Außenfassade bis zur Atriumfassade, durchgehenden Räume sind das dreigeschossige Eingangsfoyer sowie die Eingangs- und Flurbereiche im Erdgeschoss der beiden anderen Treppenhauskerne. Das Eingangsfoyer weist sowohl zum Außenraum als auch zum Atriumhof eine über drei Geschosse durchgehende Ganzglasfassade auf. Hier wäre es möglich, auf beiden Seiten einzelne Verglasungsflächen gegen Lamellenfenster auszutauschen und somit einen durchgehenden Durchströmungsbereich zum Atrium zu realisieren. Die beiden weiteren Erschließungskerne weisen zwar im Erdgeschoss über den Gebäudequerschnitt durchgängige Flure auf, sind für eine Belüftung des Atriums aber dennoch ungeeignet. In diesem Bereich existiert als einzige Öffnung zum Außenraum eine doppelflügelige Drehflügeltür in der Stahlbetonwand des Kernbereichs.

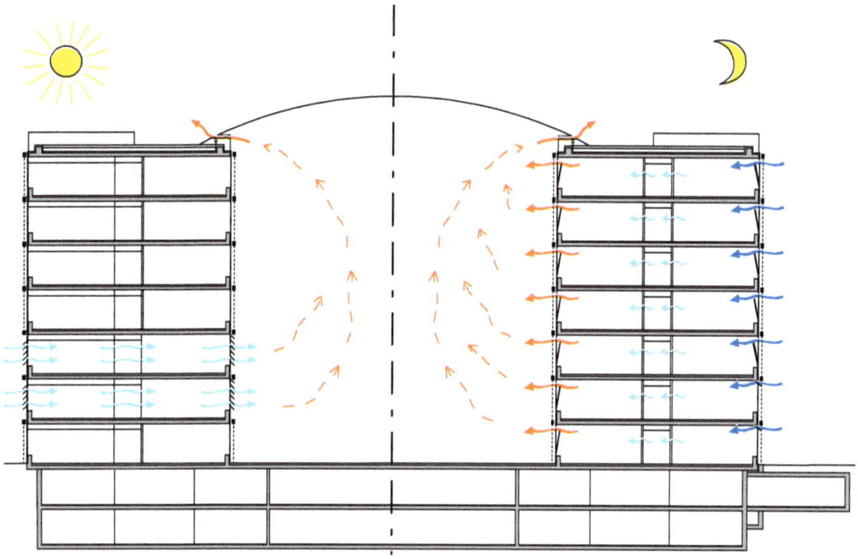

Bild 4-46 Klimaanpassung mit natürlicher Durchlüftung des Atriums und Nachtlüftung.

Diese Türen können im aktuellen Zustand von außen nur mit entsprechender Zugangsberechtigung geöffnet werden. Eine Automatisierung dieser Türen, um eine Belüftung des Atriums zu erreichen, wäre prinzipiell einfach möglich. Allerdings sollte die Belüftung des Atriums auch tagsüber am Wochenende erfolgen. Dies würde bedeuten, dass Unbefugte in dieser Zeit ungehindert Zugang zum Gebäude hätten. Deshalb wurde entschieden, die Durchströmungsbereiche in den zwei Kernbereichen im ersten und zweiten Obergeschoss auszubilden. Um dort durchgängige Räume zwischen Außenfassade und Atriumfassade zu realisieren, muss jedoch vermietbare Bürofläche geopfert werden (Bild 4-47). Sowohl die beiden Fenster im Flurbereich als auch die drei zum Atrium orientierten werden gegen Lamellenfenster ausgetauscht (Bild 4-39, Mitte). Zwischen 7.00 Uhr und 18.00 Uhr öffnen sich die Lamellenfenster, wenn die Lufttemperatur im Atrium über 22,5 °C und gleichzeitig über der Außenlufttemperatur liegt (Fahrion 2015).

Die Umsetzung einer Nachtlüftung erfordert weitere Eingriffe in den Bestand. Zunächst sind automatisch öffenbare Fenster oder Klappen in der Außenfassade und der Atriumfassade notwendig. Um eine Durchströmung des Gebäudequerschnitts zu erreichen, müssen zudem öffenbare Klappen zwischen den Büroräumen und dem Flur angeordnet werden. Zur automatisierten Öffnung von Flächen in der Fassade können die bisher festverglasten Oberlichter oder die existierenden Drehkippflügelfenster umgerüstet werden. Aus Kostengründen erscheint es sinnvoll, in allen Bereichen, in denen der Einbruchschutz nicht dagegen spricht, die vorhandenen Drehkippflügelfenster mit Hilfe nachrüstbarer Kettenantriebe für eine automatische Kippöffnung zu ertüchtigen. Um die den Simulationen zugrundeliegenden Öffnungsflächen zu erreichen, ist es ausreichend, wenn jedes dritte Fenster mit einem Kettenhub von 400 mm nachgerüstet wird (Bild 4-48, rechts). Die restlichen Fenster ließen sich somit weiterhin manuell betätigen. Bei den zum Außenraum orientierten Fenstern in den unteren Etagen ließe sich mit dieser Art der Öffnung kein ausreichender Einbruchschutz gewährleisten.

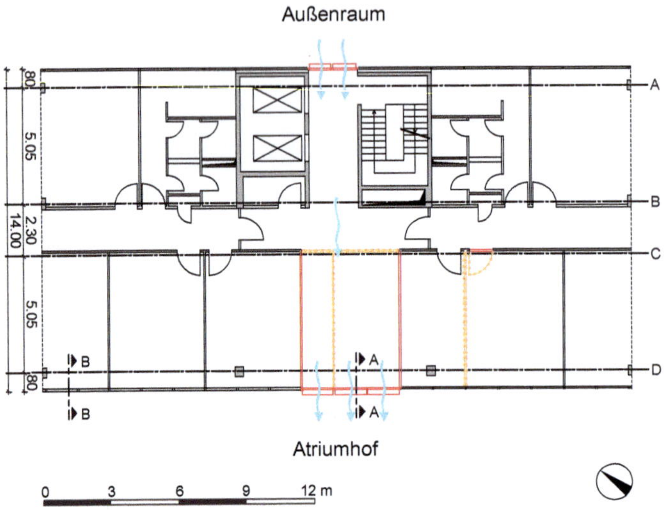

Bild 4-47 Anpassung der Raumaufteilung im Bereich der Erschließungskerne für einen durchgehenden Durchströmungsbereich (gelb: Abriss, rot: Neubau)

Deshalb sollten zumindest im Erdgeschoss und im ersten Obergeschoss in die Blendrahmen der festverglasten Oberlichter automatisch öffenbare Elemente eingesetzt werden. Nach Ausbau der Festverglasung verbleibt eine Öffnung mit einer lichten Höhe von 370 mm und einer lichten Breite von 1200 mm. Die ungünstigen Abmessungen der Oberlichter bereiten dabei Probleme. Infolge der geringen realisierbaren Flügelhöhen lassen sich bei einer automatisierten Kipp- oder Klappöffnung mittels Kettenantrieb nur geringe Öffnungsflächen erreichen. Die ungünstigen Seitenverhältnisse machen auch eine Drehöffnung nahezu unmöglich. Durch eine Unterteilung des Oberlichts mit einem feststehenden Mittelpfosten könnte eine Drehöffnung realisiert werden. Alternativ könnten auch Lamellenfenster in die Öffnung eingepasst werden. Die Ausführung als motorisch öffenbarer Schwingflügel wäre technisch am einfachsten umzusetzen. Wegen der geringen Höhe des Oberlichts ist ein zusätzlicher Einbruchschutz an sich nicht erforderlich. Er ließe sich prinzipiell einfach umsetzen, indem an den vertikalen Blendrahmen ein vor den Oberlichtern verlaufendes, horizontales, rundes Metallprofil befestigt würde, ähnlich dem, das im Ist-Zustand der Absturzsicherung dient. Infolge des Kamineffekts im Atrium wird ohne starke Windanströmung die kühle Nachtluft in den Außenraum einströmen, den Gebäudequerschnitt durchqueren, ins Atrium gelangen, aufsteigen und durch die Öffnungen zwischen den Widerlagern des Atriumdaches ausströmen. Infolge dieses Strömungsverhaltens werden in aller Regel die an der Außenfassade befindlichen Räume am schnellsten auskühlen. Die vorgeschlagenen Maßnahmen führen zu einer deutlichen Reduktion der Übertemperaturgradstunden in den kritischen Räumen (Bild 4-50). Man erkennt, dass die an den Außenraum grenzenden Räume besonders von der Nachtlüftung profitieren (Fahrion 2015).

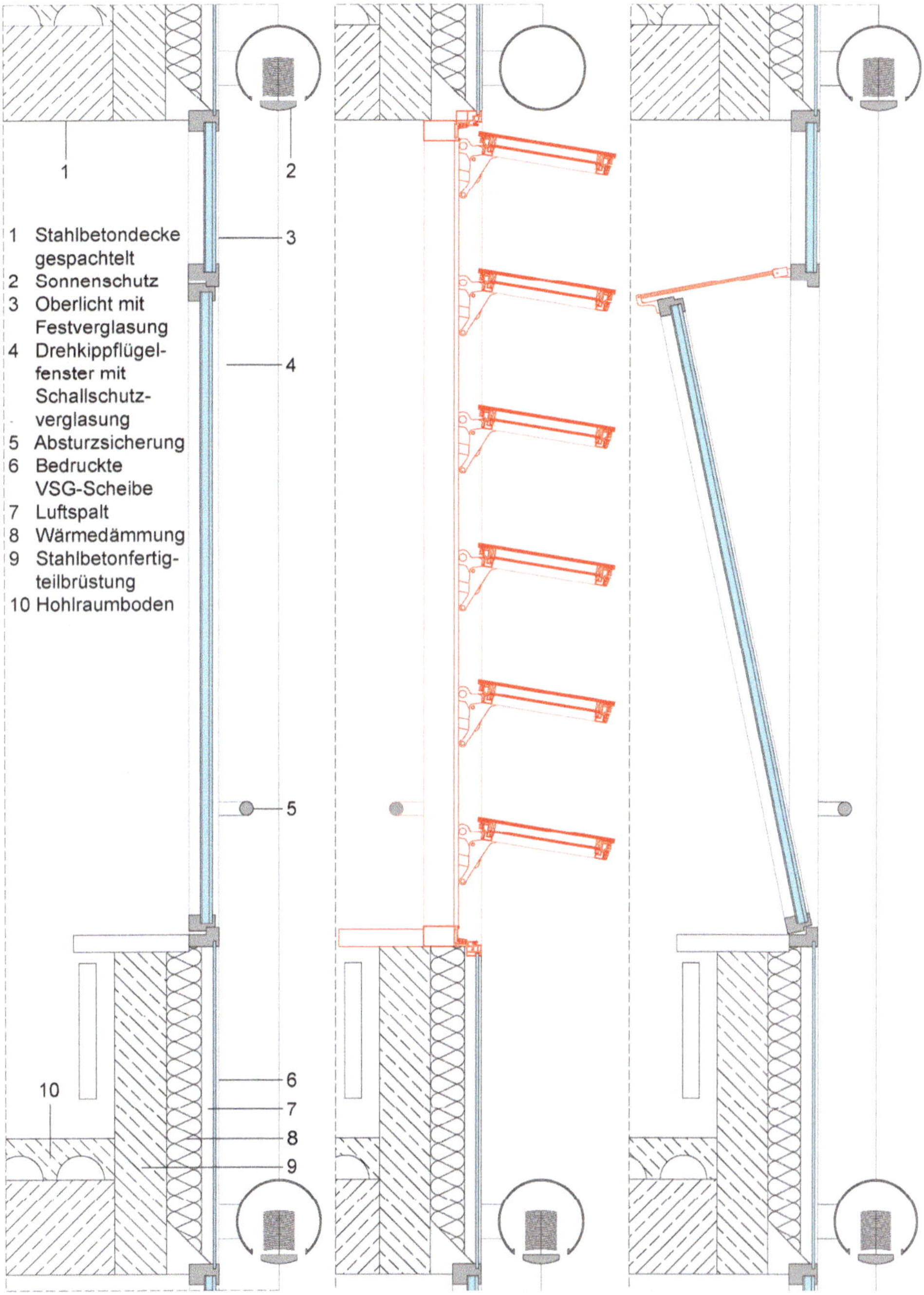

Bild 4-48 Umrüstung der Oberlichter für die natürliche Nachtlüftung.

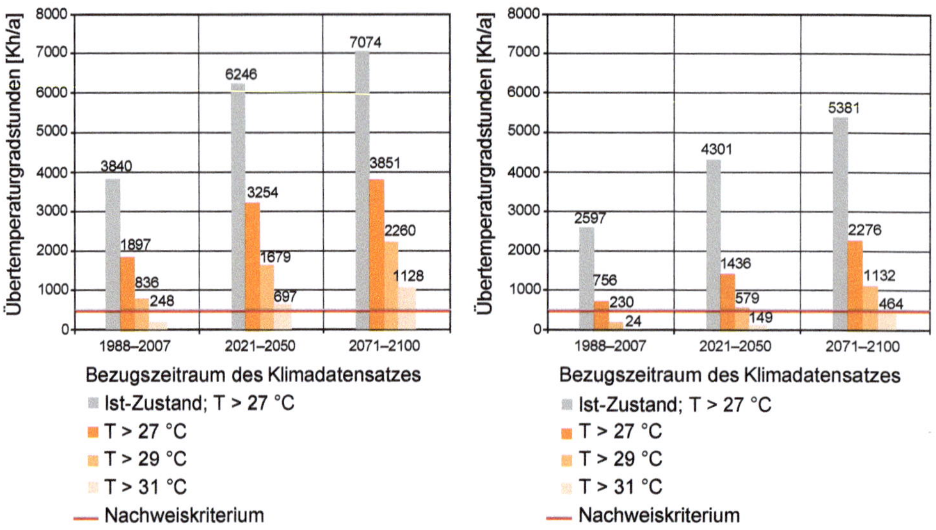

Bild 4-49 links: Übertemperaturgradstunden nach Umsetzung der Klimaanpassungsmaßnahme – Natürliche Durchlüftung Atrium und Nachtlüftung im kritischen, an das Atrium grenzenden Raum, rechts: Übertemperaturgradstunden nach Umsetzung der Klimaanpassungsmaßnahme – Natürliche Durchlüftung Atrium und Nachtlüftung im kritischen, an den Außenraum grenzenden Raum.

In einer zweiten Variante wurde die Möglichkeit der Belüftung des Atriums über eine zusätzlich Lüftungsanlage untersucht. Dabei soll von dem bestehenden Lüftungskonzept am Tag zwischen 7.00 Uhr und 18.00 Uhr nicht abgewichen werden, sondern lediglich der Luftvolumenstrom im Atrium durch eine zusätzliche Lüftungsanlage auf 129.440 m^3/h verdoppelt werden. Die kühlere Außenluft strömt dabei nach wie vor über die Öffnungen zwischen den Widerlagern des Glasdaches nach. In der Nacht zwischen 18.00 Uhr und 7.00 Uhr wird die mechanische Lüftungsanlage zur Umsetzung einer Nachtlüftung in den Büroräumen verwendet (Bild 4-50). Wie bereits bei der zuvor geschilderten Variante werden dazu in den unteren Stockwerken der Außenfassade die bisher festverglasten Oberlichter gegen automatisch öffenbare Fenster oder Klappen ersetzt. In den restlichen Fassadenbereichen wird jedes dritte der existierenden Drehkippflügelfenster mit einem motorischen Kettenantrieb nachgerüstet. Der durch die Lüftungsanlagen im Atriumhof erzeugte Unterdruck führt zu einer Durchströmung der Gebäudeflügel mit kühler Nachtluft. Damit die kühle Nachtluft tatsächlich durch die Gebäudeflügel einströmt und nicht über die Öffnungen zwischen den Widerlagern des Atriumdaches, sollten diese mit verschließbaren Klappen versehen werden. Damit Lüftungsbereiche, die sich in der Nähe der Ansaugöffnungen der Lüftungsanlage befinden, nicht deutlich stärker mit Nachtluft durchströmt werden als weiter entfernt liegende Bereiche, sollten unter Umständen detailliertere Strömungssimulationen durchgeführt werden und ein hydraulischer Abgleich zwischen den Lüftungsbereichen erfolgen. Gegenüber der ersten untersuchten Variante zur Klimaanpassung mit einem natürlichen Lüftungskonzept zeigen sich bei dem nun diskutierten Ansatz stärkere Reduktionen der Übertemperaturgradstunden (Bild 4-51). Nach wie vor kann auch im kritischen Außenraum der Anforderungswert von 500 Kh/a jedoch nicht eingehalten werden. Dies ändert sich, wenn zusätzlich an allen Tagen der Woche der Sonnenschutz strahlungsabhängig zwischen 7.00 Uhr und 18.00 Uhr automatisiert würde (Fahrion 2015).

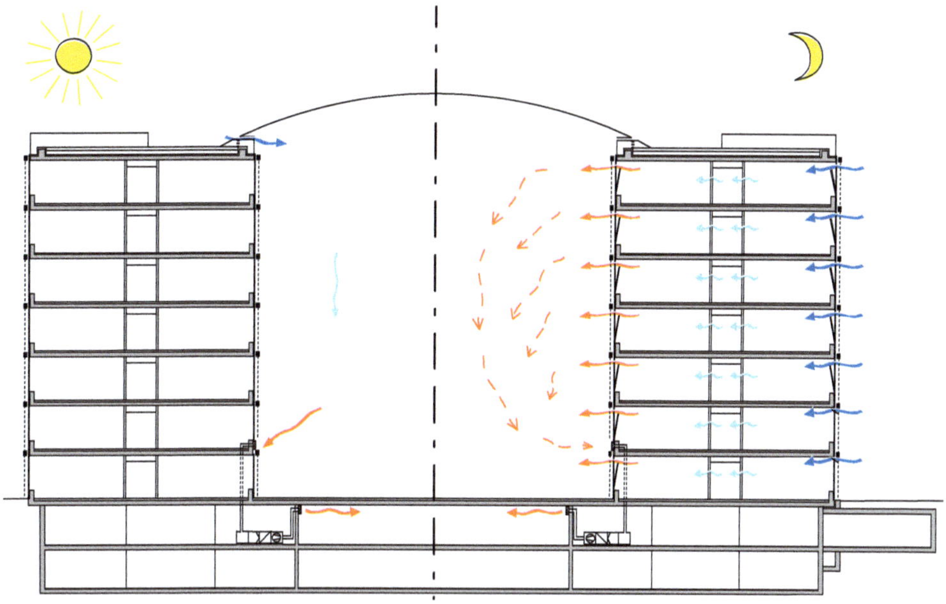

Bild 4-50 Klimaanpassung mit Lüftungsanlage und Nachtlüftung.

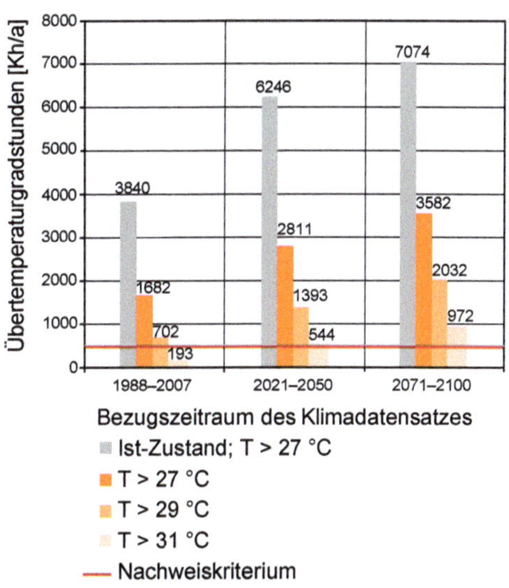

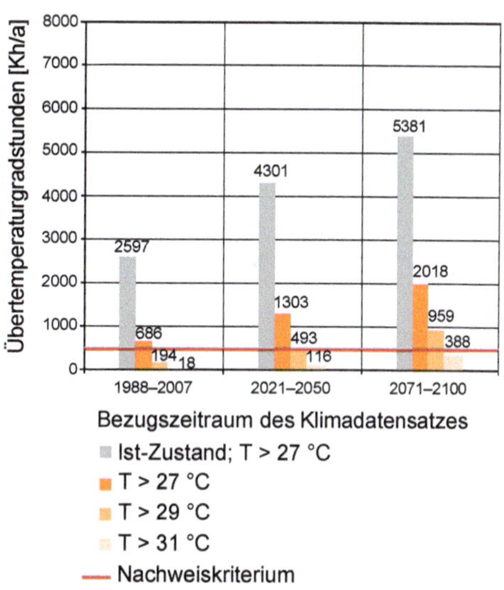

Bild 4-51 links: Übertemperaturgradstunden nach Umsetzung der Klimaanpassungsmaßnahme – Lüftungsanlage und Nachtlüftung im kritischen, an das Atrium grenzenden Raum, rechts: Übertemperaturgradstunden nach Umsetzung der Klimaanpassungsmaßnahme – Lüftungsanlage und Nachtlüftung im kritischen, an den Außenraum grenzenden Raum.

4

4.5 Literatur

Alexander et al. 2006	Alexander, L. V.; Zhang, X.; Peterson, T. C.; Caesar, J.; Gleason, B.; Klein Tank, A. M. G.; Haylock, M.; Collins, D.; Trewin, B.; Rahimzadeh, F.; Tagipour, A.; Rupa Kumar, K.; Revadekar, J.; Griffiths, G.; Vincent, L.; Stephenson, D. B.; Burn, J.; Aguilar, E.; Brunet, M.; Taylor, M.; New, M.; Zhai, P.; Rusticucci, M.; Vazquez-Aguirre, J. L.: Global observed changes in daily climate extremes of temperature and precipitation. In: Journal of Geophysical Research 111 (2006), Nr. D5.
ANSI/ASHRAE 55	ANSI/ASHRAE Standard 55-2013, 2013: The Environmental Conditions for Human Occupancy. Atlanta: ASHRAE Inc., 2013.
ASR A3.5	ASR A3.5, Juni 2010: Technische Regeln für Arbeitsstätten – Raumtemperatur. Ausschuss für Arbeitsstätten, 2010.
Baccini et al. 2008	Baccini, M.; Biggeri, A.; Accetta, G.; Kosatsky, T.; Katsouyanni, K.; Analitis, A.; Anderson, R.; Bisanti, L.; D'Ippoliti, D.; Danova, J.; Forsberg, B.; Medina, S.; Paldy, A.; Rabczenko, D.; Schindler, C.; Michelozzi, P.: Heat Effects on Mortality in 15 European Cities. In: Epidemiology 19 (2008), Nr. 5. Seite 711–719.
Baccini et al. 2011	Baccini, M.; Kosatsky, T.; Analitis, A.; Anderson, H. R.; D'Ovidio, M.; Menne, B.; Michelozzi, P.; Biggeri, A.: Impact of heat on mortality in 15 European cities: attributable deaths under different weather scenarios. In: Journal of Epidemiology & Community Health 65 (2011), Nr. 1. Seite 64–70.
Barriopedro et al. 2011	Barriopedro, D.; Fischer, E. M.; Luterbacher, J.; Trigo, R. M.; García-Herrera, R.: The Hot Summer of 2010: Redrawing the Temperature Record Map of Europe. In: Science 332 (2011), Nr. 6026. Seite 220–224.
Basu 2009	Basu, R.: High ambient temperature and mortality: a review of epidemiologic studies from 2001 to 2008. In: Environmental Health (2009), Nr. 8. Seite 40–52.
Beniston 2004	Beniston, M.: The 2003 heat wave in Europe: A shape of things to come? An analysis based on Swiss climatological data and model simulations. In: Geophysical Research Letters 31 (2004), L02202, doi:10.1029/2003GL018857.

Beniston et al. 2007 — Beniston, M.; Stephenson, D. B.; Christensen, O. B.; Ferro, C. A. T.; Frei, C.; Goyette, S.; Halsnaes, K.; Holt, T.; Jylhä, K.; Koffi, B.; Palutikof, J.; Schöll, R.; Semmler, T.; Woth, K.: Future extreme events in European climate: an exploration of regional climate model projections. In: Climatic Change 81 (2007), Nr. 1. Seite 71–95.

Beniston & Diaz 2004 — Beniston, M.; Diaz, H. F.: The 2003 heat wave as an example of summers in a greenhouse climate? Observations and climate model simulations for Basel, Switzerland. In: Global and Planetary Change 44 (2004), Nr. 1–4. Seite 73–81.

Bernhofer et al. 2011 — Bernhofer, C.; Matschullat, J.; Bobeth, A. (Hrsg.): Klimaprojektionen für die REGKLAM-Modellregion Dresden. Berlin: Rhombos, 2011.

Bernstein et al. 2008 — Bernstein, L.; Bosch, P.; Canziani, O.; Chen, Z.; Christ, R.; Davidson, O.; Hare, W.; Huq, S.; Karoly, D.; Kattsov, V.; Kundzewicz, Z.; Liu, J.; Lohmann, U.; Manning, M.; Matsuno, T.; Menne, B.; Metz, B.; Mirza, M.; Nicholls, N.; Nurse, L.; Pachauri, R.; Palutikof, J.; Parry, M.; Qin, D.; Ravindranath, N.; Reisinger, A.; Ren, J.; Riahi, K.; Rosenzweig, C.; Rusticucci, M.; Schneider, S.; Sokona, Y.; Solomon, S.; Stott, P.; Stouffer, R.; Sugiyama, T.; Swart, R.; Tirpak, D.; Vogel, C.; Yohe, G. (übersetzt durch Best, C.; Kartschall, K.; Midgly, P.; Stuck, J.; Laumann, G.; Tambke, J.): Klimaänderung 2007 – Synthesebericht. Berlin: Deutsche IPCC-Koordinierungsstelle, 2008.

Blümel et al. 1986 — Blümel, K.; Hollan, E.; Kähler, M.; Peter, R.: Entwicklung von Testreferenzjahren (TRY) für Klimaregionen der Bundesrepublik Deutschland / Institut für Geophysikalische Wissenschaften – Fachrichtung Theoretische Meteorologie – der Freien Universität Berlin, Dr.-Ing. Axel Jahn Beratender Ingenieur Düsseldorf. Berlin: Institut für Geophysikalische Wissenschaften, 1986.– Bundesministerium für Forschung und Technologie Forschungsbericht T 86-051. Technologische Forschung und Entwicklung – Nichtnukleare Energietechnik.

Christoffer et al. 2004 — Christoffer, J.; Deutschländer, T.; Webs, M.: Testreferenzjahre von Deutschland für mittlere und extreme Witterungsverhältnisse TRY. Offenbach: Selbstverlag des Deutschen Wetterdienstes, 2004.

David et al. 2005 — David, R.; Rouvel, L.; Wenning, M.: SANIREV 2 – Energetische Bewertung von Gebäuden mit raumlufttechnischen Anlagen – Entwicklung eines Bewertungssystems für den Nutzenergiebedarf für klimatisierte Gebäude. Technische Universität München, 2005. – Forschungsbericht. Gefördert vom Bundesministerium für Wirtschaft und Arbeit, Förderkennzeichen 03298228D.

4

Della-Marta et al. 2007	Della-Marta, P. M.; Haylock, M. R.; Luterbacher, J.; Wanner, H.: Doubled length of western European summer heat waves since 1880. In: Journal of Geophysical Research 112 (2007), Nr. D15.
Deutschländer & Dalelane 2012	Deutschländer, T.; Dalelane, C.: Auswertung regionaler Klimaprojektionen für Deutschland hinsichtlich der Änderung des Extremverhaltens von Temperatur, Niederschlag und Windgeschwindigkeit. Offenbach: Deutscher Wetterdienst, 2012. – Forschungsbericht. Bundesamt für Bevölkerungsschutz und Katastrophenhilfe, Bundesanstalt Technisches Hilfswerk, Deutscher Wetterdienst, Umweltbundesamt.
Diffenbaugh & Scherer 2011	Diffenbaugh, N. S.; Scherer, M.: Observational and model evidence of global emergence of permanent, unprecedented heat in the 20th and 21st centuries. In: Climatic Change 107 (2011), Nr. 3–4. Seite 615–624.
DIN 4108-2	DIN 4108-2, Februar 2013: Wärmeschutz und Energie-Einsparung in Gebäuden – Teil 2: Mindestanforderungen an den Wärmeschutz. Berlin: Beuth, 2013.
DIN EN ISO 7730	DIN EN ISO 7730, Mai 2006: Ergonomie der thermischen Umgebung – Analytische Bestimmung und Interpretation der thermischen Behaglichkeit durch Berechnung des PMV- und des PPD-indexes und Kriterien der lokalen thermischen Behaglichkeit. Berlin: Beuth, 2006.
DIN EN ISO 13786	DIN EN ISO 13786, April 2008: Wärmetechnisches Verhalten von Bauteilen – Dynamische-thermische Kenngrößen – Berechnungsverfahren. Berlin: Beuth, 2008.
DIN EN ISO 13790	DIN EN ISO 13790, September 2008: Energieeffizienz von Gebäuden – Berechnung des Energiebedarfs für Heizung und Kühlung. Berlin: Beuth, 2008.
DIN EN 15251	DIN EN 15215, Dezember 2012: Eingangsparameter für das Raumklima zur Auslegung und Bewertung der Energieeffizienz von Gebäuden – Raumluftqualität, Temperatur, Licht und Akustik. Berlin: Beuth, 2012.
DIN V 18599	DIN V 18599, Dezember 2011: Energetische Bewertung von Gebäuden – Berechnung des Nutz-, End- und Primärenergiebedarfs für Heizung, Kühlung, Lüftung, Trinkwarmwasser und Beleuchtung. Teile 1–100. Berlin: Beuth, 2011.

DIN V 18599-2 — DIN V 18599-2, Februar 2007: Energetische Bewertung von Gebäuden – Berechnung des Nutz-, End- und Primärenergiebedarfs für Heizung, Kühlung, Lüftung, Trinkwarmwasser und Beleuchtung – Teil 2: Nutzenergiebedarf für Heizen und Kühlen von Gebäudezonen. Berlin: Beuth, 2007.

D'Ippoliti et al. 2010 — D'Ippoliti, D.; Michelozzi, P.; Marino, C., de'Donato, F.; Menne, B.; Katsouyanni, K.; Kirchmayer, U.; Analitis, A.; Medina-Ramón, M.; Paldy, A.; Atkinson, R.; Kovats, S.; Bisanti, L.; Schneider, A.; Lefranc, A.; Iniguez, C.; Perucci, C. A.: The impact of heat waves on mortality in 9 European cities: results from the EuroHEAT project. In: Environmental Health 9 (2010), Artikelnummer 37.

DWD 2011a — Deutscher Wetterdienst (Hrsg.): Aktualisierte und erweiterte Testreferenzjahre von Deutschland für mittlere, extreme und zukünftige Witterungsverhältnisse. Offenbach: Deutscher Wetterdienst, 2011. – Forschungsbericht. Climate & Environment Consulting Potsdam GmbH, Deutscher Wetterdienst im Auftrag des Bundesamtes für Bauwesen und Raumordnung (BBR). http://www.bbsr-energieeinsparung.de/EnEVPortal/DE/Regelungen/Testreferenzjahre/Testreferenzjahre/Projektbericht.pdf?__blob=publicationFile&v=1

EnEV 2014 — Verordnung über energieeinsparenden Wärmeschutz und energieeinsparende Anlagentechnik bei Gebäuden (Energieeinparverordnung – EnEV 2014). Fassung vom 18. November 2013.

EP 1 437 469 A1 — Schutzrecht EP 1 437 469 A1 (2004-07-14). Sorpetaler Fensterbau GmbH & Co. KG. Pr.: DE 20300382 U 2003-01-11.

Exner & Hürdler 2013 — Glaserei Exner & Hürdler GbR: Sonnenschutzglas. Abgerufen am 23.05.2014: http://www.glaserei-exner-huerdler.de/leistungen/verglasungen/sonnenschutzglas.html.

Fahrion et al. 2012 — Fahrion, M.-S.; Nikolowski, J.; Zimm, J.; Naumann, T.: Relevante Einwirkungen auf Gebäude. In: Weller, B.; Naumann, T.; Jakubetz, S. (Hrsg.): Gebäude unter den Einwirkungen des Klimawandels. Berlin: Rhombos, 2012. Seite 1–66.

Fahrion et al. 2013a — Fahrion, M.-S.; Horn, S.; Bolsius, J.: Klimaanpassung für Nichtwohngebäude. In: Weller, B.; Fahrion, M.-S.; Naumann, T. (Hrsg.): Gebäudeertüchtigung im Detail für den Klimawandel. Berlin: Rhombos, 2013. Seite 93–148.

Fahrion et al. 2013b — Fahrion, M.-S.; Dörr, W.; Stiglauer, W.; Reich, S.: Sonnenschutz im Scheibenzwischenraum. In: Weller, B.; Tasche, S. (Hrsg.): Glasbau 2013. Berlin: Ernst & Sohn, 2013. Seite 293–302.

4

Fahrion 2015 Fahrion, M.-S.: Sommerlicher Wärmeschutz im Zeichen des Klimawandels – Anpassungsplanung für Bürogebäude. Dresden: Technische Universität, Fakultät Bauingenieurwesen, Institut für Baukonstruktion, Dissertation, 2015.

Fisch & Zargari 2009 Fisch, M. N.; Zargari, M.: Analyse und Bewertung von Atrien in Bürogebäuden. Technische Universität Braunschweig, Institut für Gebäude- und Solartechnik. Stuttgart: Fraunhofer IRB, 2009. – Forschungsbericht. Bundesamt für Bauwesen und Raumordnung (BBR), Förderkennzeichen Z6 - 10.8,18.7-07.14/ II 2 - F20-07-31.

Fischer & Schär 2010 Fischer, E. M.; Schär, C.: Consistent geographical patterns of changes in high-impact European heatwaves. In: Nature Geoscience 3 (2010), Nr. 6. Seite 398–403.

Giorgi et al. 2004 Giorgi, F.; Bi, X.; Pal, J.: Mean, interannual variability and trends in a regional climate change experiment over Europe. II: climate change scenarios (2071-2100). In: Climate Dynamics 23 (2004), Nr. 7-8. Seite 839–858.

Glück 2005 Glück, B.: Effizienter Umweltenergieeinsatz bei Wohnbauten – Wärmetechnischer Vergleich ausgewählter Bautechniken und Betriebsweisen von Wohnbauten. Plauen: 2005.

Hartmann et al. 2013 Hartmann, D. L.; Klein Tank, A. M. G.; Rusticucci, M.; Alexander, L. V.; Brönnimann, S.; Charabi, Y. A.-R.; Dentener, F. J.; Dlugokencky, E. J.; Easterling, D. R; Kaplan, A.; Soden, B. J.; Thorne, P. W.; Wild, M.; Zhai, P.: Observations – Atmosphere and Surface. In: Stocker, T. F.; Qin, D.; Plattner, G.-K.; Tignor, M.; Allen, S. K.; Boschung, J.; Nauels, A.; Xia, Y.; Bex, V.; Midgley, P. M. (Hrsg.): Climate Change 2013 – The Physical Science Basis. Contribution of Working Group I to the Fifth Assessment Report of the Intergovernmental Panel on Climate Change. Cambridge: Cambridge University Press, 2013. Seite 159–254.

Herr 2010 Herr, R.; Bundesinstitut für Bau-, Stadt- und Raumforschung (Hrsg.): Gefahrstoff Asbest. Bonn: Selbstverlag des Bundesinstituts für Bau-, Stadt- und Raumforschung, 2010.

Höttges & Kempkes 2009 Höttges, K.; Kempkes, C.: Entwicklung einer Bewertungsmethodik für den sommerlichen Wärmeschutz auf der Basis des nach DIN V 18599 rechnerisch ermittelten Nutzkältebedarfs. Fraunhofer-Institut für Bauphysik, Kassel. Stuttgart: Fraunhofer IRB, 2009. – Forschungsbericht. Bundesamt für Bauwesen und Raumordnung (BBR), Aktenzeichen Z6 - 10.07.03-07.11 /II 2 - 80 01 07 - 11.

ISSO 74 ISSO 74, 2004: Thermische Behaaglijkeid, Publication 74. Rotterdam: ISSO, 2004.

Keatinge et al. 2000 — Keatinge, W. R.; Donaldson, G. C.; Cordioli, E.; Martinelli, M.; Kunst, A. E.; Mackenbach, J. P.; Nayha, S.; Vuori, I.: Heat related mortality in warm and cold regions of Europe: observational study. In: British Medical Journal 321 (2000), Nr. 7262. Seite 670–673.

Kjellström et al. 2011 — Kjellström, E.; Nikulin, G.; Hansson, U.; Strandberg, G.; Ullerstig, A.: 21st century changes in the European climate: uncertainties derived from an ensemble of regional climate model simulations. In: Tellus A 63 (2011), Nr. 1. Seite 24–40.

Latif 2009 — Latif, M.: Klimawandel und Klimadynamik. Stuttgart: Eugen Ulmer, 2009.

Lichtmeß 2008 — Lichtmeß, M.: Aktivierung von Blend- und Sonnenschutzsystemen. Bergische Universität Wuppertal, Fachbereich D, Abteilung Architektur, Lehrgebiet Bauphysik und Technische Gebäudeausrüstung b+tga, 2008. – Forschungsbericht. Im Auftrag des Bundesministeriums für Wirtschaft und Technologie. http://www.enob.info/fileadmin/media/Publikationen/EnOB/Arbeitsbericht_Sonnenschutz3.pdf

Luterbacher et al. 2004 — Luterbacher, J.; Dietrich, D.; Xoplaki, E.; Grosjean, M.; Wanner, H.: European Seasonal and Annual Temperature Variability, Trends, and Extremes Since 1500. In: Science 303 (2004), Nr. 5663. Seite 1499–1503.

Matthews 2006 — Matthews, D.: Emissions target for CO2 stabilization as modified by carbon cycle feedbacks. In: Tellus B 58 (2006), Nr. 5. Seite 591–602.

Meehl & Tebaldi 2004 — Meehl, Gerald A.; Tebaldi, Claudia: More Intense, More Frequent, and Longer Lasting Heat Waves in the 21st Century. In: Science 305 (2004), Nr. 5686. Seite 994–997.

Meehl et al. 2007 — Meehl, G. A.; Stocker, T. F.; Collins, W. D.; Friedlingstein, P.; Gaye, A. T.; Gregory, J. M.; Kitoh, A.; Knutti, R.; Murphy, J. M.; Noda, A.; Raper, S. C. B.; Watterson, I. G.; Weaver, A. J.; Zhao, Z.-C.: Global Climate Projections. In: Solomon, S.; Qin, D.; Manning, M.; Chen, Z.; Marquis, M.; Averyt, K.; Tignor, M. M. B.; Miller, H. L. (Hrsg.): Climate Change 2007 – The Physical Science Basis. Contribution of Working Group I to the Fourth Assessment Report of the Intergovernmental Panel on Climate Change. Cambridge: Cambridge University Press, 2007. Seite 747–845.

4

Meinke et al. 2010 | Meinke, I.; Gerstner, E.-M.; von Storch, H.; Marx, A.; Schipper, H.; Kottmeier, C.; Treffeisen, R.; Lemke, P.: Regionaler Klimaatlas Deutschland der Helmholtz-Gemeinschaft informiert im Internet über möglichen künftigen Klimawandel. DMG-Mitteilungen 2-2010, S. 5–7. http://www.dmg-ev.de/gesellschaft/publikationen/pdf/dmg-mitteilungen/2010_2.pdf

Müller-Westermeier & Riecke 2004 | Müller-Westermeier, G.; Riecke, W.: Die Witterung in Deutschland. In: Deutscher Wetterdienst (Hrsg.): Klimastatusbericht 2003. Offenbach, 2004. Seite 71–78.

Nakićenović et al. 2000 | Nakićenović, N.; Alcamo, J.; Davis, G.; de Vries, B.; Fenhann, J.; Gaffin, S.; Gregory, K.; Grübler, A.; Jung, T. Y.; Kram, T.; La Rovere, E. L.; Michaelis, L.; Mori, S.; Morita, T.; Pepper, W.; Pitcher, H.; Price, L.; Riahi, K.; Roehrl, A.; Rogner, H.-H.; Sankovski, A.; Schlesinger, M.; Shukla, P.; Smith, S.; Swart, R.; van Rooijen, S.; Victor, N.; Dadi, Z.: Special Report on Emissions Scenarios. Cambridge: Cambridge University Press, 2000.

Nikulin et al. 2011 | Nikulin, G.; Kjellström, E.; Hansson, U.; Strandberg, G.; Ullerstig, A.: Evaluation and future projections of temperature, precipitation and wind extremes over Europe in an ensemble of regional climate simulations. In: Tellus A 63 (2011), Nr. 1. Seite 41–55.

Pellini/Screenline | Sonnenschutz im Scheibenzwischenraum. http://www.screenline.net/flash/img6.jpg

Perkins et al. 2012 | Perkins, S. E.; Alexander, L. V.; Nairn, J. R.: Increasing frequency, intensity and duration of observed global heatwaves and warm spells. In: Geophysical Research Letters 39 (2012), Nr. 20, L20714.

Pfafferott & Herkel 2002 | Pfafferott, J.; Herkel, S.: Verwaltungsgebäude DB Netz AG in Hamm. Fraunhofer Institut Solare Energiesysteme, 2002. – Forschungsbericht.

Plattner et al. 2008 | Plattner, G.-K.; Knutti, R.; Joos, F.; Stocker, T. F.; von Bloh, W.; Brovkin, V.; Cameron, D.; Driesschaert, E.; Dutkiewicz, S.; Eby, M.; Edwards, N. R.; Fichefet, T.; Hargreaves, J. C.; Jones, C. D.; Loutre, M. F.; Matthews, H. D.; Mouchet, A.; Müller, S. A.; Nawrath, S.; Price, A.; Sokolov, A.; Strassmann, K. M.; Weaver, A. J.: Long-Term Climate Commitments Projected with Climate-Carbon Cycle Models. In: Journal of Climate 21 (2008), Nr. 12. Seite 2721–2751.

Rouvel et al. 2006 | Rouvel, L.; David, R.; Wenning, M.: Nutzenergiebedarf für Heizen und Kühlen einer Gebäudezone. In: David, R.; de Boer, J.; Erhorn, H.; Reiß, J.; Rouvel, L.; Schiller, H.; Weiß, N.; Wenning, M.: Heizen, Kühlen, Belüften & Beleuchten – Bilanzierungsgrundlagen nach DIN V 18599. Stuttgart: Fraunhofer IRB, 2006. Seite 35–116.

Schär et al. 2004 — Schär, C.; Vidale, P. L.; Lüthi, D.; Frei, C.; Häberli, C.; Liniger, M. A.; Appenzeller, C.: The role of increasing temperature variability in European summer heatwaves. In: Nature 427 (2004), Nr. 6972. Seite 332–336.

Schlitzberger 2014 — Schlitzberger, S.: Anpassung und Entwicklung von Planungswerkzeugen für den sommerlichen Mindestwärmeschutz und zur Komfortbewertung des Sommerfalls. Kassel, Universität, Fachbereich Architektur Stadtplanung Landschaftsplanung, Fachgebiet Bauphysik, Dissertation, 2014.

Schönwiese et al. 2004 — Schönwiese, C.-D.; Staeger, T.; Trömel, S.: The hot summer 2003 in Germany. Some preliminary results of a statistical time series analysis. In: Meteorologische Zeitschrift 13 (2004), Nr. 4. Seite 323–327.

Semenza et al. 1996 — Semenza, J. C.; Rubin, C. H.; Falter, K. H., Selanikio, J. D.; Flanders, D.; Howe, H. L.; Wilhelm, J. L.: Heat-related deaths during the July 1995 heat wave in Chicago. In: The New England Journal of Medicine 335 (1996), Nr. 2. Seite 84–90.

Solomon et al. 2009 — Solomon, S.; Plattner, G.-K.; Knutti, R.; Friedlingstein, P.: Irreversible climate change due to carbon dioxide emissions. In: Proceedings of the National Academy of Sciences of the United States of America 106 (2009), Nr. 6. Seite 1704–1709.

Stucki & Egli 2007 — Stucki, M.; Egli, T.: Synthesebericht Elementarschutzregister Hagel – Untersuchungen zur Hagelgefahr und zum Widerstand der Gebäudehülle. Bern: Präventionsstiftung der kantonalen Gebäudeversicherungen, 2007.

TRGS 519 — Technische Regel für Gefahrstoffe 519: Asbest – Abbruch-, Sanierungs- oder Instandhaltungsarbeiten. Dortmund: Bundesanstalt für Arbeitsschutz und Arbeitsmedizin, Ausgabe Januar 2014.

VEB MLK 1979 — VEB Metalleichtbaukombinat: Aussenwände – Leichte Außenwände, MLK-Vorhangwand KV III, Katalog M 7917 GWA. Leipzig, 1979.

Vidale et al. 2007 — Vidale, P. L.; Lüthi, D.; Wegmann, R.; Schär, C.: European summer climate variability in a heterogeneous multi-model ensemble. In: Climatic Change 81 (2007), Nr. 1. Seite 209–232.

Voss 2010 | Voss, K.: Energieoptimiertes Bauen: Demonstrationsbauvorhaben – Sanierung eines Bürogebäudes der 60er Jahre zu einem Niedrigenergiehaus / Bergische Universität Wuppertal, Fachbereich D, Abteilung Architektur, Lehrgebiet Bauphysik und Technische Gebäudeausrüstung b+tga, 2010. – Forschungsbericht. Förderkennzeichen 0329750X im Auftrag des Bundesministeriums für Wirtschaft und Technologie. http://www.enob.info/fileadmin/media/Publikationen/EnSan/Projektberichte/Endbericht_0329750X_REB-Remscheid.pdf

4

Voss et al. 2007 | Voss, K.; Löhnert, G.; Herkel, S.; Wagner, A.; Wambsganß, M.: Bürogebäude mit Zukunft – Konzepte, Analysen, Erfahrungen. 2. Auflage. Berlin: Solarpraxis, 2007.

Werner 1984 | Werner, J.: Regelung der menschlichen Körpertemperatur. Berlin: Walter de Gruyter, 1984.

5 Überflutung

5.1 Relevanz für die Baukonstruktion

„Hochwasser ist ein Zustand in einem oberirdischen Gewässer, bei dem der Wasserstand oder der Durchfluß einen bestimmten Wert (Schwellenwert) erreicht oder überschritten hat.“ (DIN 4049-3:1994-10). Hochwasser kann aber auch als *„zeitlich beschränkte Überflutung von Land, das normalerweise nicht mit Wasser bedeckt ist“* (EG-Richtlinie 2007), definiert werden.

Es existieren unterschiedliche Einteilungen und Bezeichnungen von Überflutungen, etwa nach der Ursache wie Sturmflut, Flussüberschwemmung, Sturzflut und Grundhochwasser.

Diese Ereignistypen werden oft als Hochwasserereignisse zusammengefasst und werden nach ihrem Einzugsgebiet sowie ihrer räumlichen und zeitlichen Ausprägung sowie ihrem Auftreten unterschieden. Jedoch ist auch eine Unterteilung in lediglich zwei Hochwasserarten nach ihrer Herkunft beziehungsweise ihrer Entstehung üblich: fluvial flood und pluvial flood. Der Ausdruck „fluvial flood“ beschreibt eine Überschwemmung mit Gewässerbezug. Der Ausdruck „pluvial flood“ beschreibt eine Überschwemmung ohne Gewässerbezug, welche direkt durch starke Niederschläge verursacht wird. Diese Unterteilung hat sich auch in der Klimafolgenforschung etabliert, da sie die Auslöser der Überschwemmungen eingrenzt und unterscheidet, so dass die projizierten klimatischen Veränderungen infolge des Klimawandels abgebildet werden können.

Eine Überflutung kann nach einschlägiger Fachliteratur sinnvoll etwa durch die Parameter Überflutungstiefe, Fließgeschwindigkeit, Überflutungsintensität, Überflutungsdauer, Anstiegsgeschwindigkeit, Anpralllasten, Treibgut, Sediment, Geschiebetransport, Schadstoffe, Hochwasserabfluss mit Jährlichkeit (HQ_T) und Jahreszeit des Auftretens beschrieben werden.

Die Vorhersagbarkeit von Überflutungsereignissen variiert unter anderem in Abhängigkeit der Überflutungsursache und der zeitlichen Dimension der Betrachtung. So kann etwa bei Flussüberschwemmungen eine Eintrittswahrscheinlichkeit HQ_T angegeben werden, welche aus einer statistischen Auswertung abgelaufener Hochwasserereignisse abgeleitet wird und die Gefährdung eines Gebäudes gegenüber Überflutungen aufzeigt. Hingegen muss bei der direkten Vorhersagbarkeit von Überflutungsereignissen ein meteorologisches Ereignis mit einem Niederschlag-Abfluss-Modell gekoppelt werden. Dadurch können Aussagen über eine potentielle Hochwassergefahr generiert werden.

Gebäudeschäden zählen zu den direkt tangiblen Schäden bei einem Überflutungsereignis. Hingegen gehören nach Kron 2008, S. 66 ff., etwa Mietausfälle zu indirekt tangibelen Schäden. Die Schäden nach einem Ereignis sind vielfältig und können sich aus quantifizierbaren Schäden, welche etwa durch Wiederherstellungskosten abbildbar sind, und nicht quantifizierbaren Schäden, welche etwa den endgültigen Verlust kultureller Werte beinhalten, zusammensetzen.

Dokumentationen von Gebäudeschäden dreier großräumiger Überflutungsereignisse standen in unterschiedlicher Qualität zur Auswertung zur Verfügung. Zu den beiden Ereignissen an der

Elbe und ihren Nebenflüssen im Sommer 2002 und im Winter 2006 konnten zahlreiche Schadensfälle sowie Schadensgutachten gesichtet und ausgewertet werden. Schadensfolgen des Ereignisses an der Neiße und ihren Nebenflüssen im Jahr 2010 sowie an der Elbe und Mulde im Jahr 2013 konnten durch den Autor präzise begleitet, dokumentiert und analysiert werden. Hauptaugenmerk bei der Auswertung lag in der Zuordnung der Schadensbilder zu den drei spezifischen Schadenstypen „Feuchte- und Wasserschäden“, „Statisch relevante Schäden“ sowie „Schäden durch Kontamination“.

Schadenstyp 1: Feuchte- und Wasserschäden

Unabhängig von der Hochwasserart treten Feuchte- und Wasserschäden bei jedem Hochwasserereignis auf. Dabei entstehen Schäden oftmals durch die spezifischen Eigenschaften des Baustoffs, der Baukonstruktion oder der Gebäudeteile. Die Intensität der Schäden variiert entsprechend stark und ist durch die Charakteristik der betroffenen Konstruktion geprägt. Die Durchfeuchtung der Konstruktion beziehungsweise des betroffenen Baustoffes ist durch verschiedene Verfahren messtechnisch klassifizierbar. Hierunter zählen etwa die kapazitive Feuchteindikation durch Verwendung einer Oberflächen-Kugel-Elektrode oder die Gravimetrische Feuchtemessung mit Hilfe einer Darrprobe.

Bild 5-1 Schadenstyp 1: Feuchte- und Wasserschäden. Durchfeuchtete Innenwände, Ablösung von Tapete und Farbanstrichen, Wasserstandlinien; Pirna, Juli 2013 (Foto: Nikolowski, 2013).

Die typischen Schadensbilder reichen dabei von verfärbten Durchfeuchtungsbereichen, Wasserstandlinien, der Quellverformung vorrangig hölzerner Konstruktionen und dem Abplatzen von Beschichtungen über die Zerstörung ganzer Baukonstruktionen durch Aufschwimmen beziehungsweise der Technischen Gebäudeausrüstung (TGA) bis hin zu Folgeschäden in Form von Salzausblühungen, der Korrosion von Metallbauteilen und der Zerstörung von Holzbaustoffen durch tierische und pflanzliche Holzschädlinge. Durch eine fachgerechte, den Allgemein anerkannten Regeln der Technik entsprechende Instandsetzung nach einem Überflutungsereignis sind die beschriebenen Folgeschäden grundsätzlich vermeidbar beziehungsweise reduzierbar.

Schadenstyp 2: Statisch relevante Schäden

Im Gegensatz zu den Feuchte- und Wasserschäden treten statisch relevante Schäden nur auf, wenn bestimmte Parameter der Einwirkung und bestimmte Eigenschaften des Gebäudes aufeinander treffen. Zu diesen zählen etwa auf der einen Seite die Fließgeschwindigkeit, die Wasserstandhöhe, die Einwirkdauer sowie der Geschiebetransport und auf der anderen Seite die Baugrundverhältnisse, die Gründungstiefe sowie die Gewichtskraft des betroffenen Gebäudes.

Die zu erwartenden Schadensbilder reichen von Gründungsschäden infolge von Kolkung des Baugrundes über Schäden durch hydrostatischen oder hydrodynamischen Druck bis hin zu Schäden durch Auftriebskräfte. Auch anprallende Einzellasten zählen hierbei zu wichtigen Verursachern dieses Schadenstyps. Statisch relevante Schäden haben oft eine elementare Auswirkung auf die Standsicherheit des Gebäudes, etwa durch Teileinstürze oder Überlastung von Bauteilen infolge Wasserstanddifferenzen oder Zunahme des Eigengewichts durch Wasseraufnahme. Hierbei müssen oft Sofortmaßnahmen ergriffen werden, welche eine Ausweitung der Schäden, etwa den Einsturz einer Holzbalkendecke infolge erhöhter Eigenlasten, im Nachgang eines Ereignisses verhindern können. 5

Bild 5-2 Schadenstyp 2: Statisch relevante Schäden. Behelfsmäßig abgestützte Holzbalkendecke über Erdgeschoss; Rissbildung in tragender Wand infolge überhöhter Eigenlast nach Überflutung der Geschossdecke; Wohnhaus in Grimma, Juli 2013 (Foto: Nikolowski, 2013).

Schadenstyp 3: Schäden durch Kontamination

Schäden durch Kontamination treten auf, wenn das Flutwasser als Transportmedium für chemische und biologische Stoffe fungiert. Dabei können etwa Öle aus aufgeschwemmten und beschädigten Heizöltanks oder Fäkalien aus überfluteten Klär- oder Stallanlagen der Auslöser sein. Die maßgebenden Einflussgrößen sind hierbei neben der Wasserstandhöhe und -dauer der Kontaminationsgrad des Flutwassers beziehungsweise des mitgeführten Schlammes.

Die Schadensbilder unterscheiden sich danach, welcher Kontaminationsstoff vorliegt und welche Baukonstruktion betroffen ist. Typische Schadensbilder sind Verfärbungen in Verbindung mit starken Gerüchen, Ölfilme und kurz nach der Überflutung durch chemische Prozesse auftretende Korrosionserscheinungen an metallischen Bauteilen. Schäden infolge Kontamination erhöhen die Wiederherstellungskosten nach einer Überflutung um ein Vielfaches. Die Vergrößerung der Schadenshöhe durch Kontamination von Baukonstruktionen im Vergleich zu reinen Feuchte- und Wasserschäden wird im Allgemeinen mit dem Faktor 2 bis 3 angegeben (Naumann et al. 2009a). Dies ist auf umfangreiche Baumaßnahmen, die bis zum abschnittweisen Ersatz von Baukonstruktionen und Bauteilen reichen können, zurückzuführen.

Bild 5-3 Schadenstyp 3: Schäden durch Kontamination. Durch Heizöl kontaminierter Schlamm; Flutwasser fungierte als Transportmittel von Sedimenten und chemischen Stoffen; Wohnhaus in Grimma, Juli 2013 (Foto: Nikolowski, 2013).

Schäden infolge Überflutung hängen nicht nur von der Einwirkungsart und der Einwirkungsintensität ab, sondern auch explizit von bestimmten Parametern des betroffenen Gebäudes. So sind als relevante Faktoren die Raumstruktur wie etwa die jeweilige Nutzung der Räume und Geschosse, die Kubatur wie die Unterkellerung, die Baukonstruktion und verwendeten Baumaterialien sowie die Technische Gebäudeausrüstung, aber auch Parameter wie mögliche Vorsorgeleistungen der Eigentümer und Bewohner zu nennen. Da vor allem die Baukonstruktion, die Technische Gebäudeausrüstung und die Bauwerknutzung ein hohes Anpassungspotential besitzen und alle drei Faktoren über den Gebäudetyp abbildbar sind, werden diese Parameter weitergehend untersucht.

Zu den betroffenen Baukonstruktionen zählen alle Konstruktionen, welche durch Wasser und Feuchtigkeit ihre bauphysikalischen, mechanischen, chemischen oder optischen Eigenschaften verändern. Nicht allein das Baumaterial mit seinen spezifischen Eigenschaften, sondern das Gesamtbauteil in seinem baukonstruktiven Aufbau ist dabei von Bedeutung. Dennoch sind die physikalischen und zum Teil chemischen Prozesse der Wasser- und Feuchtigkeitsaufnahme elementarer Bestandteil des Schadensprozesses.

Wasser kann abhängig von Temperatur und Druck in den drei Aggregatzuständen flüssig, fest und gasförmig vorliegen. Wie sich Baustoffe gegenüber Wasser und Feuchtigkeit verhalten, hängt maßgeblich von ihren unterschiedlichen Porengrößen und Porenarten, ihrer Porosität, und dementsprechend von ihren verschiedenen Feuchtetransportmechanismen ab. Poren können in verschiedenen Arten auftreten. So existieren etwa offene und geschlossene Poren. Die kapillare Steighöhe, der Wassertransport und die Sauggeschwindigkeit von Baustoffen sind von der Beschaffenheit der Poren abhängig. Baustoffe besitzen aufgrund ihrer unterschiedlichen Porenarten und -größe eine spezifische Feuchtespeicherfähigkeit, wobei abhängig von den Umgebungsbedingungen unterschiedliche Wassergehalte gemessen werden können. Die Gleichgewichtsfeuchte beziehungsweise hygroskopische Feuchte stellt sich auf Grundlage der umgebenden klimatischen Randbedingungen ein und wird für jeden Baustoff einzeln mit Sorptionsisothermen abgebildet. Direkt und drucklos kann Wasser vom Baustoff im Kapillarwasserbereich aufgenommen werden, wohingegen etwa bei sehr langer Wasserbeaufschlagung es zu einer Wasseraufnahme im sogenannten Übersättigungsbereich kommt. Wasser kann jedoch auch in Form von Wasserdampf bis zu einem Grenzwert, dem Sättigungsdampfdruck, von der Luft aufgenommen und wieder abgegeben und so durch Baustoffe transportiert werden. Hierzu muss der Diffusionswiderstand berücksichtigt werden, welcher von der Art des Baustoffs und der Schichtdicke des Bauteils abhängig ist. Diese Parameter beeinflussen den Wasserdampftransport.

Durch diese Mechanismen werden die für die Baukonstruktion wichtigen Eigenschaften des Baustoffs elementar beeinflusst und teilweise stark verändert. So ist etwa mit einer zerstörenden Volumenänderung, sogenannte Quell- oder Schwindprozesse, zu rechnen.

5.2 Erkenntnisse der Klimaforschung

Überflutungen entstehen durch eine Verkettung unterschiedlicher hydrometeorologischer und hydrologischer Prozesse im Einzugsgebiet von Gewässern sowie hydraulischer Prozesse im Gewässersystem und im Kanalnetz. Der dadurch entstehende Prozess wird als Niederschlag-Abfluss-Prozess bezeichnet und wird durch verschiedene Parameter beeinflusst.

Die meteorologischen Einflussfaktoren sind unter anderem die Regendauer D in [min], die Jährlichkeit T in [a] und die räumliche Ausdehnung von Niederschlägen, welche in der Regenspende r(D,T) in [l/(s*ha)] abgebildet werden können, sowie die Lufttemperatur. Die Hochwasserentstehung ist jedoch auch an bestimmte Standortfaktoren des Einzugsgebiets gekoppelt, welche sich anhand von hydrologischen Prozessen beschreiben lassen. So wirken sich die Wasseraufnahmekapazität, abhängig von der Vorfeuchte, der Bodentemperatur und dem Porensystem, sowie die Oberflächenbeschaffenheit, abhängig von Vegetationsdichte und Flächenverdichtung/-versiegelung, aber auch das Relief, die Hangneigung und die Größe des Einzugsgebietes auf den Abfluss Q in [m^3/s] aus (KRON, 2008).

Die Beschreibung des hydraulischen Prozesses durch Wellenablauf, Überströmung und Überflutung dient zur Ermittlung des Wasserstandes h (m üNN) [m AMSL]. Dabei sind neben dem spezifischen Abfluss vor allem der Querschnitt des Gewässers, das Gefälle, die Stauregelung und das Abflussvermögen, aber auch anthropogene Einflüsse wie der Gewässerausbau von Bedeutung. Durch die Verschneidung mit einem Geländemodell können für bestimmte Durchflüsse Wasserstände etwa an Gebäuden berechnet werden.

Nach einem Ereignis lässt sich die Überflutungshöhe leicht anhand von Auswertungen der Wasserstandslinien ermitteln, jedoch ist die Fließgeschwindigkeit ein Faktor, welcher während beziehungsweise im Nachgang von Ereignissen nur schwer messbar ist und explizit von den jeweiligen mikroskaligen Situationen am Messort abhängig ist (Topografie, Untergrund, Gebäude, Straßen, Bepflanzungen etc.).

Auf Grundlage der Auswertung von Ereignissen lassen sich demnach Ex-Post-Analysen und auf dieser Grundlage Trendfortschreibungen erstellen. Die beschriebenen Parameter sind jedoch keine direkten klimatischen Kenngrößen, welche etwa durch Klimaprojektionen abbildbar sind. Um dennoch die Auswirkungen klimatischer Veränderungen in Folge des Klimawandels auf die Einwirkung Überflutung zu ermitteln, müssen zusätzliche Modelle – etwa die beschriebenen Niederschlag-Abfluss-Prozesse – angewandt werden. In den folgenden Abschnitten werden Ex-

Post-Analysen und Klimaprojektionen von für Überflutung relevanten klimatischen Kenngrößen, aufgrund ihrer Abhängigkeit von lokalen Besonderheiten, anhand von regionalen Beispielen näher erläutert.

5.2.1 Ex-Post-Analysen

Grundsätzlich müssen neben der regionalen Differenzierung auch unterschiedliche Überflutungsarten unterschieden werden. Im Nachfolgenden werden

- Überflutung mit Gewässerbezug,
- Überflutung ohne Gewässerbezug und
- Grundhochwasser

näher betrachtet, um die Bandbreite möglicher Überflutungen darzustellen.

Überflutung mit Gewässerbezug

Große Flusseinzugsgebiete, wie etwa die Elbe und ihre Nebenflüsse, sind seit jeher für große Überflutungen verantwortlich. Diese Überflutungsereignisse lassen sich über lange Zeiträume zurückverfolgen. An der Elbe sind dabei im 20. und 21. Jahrhundert etwa die Hochwasser von 1900, 1920, 1923, 1940, 1941, 1981, 2002 und 2006 sowie 2013 zu nennen. Hierbei können im Rahmen von statistischen Untersuchungen Pegelstände der Hochwasserereignisse ausgewertet, die Ausbreitung der Überflutungsflächen dokumentiert und Daten über Fließgeschwindigkeiten und Aufstauhöhen analysiert werden. Hierfür ist ein dichtes Netz an Pegelmessstellen hilfreich. Eine Häufung der Überflutungsereignisse tritt am Beispiel der Elbe nach statistischer Auswertung jeweils zwischen Februar und Anfang März und vor allem von Ende Juni bis Ende August auf. Neben den typischen Winterhochwassern im März 1845 und März 1940 gab es ebenso typische Sommerereignisse im September 1890 und im Juli 1981. Für die jeweiligen Hochwasserereignisse gab es verschiedene Auslöser. Bei den Merkmalen der Winterhochwasser ist die Auslösung durch Schneeschmelze, verbunden mit Niederschlägen im Einzugsgebiet und einer Verstärkung der Gefährdung durch Eisgang auf der Elbe, zu nennen. Auslöser für extreme Sommerhochwasser sind in der Regel großräumige, ergiebige Niederschläge. Diese können durch zeitlich vorausgehende Regenereignisse noch verstärkt werden, da in diesem Fall die Böden bereits gesättigt sind und weniger Wasser aufnehmen können (Ullrich und Reinfried 2011, S. 42).

Ein großes Problem bei der Analyse abgelaufener Ereignisse ist die einheitliche Erfassung und Dokumentation wichtiger Kenngrößen. Zu den Klassifizierungsparametern von Hochwasserereignissen gehören unter anderem

- der Pegelstand,
- die Wasserstandhöhen und -dauer in überfluteten Bereichen,
- die Ausbreitung von Überschwemmungsgebieten,
- der Durchfluss in betroffenen Fließgewässern,
- die Fließgeschwindigkeit sowie
- die Wiederkehrwahrscheinlichkeit des Hochwassers (HQ_n).

Nicht alle geforderten Daten können durch Messungen bei einem Ereignis festgehalten werden, da beispielsweise die Messstationen an den Pegeln durch ein Ereignis beschädigt werden können. Viele Parameter können jedoch im Nachgang durch hydraulische Modellierungen simuliert werden. Dazu müssen die Regenfälle im Einzugsgebiet der betroffenen Gewässer bekannt sein und über ein Niederschlags-Abfluss-Modell simuliert werden. Über ein digitales Geländemodell können so zum Beispiel Überflutungsflächen, Wasserstandhöhen und Fließgeschwindigkeiten ausgegeben werden.

Aus der Simulation heraus kann zusätzlich die Jährlichkeit von Hochwasserereignissen (HQ_n) abgeleitet werden und so beispielsweise die Überschwemmungsfläche eines Gebietes mit einem bestimmten HQ_n verbunden werden. So kann die jährliche Wahrscheinlichkeit für eine Überflutung des Bereiches angegeben werden. Das heißt, dass beispielsweise ein Gebiet, welches bei einem HQ_{100} betroffen ist, statistisch gesehen alle 100 Jahre überflutet wird. Nicht selten führen extreme Ereignisse zu einer Veränderung und dadurch zu einer Neunivellierung der Wiederkehrwahrscheinlichkeit eines Hochwassers und daher zu einer Neudefinition der ortsspezifischen HQ-Werte.

Überflutung ohne Gewässerbezug

Durch kleinräumige, in ihrer Intensität jedoch äußerst heftige, Starkregenereignisse, vor allem in den Sommermonaten, kann es zu temporären, lokal stark begrenzten Überflutungen ohne Gewässerbezug kommen. Dabei können Gebiete von Oberflächenwasser betroffen sein, die es vorher noch nicht waren. An dieser Stelle sei auf das Ereignis im Westen Dortmunds im Juli 2008 verwiesen, bei dem Schäden in einem Gebiet entstanden, welches nie zuvor betroffen war (BTU 2009). Das Ereignis erreicht die Betroffenen oft ohne Vorwarnung, da die Einwirkung kaum vorhersehbar ist und, im Gegensatz zu einem Flusshochwasser, in der Regel ohne vorher mögliche räumliche Abgrenzung erfolgt.

Der Aufstau von nicht schnell genug abfließendem Oberflächenwasser erfolgt oft aufgrund einer Überlastung des Kanalsystems und ist daher eine Folge eines sogenannten Kanalüberstaus. Die für bestimmte Maximalmengen ausgelegte Kanalisation kann das ankommende Niederschlagswasser nicht schnell genug abführen und ist daher überlastet.

Im Rahmen von Forschungsvorhaben wurde beispielsweise die Studie „Ex-Post-Analyse von Extremereignissen auf dem Gebiet der Landeshauptstadt Dresden“ (Ullrich und Reinfried 2011) verfasst und erstmals aktenkundig aufgenommene Hinweise und Bürgerbeschwerden zu Überflutungen, welche im Zusammenhang mit Bodenerosionen und Bodenumlagerungen eingingen, zusammengetragen sowie in Karten verortet. Hierdurch wurden Hinweise gesammelt, welche sich auf Überflutungen im Nachgang von Starkniederschlägen beziehen lassen können. Da bei Weitem nicht alle Ereignisse gemeldet werden und zusätzlich viele Hinweise weder zeitlich noch räumlich verortet werden können, kann davon ausgegangen werden, dass die Analyse lediglich einen kleinen Ausschnitt der tatsächlich vorgefallenen Überflutungen ohne Gewässerbezug wiedergibt. Zukünftig wäre ein genaueres Monitoring sowohl über Art und Umfang der Einwirkung als auch der resultierenden Folgen beziehungsweise Schäden zielführend, um das Risiko und die Gefährdung von Ortslagen besser abschätzen und durch eine statistische Erhebung eventuell Jährlichkeiten ableiten zu können. Die Unstetigkeit und Kleinräumigkeit solcher Ereignisse wird dies jedoch auch zukünftig erschweren.

Grundhochwasser

Grundwasserstände werden durch Hochwassersereignisse oberirdischer Gewässer beeinflusst. Eine Folge kann der Anstieg des Grundwassers in direkter Umgebung des Ereignisses sein. Zusätzlich kommt es durch Infiltration zu einem weiteren Aufstau des Grundwassers. Diese Prozesse können zum Problem für Gebäude werden, wenn diese nicht auf die Einwirkung eingestellt sind. Grundwasserstände können lediglich an sogenannten Grundwasseraufschlüssen, wie etwa Messpegeln, gemessen werden. In Dresden ist die älteste Grundwassermessstelle des sächsischen Landesmessnetzes zu finden, welche sich am Dresdner Pohlandplatz befindet und seit 1894 Daten liefert.

Da keine einheitliche Definition für ein Grundhochwasser existiert, hat man sich etwa in Dresden darauf verständigt, durch Hochwasser ausgelöste hohe Grundwasserstände mit einem Flurabstand von kleiner oder gleich 3,00 m unter Gelände als Grundhochwasser zu bezeichnen. Ein Vergleich der Grundwasserstände am Beispiel Dresdens seit 1895 zeigt, dass die hohen Grundwasserstände nach dem Hochwasserereignis 2002 beispielsweise an der Messstelle Pohlandplatz keine außergewöhnlichen Ereignisse waren.

Bei der Beobachtung und Dokumentation von Grundhochwasserständen ist jedoch stets zu beachten, dass der Anstieg und der Rückgang in direkter Abhängigkeit zur geologischen Situation und zur Entfernung des betroffenen Bereiches zum Fließgewässer stehen (Umweltamt LHD 2005). Aus den beobachteten Daten einen Trend abzuleiten, ist aufgrund des komplizierten und vielfältigen Prozesses der Grundwasserentstehung kaum möglich. Dennoch bleibt festzuhalten, dass grundsätzlich durch steigende mittlere jährliche Niederschlagshöhen (Bernhofer et al. 2009, S. 5) im Vergleichszeitraum 1961–2005 gegenüber der Referenzperiode 1961–1990 das Grundhochwasserrisiko bezogen auf Dresden nicht abgenommen hat.

5.2.2 Klimaprojektionen

Ein Nachweis dafür, dass große Hochwasserereignisse aufgrund des projizierten Klimawandels in Zukunft an Ausmaß zunehmen werden, wurde noch nicht erbracht. Eine quantitative Zunahme der Ereignisse kann jedoch aufgrund der Trendfortschreibungen und Projektionen nicht ausgeschlossen werden.

Da es sich um eine gravitative und keine meteorologische Einwirkung handelt, ist eine direkte Klimaprojektion für Hochwasserereignisse nicht möglich. Daher muss über andere Größen eine Abschätzung vorgenommen werden. Als mögliche Hochwasserindikatoren stehen im Allgemeinen Projektionen für

- den mittleren Jahresniederschlag,
- den Niederschlag im Sommerhalbjahr,
- den Niederschlag im Winterhalbjahr,
- die Anzahl der Tage mit sehr starkem Niederschlag und
- die klimatische Wasserbilanz

zur Verfügung (etwa Bernhofer et al. 2011a).

Das Klima kann anhand unterschiedlicher Zeitscheiben untersucht werden. Die regionalisierten Klimaprojektionen für Dresden wurden etwa auf der Grundlage des globalen Klimamodells ECHAM5/MPIOM angetrieben. Die vier regionalen Modelle basieren dabei auf dynamischen

(REMO, CLM) beziehungsweise statistischen (WETTREG 2006, WEREX IV) Verfahren. Hierbei muss sich der Betrachtungszeitraum bis zum Ende des 21. Jahrhunderts erstrecken, da laut Bernhofer et al. 2011 die zwischen den Projektionen differenzierbaren Klimaänderungssignale, mit zeitlicher Verzögerung, erst in einigen Dekaden sichtbar werden.

Auch wenn Aussagen über Niederschlagsextreme aufgrund von Klimaprojektionen schwierig sind, weisen Trendanalysen am Beispiel Dresdens in naher Zukunft auf eine Zunahme in Intensität und Auftretenswahrscheinlichkeit von Starkniederschlägen hin (Franke und Bernhofer 2009). Die Spezifizierung der infolge des Klimawandels veränderten Einwirkungen basiert somit direkt auf einer systematischen Ex-Post-Analyse der in den vergangenen Dekaden beobachteten Einwirkungen und Extremereignisse sowie auf den regionalisierten Projektionen zu den Klimaelementen Temperatur, Strahlung und Niederschlag.

Gemäß Bernhofer et al. 2011a ist etwa für die Region Dresden im Durchschnitt eine Abnahme fast aller hygrischen Einflussgrößen anzunehmen. Lediglich die Niederschläge im Winterhalbjahr könnten sich hier um etwa 6 % erhöhen. In diese Projektionen fließen jedoch keine kleinräumigen Starkregenereignisse ein, da Projektionen für diese Art von Extrema nicht erstellt werden können. Das Bezugsraster der Projektionen ist zu grob, um derartige Wetterextreme zu erfassen. Grundsätzlich finden sich in der Regel keine Projektionsaussagen über Überflutungen mit oder ohne Gewässerbezug sowie Grundhochwasser. Dies liegt unter anderem am komplexen System der Hochwasserentstehung und an dem Zusammenwirken aus Niederschlagsprojektionen, Niederschlag-Abfluss-Modellen und zugehörigen Unsicherheiten.

Im Rahmen einer ingenieurmäßigen Bearbeitung der klimatologischen Erkenntnisse werden sogenannte Wirkmodelle erstellt, welche für jede Einwirkung unterschiedliche Eingangsparameter benötigen. Diese unterscheiden sich in der Regel von jenen Parametern, welche die Klimatologie zur Verfügung stellt. Für Überflutungen sind neben meteorologischen Parametern wie Niederschlag, welche etwa durch die regionalen statistisch abgesicherten Werte der Koordinierten Starkniederschlag-Regionalisierungs-Auswertung (KOSTRA) des DWD bereitgestellt werden und in DIN-Normen in Form von Regenspenden als Bemessungsgrundlage dienen, vor allem hydrologische und hydraulische Parameter wie spezifischer Abfluss und Wasserstand von Bedeutung. Eine KOSTRA-Datenbank für zukünftige Starkregenereignisse existiert zur Zeit noch nicht. Zur Analyse der Verletzbarkeit von Gebäuden über die benannten Wirkmodelle bedarf es der Untersuchung des Status quo und der zukünftig zu erwartenden Einwirkung. Über diesen Vergleich kann ein zu erwartender Anpassungsbedarf abgeleitet werden.

5.3 Verletzbarkeitsanalyse

Zu jedem Sanierungsplanungsprozess im Bauwesen bedarf es einer Analyse der Baukonstruktion, der Gebäudetechnik, der verwendeten Baumaterialien, der Raumaufteilung, der Schäden, des Bauzustandes, der Nutzung und nicht zuletzt der Schwachstellen. Bei der Entwicklung geeigneter Anpassungsmaßnahmen sind diese Punkte elementare Bestandteile der Verletzbarkeitsuntersuchung. Sie dient der Abbildung des Status quo und hilft, diejenigen Punkte der Konstruktion, der Haustechnik oder der Nutzung herauszufiltern, auf die ein gesondertes Augenmerk gerichtet werden muss. Die Verletzbarkeit kann bei der Einwirkung Überflutung durch eine Beziehung zwischen bestimmten Parametern der Einwirkung und dem am Gebäude auftretenden Schaden dargestellt werden. Diese sogenannten Schadensbeziehungen basieren auf elementarem

Wissen über Baukonstruktion, Schadensmechanismen, Schadensschwerpunkten, Instandsetzungstechniken sowie Mengen- und Kostenkalkulationen (Naumann et al. 2009b und Naumann et al. 2012.).

Die baukonstruktive Untersuchung bildet die Grundlage jeder Verletzbarkeitsanalyse im Bauwesen zur Abschätzung möglicher Schäden infolge einer Überflutung muss die Einwirkung auf das Gebäude über klar definierte Parameter beschrieben sein. In dieser Verletzbarkeitsuntersuchung werden ausschließlich Wasser- und Feuchteschäden betrachtet, welche nach statischen und dynamischen Überflutungen auftreten. Die hierfür zu berücksichtigenden Parameter sind

- eine variable Überflutungstiefe,
- eine Fließgeschwindigkeit von weniger als 1 m/s,
- eine Überflutungsdauer, welche zu einer vollständigen Durchfeuchtung des Bauteils und des Baustoffs bis zum Erreichen der Sättigungsfeuchte führt, und
- ein variables jahreszeitliches Auftreten der Überflutung.

Weitere Parameter wie Fließgeschwindigkeiten größer als 1 m/s, Anstiegsgeschwindigkeit, Überflutungsintensität, Anpralllasten, Geschiebetransport und Schadstoffe im Flutwasser werden aus dieser Untersuchung zunächst ausgeschlossen. Dafür existieren unterschiedliche Gründe. Entweder haben diese Parameter keinen Einfluss auf den Schaden und die Wiederherstellungskosten nach einer Überflutung, wie etwa die Anstiegsgeschwindigkeit, oder sie benötigen andere Methoden, um die ablaufenden Schadensprozesse, Schadensbilder und anzusetzenden Wiederherstellungsleistungen abzubilden, wie dies etwa bei höheren Fließgeschwindigkeiten der Fall ist (Nikolowski et al. 2013b).

5.3.1 Überflutungsstufenmodell

In der Forschung (Neubert et al. 2008; Naumann und Rubín 2008) und der Praxis (Naumann et al. 2009a; Golz et al. 2011; Nikolowski et al. 2013) hat sich ein methodischer Ansatz etabliert, welcher mit definierten Überflutungsstufen verschiedene Hochwasserstände an Gebäuden synthetisch simuliert. Bei einer Überflutung ist die Überflutungstiefe ein überaus relevanter Parameter, welcher die zu erwartenden Schäden sowie Wiederherstellungsleistungen und -kosten stark beeinflusst. Von daher bedient sich die Methodik eines Stufenmodells, welches sich nach den geometrischen, aber auch gebäudetypischen Parametern, wie etwa den Geschosshöhen, richtet und damit die möglichen Überflutungshöhen an einem Gebäude abbildet. Durch den Ansatz von definierten Überflutungsstufen werden zu erwartende Schäden an Konstruktionen zusammengeführt und damit elementare Leistungsbereiche zur baulichen Instandsetzung abgegrenzt. Dies ermöglicht es, den innerhalb der Stufen vorhandenen Baukonstruktionen typische Schadensbilder zuzuordnen, die Schäden auf ihre Intensität und Ausprägung zu bewerten, diesen Schäden charakteristische Bauleistungen der Instandsetzung zuzuordnen und eine Kostenschätzung der erforderlichen Wiederherstellungsleistungen durchzuführen. Das Stufensystem ist als variabel anzusprechen, da es sich den unterschiedlichen Geschosshöhen verschiedener Gebäude flexibel anpasst. Es orientiert sich an geometrischen Punkten der Geschossdecken (Bild 5-4). Aus technischen Überlegungen wurde die Oberkante Fertigfußboden des Erdgeschosses als Nullpunkt (+/– 0,00 m) des Höhenbezugs definiert, da dies unter anderem eine von außerhalb des Gebäudes leicht abzulesende Größe am Gebäude darstellt.

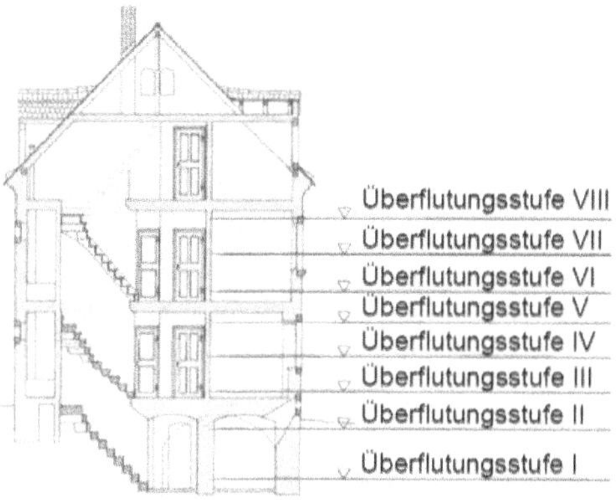

Überflutungsstufe	Höhenkote
Überflutungsstufe I	30 cm über OKFF KG
Überflutungsstufe II	30 cm unter UK Decke KG
Überflutungsstufe III	10 cm über OKFF EG
Überflutungsstufe IV	100 cm über OKFF EG
Überflutungsstufe V	30 cm unter UK Decke EG
Überflutungsstufe VI	10 cm über OKFF OG
Überflutungsstufe VII	100 cm über OKFF OG
Überflutungsstufe VIII	30 cm unter UK Decke OG

Bild 5-4 Überflutungsstufenmodell der synthetischen Flutung von Gebäuden. Die jeweiligen Stufen orientieren sich an geometrischen Punkten der Geschossdecken und fassen so schadensintensive Bereiche der Baukonstruktion des Gebäudes zusammen (Quelle: Neubert et al. 2008).

5.3.2 Schadensermittlung

Die Instandsetzungsleistungen ergeben sich aus dem zu erwartenden Schaden, der aus dem baukonstruktiven Gefüge des Gebäudes und den relevanten bei der Untersuchung berücksichtigten Parametern der Überflutung resultiert. Das Abschätzen dieser Leistungen basiert auf zahlreichen ingenieursmäßigen Schadensaufnahmen, der Analyse von Schadensdokumentationen und Schadengutachten sowie einschlägiger Fachliteratur (Bödeker und Senkbeil 2002; Egli 2002a; Wingfield et al. 2005; Zimmermann et al. 2006; Bowker et al. 2007).

Dabei spielen besonders die zu erwartenden Schadensbilder und die Möglichkeiten einer den Allgemein anerkannten Regeln der Technik (AaRdT) entsprechenden Instandsetzung eine entscheidende Rolle. Um diese Instandsetzungsleistungen realitätsnah abschätzen zu können wird von einer mangelfreien Bausubstanz vor dem Überflutungsereignis ausgegangen. So kann ein Vermischen von Wiederherstellungskosten, welche nicht eindeutig der direkten Folge einer Überflutung zugeordnet werden dürfen, verhindert werden. Die Kosten für das Beseitigen von Baumängeln der Ursprungskonstruktion werden dadurch nicht in die Wiederherstellungskosten eingerechnet.

Die nötigen Instandsetzungsleistungen beziehungsweise -arbeiten, welche nach einer Überflutung der Wiederherstellung dienen, unterscheiden sich je nach Gebäudetyp. So variiert etwa die fachgerechte Instandsetzung einer überfluteten Decken- und Fußbodenkonstruktion je nach Gebäudetyp elementar. Die Leistungen beziehen sich auf die Baukonstruktion des jeweiligen Typen und haben dadurch einen wesentlichen Einfluss auf die Schadenshöhe.

Wird eine Holzbalkendecke instandgesetzt, so wird der komplette Aufbau inklusive Fußbodenaufbau, Einschubfüllung und Deckenschalung bis auf die Tragstruktur (die Holzbalken) rückgebaut. Erst dadurch kann eine nachhaltige Trocknung Folgeschäden der Konstruktion durch pflanzliche und tierische Holzschädlinge vermeiden. Im Gegensatz dazu sind die Instandsetzungsleistungen massiver Deckenkonstruktionen oft weniger umfangreich.

Im beschriebenen Ansatz werden „modifizierte Wiederherstellungskosten" genutzt, da die fachgerecht geplanten und ausgeführten Instandsetzungsleistungen die aktuell geltenden AaRdT berücksichtigen müssen. Würden die Anforderungen an die Planungs- und Ausführungsleistungen ignoriert werden, könnte es zu Haftungsansprüchen an die am Bau Beteiligten kommen. Dies führt jedoch unweigerlich dazu, dass besonders bei älteren Gebäuden die nach den aktuellen Regelwerken anzusetzenden Wiederherstellungsleistungen zu einer Wertsteigerung in Form einer Qualitätsverbesserung des Gesamtgebäudes führen können. Dies trifft vor allem auf jene baukonstruktiv relevanten Bereiche zu, die durch eine identische Wiederherstellung explizit den Anforderungen der Allgemein anerkannten Regeln der Technik entgegenstehen.

Eine Mengenermittlung wird im Bauwesen für die Planung und Umsetzung von Baumaßnahmen benötigt und basiert entweder auf einem exakten Aufmaß oder aber auf Planunterlagen der Ausführungsplanung. Sie dient vor allem der klaren Abgrenzung des Umfangs der Bauleistung, der Ausschreibung und der Vergabe von Bauleistungen und ist Grundlage für die Abrechnung erbrachter Leistungen. Die Abrechnungsbestimmungen für die Leistungen finden sich beispielsweise in der Vergabe- und Vertragsordnung für Bauleistungen (VOB) – Teil C: Allgemeine Technische Vertragsbedingungen für Bauleistungen (ATV). Die VOB Teil C ist in der DIN 18299:2012-09 ff. zu finden.

5

Die Mengenermittlung für die Wiederherstellungsleistungen nach Überflutungen berücksichtigt in Anlehnung an diese Regelwerke die Bestimmungen der anrechenbaren Flächen und Mengen bei der Berechnung.

Als Datengrundlage dienen Planunterlagen der Bauzeit oder der Sanierungsphase, welche die Qualität von Ausführungsplänen vorweisen sollten. Liegen diese nicht vor oder lässt deren Qualität eine genaue Mengenermittlung nach den vorgegebenen Standards nicht zu, wird ein Aufmaß angefertigt. Die eigentliche Mengenermittlung erfolgt bauteilgenau und setzt die durch das Stufenmodell vorgegebenen Überflutungsgrenzen um. Erfahrungen aus der Begleitung von Sanierungsphasen nach Überflutungsereignissen zeigen, dass der Umfang der anzusetzenden Instandsetzungsleistung bauteilabhängigen Schwankungen unterworfen ist. So können die meisten Instandsetzungsleistungen stufenweise einbezogen werden, während bei einigen Leistungen bei bereits kleineren Wasserständen ein Ansetzen des kompletten Leistungsumfangs gerechtfertigt ist. Beispielhaft sei hier etwa auf das Streichen einer Innenwand verwiesen. Auch wenn der Wasserstand der Überflutung lediglich 10 cm betrug, wird, um Farbunterschiede zu vermeiden, bereits in dieser Stufe die gesamte Wand gestrichen. Anders verhält es sich etwa beim Putz. Dieser wird nach der tatsächlichen Durchfeuchtung unter Berücksichtigung einer etwa 30 cm starken Saugwirkung der Kapillarporen in der jeweiligen Stufe abgeschlagen und nach erfolgter Trocknung des Mauerwerks neu aufgetragen.

Die Leistungsverzeichnisse beruhen auf den Mengenermittlungen und ordnen jeder Leistungsposition je Stufe einen Einheitspreis in Euro je Stück [Stk.], je Meter [m] oder je Quadratmeter [m²] zu. Die Kostenwerte werden der Fachliteratur zur Kostenkalkulation entnommen (Schmitz et al. 2013).

Fehlen Kostenkennwerte zu bestimmten Leistungen, werden Interviews mit Fachingenieuren der jeweiligen Gewerke geführt. In diese Untersuchung fließen dabei Interviews zu Kostenabschätzung für folgende Gewerke ein:

- Bautrocknung
- Heizungszentralen und Trinkwasseraufbereitung
- Aufzugsbau
- Metallfenster und -türen

- Technische Gebäudeausrüstung
- Pfosten-Riegel-Fassaden
- Photovoltaik
- Holzkonstruktionen

Alle Kostenwerte sind der allgemeinen Preisentwicklung unterworfen. Daher müssen sie über einen Baupreisanpassungsfaktor ständig aktualisiert werden. Dazu erfolgt eine Anpassung mittels Baupreisindizes des Statistischen Bundesamtes DESTATIS, welches zum Ende eines jeden Quartals die Indizes neu berechnet. DESTATIS differenziert die Indexberechnung in einer ersten Ebene zwischen Wohn- und Nichtwohngebäuden und in einer zweiten Ebene zwischen Büro- und gewerblichen Betriebsgebäuden (Destatis 2013).

Die so ermittelte Baupreiserhöhung kann bei der Kalkulation der Instandsetzungsleistungen in den Leistungsverzeichnissen berücksichtigt werden. Preisschwankungen, welche direkt von einem Überflutungsereignis abhängig sind, können in dieser Betrachtung nicht berücksichtigt werden. Ihr Schwankungsbereich ist zu hoch und von nicht abschätzbaren Parametern, wie etwa der Größe des Ereignisses oder der Jahreszeit des Auftretens, abhängig. Um die Ergebnisse vergleichbarer und unabhängig von der Größe eines Gebäudes zu machen, werden die berechneten absoluten Gesamtpreise je Stufe auf die jeweilige Gebäudegrundfläche (GGF) bezogen und in Form relativer Wiederherstellungskosten in €/m²-GGF abgebildet. Da die Ergebnisse dieser Untersuchung auch für größere Untersuchungsgebiete angewendet werden können, ist es sinnvoll, die Kosten auf die GGF zu beziehen, da die GGF eines Gebäudes bei der Flächenidentifizierung durch Luftbilder und digitale Karten eine schnell und einfach zu ermittelnde Gebäudekenngröße darstellt (Rubín et al. 2009).

Die Reihenfolge der Positionen des Leistungsverzeichnisses stellt dabei nicht den Bauablauf der Wiederherstellungsleistungen dar, sondern orientiert sich vielmehr an den Kostengruppen der DIN 276-1:2008-12. Für die Kostenplanung im Bauwesen stellen diese Gruppen ein hilfreiches Mittel zur Gliederung der Leistungsbereiche dar. Zu nennen sind dabei etwa die Kostengruppe 300 „Bauwerk, Baukonstruktion“ oder die Kostengruppe 700 „Baunebenkosten“.

Die Baunebenkosten fassen unter anderem Architekten- und Ingenieurleistungen zusammen und sind in den Leistungsverzeichnissen nicht berücksichtigt. Unter diese Kostengruppe fallen zusätzlich etwa Planungs- und Finanzierungskosten, Kosten für die Projektleitung und Projektsteuerung sowie Kosten für Gutachten oder Verwaltungsleistungen. Nach statischen Überflutungsereignissen mit vorrangig Feuchte- und Wasserschäden bestimmen die Kosten für Architekten- und Ingenieurleistungen zur Instandsetzungsplanung maßgeblich die Baunebenkosten. Demzufolge wurde pauschal ein Ansatz von 10 % der Wiederherstellungskosten als Baunebenkosten für die Erstellung der Wiederherstellungskosten berücksichtigt.

5.3.3 Wasserstand-Schaden-Beziehung

Die Wasserstand-Schaden-Beziehung ergibt sich aus der Gegenüberstellung des Einwirkungsparameters „Wasserstand“ in Form der festgelegten Überflutungsstufen und des zugehörigen „Schadens“ in Form der Kosten der Wiederherstellungsleistungen je Überflutungsstufe. Die jeweiligen Kosten, die in einer Stufe entstehen, können so als Balken in einer Funktion dargestellt werden. Die so entstehende Funktion kann als „Stufenfunktion“ angesprochen werden und bildet die gesamten Wiederherstellungskosten, die aufsummiert in den jeweiligen Stufen anfallen, ab.

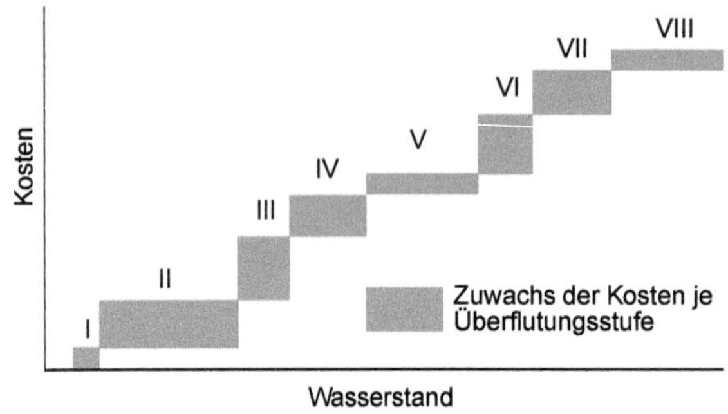

Bild 5-5 Beispielhafte Gegenüberstellung des Einwirkungsparameters „Wasserstand" und der zugehörigen „Kosten" der Wiederherstellungsleistungen in Form einer Stufenfunktion (Quelle: Nikolowski 2014).

5

Da die wenigsten Instandsetzungsleistungen gebündelt anfallen, sobald eine bestimmte Stufe überschritten ist, sondern nach und nach mit einbezogen werden müssen, beeinflusst diese Art der Abbildung die tatsächliche Instandsetzungskostenentwicklung. Eine lineare Interpolation der Werte je Stufe hilft, diese Kostenentwicklung realitätsnaher abzubilden. Je höher der Wasserstand innerhalb einer Stufe steigt, desto mehr Kosten für Instandsetzungsleistungen sind zu erwarten.

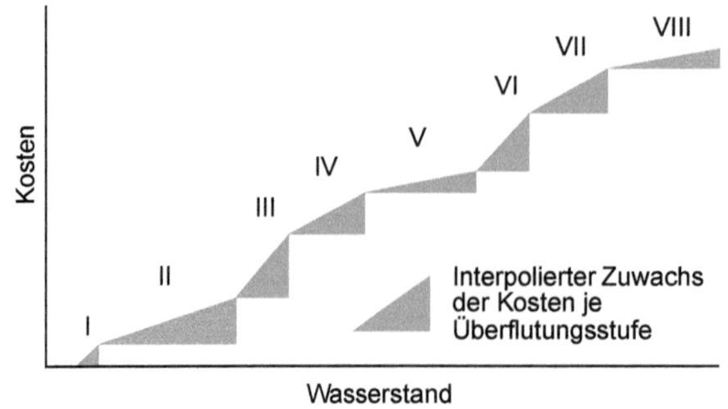

Bild 5-6 Beispielhafte Gegenüberstellung des Einwirkungsparameters „Wasserstand" und der zugehörigen „Kosten" der Wiederherstellungsleistungen in Form einer interpolierten Stufenfunktion (Quelle: Nikolowski 2014).

Bei Wohngebäuden und vor allem bei Mehrfamilienhäusern haben die durch die synthetische Methode ermittelten Wasserstand-Schaden-Beziehungen einen grundsätzlich vergleichbaren qualitativen Verlauf. Dies ist vor allem auf die Vergleichbarkeit der Nutzung zurückzuführen. Dennoch unterscheiden sich die Schadensbeziehungen unterschiedlicher Gebäudetypen aufgrund verwendeter Baumaterialien und Baukonstruktionen sowie verschiedener Höhenlagen der Geschossdecken.

Der Anstieg der Funktionen bildet die unterschiedlichen, in der jeweiligen Stufe anzutreffenden Instandsetzungsumfänge ab. Eine geringe Steigung ist ein Indikator für wenige oder wenig kostenintensive Instandsetzungsleistungen innerhalb der jeweiligen Stufe und ist auf eine untergeordnete Nutzung, wie etwa der Kellergeschosse mit einem vergleichsweise niedrigen Ausbaustandard, oder das Vorhandensein wenig anfälliger Baukonstruktionen, wie etwa unverputzte Wandkonstruktionen aus Stahlbeton, zurückzuführen. Ein höherer Anstieg der Funktionen deutet auf intensive Instandsetzungsumfänge oder kostenintensive Instandsetzungsleistungen, wie dies etwa oft bei Deckenkonstruktionen festzustellen ist, hin. Der konkav gekrümmte Verlauf der Schadensbeziehung innerhalb eines Geschosses verdeutlicht, dass der Umfang von Instandsetzungsleistungen mit steigender Wasserstandhöhe innerhalb eines Geschosses abnimmt.

Die Ermittlung von Wasserstand-Schaden-Beziehungen veranschaulicht den Einfluss charakteristischer Baukonstruktionen auf die Verletzbarkeit der untersuchten Gebäudetypen gegenüber der Einwirkung Überflutung.

5.3.4 Ermittlung von Anpassungsmaßnahmen

Grundsätzlich existieren verschiedene Vorsorgestrategien gegenüber Überflutungsereignissen. Neben der Flächen- und Verhaltensvorsorge zählen die Erhöhung des Wasserrückhalts in den Einzugsgebieten von Flüssen oder die Bauvorsorge zu den wichtigsten Strategien (DKKV 2003). Die Bauvorsorge beziehungsweise die Anpassungsstrategien auf Gebäudeebene verfolgen grundsätzlich das Ziel, die Verletzbarkeit von Gebäuden gegenüber der betrachteten Einwirkung zu reduzieren. Dabei kommen bei Bestandsgebäuden weniger Maßnahmen in Betracht als bei Gebäuden, welche bereits in der Planungsphase spezifische Anpassungsmaßnahmen berücksichtigen können. Dies steht mit den limitierenden Randbedingungen bei Bestandsgebäuden in Verbindung, da vor allem aus wirtschaftlichen Gründen, jedoch oft auch aus baukonstruktiver Sicht, bestimmte Konstruktionen nur mit erhöhtem Aufwand angepasst werden können. Die Betrachtung in diesem Abschnitt bezieht sich auf die bautechnischen Möglichkeiten von Anpassungsmaßnahmen im Bestand sowie ihre direkten positiven Auswirkungen auf die Verletzbarkeit und dadurch auf die Wiederherstellungsleistungen nach einer Überflutung. Baukonstruktive und gebäudetechnische Anpassungsmaßnahmen gegenüber Überflutung zielen vor allem auf eine Minimierung

- der Schäden inklusive des Instandsetzungsaufwandes,
- der Wiederherstellungskosten,
- der Dauer von Nutzungsausfällen,
- der Folgekosten durch Sekundäreffekte (etwa Mietausfälle) sowie
- der Kontamination.

Diese Ziele können bei einem komplexen baukonstruktiven Gefüge nicht durch einzelne Maßnahmen, jedoch durch eine Kombination unterschiedlicher Maßnahmen erreicht werden. Dabei ist zu beachten, dass die Maßnahmen auf die jeweiligen baukonstruktiven Randbedingungen abgestimmt sind.

5

Bild 5-7 Wohngebäude in Pirna nach der Überflutung durch die Elbe, Juni 2013. Die provisorische Verkleidung der Gebäudeöffnungen, wie Eingangstür und Fensterbereiche durch auf Holzrahmen befestigte Holzwerkstoffplatten, welche mit Bauschaum „abgedichtet" wurden, hat das Fluten des Gebäudes nicht verhindern können (Foto: Nikolowski, 2013).

Bild 5-10 zeigt die Auswirkungen verschiedener Anpassungskonzepte anhand der qualitativen Veränderung im Verlauf einer Wasserstand-Schaden-Beziehung. Das Teilbild A) im Bild 5-10 zeigt den qualitativen Effekt des Anpassungskonzepts „Nachgeben". Dabei wird dem Flutwasser grundsätzlich gestattet, in das Gebäude einzudringen. An geeigneten baukonstruktiven oder haustechnischen Stellen werden jedoch Modifikationen durchgeführt, welche die Gesamtverletzbarkeit des Gebäudes verringern. Dazu zählen etwa gegenüber Feuchtigkeit weniger anfällige Baumaterialien in einem dadurch weniger verletzbaren baukonstruktiven Gefüge, leicht demontierbare Konstruktionen oder günstig und wenig zeitintensiv ersetzbare Bauteile. Aber auch eine Anpassung der Nutzung gefährdeter Gebäudebereiche, etwa durch die minderwertige Nutzung des Kellergeschosses als Lagerflächen, dient der Strategie des „Nachgebens". Diese Vorsorgestrategie schlägt sich in einem verringerten Anstieg der Wasserstand-Schaden-Beziehung nieder.

Die Wirkungsweise des Anpassungskonzepts „Abdichten" wird hingegen im Teilbild B), Bild 5-10, verdeutlicht. Dabei wird das Wasser systematisch daran gehindert, bis zu einem bestimmten Bemessungswasserstand in das Gebäude einzudringen. Flutschotte wie etwa ein Dammbalkensystem vor Tür- und Fensteröffnungen in Verbindung mit dem Überprüfen aller Öffnungen unterhalb dieser Linie, beispielsweise Mediendurchdringungen ins Kellergeschoss oder Arbeitsfugen zwischen Fundament, Außenmauerwerk und Fußboden, können dies leisten. Bei einem Überstauen dieses Bemessungswasserstandes werden die positiven Effekte aufgehoben und ein Gebäudeschaden, welcher dem ohne Vorsorgemaßnahmen entspricht, wäre die Folge (Bild 5-8).

Das dritte im Teilbild C), Bild 5-10, dargestellte Anpassungskonzept wird als „Ausweichen" bezeichnet und beinhaltet die höhenmäßige Verschiebung des Gesamtgebäudes. Eine solche Strategie ist bei in Planung befindlichen Gebäuden etwa durch den bewussten Verzicht auf ein Kellergeschoss oder das Anheben des Erdgeschossfußbodens in Bezug zum Gelände umsetzbar (Bild 5-9). Dies kann im Überflutungsfall zu einer erheblichen Verringerung der Schäden führen. Für Bestandsgebäude ist eine Wirtschaftlichkeit und technische Umsetzbarkeit dieser Maßnahmen oft nicht gegeben.

Bild 5-8 Leerpumpen eines Wohngebäudes in Ostritz nach der Überflutung durch die Neiße, August 2010. Das mobile Flutschottensystem wurde durch das Hochwasser überstaut, wodurch es zu einer Überflutung des Keller- und Erdgeschosses kam (Foto: Nikolowski, 2010).

Bild 5-9 Vereinsheim der SG Dresden-Striesen im Niedersedlitzer Flutgraben in Dresden. Die erhöhte Anordnung der hochwertigen Nutzungsbereiche des Gebäudes reduziert die Schadenskosten im Fall einer Überflutung des Sportgeländes erheblich (Foto: Nikolowski, 2012).

Eine Grundlage für die Entwicklung sinnvoller Anpassungsmaßnahmen bildet die detaillierte Aufarbeitung des Gebäudes vom Gesamtsystem bis hin zum baukonstruktiven Detail. Dadurch wird es möglich, effiziente und zielführende Kombinationen verschiedener Anpassungskonzepte zu entwickeln, welche zu einer spürbaren Reduzierung der Schadenshöhe im Überflutungsfall führen. Eine mögliche Kombination der drei vorgestellten Konzepte und deren qualitative Auswirkung auf eine Wasserstand-Schaden-Beziehung zeigt Teilbild D) im Bild 5-10. Dabei kann etwa durch den Verzicht auf ein Kellergeschoss die Schadensbeziehung höhenmäßig nach rechts verschoben werden. Die Modifikation bestimmter Baukonstruktionen hin zu weniger verletzbaren Konstruktionen lässt die Schadensbeziehung geringer ansteigen. Durch die zusätzliche Verwendung von Dammbalkensystemen wird das Eindringen des Wassers bis zu einer definierten

Stufe verhindert. Wird diese jedoch überstaut, tritt derjenige Schaden ein, welcher ohne diese Maßnahme zustande gekommen wäre. Da die beiden Anpassungskonzepte „Abdichten“ und „Ausweichen“ bei Bestandsgebäuden oft nicht beziehungsweise nur teilweise umsetzbar sind, werden im Folgenden Anpassungsmaßnahmen, welche dem Konzept „Nachgeben“ zugeschrieben werden, vertieft behandelt.

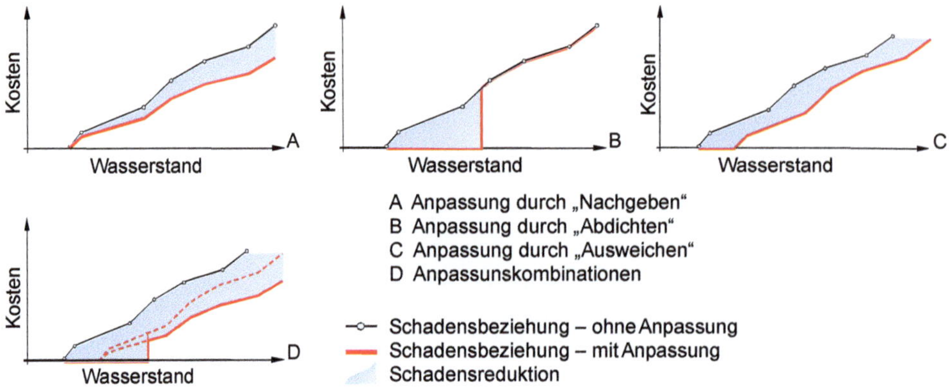

Bild 5-10 Auswirkungen verschiedener Strategien von Anpassungsmaßnahmen anhand der qualitativen Veränderung im Verlauf einer Wasserstand-Schaden-Beziehung. A) Nachgeben, B) Abdichten, C) Ausweichen und D) Anpassungskombinationen (Datengrundlage: Naumann et al. 2010).

5.4 Baukonstruktive Anpassung

Die im Folgenden dargestellten Untersuchungen und Ergebnisse sind der Dissertation Nikolowski 2014 entnommen. Die Möglichkeiten der Klimaanpassung gegenüber Überflutung werden anhand von drei typischen Beispielgebäuden (Mehrfamilienhäuser) unterschiedlicher Baualter erläutert:

- Mehrfamilienhaus um 1930 (Kapitel 5.4.2),
- Mehrfamilienhaus um 1955 (Kapitel 5.4.3) sowie
- Mehrfamilienhaus um 1995 (Kapitel 5.4.4)

Hierbei werden zunächst die für die Überflutung relevanten Bauteile und Baukonstruktionen wie Gründung, Fußbodenaufbauten, Außen- und Innenwände, Treppen sowie Technische Gebäudeausrüstung baukonstruktiv näher beschrieben. Diese baukonstruktive Analyse dient der darauf folgenden Verletzbarkeitsanalyse als Grundlage. Ein relevantes Detail des betrachteten Gebäudes, etwa der Geländeanschluss der Kelleraußenwand einschließlich der Einbindung der Kellerdecke in den Außenwandquerschnitt, zeigt den unangepassten Ausgangszustand des Gebäudes.

Als Ergebnis der Verletzbarkeitsanalyse wird in dem darauffolgenden Abschnitt die Wasserstand-Schaden-Beziehung des Gebäudes im Ausgangszustand vorgestellt. Anhand der drei Gebäude werden drei bei Überflutungen stets äußerst anfällige Bauteile beziehungsweise Bauteilgruppen aufgezeigt:

- Deckenkonstruktionen
- Außenwandkonstruktionen
- Technische Gebäudeausrüstung

Zunächst werden die Bauteile beziehungsweise Bauteilgruppen näher beschrieben und allgemeine Problempunkte im Bezug zur Einwirkung Überflutung angesprochen. Hierbei werden die spezifische Verletzbarkeit sowie Möglichkeiten der Anpassung des jeweiligen Bauteils diskutiert. Für die ausgewählten Beispielgebäude wird je eine Anpassungsmaßnahme herausgegriffen und deren Umsetzung anhand einer technischen Zeichnung beziehungsweise beschreibend dargestellt.

Schließlich werden die Auswirkungen der jeweilig vorgeschlagenen Anpassungsmaßnahme anhand der Wasserstand-Schaden-Beziehungen im Vergleich zwischen Ursprungszustand und angepassten Zustand aufgezeigt. Die Verletzbarkeitsreduzierung, welche mit der Anpassungsmaßnahme einhergeht, kann anhand einer weniger stark ansteigenden Funktion abgelesen und quantitativ sowie qualitativ bewertet werden.

5.4.1 Mehrfamilienhaus, Baujahr etwa 1930

Gründung und Kellerfußboden

Die Fundamente des Gebäudes sind als Streifenfundamente aus Stampfbeton ausgeführt. Zwischen den Fundamenten befindet sich ein bauzeittypischer Zementestrich, welcher im Zuge der Sanierung mit einem Schutzanstrich versehen wurde. Es ist davon auszugehen, dass dieser Aufbau ohne gesonderte Horizontalabdichtung ausgeführt wurde (Büning 1928, S. 33).

Außenwände

Die Außenwände des Kellergeschosses bestehen aus behauenen Sandsteinquadern im Kalkmörtel. Sie werden oberhalb des Geländeanschlusses durch eine zur Bauzeit eingebrachte bituminöse Abdichtungsschicht getrennt, welche als Horizontalsperre dient (Ahnert und Krause 2000, S. 51 ff.). Oberhalb dieser Sperre bestehen die Kelleraußenwände aus Ziegelmauerwerk und sind innenseitig verputzt. Im Bereich der Waschküche wurde zur Sanierungszeit ein Sanierputz aufgetragen. Die Außenwände des Erd-, 1. Ober- und abgesetzten 2. Obergeschosses wurden vollständig aus Ziegelmauerwerk errichtet, wobei das 2. Obergeschoss eine geringere Wanddicke aufweist als etwa das Erdgeschoss. Als Ziegelformat wurde das 1872 eingeführte Reichsformat verwendet. Die Wanddicke des 2. Obergeschosses entsteht durch die Anordnung von Hohlmauerwerk in diesem Bereich (Weller und Naumann 2007). Aus bauklimatischen Gründen wurde im Rahmen der Sanierung ein Wärmedämm-Verbundsystem aus Polystyrol-Hartschaumplatten im 2. Obergeschoss angebracht. Die Fassade besitzt als Zierelemente ein durchlaufendes Traufgesims, eine angedeutete untere Traufkante sowie schlichte Außenfensterbänke aus Sandstein und ist mit einem Strukturputz auf Kalk-Zement-Basis bekleidet. Charakteristisch für diese Bauperiode sind die großen, fast quadratischen Fensteröffnungen, deren ehemalige Holzfenster durch je zwei horizontale und zwei vertikale Fenstersprossen gegliedert wurden. Zur Sanierung wurden die vorhandenen Holzfenster durch zweiflüglige Kunststofffenster mit Oberlichtern und Sprossen ersetzt.

Innenwände

Die Kellerinnenwände sind aus verputztem Ziegelmauerwerk und besitzen oberhalb des ersten Steines eine Horizontalsperre. Die Innenwände der Wohngeschosse haben dieselbe Stärke und sind mit einem Kalkputz versehen. Lediglich zwischen Bad und Flur wurde im Rahmen der Sanierung eine nichttragende Wand entfernt und durch eine Trockenbauwand ersetzt, um mehr Freiraum im Bad zu erhalten. Im Bereich der Wohnungstrennwände wurde aus Schallschutzgründen eine Vorsatzschale in Form einer Trockenbauwand mit Mineralfaserdämmung installiert. Die Mieterkeller haben hölzerne Lattentüren und das Treppenhaus wird durch eine feuerhemmende Tür abgeschirmt. Die Hauseingangstür, die Eingangstüren in die Wohnungen und die Wohnungsinnentüren sind aus Holz und teilweise noch im überarbeiteten Original aus der Bauzeit erhalten.

Geschossdecken

Die Kellerdecke ist als eine Stahlbetonhohldielendecke ausgeführt und mit einem Aufbau aus Lagerhölzern, Schlackeschüttung und Dielung versehen (Ahnert und Krause 2001, S. 101, Tafel 37, Bild 1). Auf die Dielung wurden bei der Sanierung eine Trittschalldämmung und ein Laminatboden verlegt. In den Nassbereichen wurde eine gesonderte Abdichtungslösung eingebracht und die Unterseite zum Kellergeschoss gedämmt. Die Wohngeschossdecken bestehen aus Holzbalkendecken mit Einschub, Schlackefüllung und Dielung und besitzen darüber einen vergleichbaren Fußbodenaufbau wie die Kellerdecke. Die Unterkonstruktion der Decke besteht aus einem Kalkputz auf Putzträger und Schalbrettern. Dabei wurden Flaschenkehlen in den Ecken ausgeführt, um Risse durch Schwingungen der Balkendecke zu vermeiden. In die Holzbalkendecke zum ungeheizten Dachgeschoss wurde im Rahmen der Sanierung zur Verringerung von Wärmeverlusten aus den Wohnungen des 2. Obergeschosses eine Zellulosedämmung in die Balkenzwischenräume eingeblasen. Außerdem wurde diese Decke mit Gipskartonplatten im 2. Obergeschoss abgehängt.

Treppe und Treppenhaus

Die Außentreppe zum Heizungskeller ist im Zuge der Sanierung neu gesetzt worden und besteht aus mit Natursteinplatten belegten Stahlbetonfertigelementen. Die innenliegende Kellergeschosstreppe besteht aus Eisenbetonfertigteilen aus der Bauzeit, welche mit einem Schutzanstrich versehen wurden. Die Tragkonstruktion des Treppenlaufes wird aus Eisenträgern gebildet, welche einen Korrosionsschutzanstrich besitzen und aus Brandschutzgründen ummantelt sind. Die Trittstufen sind auf die Eisenträger aufgesattelt und bestehen aus Kunststeinen, welche mit einem Anstrich versehen wurden (Ahnert und Krause 2002, S. 80, Tafel 22, Bild 1). Die Treppenpodeste bestehen aus Hohldielen, welche auf den Eisenträgern auflagern und mit einem Terrazzobelag versehen sind. Bei der Treppe zum Dachboden handelt es sich entgegen der strengen Auflagen zum Brandschutz um eine Holztreppe. Diese Ausnahme für Neben- und Bodentreppen ist nach der Bauordnung der Stadt Dresden von 1905 (Kretschmar 1906) zulässig. Ansonsten mussten die Treppen und Treppenhauswände, für die Mindestdicken vorgeschrieben waren, aus feuerbeständigen Materialien bestehen.

Technische Gebäudeausrüstung

Die Heizungszentrale befindet sich in der ehemaligen Waschküche im Kellergeschoss und besteht aus einer Gastherme mit Trinkwassererwärmung. Die Warm- und Kaltwasserverteilungsleitungen sind mit einer Dämmung versehen, werden entlang der Kellerdecke verzogen und erschließen die Wohneinheiten über drei Hauptstränge. Der elektrische Hauptverteilerschrank mit Zählern und Hauptsicherungen sowie Telekommunikationstechnik befindet sich in einem Raum unterhalb der Treppe des Kellergeschosses. Alle Wohneinheiten werden durch zentrale Hauptstränge vom Treppenhaus her erschlossen.

Detail Kellergeschoss

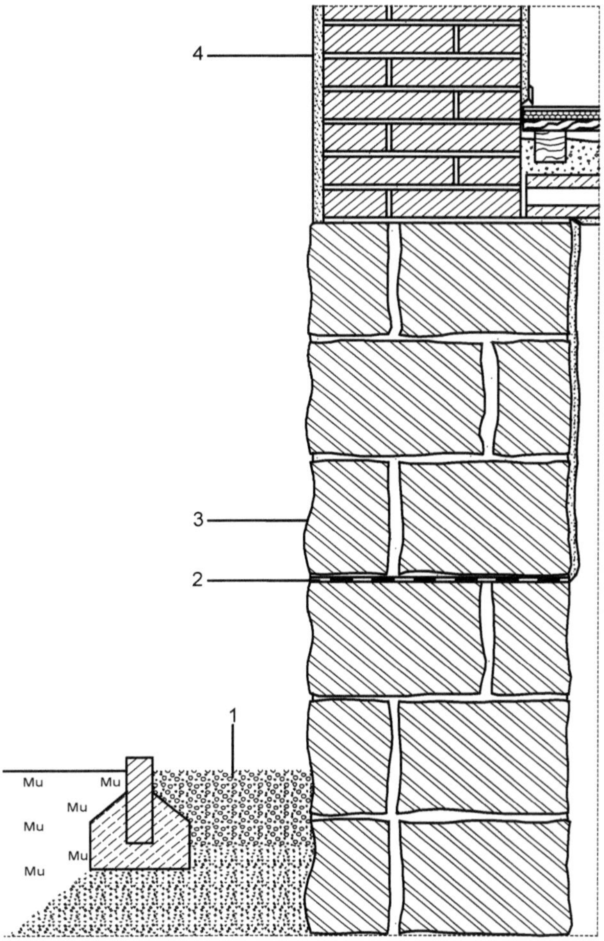

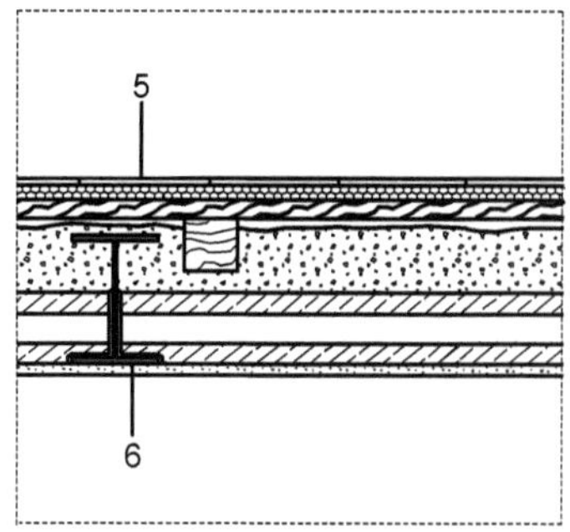

1 Kiesbett mit Randstein
2 Horizontalsperre (Bitumenwerkstoff)
3 Wandaufbau:
Sandsteinquader-Mauerwerk (d = 50 cm)
Innenputz (Kalk-Zement, d = 2 cm)
4 Wandaufbau:
Außenputz (Kalk-Zement, d = 2 cm)
Ziegelmauerwerk, d = 38 cm
Innenputz (Kalk-Zement, d = 50 cm)
5 Deckenaufbau:
Laminat (d = 1 cm)
Trittschalldämmung (d = 2 cm)
Dielung auf Lagerhölzern (d = 2 cm)
Sandschüttung
Eisenbetonhohldielen (d = 10 cm)
Deckenputz (Kalk-Zement, d = 1,5 cm)
6 I-Träger (h = 180 mm, b = 100 mm)

Bild 5-11 Detail Kellergeschoss Beispielgebäude (Quelle: Nikolowski 2014).

5

Das in Bild 5-11 dargestellte baukonstruktive Detail der Kelleraußenwand mit Geländeanschluss und Einbindung der massiven Kellerdecke aus Betonhohldielen und Eisenträgern zeigt den Wandel des Bauwesens, der seit der Gründerzeit stattgefunden hat. Auch wenn der Fußbodenaufbau noch traditionell mit Schüttung, Lagerhölzern und Dielung ausgeführt ist, ist eine Veränderung im Umgang mit Baumaterialien hin zu sparsameren und effizienteren Konstruktionen erkennbar. Die Verwendung grob behauener Sandsteine ohne Verblendung als Sockel und Kelleraußenwand mit Horizontalsperre erfüllt die bauphysikalischen Ansprüche der Bauzeit. Die wirtschaftlich und leicht herzustellenden Hohldielen können als das baukonstruktive Erkennungsmerkmal dieser Bauzeit gesehen werden.

Verletzbarkeitsanalyse des benannten Objektes

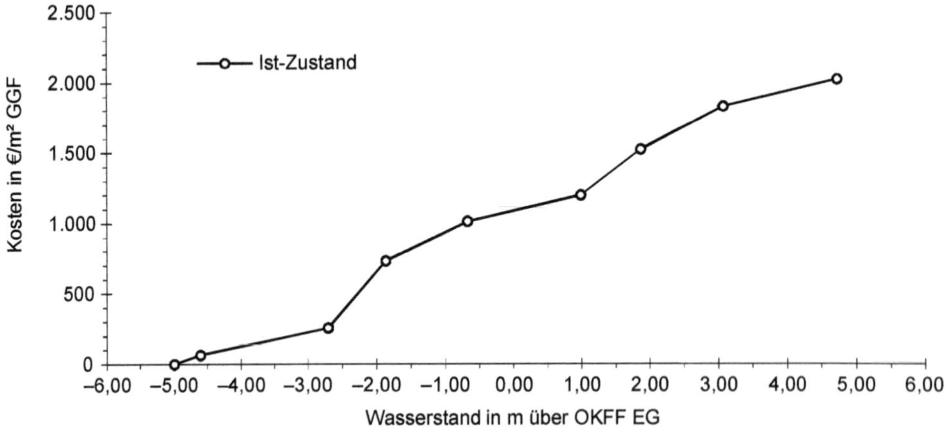

Bild 5-12 Wasserstand-Schaden-Beziehung für das untersuchte Beispielgebäude; Preisstand der Baukosten (netto) 3. Quartal 2012, inkl. 10 % Nebenkosten (Quelle: Nikolowski 2014).

Die Schadensbeziehung des untersuchten Gebäudes beginnt bei etwa 2,50 m unterhalb der Oberkante des Fertigfußbodens im Erdgeschoss (OKFF Erdgeschoss). Sie steigt im Bereich des Kellergeschosses nur mäßig an, da hier neben den Kosten für Trocknungsmaßnahmen von Außen- und Innenwänden lediglich die Kellerfenster und die Heizungszentrale als verletzbare Bauteile anzutreffen sind.

Die massive Kellerdecke ist mit einer traditionellen Schüttung, Lagerhölzern und Dielung als Fußbodenkonstruktion belegt. Unabhängig von den zur Sanierungszeit zusätzlich aufgebrachten Schichtenfolgen ist dieser Bereich komplett bis auf die tragende Konstruktion der Kellerdecke zurückzubauen. Die Massivdecke muss daraufhin vor einem Neuaufbau der Fußbodenkonstruktion fachgerecht getrocknet werden. Dies stellt den größten Kostenfaktor dar, der sich in der Schadensbeziehung im Bereich zwischen –0,30 und +0,30 m über OKFF Erdgeschoss durch einen starken Anstieg der Funktion widerspiegelt.

Im weiteren Verlauf werden weniger verletzbare Bereiche betroffen. Der Wiederherstellungsumfang wird hier wesentlich durch Türen, Trockenbauwände und Fenster gebildet. Erst wenn die Geschossdecke zum Obergeschoss von der Überflutung betroffen ist, steigt die Schadensbeziehung wieder merklich an. Das hier anzutreffende verletzbare Bauteil ist die Holzbalkendecke, welche nach einer Überflutung inklusive der Unterdecke bis auf die tragende Konstruktion zurückgebaut werden muss. Nach einer erfolgten fachgerechten Trocknung der verbleibenden tragenden Holzbalken kann ein Neuaufbau ausgeführt werden.

Anpassung am Beispiel der Deckenkonstruktionen

Deckenkonstruktionen zeigen aufgrund ihrer vielseitigen Aufgaben zumeist einen mehrschichtigen Aufbau. Je nach Bualtersstufe, Erdgeschoss- oder Obergeschossdecke, Fußboden zu Erdreich, Nutzung der Räume oder Sanierungszustand können unterschiedliche Konstruktionsprinzipien vorgefunden werden. Sie müssen optischen und haptischen Ansprüchen der Nutzer genügen, zum Teil den Wärme- und Schallschutz regeln, Aufgaben einer Abdichtung erfüllen, zur Unterbringung von Leitungen dienen oder Aufgaben der Beheizung von Räumen übernehmen. Aufgrund dieser Rahmenbedingungen sind je nach Konstruktion und Randparametern verschiedene Schadensprozesse, Schadensbilder und Schadenskosten bei einer Überflutung zu erwarten. Nachfolgend werden die wichtigsten kurz erläutert und ihre Problembereiche aufgezeigt.

Der Oberbelag einer Fußbodenkonstruktion muss in den Wohnbereichen vor allem den Ansprüchen der Nutzer und in Bädern bauphysikalischen Grundsätzen genügen. Holz und Holzwerkstoffe sowie Materialien, welche aufgrund ihrer Porosität ein starkes Saugverhalten besitzen, weisen eine hohe Anfälligkeit gegenüber Flutwasser auf. Holz- und Holzwerkstoffe wie Parkett, Dielen oder Laminat quellen bei Wasserkontakt auf, wobei es zu Quellverformungen kommt. Holzwerkstoffe werden irreversibel zerstört und müssen rückgebaut werden. Vollholz hingegen geht je nach Holzart und seiner Verarbeitungsqualität weitgehend in seinen Ausgangszustand zurück, durch das Aufquellen und Schwinden im Zuge der Trocknung jedoch werden Verformungen, Schwindrisse und Auflösungserscheinungen des Parkettklebers sowie der Parkettversiegelung sichtbar. Ein kompletter Austausch des Belages liegt nahe, da die Reparatur und Wiederherstellung eines akzeptablen Zustandes mit einem unverhältnismäßigen Aufwand verbunden ist. Bei einigen mineralischen Bodenbelägen wie etwa Kunststein oder Marmor können aufgrund der im Flutwasser mitgeschwemmten Substanzen Verfärbungen einhergehen, welche irreversible optische Beeinträchtigungen nach sich ziehen. Ob ein Austausch nötig ist, ist von der Unterkonstruktion und den Ansprüchen des Nutzers abhängig. Ist die Unterkonstruktion beispielsweise nicht auf den Belag abgestimmt, muss ein scheinbar wenig verletzbarer Fliesenbelag dennoch rückgebaut werden, um eine Trocknung oder einen Rückbau der darunterliegenden Schichtenfolge zu ermöglichen.

Ein Grundproblem von Fußbodenkonstruktionen ist ihre Vielschichtigkeit. Flutwasser kann direkt durch die Konstruktion, wie etwa eine Dielung oder im Bereich der Randdämmstreifen, in die Konstruktion eindringen und sich zwischen den Schichten anreichern. Auch wenn keine gegenüber Wasser und Feuchtigkeit anfälligen Materialien vorhanden sind, verhindern die Schichtenfolgen eine vollständige Trocknung der Konstruktion nach einem Ereignis. Auch das technische Trocknen mittels Bohrungen, Beheizung und Kompressoren stellt keinen Garanten für eine vollständige Trocknung dar. Ob irreversible Veränderungen wasserempfindlicher Schichten innerhalb einer Schicht etwa bei Holz, Holzwerkstoffen oder Dämmschichten aus Mineralfasern oder Schüttungen etwa aus Schlackesand stattgefunden haben, kann nicht überprüft werden. Nicht wasserresistente wärme- und schalldämmende Schichten neigen zu irreversiblen Veränderungen ihrer bauphysikalischen Eigenschaften und bedingen daher einen Austausch.

Um nach einer Überflutung wieder ein bewohnbares Raumklima zu erreichen, muss eine fachgemäße Trocknung erfolgen. Dies beinhaltet bei mehrschichtigen Konstruktionen unklarer Zusammensetzung einen vollständigen Rückbau der Schichtenfolgen. Gegenüber Feuchtigkeit anfällige Estriche wie etwa Anhydritestriche können aufgrund ihres Quellverhaltens und irreversiblen physikalischen und chemischen Veränderungen Probleme erzeugen. Das Aufbersten dieser Konstruktion aufgrund der Volumenzunahme ist ein häufig beobachtetes Schadensbild, welches einen Rückbau nach sich zieht. Einen Sonderfall bilden schwimmende Estrichkonstruktionen unabhängig von der Art des Dämmstoffs und des Estrichs. Sie neigen bei nicht fachgerechter Dimensionierung im Lastfall Überflutung zum Aufschwimmen. Die Konsequenz ist eine vollständig zerstörte Fußbodenkonstruktion (Bild 5-13). Befinden sich Medien- und Stromleitungen oder Heizleitungen einer Fußbodenheizung in der Konstruktion, so erhöht dies den Wiederherstellungsaufwand und damit die Verletzbarkeit der Deckenkonstruktion erheblich.

Bild 5-13 Aufgeschwommene Fußbodenkonstruktion eines Wohnhauses in Grimma, Juli 2013 (Foto: Nikolowski, 2013).

Die statisch relevante Deckenebene ist ein weiterer wichtiger Faktor, der die Verletzbarkeit maßgeblich mit beeinflusst. Es können grundsätzlich massive und leichte Konstruktionen sowie Konstruktionen zwischen Geschossen und gegenüber Erdreich unterschieden werden. Bei Konstruktionen, die an Erdreich angrenzen, ist die Frage des Fußbodenaufbaus elementar. So kann ein Verbundestrich nach einer Überflutung meist erhalten bleiben, während mehrschichtige Konstruktionen sehr wahrscheinlich rückgebaut werden müssen. Der Entschluss zum Rückbau einer Fußbodenkonstruktion ist maßgeblich von den verwendeten Materialien und der Nutzung der Räume abhängig.

Massive Deckenkonstruktionen wie etwa Preußische Kappendecken, Eisenträger-Hohldielendecken oder Ortbetondecken bedürfen einer Analyse vor allem hinsichtlich der korrosionsanfälligen Komponenten. Eine fachgerechte Trocknung sowie Korrosionsanstriche von Eisenbauteilen sind an dieser Stelle die Maßnahmen nach einer Überflutung. Eine Sonderstellung nehmen Holzbalkendecken ein. Um Spätfolgen in Form pflanzlicher und tierischer Holzschädlinge zu vermeiden, muss ein kompletter Rückbau der gesamten Konstruktion bis auf die tragenden Elemente der Konstruktion erfolgen. Erst nach einer fachgerechten Trocknung der Balkenlage inklusive Auflagerbereiche kann ein Wiederaufbau stattfinden. Die erhöhte Eigenlast der durchfeuchteten

Konstruktion ist hierbei besonders zu beachten. Die Holzbalkendecke kann aufgrund der erhöhten Eigenlast der Holzbalken, der Einschubbretter, der Schüttung sowie des Fußbodenaufbaus zu statisch relevanten Verformungen neigen und Wandquerschnitte im Bereich der Auflager übermäßig beanspruchen. Eine Abstützung der Konstruktion bis zur vollständig erfolgten Trocknung ist hier unter Zuhilfenahme eines Statikers erforderlich.

Unterkonstruktionen von Decken werden zumeist durch eine Putzschicht oder eine abgehängte Konstruktion gebildet. Eine abgehängte Konstruktion aus Gipskartonplatten sowie Metallprofilen oder Strohmatten auf einer Unterschalung aus hölzernen Latten und Brettern wird wahrscheinlich bereits im eingestauten Zustand seine Festigkeit verlieren und aufgrund der erhöhten Eigenlast versagen. Zur Trocknung der Deckenebene müssen sowohl die Putzschicht als auch eventuell noch vorhandene Unterkonstruktionen vollständig entfernt werden.

Eine Anpassung des Beispielgebäudes der Bauzeit zwischen 1918 und 1945 erfolgt am Beispiel der Kellergeschossdecke. Hier ist eine Massivdecke vorzufinden, welche aus Eisenträgern und eingelegten Eisenbetonhohldielen gebildet wird. Der Fußbodenaufbau ist bauzeittypisch mit einer Schlackefüllung als Dämmmaterial, Lagerhölzern und Dielung konstruiert. Im Zuge der Sanierung wurde auf die vorhandene Konstruktion eine Trittschalldämmung und ein Laminat als Bodenbelag verlegt sowie in einigen Bereichen eine zusätzliche Kellerdeckendämmung von unten angebracht. Eine Konstruktion mit dieser Schichtenfolge ist nachweislich äußerst verletzbar gegenüber einer Überflutung. Das Planen von Anpassungsmaßnahmen in diesem Bereich muss daher folgende Punkte berücksichtigen:

- Korrosionsbeständigkeit der Deckenkonstruktion
- Verhinderung der Anlagerung von Wasser und Feuchtigkeit in der Schichtenfolge
- Verwendung wasser- und feuchtebeständiger Materialien
- Verhinderung des Aufschwimmens der Konstruktion
- Anwendung wenig verletzbarer Oberbeläge

Der Rückbau der vorhandenen Konstruktion bis auf die tragenden Elemente muss allen Maßnahmen vorausgehen, da keine der vorhandenen Schichten in die neue Konstruktion integriert werden kann. Als erste Maßnahme sollten die Stahlträger auf einen funktionstüchtigen Korrosionsschutz untersucht werden. Ist dieser insbesondere im Bereich der Auflager unzureichend oder nicht vorhanden, sollten die Träger nach gründlicher Reinigung mit einem Korrosionsschutzanstrich versehen werden. Damit kein Wasser in die Konstruktion eindringen kann, ist es erforderlich, wasser- und feuchtebeständige Materialien in einer ebenfalls wasser- und feuchtebeständigen Konstruktion zu verbinden.

Als Lösungsvorschlag werden in Heißbitumen verklebte Schaumglasplatten, welche mit einem ebenfalls wasser- und feuchtebeständigen Gussasphaltestrich versehen werden, aufgebracht. Ein bauphysikalischer Nachweis über den geforderten Mindestwärmeschutz muss sowie ein statischer Nachweis über ein mögliches Aufschwimmen der Konstruktion sollte zur Bestimmung der minimal nötigen und maximal möglichen Dämmstoffstärke erbracht werden. Sollte der Nachweis des Aufschwimmens bei den nach EnEV 2009 geforderten Dämmstoffstärken nicht erbracht werden, muss zur Erhöhung der Auflast über eine Erhöhung der Estrichstärke nachgedacht werden.

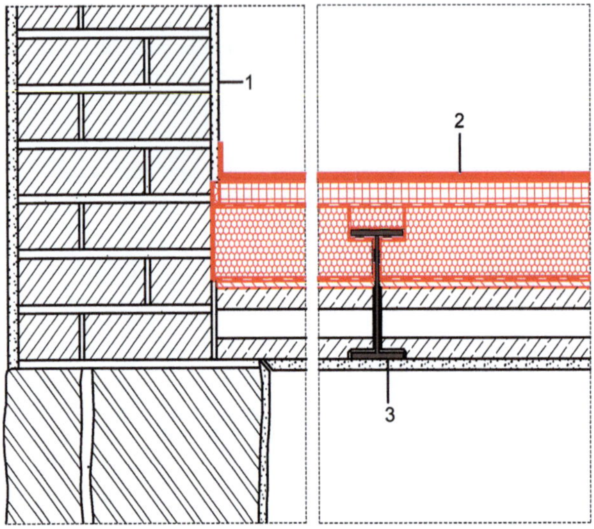

Bild 5-14 Ertüchtigung der Deckenkonstruktion über dem Kellergeschoss (Quelle: Nikolowski 2014).

Als Fußbodenbelag kommen Fliesen im Dünnbett zum Einsatz, wobei auf eine zusätzliche Trittschalldämmung verzichtet wird. Je nach Exposition beziehungsweise Eintrittswahrscheinlichkeit eines Ereignisses könnte auch das Risiko einer Flutung in Kauf genommen werden und feuchteempfindliche, den Wohnkomfort steigernde Oberbeläge, wie etwa ein Laminatboden auf einer Trittschalldämmung, verlegt werden. Diese beiden Komponenten müssten dann jedoch bei einer Flutung der Kellerdecke ausgetauscht werden.

Wie in Bild 5-15 ersichtlich, wirken sich die beschriebenen Anpassungsmaßnahmen bei der Überflutung der Kellerdecke auf die Steigung der Wassertand-Schaden-Beziehung aus.

Im Kellergeschoss überlagern sich die Funktionen der nicht angepassten und der angepassten Konstruktion, bevor die beiden Funktionsverläufe mit unterschiedlichen Steigungen in der dritten Überflutungsstufe auseinandergehen. In diesem Bereich befindet sich die Fußbodenkonstruktion, welche durch eine wenig verletzbare Konstruktion ersetzt wurde. Da in diesem Beispiel keine weitere Konstruktion einer Anpassung unterworfen wurde, verlaufen die beiden Funktionen ab der dritten Überflutungsstufe parallel.

Der monetäre Unterschied zwischen der nicht angepassten und angepassten Konstruktion beziffert sich auf etwa 350 €/m² Gebäudegrundfläche (GGF). Dieser Wert beschreibt die Verringerung der Verletzbarkeit des Gesamtgebäudes bei einer möglichen Überflutung.

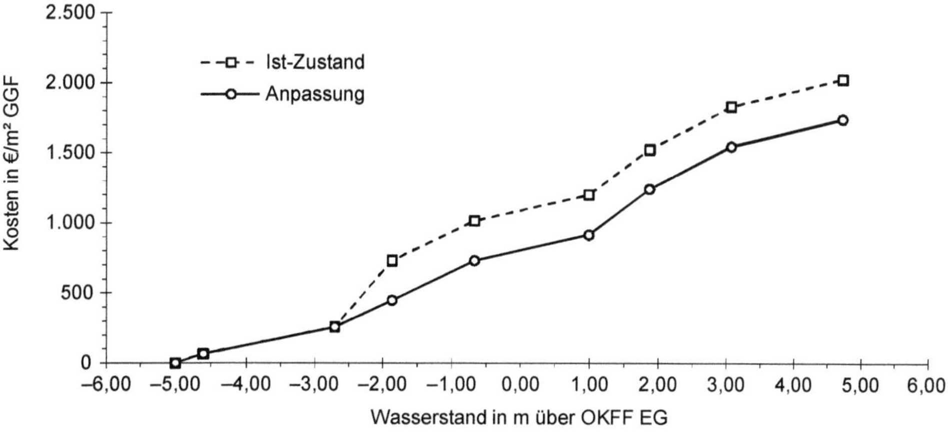

Bild 5-15 Wasserstand-Schaden-Beziehungen für das Beispielgebäude im nicht angepassten (quadratische Stützpunkte) und angepassten (runde Stützpunkte) Zustand (Quelle: Nikolowski 2014).

5

5.4.2 Mehrfamilienhaus, Baujahr etwa 1958

Gründung und Kellerfußboden

Die Gründung des Gebäudes besteht aus Streifenfundamenten, welche aus Beton gefertigt sind. Ein Estrich aus etwa 10 cm dickem Beton auf einer Sauberkeitsschicht bildet den Kellerfußboden.

Außenwände

Das Gebäude ist ein Vertreter der Entwicklungsstufe I des industriellen Wohnungsbaus in Großblockbauweise. Daher besteht die Außenwand aus einer vierschichtigen Konstruktion mit Großblöcken ohne Aussparungen (Bild 5-16), welche nach der Montage beidseitig verputzt wurden. Die Verbindung der Großblöcke erfolgt durch eine Mörtelfuge. Die an der Stirnfläche eingebrachte Nut bildet an der Stoßfuge ein Mörtelschloss, welches bei durchgeführten Typenprojekten eine vorgeschriebene Ausführung darstellte. Die Lagerfugen hingegen sind einfache 1 bis 2 cm dicke Mörtelfugen. In den späteren Entwicklungsstufen II und III haben sich sichtflächenfertige Elemente mit einem dreischichtigen Aufbau und etwa 7,5 MN Gewichtsklasse beziehungsweise zwei- und einschichtige Aufbauten in der 20-MN-Gewichtsklasse durchgesetzt. Im Zuge der letzten Sanierung ist an die bestehende Fassade ein Wärmedämm-Verbundsystem (WDVS) montiert worden.

Bild 5-16 Konstruktionsfolgen typischer Außenwandaufbauten mit Großblöcken; die Außenwand eines Geschosses kann sich aus ein bis vier Schichten übereinander montierter Großblöcke zusammensetzen (Häusler et al. 1963, S. 29, Bild 7).

Innenwände

Das Gebäude besteht aus Quer- und Längswänden, welche tragend und nicht tragend sein können. Die tragenden Wände sind aus Großblöcken gebildet, die in Form von Normalelementen und Sonderteilen wie Türelementen bestehen. Die tragenden Innenwände, welche vor allem als Wohnungstrennwände die Einhaltung des Schallschutzes und die Ableitung der anfallenden Lasten übernehmen, haben im verputzten Zustand eine Dicke von etwa 21 cm. Nicht tragende Innenwände sind aus einem steinbreiten Ziegelmauerwerk erstellt. Wandbaustoffe waren je nach Verfügbarkeit Vollziegel, Hohlblocksteine oder Langlochziegel, die in Handmontage verlegt wurden.

Geschossdecken

Die Geschossdecken werden in der I. Entwicklungsstufe dieses Gebäudetyps aus Stahl- beziehungsweise Spannbetonelementen, so bezeichneten Hohlraumplattendecken, in einer Dicke von 12 cm gebildet. Zur Ausführung einer starren Scheibe wurden die Deckenfugen ausbetoniert und alle Deckenfelder mit einem Ringanker versehen. Ähnlich wie bei den Blöcken der Wände besitzen die Deckenplatten eine Nut, welche durch das Ausbetonieren ein Betonschloss erhält und damit zur Querverteilung der Deckenlasten beiträgt. Der Fußbodenaufbau besteht aus einem auf Gummischrot schwimmend gelagerten Estrich mit unterschiedlichen Fußbodenbelägen. Im Zuge der Sanierung konnten die hochwertigen Fußbodenbeläge einiger Räume erhalten bleiben. In den restlichen Räumen wurden Laminat oder Fliesen auf die bestehende Schichtenfolge verlegt.

Detail Kellergeschoss

Die baukonstruktive Ausführung des Anschlusses der Kellerdecke an die Außenwand des untersuchten Gebäudes stellt eine charakteristische Konstruktion mit Großblöcken und Deckenplatten dar. Die vorhandene Konstruktion wird stark durch das bei der letzten Sanierung aufgebrachte Wärmedämm-Verbundsystem beeinflusst.

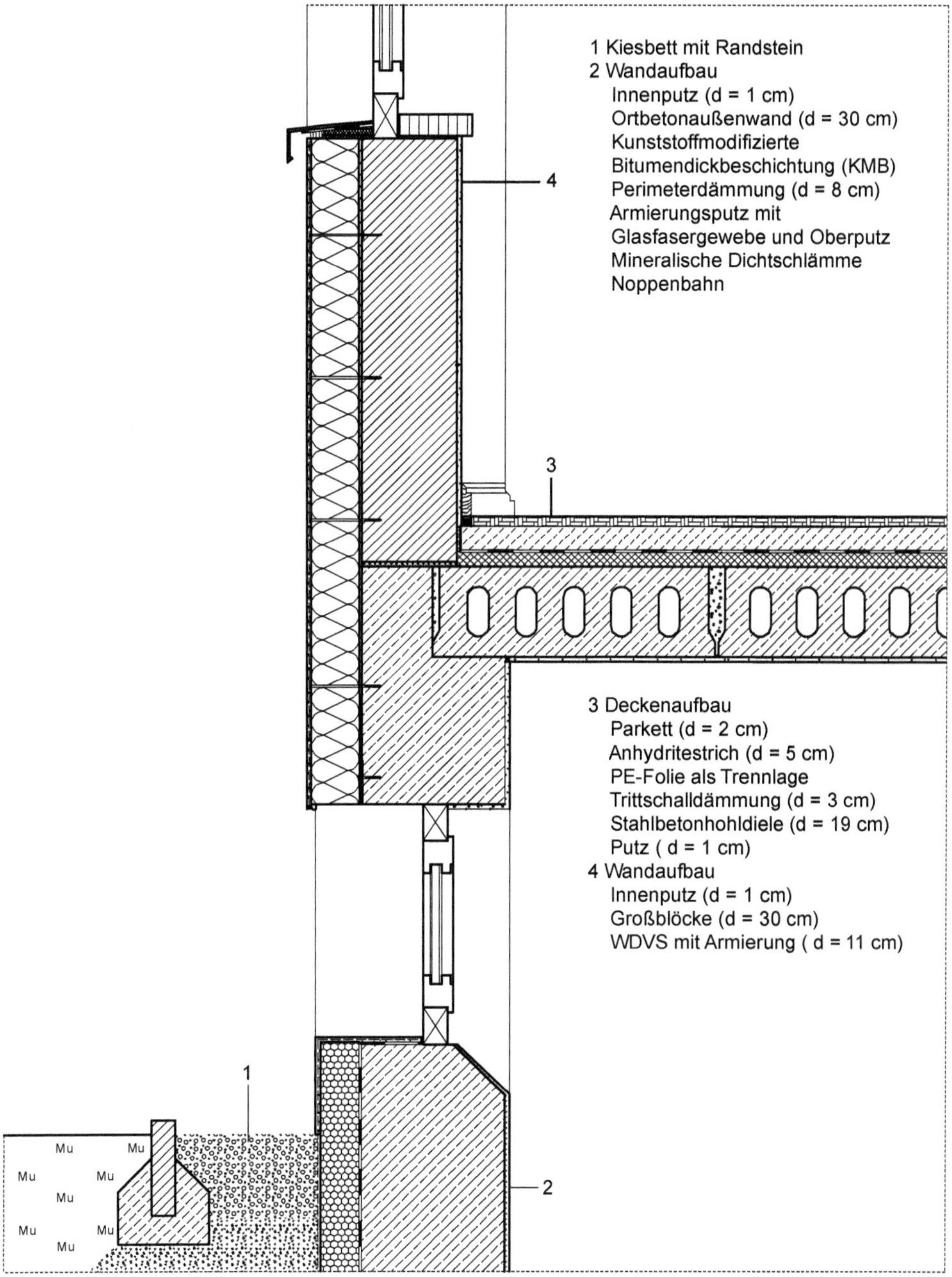

Bild 5-17 Detail Kellergeschoss im Ist-Zustand (Quelle: Nikolowski 2014).

Treppe und Treppenhaus

Das Treppenhaus liegt auf der Eingangsseite mittig in Gebäudeflucht. Die Hauseingangstüre befindet sich in einem Halbgeschoss, so dass mit einem Treppenlauf das Keller- beziehungsweise das Erdgeschoss erreicht werden kann. Ein separater Kelleraußenzugang existiert im Gegensatz zu den Vorgängerbauten in traditioneller Ziegelbauweise nicht. Die Treppe wird durch vorgefertigte Podest- und Laufplatten gebildet, welche nach Montage einen PVC-Belag inklusive einer PVC-Stoßkante erhalten haben. Das Treppengeländer wurde an bereits bei der Fertigung eingelegte Befestigungseisen montiert (Häusler et al. 1963, S. 46), bei der Sanierung aufgearbeitet und im Original erhalten.

Technische Gebäudeausrüstung

Ursprünglich waren die Räume des untersuchten Gebäudes mit Ofenheizungen und drei Schornsteinen je Wohneinheit ausgestattet. Die Ofenheizungen sind in Folge von Sanierungen durch eine zentrale Fernwärmeübergabestation im Kellergeschoss ersetzt worden. Diese Station versorgt die drei nebeneinanderliegenden Gebäude. Zur weiteren Ausstattung zählten Elektroinstallationen einschließlich Fernsprech-, Antennen-, Blitzschutz-, Klingel- und Rufanlage. All diese Ausstattungen wurden im Zuge von Sanierungen erneuert und dem heutigen Stand der Technik angepasst. Im Kellergeschoss werden alle Leitungsstränge an der Kellerdecke verzogen. Der zentrale vertikale Erschließungsstrang der Medienleitungen befindet sich im Treppenhaus. Von hier erfolgt mittels Unterputzleitungen die Verteilung innerhalb der Wohnungen.

Verletzbarkeitsanalyse des benannten Objektes

Die Schadensbeziehung des untersuchten Gebäudes der Zeit zwischen 1945 und 1990 ist durch ihre scheinbare Linearität des Funktionsverlaufes geprägt. Dies lässt sich auf vorrangig zwei Faktoren zurückführen. Erstens ist die Raumstruktur aller Geschosse annähernd identisch. Das Kellergeschoss unterscheidet sich im Bezug zur Raumaufteilung nur minimal von den Wohngeschossen. Daraus lässt sich herleiten, dass im Kellergeschoss nach einer Überflutung ähnliche Wiederherstellungsleistungen wie in den Wohngeschossen erbracht werden müssen. Die Kostenaufschlüsselung ist daher vergleichbar und führt zu einem scheinbar linearen Verlauf der Schadensbeziehung. Zweitens ist einer der größten Kostenfaktoren das zur Sanierungszeit angebrachte Wärmedämm-Verbundsystem. Dieses gegenüber Überflutung äußerst verletzbare Bauteil muss im durchfeuchteten Bereich komplett rückgebaut werden, um die darunterliegenden Schichten fachgerecht trocknen zu können. In jeder Überflutungsstufe, außer im Kellerbereich, fließt diese Kostengröße ein und lässt die Schadensfunktion merklich ansteigen. Die schwimmenden Fußbodenkonstruktionen mit Anhydritestrichen und Bodenbelägen aus Holzwerkstoffen führen ebenfalls zu einer hohen Verletzbarkeit, die sich in den hohen Wiederherstellungsleistungen im Bereich der Deckenkonstruktionen widerspiegelt.

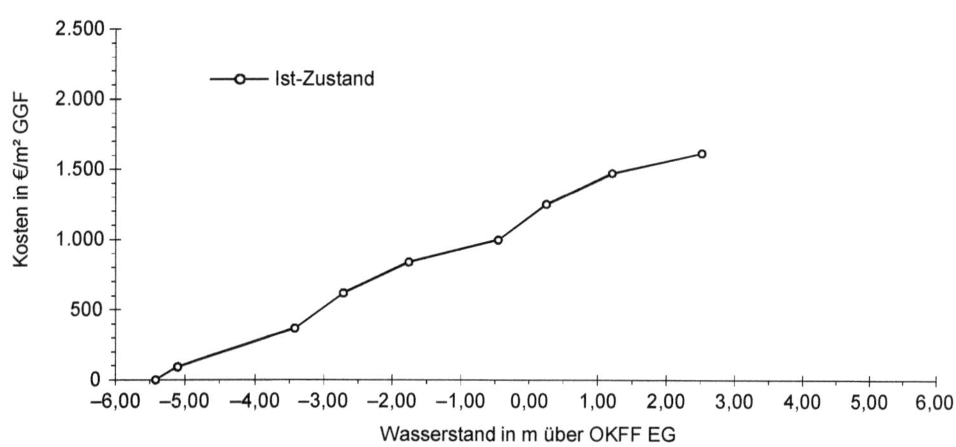

Bild 5-18 Wasserstand-Schaden-Beziehung für das untersuchte; Preisstand der Baukosten 3. Quartal 2012, netto, inkl. 10 % Nebenkosten (Quelle: Nikolowski 2014).

Anpassung am Beispiel der Außenwandkonstruktionen

Außenwandkonstruktionen zeigen ähnlich wie die Deckenkonstruktionen oft einen vielschichtigen Aufbau. Dabei müssen Außenwände zusätzlich zu ästhetischen Ansprüchen auch dem Schall- und Wärmeschutz sowie weiteren Parametern genügen. Sie sind den klimatischen Einwirkungen direkt ausgesetzt und müssen diesen zusätzlichen Beanspruchungen wie Hitze, Hagelschlag, Windsoglasten, Stark- und Schlagregen ebenso wie Vandalismus trotzen. Die wenigsten Konstruktionen sind auf eine mögliche Überflutung ausgelegt. Im Folgenden wird ein kleiner Ausschnitt möglicher Konstruktionen, die sich größtenteils an Außenwandaufbauten der Beispielgebäude orientieren, mit ihren Problempunkten erläutert. Grundsätzlich lassen sich massive und leichte Außenwandkonstruktionen sowie ein-, zwei- und mehrschalige Konstruktionen, aber auch Sonderkonstruktionen wie Pfosten-Riegel-Fassaden, Vorhangfassaden und Wärmedämm-Verbundsysteme (WDVS) unterscheiden.

Massive Außenwandkonstruktionen besitzen grundsätzlich positive Eigenschaften gegenüber Überflutung. Hierbei sollten ungebrannte Lehmsteinwände oder Bruchsteinwände mit Lehmmörtel außen vor gelassen werden, da diese bei Wasserkontakt ihre Festigkeit verlieren und in ihrer Standsicherheit gefährdet werden. Einschalige Konstruktionen können aus verschiedenen Baustoffen wie Kalksandstein, Vollziegel, Klinker, Hochlochziegel und Stahlbeton bestehen. Je nach Baustoff, Dicke der Außenwand und dem Einbauort – etwa erdberührt – besitzen die durchfeuchteten Außenwandkonstruktionen unterschiedliche Austrocknungszeiten. Voraussetzung für eine schnelle und fachgerechte Trocknung ist das Freilegen der Grundkonstruktion. Dies wird durch beidseitiges Abschlagen des Putzes realisiert. Besonders bei weichen Baustoffen und filigranen Konstruktionen, wie dies etwa bei Hochlochziegeln der Fall ist, muss auf eine möglichst zerstörungsarme Technik geachtet werden, da ansonsten statisch relevante Bereiche der Hochlochziegelaußenschale mit dem Putz abgeschlagen werden. Auch der Putz kann aus unterschiedlichen Materialien bestehen, so stellen die für denkmalgerechte Sanierungen oft angewendeten Dämmputze einen besonderen Problempunkt dar. Der mineralische Putz wird mit Styroporkugeln versetzt, woraus sich eine Erhöhung der Dämmeigenschaften bei gleichzeitiger Reduzierung der Festigkeit ergibt. Dies kann im Überflutungsfall zu Putzschäden etwa infolge von

5

Schwemmgut führen (Bild 5-19). Des Weiteren ist der abgeschlagene Putz ein Gemisch aus mineralischen Bestandteilen und Kunststoffen und ist daher aufwendig und teuer zu entsorgen.

Bild 5-19 Schäden an einem Wärmedämmputz. Grimma, Juli 2013. Deutlich sind dunkle Verfärbungen und Putzschäden sowie die Gewebeeinlage (Putzarmierung) zu erkennen (Foto: Nikolowski, 2013).

Zweischalige Außenwandkonstruktionen haben entweder einen Luftraum zwischen den beiden Schalen oder besitzen eine eventuell nachträglich eingebrachte Dämmung. Beide Konstruktionsprinzipien weisen bei Überflutungen eine aufwendige Instandsetzung auf. Der Hohlraum ohne innenseitige Dämmung muss lediglich technisch getrocknet werden. Bei einer vorhandenen Dämmung ist der Sanierungsumfang abhängig vom verwendeten Dämmstoff. Hat dieser infolge der Überflutung seine Dämmeigenschaften und Festigkeit verloren, muss ein Rückbau erfolgen. Einen Sonderfall bilden mehrschalige Systeme mit werkseitig eingebrachter Kerndämmung, wie sie in der Plattenbauweise der ehemaligen DDR zum Einsatz kamen. Bei einer Durchfeuchtung der Dämmungen müssen durch eine Probeentnahme das Material und dessen Durchfeuchtung ermittelt werden. Je nach Ergebnis kann es sinnvoll sein, Bohrungen zu setzen und mit Hilfe technischer Trockner die Wandkonstruktion zu trocknen.

Leichte Außenwandkonstruktionen kommen in der Region Dresden lediglich im ländlichen Fachwerkbau vor 1870, im Siedlungsbau der 1930er Jahre und Holzrahmenbau der Jahre nach 1990 vor. Grundsätzlich gilt, dass die Konstruktion bis auf die tragende Fachwerk- oder Rahmenkonstruktion zurückgebaut werden muss. Dabei müssen die Ausfachungen beziehungsweise die Tafeln inklusive Dämmung entfernt werden. Die Pfosten, Stiele und Riegel müssen daraufhin fachgerecht einer Trocknung unterzogen werden (Zimm 2008).

Die Pfosten-Riegel-Fassade stellt eine gegenüber Überflutung besonders anfällige Konstruktion dar. Sie besitzt zumeist einen sehr filigranen Aufbau aus Pfosten und Riegeln, welche aus leichten Metallkonstruktionen gefertigt sind. Vor allem die Glasscheiben werden durch den hydrostatischen Druck, welcher mit einer Überflutung einhergeht, zerstört (Bild 5-20). Je nach Überflutungsereignis kann es zu Verformungen der Pfosten und Riegel und einem Brechen der Glasscheiben kommen. Problematische Detailpunkte stellen an dieser Fassadenart Dichtungen und mögliche metallische Verbindungsmittel wie Schrauben, Nieten oder Winkel dar, welche auf eine mögliche Korrosionsbeständigkeit überprüft werden müssen.

Bild 5-20 Geschädigte Verglasung und Deformation einer Pfosten-Riegel-Fassade. Pirna, Juli 2013. Der hydrostatische Druck des am Gebäude anstauenden Wassers bei der Überflutung hat zu dem hier gezeigten Schadensbild geführt (Foto: Nikolowski, 2013).

Vorhangfassaden bestehen zumeist aus einer Unterkonstruktion und einem Schienensystem, an dem die Fassadenelemente befestigt werden können. Der Wärmeschutz wird von einer dazwischen angebrachten Wärmedämmschicht aus Mineralwolle übernommen. Diese Konstruktion ist aufgrund der Mineralwolle äußerst anfällig gegenüber Feuchtigkeit infolge Überflutung. Die Fassadenelemente können jedoch schnell und schadensfrei demontiert und die zerstörte Mineralwolle leicht entfernt werden, so dass die Unterkonstruktion getrocknet werden kann. Wird zusätzlich auf den Einbau nicht korrodierbarer Metallelemente wie Schienen, Schrauben und Winkel geachtet, kann die Konstruktion als wenig verletzbar gelten.

Einen weiteren Problempunkt bilden Außenwandkonstruktionen mit Wärmedämm-Verbundsystemen (WDVS). Dieses System wird oft im Zuge einer Sanierung nachträglich an einer Fassade befestigt, um dem benötigten Wärmedämmstandard zu genügen. Der Aufbau besteht zumeist aus einem Kleber, einer Dämmstoffschicht und einem Putz inklusive einer Putzarmierung. Bei und nach einer Überflutung treten verschiedene Problempunkte auf. Abhängig vom Material der Dämmstoffschicht kann es bei einer Durchfeuchtung zu irreversiblen Veränderungen des Dämmstoffes und seiner wärmedämmenden Eigenschaften kommen. Bei Mineralwolle kommt es zusätzlich zu einem Festigkeitsverlust. Ein Rückbau ist demnach zwingend erforderlich. Ein zusätzliches Problem stellt die Austrocknung der dahinterliegenden Konstruktion dar. Eine fachgerechte Trocknung kann erst nach einem Rückbau des WDVS erfolgen. Somit wird das WDVS im überfluteten Bereich, unabhängig vom Material des Dämmstoffes, rückgebaut. Zusätzlich kann es bei starken Überflutungstiefen aufgrund des Dämmstoffes zum Aufschwimmen kommen, da die Haftzugfestigkeit des Klebers bei Durchfeuchtung herabgesetzt ist.

5

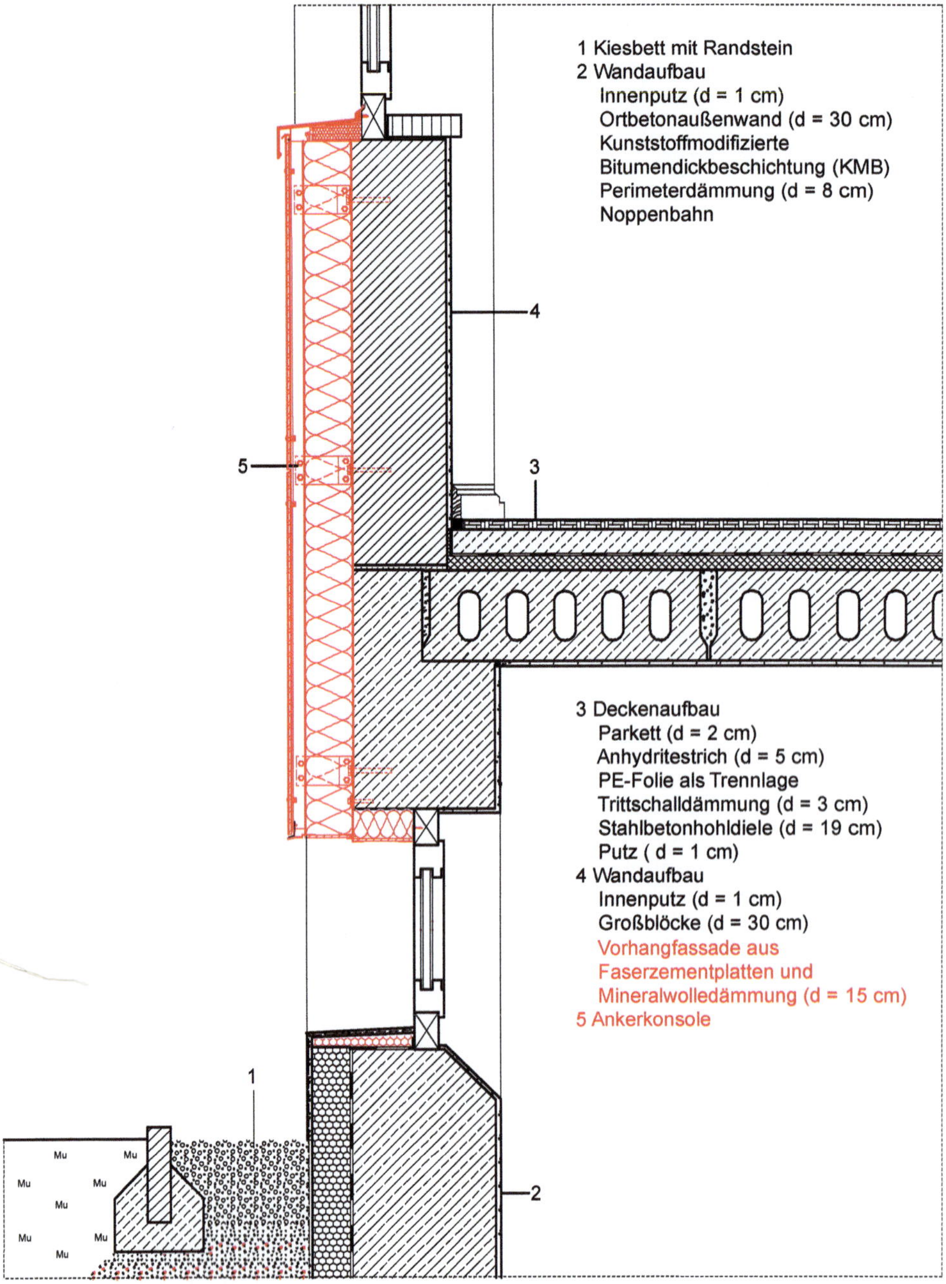

Bild 5-21 Ertüchtigung der Außenwandkonstruktion (Quelle: Nikolowski 2014).

Bild 5-21 zeigt am Beispiel der Außenwandkonstruktion des untersuchten Gebäudes der Baualtersstufe 1945 bis 1990 eine mögliche Anpassungsmaßnahme der Fassade. Die Außenwände des Gebäudes bestehen aus einer Konstruktion mit Großblöcken, welche nach der Montage beidseitig verputzt wurden. Im Zuge der Sanierung in den 1990er Jahren ist ein WDVS mit Polystyrol als Dämmschicht vollflächig verklebt worden. Diese Konstruktion muss nach einer Überflutung rückgebaut werden, um an die tragenden Außenwände zu gelangen. Mögliche Anpassungsmaßnahmen sollten daher eine Vereinfachung der Montage und Demontage der Konstruktion aufweisen und die gleichen wärmedämmenden Eigenschaften besitzen. Folgende Punkte sollten daher erfüllt sein:

- Verwendung eines leicht demontierbaren Fassadensystems mit Dämmung und Vorsatzschale bis zu einer abgeschätzten möglichen Einstautiefe
- Vorsatzschale aus nicht verletzbaren Materialien
- Dämmung als Opferschicht
- Verbindungsmittel aus nicht korrodierbaren Materialien

Eine mögliche Überflutungshöhe des Gebäudes dient als horizontale Grenzlinie der Anpassungsmaßnahme. Bis zu diesem Punkt muss das angebrachte WDVS bis auf die Rohbaukonstruktion – die Großblöcke aus Ziegelsplittgemisch – rückgebaut werden. Eine Putzabschlussschiene grenzt das vorhandene WDVS von der neuen angepassten Konstruktion ab.

Ein vertikales Schienensystem aus nicht korrodierbarem Metall bildet die Halterung für den Dämmstoff und die Fassadenplatten. Der Dämmstoff, wie etwa Glaswollematten, wird zwischen die Schienen eingebracht. Bei einer Überflutung werden diese zwar unbrauchbar, sind jedoch, da sie nicht verklebt werden müssen, leicht und kostengünstig zu ersetzen. Sie dienen als eine Art Opferschicht. Als Abschluss beziehungsweise Außenschale kommen etwa Faserzementplatten zum Einsatz. Diese können mit speziellen Schrauben an den Halterungsschienen befestigt werden. Nach einer Überflutung des Systems werden diese Platten demontiert, gereinigt und gelagert, die Dämmung rückgebaut und entsorgt sowie die Rohbaukonstruktion gesäubert und getrocknet. Danach erfolgt ein Neuaufbau unter Verwendung neuer Dämmstoffe und der demontierten Fassadenplatten.

Wie in Bild 5-22 ersichtlich, verlaufen die beiden Funktionen im Kellergeschoss exakt identisch und überlagern sich dadurch. Ab der dritten Überflutungsstufe nehmen die Funktionsverläufe jedoch bis einschließlich der fünften Überflutungsstufe einen voneinander abweichenden Verlauf. Die Schadensfunktion der angepassten Konstruktion beschreibt daher eine geringere Steigung als die der nicht angepassten Konstruktion. In der fünften Überflutungsstufe beträgt die monetäre Differenz der Wiederherstellungsleistungen etwa 100 €/m² Gebäudegrundfläche (GGF). Diese Einsparung ist im Vergleich zu Möglichkeiten, welche etwa mit Anpassungsmaßnahmen im Fußbodenbereich erreichbar sind, relativ gering.

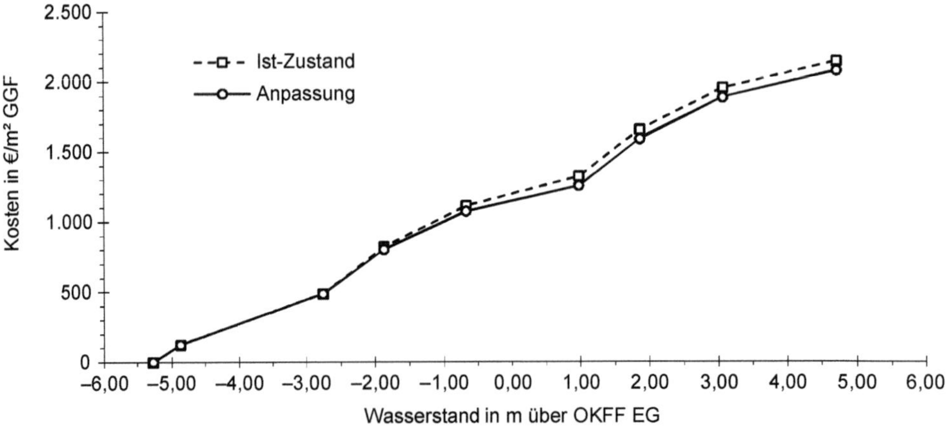

Bild 5-22 Wasserstand-Schaden-Beziehungen für das Beispielgebäude im nicht angepassten (quadratische Stützpunkte) und angepassten (runde Stützpunkte) Zustand (Quelle: Nikolowski 2014).

5.4.3 Mehrfamilienhaus, Baujahr etwa 1995

Gründung und Kellerfußboden

Die Flächengründung des Gebäudes bildet sogleich die Stahlbetonbodenplatte der Weißen Wanne. Der Kellerfußboden besteht aus einem Zementestrich im Verbund, welcher mit einem Kunststoffschutzanstrich versehen ist. Aufgrund der Exposition beziehungsweise hohen Beanspruchung durch Tauwasser und Salze wurde der Tiefgaragenfußboden mit einem widerstandsfähigen Gussasphaltestrich ausgeführt.

Außenwände

Die Kelleraußenwände wurden aus einem 30 cm dicken, speziellen wasserundurchlässigen Stahlbeton hergestellt, innenseitig unverputzt belassen und weiß gestrichen. Hierbei ist die WU-Richtlinie (Wasserundurchlässige Bauwerke aus Beton des Deutschen Ausschuss für Stahlbeton (DAfStb)) zu beachten, wobei vor allem auf einen arbeitsfugenfreien Verbau, druckwasserdichte Durchdringungen für Medienleitungen und den Bemessungswasserstand geachtet werden muss.

Bauzeittypisch bestehen die Außenwände der Wohngeschosse aus Hochlochziegeln, welche beidseitig verputzt wurden. In den Bereichen der Erkerseitenwände und den auskragenden Geschossdecken wurde aufgrund eines leicht modifizierten Außenwandquerschnittes mit einer geringeren Hochlochziegelstärke zusätzlich ein Wärmedämm-Verbundsystem (WDVS) angebracht. Im Bereich der Wohngeschosse wurden Kunststofffenster mit Isolierverglasung sowie Außenfensterbänke aus Kunststoff verbaut. Neben den Terrassen- und Balkontüren existieren an der westlichen und östlichen Fassade raumhohe Festverglasungen. Die Fenster und Fenstertüren sind mit außenliegenden Rollläden aus Kunststoff versehen.

Die Dachflächen- und Dachgaubenfenster hingegen besitzen innenliegende Sonnenschutzrollläden. Aufgrund der nachrangigen Nutzung des Kellergeschosses vorwiegend mit Lagerräumen wurden Metallfenster mit Einfachverglasung und Gitterschutz verbaut. Die Tiefgarageneinfahrt wird durch ein elektrisch betriebenes Garagentor abgeschlossen. Die Lichtschächte der Tiefgarage sind oberseitig mit Gitterrosten versehen.

Innenwände

Die Innenwände im Kellergeschoss bestehen aus Stahlbeton oder Kalksandsteinmauerwerk und sind unverputzt. Die Lagerbereiche der Mieter sind teilweise durch Trennwände aus Metalllatten voneinander abgetrennt und besitzen metallene Lattentüren.

Alle tragenden Innenwände der Wohngeschosse bestehen aus beidseitig verputztem und tapeziertem Kalksandsteinmauerwerk. Die untergeordneten nichttragenden Innenwände bestehen aus Hochlochziegeln oder Trockenbauständerkonstruktionen. Lediglich die Wohnungstrennwände bestehen aufgrund des Schallschutzes aus Ziegelfüllsteinen. In den Badeinheiten wurden Trockenbauvorsatzschalen verbaut und alle raumumschließenden Wände raumhoch gefliest.

Geschossdecken

Im gesamten Gebäude sind massive Stahlbetondecken anzutreffen. Die Keller- und Tiefgaragendecken sind zusätzlich im Bereich der Wohngeschosse unterseitig mit Dämmplatten gedämmt. In den Wohnbereichen des untersuchten Gebäudes ist ein schwimmend verlegter Zementestrich vorzufinden. Der Fußbodenbelag besteht aus Teppichboden oder Laminat und in den Bädern und Küchen aus Fliesen.

Treppe und Treppenhaus

Das Treppenhaus ist zentral in Gebäudemitte gelegen. Die Treppenläufe und -podeste sind aus Stahlbetonfertigteilelementen, welche mit einem polierten Kunststein im Dünnbett belegt wurden. Die Treppenhauswände sind allseitig verputzt. Ein Stahlgeländer dient als Absturzsicherung zum Treppenauge. Eine Lichtkuppel im Oberdach des Gebäudes versorgt das Treppenhaus mit Tageslicht. Die Verbindungen zwischen Treppenelementen und Ortbetondecken sowie Wandanschlüssen sind Bewegungsfugen und wurden daher als dauerelastische Fugen ausgeführt.

Technische Gebäudeausrüstung

Eine zentrale Gastherme im Kellergeschoss des Gebäudes wird als Wärmeerzeuger für die Heizungsanlage und die Trinkwassererwärmung genutzt. Sie befindet sich ebenso wie die zentrale Elektroverteilung mit Sicherungs- und Zählerschrank im Hausanschlussraum. Über einen senkrechten Verteilerstrang im Treppenhaus werden die Wohngeschosse erschlossen. Die drei Wohnungen je Geschoss werden über drei separate senkrechte Stränge mit Warm- und Kaltwasserversorgung sowie die Entwässerung erschlossen.

In der erdüberdeckten und teilweise überbauten Tiefgarage befinden sich weitere Elemente der Technischen Gebäudeausrüstung. So existieren hier ein elektrisch gesteuertes Rolltor und ein Pumpensumpf für anfallendes Tau- und Niederschlagswasser. Die sieben in der Tiefgarage installierten Doppelparksysteme sind häufig in Gebäuden dieser Baualtersklasse anzutreffen. Im Wesentlichen bestehen die Systeme aus zwei hydraulisch gekoppelten Plattformen, welche es Pkw ermöglichen soll, von der Tiefgaragenebene auf die eine oder andere Plattform einzufahren. Diese Systeme bestehen aus einer Vielzahl an technischen, elektronischen und mechanischen

Bauteilen. Neben den metallenen Plattformen samt Tragsystem aus Trägern und Winkeln bestehen diese Doppelparksysteme aus diversen Elektrik- und Hydraulikleitungen, Scharnieren, Lagern, Stromzählern, Sicherungen, Schaltern, Hydraulik-Aggregaten mit Drehstrommotoren, Ventilen und weiteren Bedienelementen.

Verletzbarkeitsanalyse des benannten Objektes

Die Wasserstand-Schaden-Beziehung des untersuchten Gebäudes der Bauzeit zwischen 1990 und 2002 reicht bis in eine Tiefe von mehr als 5,50 m unterhalb der Oberkante Fertigfußboden des Erdgeschosses (OKFF Erdgeschoss).

Besonders verletzbare Bereiche der Technischen Gebäudeausrüstung (TGA), welche sich in der Tiefgarage befinden, sorgen für einen starken Anstieg der Schadensbeziehung. Zu diesen verletzbaren TGA-Elementen zählen vorrangig die installierten Doppelparksysteme, welche einen Großteil der Wiederherstellungssumme in diesem Bereich der Funktion ausmachen. Die besondere Konstruktion der erdberührten Bauteile als wasserundurchlässige Weiße Wanne lässt die Schadensbeziehung einen besonderen Verlauf beschreiben. Bei Funktionstüchtigkeit des Bauteils würde es erst beim Überstauen der bemessenen Einlaufschwelle, welche sich etwa auf Höhe von OKFF Erdgeschoss befindet, durch Oberflächenwasser zu einem Schaden kommen. Dieser Schaden ist jedoch identisch mit dem Schaden, der bei gleicher Einstauhöhe des Kellergeschosses und der Tiefgarage ohne Weiße Wanne entstehen würde.

Innerhalb der Wohngeschosse ist eine hohe Verletzbarkeit abzulesen, da die Funktion steil ansteigt. Grund hierfür sind die Kleingliedrigkeit der Grundrisse, der hohe Ausbaustandard und die Bündelung von drei Wohneinheiten je Geschoss.

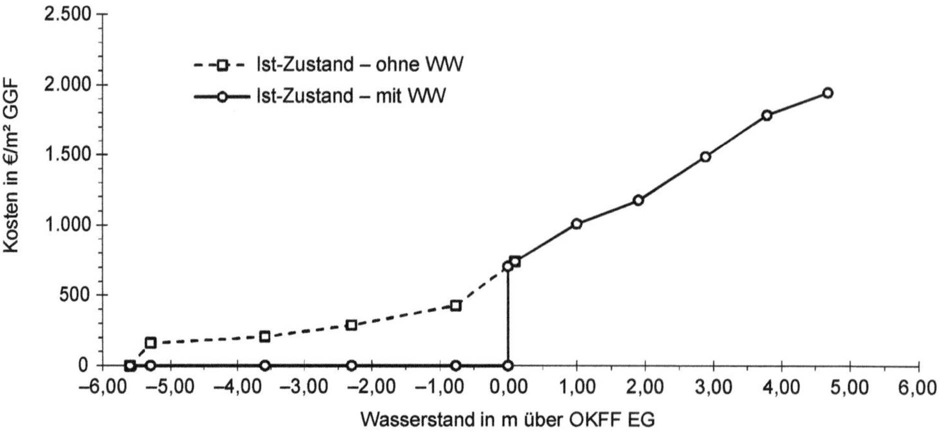

Bild 5-23 Wasserstand-Schaden-Beziehung für das untersuchte Beispielgebäude; Preisstand der Baukosten (netto) 3. Quartal 2012, inkl. 10 % Nebenkosten (Quelle: Nikolowski 2014).

Anpassung am Beispiel der Technischen Gebäudeausrüstung

Die Technische Gebäudeausrüstung (TGA) umfasst viele Bereiche innerhalb eines Gebäudes. Dabei spielen in Bezug zu Überflutungen all diejenigen Punkte der TGA eine entscheidende

Rolle, welche sich innerhalb des Überflutungsbereiches befinden. Zu diesen können folgende Elemente zählen:

- Elektroversorgung
- Heizungszentrale
- Warmwasserbereitung
- Gegensprechanlagen
- TV-, Telefon- und Datenleitungen
- Kühltechnik
- Servertechnik
- Gebäudeautomatisierung (beispielsweise Verschattung)
- besondere TGA (beispielsweise Doppelparksysteme)

Bild 5-24 Überfluteter Sicherungskasten und zerstörte Elektroverteilung einer Erdgeschosswohnung, Juli 2013 (Foto: Nikolowski, 2013).

Hierbei sind nicht nur charakteristische Merkmale, wie die Art des Energieträgers oder die Organisationsform von zentral bis dezentral, sondern auch die höhenmäßige Lokalisierung des Elements innerhalb des Gebäudes entscheidend. Ein wichtiges Kriterium ist die Erreichbarkeit der

TGA, ob sie etwa wie eine Fußbodenheizung in eine Konstruktion eingebunden ist oder freistehend und damit gut zu warten und instand zu setzen ist.

Die Elektroversorgung besteht aus verschiedenen Elementen, welche sich aus der Hauptleitung, Sicherungs- und Zählerkästen sowie den Unterverteilungen zu den jeweiligen Wohngeschossen zusammensetzen. Der Hausanschluss befindet sich in der Regel unterhalb der Geländeoberfläche und trifft im Hausanschlussraum im Kellergeschoss auf die Sicherungs- und Zählerkästen. Elektrische Bauteile wie Sicherungen werden durch die Überflutung unbrauchbar (Bild 5-24), Leitungen verschmutzen, Kunststoffbauteile werden zerstört. Diese Anlagen müssen inklusive aller Verteilungen, bevor sie wieder in Betrieb genommen werden, von dem örtlichen Energieversorger beziehungsweise einer Fachfirma geprüft und im Zweifel ausgetauscht werden (Bödeker und Senkbeil 2002).

Bild 5-25 Zerstörte und aufgeschwommene Heizöltanks nach einer Überflutung. Zittau, 2010. Die Kosten einer Wiederherstellung nach einer Überflutung, bei der das Flutwasser als Löse- oder Transportmittel von bauschädlichen Substanzen wie etwa Heizöl, Chemikalien oder Klärschlamm dient, können das Zwei- bis Dreifache einer Überflutung mit nicht kontaminiertem Wasser betragen (Foto: Golz, 2010).

Im Wohnungsbau werden zumeist Heizkörper in den Geschossen zur Wärmeübertragung verwendet. Da sie aus Metall sind, müssen sie nach einer Überflutung gereinigt, getrocknet und wenn nötig mit einem Anstrich überarbeitet werden. Kommt hingegen eine Fußbodenheizung zum Einsatz, wird diese oft durch das Instandsetzen der Fußbodenkonstruktion etwa zum Trocknen der Schichtenfolgen rückgebaut und muss komplett erneuert werden.

Die Warmwasserbereitung ist bei sanierten oder neu errichteten Gebäuden im Normalfall an das Heizungssystem gekoppelt und damit zentral organisiert. Dabei wird mit demselben Energieträger Wasser in einem Kessel erwärmt und über isolierte Leitungen bis zur Abnahmestelle in den Wohnräumen transportiert. Eine dezentrale Versorgung, welche bei unsanierten Gebäuden oder sehr langen Transportwegen innerhalb des Gebäudes vorkommen kann, erwärmt das Wasser direkt vor der Abnahmestelle. Dabei können elektrische Durchlauferhitzer oder auch ein gasbetriebenes System mit einem Kessel zum Einsatz kommen.

Ein weiteres Bauteil der TGA ist die Gegensprech- und Klingelanlage, welche in jedem Wohnhaus zu finden ist. Die Leitungen müssen nach einer Überflutung überprüft und gegebenenfalls ausgetauscht werden. Die beiden Kopf- und Endstationen müssen aufgrund ihrer mechanischen und elektronischen Bestandteile nach einer Überflutung ersetzt werden. Ähnlich verhält es sich mit dem Fernseh- und Telefonanschluss. Die Hauptstation im Kellergeschoss sowie alle betroffenen Leitungen müssen vom Betreiber oder einer Fachfirma überprüft und gegebenenfalls ersetzt werden.

In Wohngebäuden, vor allem in Gebäuden, die nach 1990 errichtet wurden, können zusätzliche TGA-Elemente vorkommen, welche eine hohe Verletzbarkeit gegenüber Überflutung aufweisen. So sind etwa erdüberdeckte und teilweise überbaute Tiefgaragen zu erwähnen. In diesen sind verletzbare Bestandteile wie elektrisch gesteuerte Rolltore, Lüftungsanlagen oder Doppelparksysteme zu nennen.

Die Doppelparksysteme bestehen aus zwei Plattformen, welche über eine Hydraulik verfügen, so dass zwei PKW übereinander geparkt werden können. Diese Systeme verfügen über eine Reihe an technischen, elektronischen und mechanischen Bauteilen. Neben den Plattformen zählen ein Tragsystem, diverse Elektro- und Hydraulikleitungen, Scharniere, Lager, Stromzähler, Sicherungen, Schalter, Hydraulik-Aggregate mit Drehstrommotor, Ventile und weitere Bedienelemente zu den Bestandteilen. Diese Elemente sind nach einer Überflutung zu demontieren, zu reinigen und instand zu setzen. Dies kann das Auftragen eines Korrosionsschutzes oder den Komplettaustausch vor allem der elektrischen, hydraulischen und teilweise auch mechanischen Teile bedeuten (Nikolowski et al. 2013a, S. 76).

Aufzugsanlagen weisen gegenüber einer Überflutung eine hohe Verletzbarkeit auf. Ihre Verletzbarkeit ist jedoch von dem verwendeten System abhängig. So finden im Wohnungsbau hydraulische und seilbetriebene Aufzugsanlagen Anwendung. Bei hydraulischen Anlagen befinden sich der Maschinenraum im untersten angefahrenen Geschoss und die Hydraulik mit Stempel und weiteren Bauteilen in einer Grube unterhalb des Aufzugsschachtes. Die Park- und Notfallposition der Kabine bei Stromausfall ist in der Regel das unterste anfahrbare Geschoss. Diese Parameter machen aus hydraulischen Aufzugsanlagen gegenüber Überflutung äußerst verletzbare Elemente. Im Vergleich dazu befindet sich die gesamte Technik der seilbetriebenen Aufzüge in Höhe des obersten angefahrenen Geschosses. Bei Stromausfall verbleibt die Kabine an der letzten angefahrenen Stelle und kann mittels Handkurbel in höhere Bereiche gebracht werden (Nikolowski 2007b).

Die TGA umfasst vor allem im Nichtwohngebäudebereich weitere äußerst verletzbare Elemente wie etwa Kühl- und Servertechnik, Datenleitungen und eine Vielzahl an Ausstattungselementen der Gebäudeautomatisierung wie beispielsweise automatische Verschattungselemente. Diese Elemente sind von der Größe und dem Nutzen des Gebäudes abhängig und bedürfen einer Einzelfallbetrachtung, je nachdem welche Anlage verbaut wurde (Golz 2008).

Bei der Anpassung der Technischen Gebäudeausrüstung (TGA) können grundsätzlich drei verschiedene Strategien verfolgt werden. Zu diesen gehören

- die Verwendung weniger anfälliger Elemente der TGA,
- die (Teil-)Verlegung der TGA in höhere Bereiche sowie
- der bewusste Verzicht auf verletzbare TGA-Elemente.

5

Die Wahl des Energieträgers und der zugehörigen Heizungsanlage sowie Warmwasserbereitung kann im Überflutungsfall zu einer erheblichen Kostenreduzierung beitragen. So sollte etwa Gasheizungen oder die Nutzung der Fernwärme in von Überflutungen betroffenen Bereichen der Vortritt gegenüber Öl- und Pelletheizungen gegeben werden.

Auch sollte in diesen Gebieten die Verwendung eines Seilaufzuges anstatt eines hydraulisch betriebenen Aufzuges geprüft werden. Die Verlagerung bestimmter Elemente der TGA in höhere Bereiche ist stets ein probates Mittel, die Verletzbarkeit des Gesamtgebäudes zu reduzieren (Senkbeil und Bödeker 2003). Jedoch ist eine solche Verlagerung im Bestand zumeist nicht ohne Probleme möglich. So kann es zu Mietausfällen beziehungsweise Unstimmigkeiten zwischen verschiedenen Parteien einer Wohneigentumsgemeinschaft kommen, da etwa ein Raum in höheren Geschossen für die Heizungsanlage und Warmwasserbereitung umgenutzt werden muss. Neben diesen Effekten ist eine Umverlegung dieser Elemente oft sehr aufwendig und kostenintensiv. Ob eine solche Maßnahme wirtschaftlich und zu empfehlen ist, ist von der Gefährdung des Objektes abhängig. Eventuell ist es wirtschaftlicher, das Risiko eines Austausches nach einer Überflutung einzugehen, da diese Elemente der TGA zumeist ohnehin im Vergleich zu den meisten Baukonstruktionen eine reduzierte Lebensdauer aufweisen. Ein kompletter Verzicht bestimmter Anlagen der TGA in flutgefährdeten Bereichen sollte grundsätzlich in Betracht gezogen werden. So ist zu hinterfragen, ob etwa Tiefgaragen mit Doppelparksystemen oder Aufzugsanlagen in Gebäude integriert werden müssen oder ob eventuell Alternativen existieren, welche eine geringere Anfälligkeit aufweisen.

Am Beispiel des untersuchten Mehrfamilienhauses der Bauzeit nach 1990 werden beispielhaft zwei unterschiedliche Strategien für Anpassungsmaßnahmen der TGA erläutert. Zum einen sollen äußerst verletzbare Elemente der TGA, soweit dies möglich ist, so angeordnet werden, dass sie nicht oder nur in Teilen von einem Hochwasser erreicht werden können. Zum anderen muss überlegt werden, ob auf bestimmte verletzbare Elemente der TGA verzichtet werden kann.

Die zentrale Elektroverteilung mit Sicherungs- und Zählerschrank wird vom Hausanschlussraum des Kellergeschosses in das Treppenhaus des Erdgeschosses verlegt. Dies ist eine kostengünstige und leicht umzusetzende Maßnahme. Zusätzlich kann die Elektroverteilung des Kellergeschosses an der Kellerdecke und die des Erdgeschosses unterhalb der Erdgeschossdecke erfolgen. Dies umfasst bereits einen größeren Eingriff in die Bausubstanz. Bei einer möglichen Überflutung kann jedoch durch das Ausweichen der Leitungen in höhere Bereiche ein größerer Schaden verhindert werden.

In einem nächsten Schritt wird die zentrale Gastherme samt Heizungsanlage und Trinkwassererwärmung aus dem Kellergeschoss des Gebäudes in den Dachspitz verlagert. Dieser ursprünglich zu Lagerzwecken genutzte Raum kann durch den nun frei gewordenen Raum im Kellergeschoss ersetzt werden. Die hierfür nötige umfangreiche Baumaßnahme ist nur durch eine erhöhte Gefährdung des Gebäudes durch Überflutung in Form von Oberflächenwasser gerechtfertigt.

Im letzten Schritt wird auf die äußerst anfälligen Doppelparker in der Tiefgarage verzichtet. Die hierdurch eingebüßten Stellplätze können etwa auf dem Grundstück bereitgestellt werden. Die vorhandenen Doppelparkergruben werden daraufhin fachgerecht verschlossen und es wird eine ebene Parkfläche hergestellt.

Die hier beschriebenen Anpassungsmaßnahmen greifen vor allem im Bereich der Tiefgarage beziehungsweise des Kellergeschosses (Bild 5-26). Hier ist eine deutliche Verringerung der Verletzbarkeit zu erkennen. Die Einsparungen belaufen sich bei den Wiederherstellungskosten auf etwa 250 €/m² Gebäudegrundfläche (GGF).

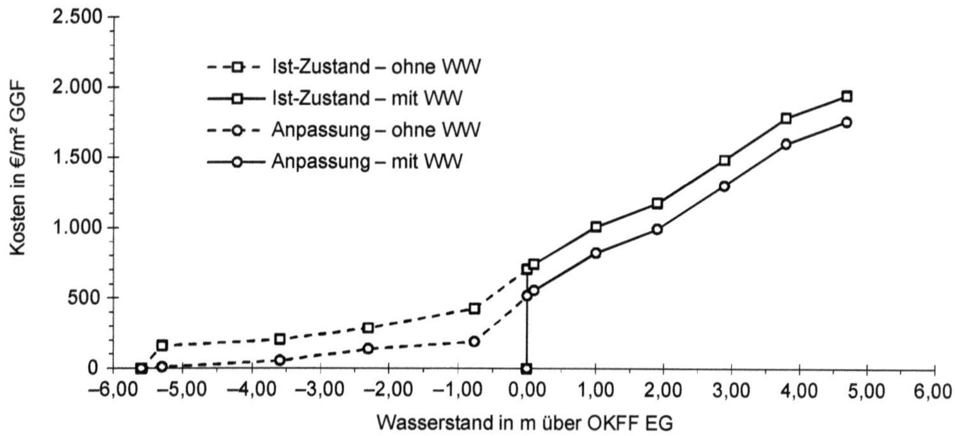

Bild 5-26 Wasserstand-Schaden-Beziehungen für das Beispielgebäude im nicht angepassten (quadratische Stützpunkte) und angepassten (runde Stützpunkte) Zustand. Die gestrichelten Linien zeigen den (fiktiven) Verlauf der Funktionen ohne Beachtung der Weißen Wanne an (Quelle: Nikolowski 2014).

5.5 Literatur

Ahnert & Krause 2000	Ahnert, R.; Krause, K. H.: Typische Baukonstruktionen von 1860 bis 1960: Zur Beurteilung der vorhandenen Bausubstanz – Gründungen, Abdichtungen, tragende massive Wände, Gesimse, Hausschornsteine, tragende Wände aus Holz, alte Maßeinheiten. Band I, 6. Auflage. Berlin: Verlag für Bauwesen, 2000.
Ahnert & Krause 2001	Ahnert, R.; Krause, K. H.: Typische Baukonstruktionen von 1860 bis 1960: Zur Beurteilung der vorhandenen Bausubstanz – Holzbalkendecken, Massivdecken, Deckenregister, Fußböden, Erker und Balkone, Verkehrslasten im Überblick. Band II, 6. Auflage. Berlin: Verlag für Bauwesen, 2001.
Ahnert & Krause 2002	Ahnert, R.; Krause, K. H.: Typische Baukonstruktionen von 1860 bis 1960: Zur Beurteilung der vorhandenen Bausubstanz – Unterzüge und Gurtbögen, Pfeiler und Stützen, Treppen, Dächer und Dachtragwerke, Dachaufbauten aus Holz, Lastannahmen zum Dach. Band III, 6. Auflage. Berlin: Verlag für Bauwesen, 2002.
Bernhofer et al. 2009	Bernhofer, C.; Matschullat, J.; Bobeth, A.: Das Klima in der REGKLAM-Modellregion Dresden. Berlin: Rhombos, 2009.
Bernhofer et al. 2011a	Bernhofer, C.; Heidenreich, M.; Riedel, K.: Klimafakten zur REGKLAM-Modellregion Dresden. Dresden: Faltblatt, 2011.
Bödeker & Senkbeil 2002	Bödeker, K.; Senkbeil, H.: Elektropraktik(er) nach dem Hochwasser. In: Elektropraktiker Nr. 56. Berlin: Huss Medien, 2002. Seite 889–894.
Bowker et al. 2007	Bowker, P.; Escarameia, M.; Tagg, A.: Improving the Flood Performance of New Buildings – Flood Resilient Construction. London: CIRIA, 2007.
BTU 2009	Brandenburgische Technische Universität Cottbus: Zu Entstehung und Verlauf des extremen Niederschlag-Abfluss-Ereignisses am 26.07.2008 im Stadtgebiet von Dortmund. Lehrstuhl für Hydrologie und Wasserwirtschaft, Prof. Dr. rer. nat. habil. Uwe Grünewald, 2009.
Büning 1928	Büning, W.: Bauanatomie – Handwerklich-Technische Grundlagen des Wohnbaues als Einführung in die Baukunst. Berlin: Deutsche Bauzeitung GmbH, 1928.
DESTATIS 2013	Statistisches Bundesamt: Baupreisindex für Wohngebäude: https://www.destatis.de/DE/PresseService/Presse/Pressemitteilungen/2013/04/PD13_132_61261.html vom 09.09.2013.

DIN 4049-3 — DIN 4049-3, Oktober 1994: Hydrologie – Teil 3: Begriffe zur quantitativen Hydrologie. Berlin: Beuth, 1994.

DIN 18299 — DIN 18299, September 2012: VOB Vergabe- und Vertragsordnung für Bauleistungen – Teil C: Allgemeine Technische Vertragsbedingungen für Bauleistungen (ATV) – Allgemeine Regelungen für Bauarbeiten jeder Art. Berlin: Beuth, 2012,

DKKV 2003 — Deutsches Komitee für Katastrophenvorsorge e. V. (Hrsg.): Hochwasservorsorge in Deutschland - Lernen aus der Katastrophe 2002 im Elbegebiet. Schriftenreihe des DKKV 29 „LESSONS LEARNED", 2003.

EG-Richtlinie 2007 — Richtlinie 2007/60/EG des europäischen Parlamentes und des Rates vom 23. Oktober 2007 über die Bewertung und das Management von Hochwasserrisiken. Amtsblatt der Europäischen Union L 288/27. Brüssel: EG, 2007.

Egli 2002a — Egli, T.: Hochwasservorsorge – Maßnahmen und ihre Wirksamkeit. Internationale Kommission zum Schutz des Rheins (Hrsg.). Koblenz: IKSR, 2002.

EnEV 2009 — EnEV 2009, April 2009: Verordnung über energiesparenden Wärmeschutz und energiesparende Anlagentechnik bei Gebäuden (Energieeinsparverordnung – EnEV). Berlin: Die Bundesregierung, 2009.

Franke & Bernhofer 2009 — Franke, J.; Bernhofer, C.: A method for deriving a future temporal spectrum of heavy precipitation on the basis of weather patterns in low mountain ranges. In: Royal Meteorological Society, Meteorological Applications Vol. 16. Reading, UK: Wiley InterScience, 2009. Seite 513–522.

Golz 2008 — Golz, S.: Synthetische Schadensfunktionen für Verwaltungsgebäude. Diplomarbeit. Dresden: Technische Universität, 2008.

Häusler et al. 1963 — Häusler, H.; Grothe, H.; Hellwig, G.: Industrieller Wohnungsbau – Band 1 „Großblockbauweise". Berlin: VEB Verlag für Bauwesen, 1963.

Kretschmar 1906 — Kretschmar, H (Hrsg.): Bauordnung der Stadt Dresden vom 22. Dezember 1905. Dresden: Gewerbebuchhandlung E. Schürmann, 1906.

Kron 2008 — Kron, A.: Mikroskalige Ermittlung potentieller Hochwasserschäden zur Gefahren- und Risikoanalyse. Dissertation. Karlsruhe: Universität, 2008.

5

5

Naumann et al. 2009a Naumann, T.; Nikolowski, J.; Golz, S.: Der gebäudetypologische VERIS-Elbe-Ansatz zur Ermittlung von Überflutungsschäden an Gebäuden im Klimawandel. In: Mörsdorf, F. L.; Ringel, J.; Strauß, C.: Anderes Klima. Andere Räume! Zum Umgang mit Erscheinungsformen des veränderten Klimas im Raum. Tagungsband, Band 19, ISB, Universität Leipzig, Norderstedt: Books on Demand, 2009. Seite 249–262.

Naumann et al. 2009b Naumann, T.; Nikolowski, J.; Golz, S.: Synthetic depth-damage functions – A detailed tool for analysing flood resilience of building types. In: Pasche, E.; Evelpidou, N.; Zevenbergen, C.; Ashley, R.; Garvin, S. (Hrsg.): Road map towards a flood resilient urban environment. Proceedings Final Conference of the COST action C22 Urban Flood Management in cooperation with UNESCOIHP, Paris, 26. –27. November 2009, Hamburger Wasserbau-Schriften No. 6. Hamburg: Institut für Wasserbau, TU Hamburg-Harburg, 2009.

Naumann et al. 2010 Naumann, T.; Nikolowski, J.; Golz, S.; Schinke, R.: Resilience and Resistance of Buildings and Built Structures to Flood Impacts – Approaches to Analysis and Evaluation. In: Müller, B. (Hrsg.): Urban Regional Resilience: How Do Cities and Regions Deal with Change? Berlin, Heidelberg: Springer Verlag, 2010. Seite 89–100.

Naumann et al. 2012 Naumann, T.; Nikolowski, J.; Golz, S.: Entwicklung analytischer Schadensfunktionen und deren Einsatz in der Projektbewertung. In: Deutsche Vereinigung für Wasserwirtschaft, Abwasser und Abfall e. V. (Hrsg.): Schadensanalysen und Projektbewertung im Hochwasserrisikomanagement. DWA-Themen T1/2012. Hennef: DWA, 2012. Seite 64–79.

Naumann & Rubin 2008 Naumann, T.; Rubín, C.: Ermittlung potenzieller Hochwasserschäden in Pirna nach dem gebäudetypologischen VERIS-Elbe-Ansatz. In: Tagungsband zum DWA-Seminar „Hochwasserschadensinformationen: Neues und Bewährtes“. Hennef: DWA, 2008. Seite 86–101.

Neubert et al. 2008 Neubert, M.; Naumann, T.; Deilmann, C.: Synthetic Water Level – Building Damage – Relationships for GIS-supported Flood Vulnerability Modeling of Residential Properties. In: Allsop, W.; Samuels, P.; Harrop, J.; Huntington, S. (Hrsg.): Flood Risk Management: Research and Practice. Proceeding of the European Conference on Flood Risk Management (FLOODRISK 2008). Boca Raton, London, Leiden: CRC Press, 2008.

Nikolowski 2007b Nikolowski, J.: Erarbeitung von Schadensfunktionen für Hochwasserschäden. Diplomarbeit. Dresden: Technische Universität, 2007.

Nikolowski et al. 2013a	Nikolowski, J.; Günther, B.; Bolsius, J.: Klimaanpassung für Wohngebäude. In: Weller, B.; Fahrion, M.-S.; Naumann, T. (Hrsg.): Gebäudeertüchtigung im Detail für den Klimawandel. Berlin: Rhombos, 2013. Seite 28–92.
Nikolowski et al. 2013b	Nikolowski, J.; Golz, S.; Rubín, C.; Naumann, T.: Abschätzung verhinderter Schäden für Nutzen-Kosten-Untersuchungen des technischen Hochwasserschutzes – Das Pilotprojekt Pirna. In: Wasserbauliche Mitteilungen, Heft 48. Technischer und organisatorischer Hochwasserschutz – Bauwerke, Anforderungen, Modelle. Dresden: Technische Universität, 2013. Seite 111–122.
Nikolowski 2014	Nikolowski, J.: Wohngebäude im Klimawandel – Verletzbarkeit und Anpassung am Beispiel von Überflutung und Starkregen. Dresden: Technische Universität, Fakultät Bauingenieurwesen, Institut für Baukonstruktion, Dissertation, 2014.
Rubin et al. 2009	Rubín, C.; Naumann, T.; Nikolowski, J.; Golz, S.; Hennersdorf, J.; Nowak, L.: Erhebung von Schadensfunktionen und Pilotanwendung zur Bewertung von Hochwasserschutzmaßnahmen, Teil I – Untersuchungsgebiet Pirna. Projektbericht für die Landestalsperrenverwaltung des Freistaates Sachsen erstellt durch ProAqua Ingenieurgesellschaft für Wasser- und Umwelttechnik mbH und das Leibniz-Institut für ökologische Raumentwicklung e. V. Aachen / Dresden: LTV, 2009.
Schmitz et al. 2013	Schmitz, H.; Krings, E.; Dahlhaus, U. J.; Meisel, U.: Baukosten – Instandsetzung, Sanierung, Modernisierung, Umnutzung. 21. Auflage. Essen: Hubert Wingen, 2013.
Senkbeil & Bödeker 2003	Senkbeil, H.; Bödeker, K.: Hochwassergeschädigte Anlagen – Vorbeugende Maßnahmen bei der Anlagengestaltung. In: Elektropraktiker Nr. 57. Berlin: Huss Medien, 2003. Seite 376–379.
Ullrich & Reinfried 2011	Ullrich, K.; Reinfried, F.: Ex-Post-Analyse von Extremereignissen auf dem Gebiet der Landeshauptstadt Dresden. Unveröffentlicht. Dresden: Umweltamt, 2011.
Umweltamt LHD 2005	Landeshauptstadt Dresden, Umweltamt (Hrsg.): Auswirkungen des Hochwassers 2002 auf das Grundwasser – Forschungsbericht. Dresden, 2005.
Weller & Naumann 2007	Weller, B.; Naumann, T.: Hohlmauerwerkskonstruktionen – Eine typische Bauweise des 19. Jahrhunderts. In: Mauerwerk 11, Heft 2. Berlin: Ernst & Sohn, 2007.

Wingfield et al. 2006	Wingfield, J.; Bell, M.; Bowker, P.: Improving the Flood Performance of Buildings through Improved Materials, Methods and Details. Report Number WP2c – Review of Existing Information and Experience (Final Report). London: RIBA Publishing, 2005.
Zimm 2008	Zimm, J.: Die Auswirkung besonderer baukonstruktiver Randbedingungen auf Wasserstand-Schaden-Funktionen von Wohngebäuden. Großer Beleg. Dresden: Technische Universität, 2008.
Zimmermann et al. 2006	Zimmermann, G.; Ottomann, A.; Klopfer, H.; Soergel, C.: Wasserschäden – Schadensfälle, Leckortung, Bautrocknung, Verantwortlichkeit. Stuttgart: Fraunhofer IRB, 2006.

6 Starkregen

6.1 Relevanz für die Baukonstruktion

Zu den grundlegenden Anliegen von Gebäuden gehört das Ziel, ihre Bewohner und Nutzer unter anderem vor der direkten Einwirkung des Regens zu schützen. Dabei sollen die maßgebenden Elemente der baulichen Hülle, und hier vor allem das Dach sowie die Fassade, welche den horizontalen und vertikalen Abschluss des Gebäudes bilden, dieser Einwirkung in ihrer zu erwartenden Intensität dauerhaft und schadensfrei widerstehen können.

Das Dachdeckerhandwerk, als eines der ältesten organisierten Handwerke in Deutschland, besitzt weitreichende und detaillierte Regelwerke, deren praktische Verwertbarkeit sehr hoch einzuschätzen ist. Ungeachtet dessen treten immer wieder Feuchteschäden infolge außen eindringendem Niederschlagswasser auf, deren Schadensmechanismen bereits in der Fachliteratur analysiert wurden (Zimmermann et al. 2006). Im Zusammenhang mit markanten oder intensiven Starkregenereignissen bleibt grundsätzlich festzuhalten, dass durch eine erhöhte Feuchtebelastung der Außenflächen an Gebäuden vermehrt Feuchte- und Wasserschäden auftreten können (BMVBS 2008).

So traten zum Beispiel im August 2010 in der Region Dresden im Nachgang zu mindestens vier registrierten Starkniederschlagsereignissen zahlreiche Schadensfälle an Wohngebäuden beziehungsweise Wohn- und Geschäftshäusern auf. Charakteristische Schadensfälle wurden dokumentiert, analysiert und aufbereitet (MNI 2012). Dabei wurden vor allem Schadensbilder

- an und unter Dachterrassen,
- an begrünten Flachdächern,
- in Anschlussbereichen von Steildächern zu aufgehenden Bauteilen,
- an Balkonen und deren Anschlüssen zu Außenwandbereichen sowie
- an Kelleraußenwänden und Tiefgaragen

vorgefunden. Probleme traten dabei an Abdichtungen und deren Anschlüssen an Bauteile, Durchdringungen, unsachgemäß geplanten Schichtenfolgen, ungünstig gewählten Baumaterialien und Konstruktionen sowie an schlecht gewarteten Konstruktionen inklusive bereits in der Planung nicht berücksichtigten Wartungsmöglichkeiten auf. Weiterhin existieren Mängel an Entwässerungssystemen, von der Planung der Fallrohre und Dimensionierung der Rinnen und Notentwässerung bis hin zu falsch oder nicht geplanten Laufwegen des Wassers.

Als Folge können anfallende Wassermengen durch die vorhandenen Entwässerungssysteme nicht mehr ohne Probleme abgeführt werden, so dass ein Übertritt des Regenwassers und eine Überströmung von Dach- und Fassadenflächen die Folge sein kann. Hierbei kann es unter Umständen zur Durchfeuchtung von Außenbauteilen bis hin zu Wassereintritten in Gebäude kommen (Egli 2007). Dacheindeckungen und Dachabdichtungen am Gebäude sind insbesondere an Trauf- oder Kehlbereichen, in der Nähe von Regenrinnen sowie Fallrohren und in Anschlussbereichen zu durchstoßenden Bauteilen durch Wassereintritte gefährdet (Ernst et al. 2009).

Starkregenereignisse treten häufig in Kombination mit Wind auf, so dass die beschriebenen Problempunkte an Dachflächen einer intensivierten Belastung ausgesetzt werden und zusätzlich an wetterseitigen Fassadenflächen eine Feuchtebelastung durch Schlagregen entstehen kann. Durch die kapillare Saugwirkung von Bauteiloberflächen kann Regenwasser in die Wand aufgenommen werden oder über Risse und fehlerhafte Abdichtungen in das Gebäude und dessen Baukonstruktionen eindringen.

6

Bild 6-1 Entwässerungsprobleme während eines Starkregenereignisses (Foto: Nikolowski, 2010).

Kenngrößen der Einwirkung

Die wesentlichen klimabezogenen Kenngrößen der Einwirkung Starkregen, auf welche das Bauwesen zurückgreift, bilden die Bemessungsregenspende und die Schlagregenbeanspruchung. Beide Kenngrößen sind für jeweilige Gebäudestandorte und -höhen charakteristisch und können den geltenden Normen und Regelwerken entnommen werden.

Die Bemessungsregenspenden werden auf der Basis extremwertstatistischer Analysen von Starkniederschlagshöhen ermittelt und in Abhängigkeit von Niederschlagsdauer und Jährlichkeit standortbezogen aufbereitet. Sie bilden die Grundlage für die Dimensionierung von Entwässerungseinrichtungen und Ausführungsvorgaben für Dachdeckungen und Abdichtungen bewitterter Bauteile. Die Regenspenden können DIN 1986-100:2008-05 entnommen beziehungsweise beim Deutschen Wetterdienst (Kostra-DWD) abgefragt werden.

Für Fassaden und deren Bauteile ist die Beanspruchung durch Schlagregen von besonderer Bedeutung. Gemäß DIN 4108-3:2014-11 sind für den Schlagregenschutz von Außenwänden insgesamt 3 Beanspruchungsgruppen definiert, die sich aus der Lage des Gebäudes ergeben. Für Fenster und Türen wird die Schlagregenbeanspruchung hingegen nach DIN 18055:2014-11 mit Bezug zur Höhe des Gebäudes festgelegt.

Bauteilanforderungen

Aufgrund der konzentrierten Beanspruchung in diesen Bereichen werden Starkregeneinwirkungen auf Gebäude insbesondere in den Planungs- und Bemessungsalgorithmen für naturgemäß stark bewitterte Baukonstruktionen im Dach- und Fassadenbereich berücksichtigt.

Für Dachdeckungen werden die Allgemein anerkannten Regeln der Bautechnik aktuell durch das Regelwerk des Deutschen Dachdeckerhandwerkes (ZVDH) sowie die Klempnerfachregeln des ZVSHK dokumentiert. Nicht genutzte Dächer mit Abdichtungen und extensiv begrünte Dachflächen fallen grundsätzlich in den Geltungsbereich der DIN 18531. Für genutzte und/oder intensiv begrünte Dachflächen sowie Balkone und Dachterrassen sind wiederum die Anforderungen nach DIN 18195-5:2011-05 maßgebend, wobei hier auch die Anforderungen gemäß den ZVDH-Flachdachrichtlinien zu berücksichtigen sind.

Die Bemessung von Dachentwässerungen ist entsprechend dem Nachweisverfahren gemäß DIN EN 12056-3:2001-01 zu führen. Ergänzend dazu sind in DIN 1986-100:2008-05 zusätzliche Bemessungsgrundsätze bezüglich der anzusetzenden Bemessungsregenspende formuliert. Inspektions- und Wartungszyklen von Dachentwässerungssystemen werden wiederum in DIN 1986-3:2004-11 geregelt.

Für die Planung, Bemessung und Ausführung von Fenstern, Türen und Vorhangfassaden existieren eine Vielzahl von Normen und Regelwerken. Mit Bezug zur Einwirkung Starkregen sind insbesondere die DIN 18055:2014-11, DIN 18355:2012-09, DIN EN 12208:2000-06, DIN EN 12154:2000-06 sowie der Leitfaden zur Planung und Ausführung der Montage von Fenstern und Haustüren (RAL-Gütegemeinschaft) von besonderer Relevanz (Tabelle 6-1).

Tabelle 6-1 Normen und Regelwerke mit Bezug zur Einwirkung Starkregen.

<table>
<tr><th rowspan="2">Kenngrößen der Einwirkung</th><th colspan="4">Bauteilanforderungen</th></tr>
<tr><th>Steildach</th><th>Flachdach, Dachterrasse, Balkon</th><th>Fassade, Fenster, Türen</th><th>Erdberührte Bauteile</th></tr>
<tr><td rowspan="2">Bemessungsregenspende:
Kostra DWD
DIN 1986-100:
2008-05

Schlagregenbeanspruchung:
DIN 4108-3:
2014-11
DIN 18055:
2014-11</td><td>Dachdeckung:
Regelwerk des Deutschen Dachdeckerhandwerks (ZVDH)
Klempnerfachregeln des ZVSHK</td><td>Abdichtung nicht genutzter Dächer:
DIN 18531

Abdichtung genutzter Dächer, Balkone, Dachterrassen:
DIN 18195

Jeweils gültig:
Flachdachrichtlinie des ZVDH</td><td rowspan="2">Außenwandarten:
DIN 4108-3:
2014-11

Fenster, Türen:
DIN 18055:
2014-11
DIN EN 12208:
2000-06

Leitfaden Planung und Ausführung (RAL-Gütegemeinschaft)

Vorhangfassaden:
DIN EN 12154</td><td rowspan="2">Abdichtung:
DIN 18195

WU-Bauteile:
WU-Richtlinie des DAfStb</td></tr>
<tr><td colspan="2">Dachentwässerung:
DIN EN 12056-3:2001-01
DIN 1986-100:2008-05</td></tr>
</table>

6

6.2 Erkenntnisse der Klimaforschung

6.2.1 Ex-Post-Analysen

Starkregenereignisse lassen sich unter anderem aufgrund ihres kleinräumigen Auftretens und der Abhängigkeit von der jeweiligen geografischen Situation im Nachgang äußerst schwierig analysieren. Nach Bernhofer et al. 2009 treten „Extremniederschläge in der Regel als Folge von Konvektionsniederschlägen (Gewitterschauern) auf", wobei „Gewitterzellen im Flachland aufgrund höherer Temperaturen mehr Wasser enthalten und sich wegen der fehlenden Störung durch Berge stärker entwickeln können". Damit lassen sich Unterschiede der Extremwerte des Flachlandes und des Gebirges erklären. Eine quantitative Analyse der Ereignisse ist vor allem daher schwierig, da nicht jedes Ereignis durch eine Wetterstation registriert wird. Die dokumentierten Niederschlagsereignisse der letzten Jahre verdeutlichten jedoch die Starkregenproblematik, besonders durch die anschließenden Überflutungen der Siedlungsräume (beispielsweise Oder 07/1997, Elbe 08/2002, Dortmund 07/2008, Neiße 08/2010, Elbe und Donau 06/2013).

Starkregen wird gemäß der Richtlinie des Deutschen Wetterdienstes (DWD) entsprechend der Niederschlagsmenge und der Dauer als „Minutenereignis" gemäß Tabelle 6-2 eingeteilt (DWD 2011).

Tabelle 6-2 Einteilung von Starkregen- und heftigen Starkregenereignissen (Datengrundlage: DWD 2011).

Starkregen		
Niederschlag	>	5 mm / 5 min
Niederschlag	>	7,1 mm / 10 min
Niederschlag	>	10 mm / 20 min
Niederschlag	>	17,1 mm / 60 min
Heftiger Starkregen		
Niederschlag	>	25 mm / 60 min
Niederschlag	>	35 mm / 360 min

Bei einer außerordentlichen Regenintensität wird von „heftigem Starkregen" gesprochen, wobei die in Tabelle 6-2 aufgelisteten Grenzwerte gelten.

Im Rahmen des REGKLAM-Projektes wurde auf der Basis von Wetterdaten der letzten Jahrzehnte (1961–2005) eine umfangreiche meteorologische Untersuchung zur Klimaentwicklung in Sachsen veröffentlicht (Bernhofer et al. 2009). Dabei wurde für die Modellregion ein Anstieg der mittleren jährlichen Niederschlagssumme festgestellt, was unter anderem auf das überdurchschnittlich ergiebige Regenereignis vom August 2002 zurückzuführen ist. Zusätzlich wurde auf der Grundlage von Niederschlagsmessungen für die Stadt Dresden eine statistische Auswertung von Wetterdaten für die zurückliegenden Jahre (1996–2010) vorgenommen (Ullrich und Reinfried 2011). Hierbei konnte mit Hilfe von Daten aus Regenschreibestationen der Stadtentwässerung Dresden eine tatsächliche Relevanz von Starkregenereignissen im Stadtgebiet nachgewiesen werden.

Die Untersuchungen von Ullrich und Reinfried (2011) weisen bezüglich der Art und Dauer der aufgetretenen Starkniederschläge eine hohe Variabilität auf. In Abbildung 6.2 sind die Ergebnisse für die unterschiedlichen Regenschreiberstationen der Stadtentwässerung Dresden am Beispiel von fünfminütigen Starkregenereignissen dokumentiert. Ein konkreter Trend kann hier noch nicht abgeleitet werden, da

- die untersuchte Zeitspanne zu gering ist und
- durch ihre lokale Begrenzung bei Weitem nicht alle Ereignisse durch die Regenschreiber erfasst werden.

Darüber hinaus kann es vorkommen, dass das Ergebnis verfälscht wurde, da ein Ereignis durchaus zwei Stationen betroffen haben kann und daraufhin doppelt gezählt wurde. Auf dieser Grundlage können Aussagen zur Entwicklung von Starkregenereignissen weder in qualitativer noch quantitativer Richtung getroffen werden. Festzuhalten bleibt jedoch, auch unter Einbeziehung der Untersuchung von Schadensfällen an Gebäuden, dass die Einwirkung Starkregen eine relevante Größe in der Modellregion Dresden darstellt und daher eine weitere Beachtung in der Diskussion zu Maßnahmen der Anpassung an den Klimawandel erfordert.

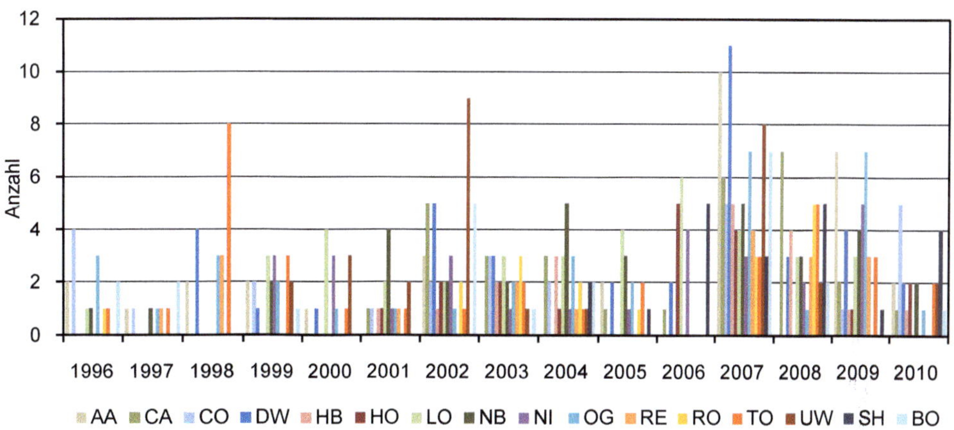

Bild 6-2 Starkregenereignisse von 1996 bis 2010 mit Niederschlagsintensität > 5 mm / 5 min an Regenschreibestationen im Dresdner Stadtgebiet (Quelle: Ullrich und Reinfried 2011).

6.2.2 Klimaprojektionen

Wie in Kapitel 2 erläutert, ist für eine Abschätzung zukünftiger Folgen des Klimawandels eine regionalisierte Betrachtung zwingend erforderlich, da diese Veränderungen regional sehr unterschiedlich ausfallen können. Weiterhin wurde an dieser Stelle am Beispiel des Freistaates Sachsen erläutert, dass im Vergleich der beiden Klimaperioden 1961–1990 und 1981–2010 eine generelle Zunahme der mittleren jährlichen Niederschlagssumme Sachsens um etwa 3 %, jedoch mit deutlichen jahreszeitlichen Unterschieden, erkennbar wird. Im Frühling nehmen die Niederschläge der Periode 1981–2010 gegenüber 1961–1990 im Mittel um etwa 4 % ab. Im Sommer sind hingegen überwiegend steigende Niederschlagssummen zu erkennen, welche für das Bundesland im Mittel etwa 6 % betragen. Auch für den Herbst sind die Niederschlagssignale der

Klimaperiode 1981–2010 mit einem flächenbezogenen Anstieg von etwa 5 % als positiv anzusprechen. Für den Winter weisen die veränderten Niederschläge der Periode 1981–2010 starke räumliche Differenzierungen auf, wobei auch hier im Flächenmittel ein Zuwachs von etwa 3 % zu verzeichnen ist (Bernhofer et al. 2015).

Bezüglich der Niederschlagsextreme ergibt sich für den beobachteten regionalen Klimawandel ein klares Betrachtungsergebnis (Bernhofer et al. 2015). So sind Starkniederschläge oberhalb des 95. Perzentils sachsenweit deutlich gestiegen. Aber auch Extremniederschläge oberhalb des 99. Perzentils sind sachsenweit deutlich gestiegen, was für die Verletzbarkeitsbeurteilung von Gebäuden durchaus relevant ist. Insgesamt besteht in Sachsen somit ein Trend zu mehr Niederschlag und hier insbesondere zu intensiveren Starkniederschlagsereignissen. Dabei nimmt auch die mittlere Intensität von Starkniederschlagsereignissen zu. Dies beeinflusst sowohl die Anzahl der Starkniederschlagsereignisse als auch deren Intensität. Bei grundsätzlich zunehmenden Niederschlagssummen in Sachsen nahm insbesondere die Summe des Niederschlages, der als Starkniederschlag fällt, deutlich zu.

6.3 Verletzbarkeitsanalyse

Gebäudeschäden infolge von Starkregen

Bild 6-3 Ausgewählte Schadensbilder nach Starkregenereignissen. A: Durchfeuchtungen am Auflager eines Rollladenkastens; B: Zutritt von Oberflächenwasser am Lichtschacht einer Tiefgarage; C: Wasserstand in der Schichtenfolge einer Dachterrasse; D: Substanzschäden an tragendem Holzbalken (Fotos: Müller, Günther, 2009–2012).

Gebäudeschäden infolge Starkregeneinwirkungen treten in der Regel als eine Summe von Einzelfällen auf, die meist von verschiedenen Akteuren beseitigt und monetär kompensiert werden. Für die Öffentlichkeit bleiben diese Schäden daher, im Gegensatz zu markanten Schäden durch Hochwasser- oder Hagelereignisse, weitgehend verborgen und werden so nur selten als zusammenhängende Ereignisse wahrgenommen.

Als typische Schadensbilder von Starkregeneinwirkungen sind Feuchteflecken und Ausblühungen auf raumseitigen Bauteiloberflächen sowie Wasserzutritte über die Gebäudehülle anzusprechen. Damit einher gehen häufig Schädigungen der Bausubstanz sowie unmittelbare Nutzungseinschränkungen einzelner Bauteile beziehungsweise ganzer Gebäudeabschnitte, deren wirtschaftliche Folgen die Aufwendungen für die Beseitigung der technischen und optischen Beeinträchtigungen um ein Vielfaches übersteigen können (Bild 6-3).

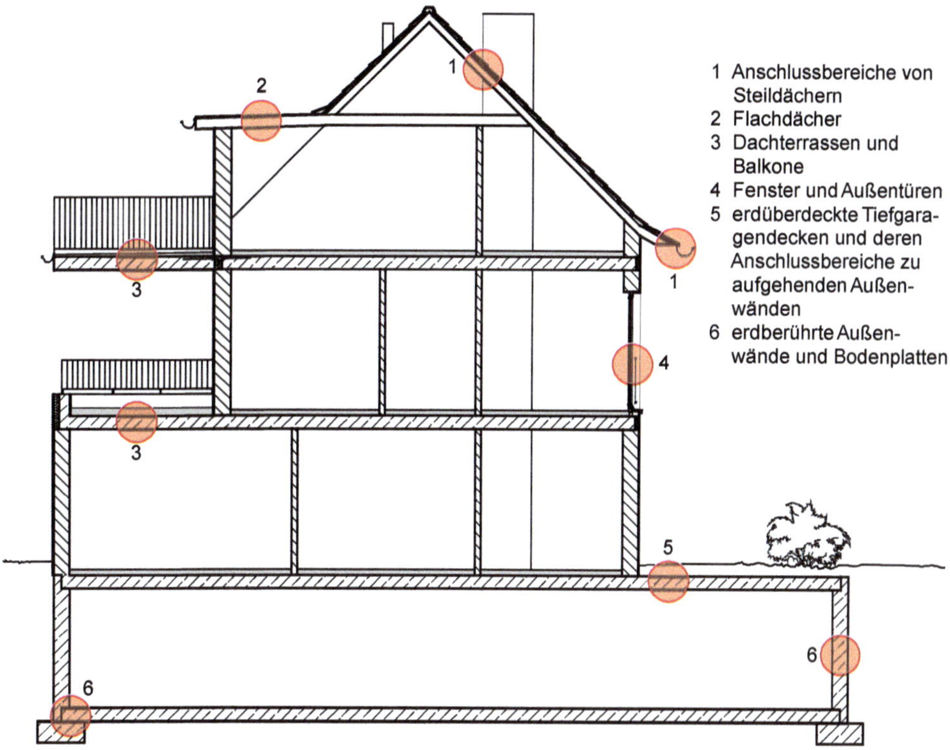

Bild 6-4 Kennzeichnung typischer Schadensschwerpunkte der Gebäudehülle gegenüber der Einwirkung Starkregen für Wohn- und Geschäftsgebäude der Bauzeit nach 1990.

Aufgrund fehlender Entwässerungsmöglichkeiten für die unplanmäßig in Schichtenfolgen anstehende Feuchtigkeit kann diese häufig langfristig einwirken und so zu einer Verschlechterung der Materialeigenschaften bis hin zum Verlust der Tragfähigkeit von Bauteilen führen. Statische Probleme ergeben sich dabei etwa durch pflanzlichen Schädlingsbefall von Holzkonstruktionen oder die Korrosion von Stahlbauteilen und Bewehrungseinlagen. Werden feuchteempfindliche Baustoffe wie gipshaltige Materialien, mineralische Wärmedämmschichten oder Holzwerkstoffe intensiv mit Feuchte beaufschlagt, so sind die Schäden meist irreversibel und erfordern einen vollständigen Ersatz.

Die gewonnenen Erkenntnisse zur Auswirkung intensiver Niederschlagsereignisse auf Gebäude und deren Baukonstruktionen basieren wesentlich auf einer systematischen Untersuchung einer Vielzahl konkreter Schadensfälle, für die ein direkter Bezug zur Einwirkung Starkregen nachgewiesen ist. Ergänzt durch die Auswertung maßgebender Literatur und Fachkenntnisse aus der Tätigkeit in der Schadensanalyse wird so erkennbar, welche Konstruktionselemente des baulichen Gefüges die Verletzbarkeit gegenüber Starkregen besonders prägen.

Die Untersuchungen zeigen, dass die Einwirkung Starkregen häufig zu charakteristischen Schäden führt, welche bei Gebäuden gleicher Bualtersstufe und vergleichbaren Baukonstruktionen vielfach identische, zumindest jedoch vergleichbare Schadensursachen und -mechanismen bedingt. Somit können maßgebende schadensverursachende Bauteile abgegrenzt werden, wodurch eine Vergleichbarkeit und Bewertung ermöglicht wird. Für Gebäude der Bauzeit nach 1990 sind dabei die in Bild 6-4 gekennzeichneten Bauteile der Gebäudehülle von besonderer Relevanz.

Untersuchungsansatz

Die Klassifizierung von Bauteilen beziehungsweise ganzer Gebäude hinsichtlich ihrer Verletzbarkeit gegenüber Starkregenereignissen ist von einer Vielzahl baulicher, struktureller sowie auch organisatorischer Randbedingungen abhängig. Im Gegensatz zu anderen klimatischen Einwirkungen wie Hagel oder Überflutung schädigt ein Starkregenereignis intakte, mangelfreie Baukonstruktionen im Allgemeinen nicht oder nur geringfügig. Wie Ex-Post-Analysen von Schadensfällen durch MNI Dresden (2012) ergaben, entstehen Gebäudeschäden im Regelfall dadurch, dass Niederschlagswasser an bestehenden, meist lokalen, Problempunkten der Gebäudehülle in die Konstruktion eindringen kann. Daher ist die Verletzbarkeit von Bauteilen und Gebäuden gegenüber Starkregenereignissen hauptsächlich durch das vorhandene Risiko für Mängel an der Baukonstruktion gekennzeichnet. Die Bewertung der Verletzbarkeit von Gebäuden gegenüber Starkregen folgt aus diesem Grund einem bauteilspezifischen Untersuchungsansatz, dessen Fokus auf der Identifikation grundsätzlich kritischer Baukonstruktionen und Detaillösungen liegt.

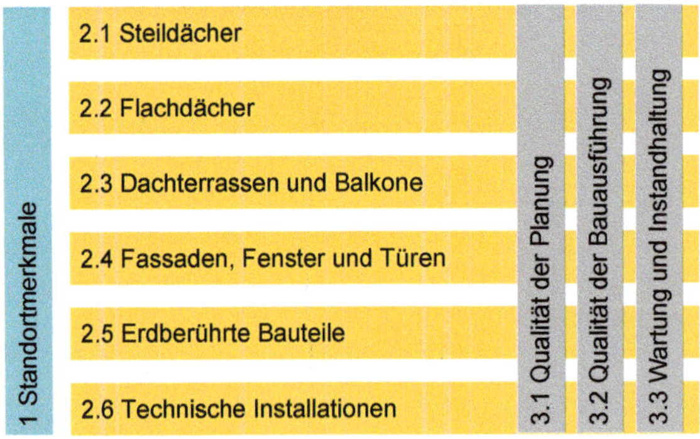

Bild 6-5 Bewertungsschema für die Verletzbarkeit von Gebäuden gegenüber der Einwirkung Starkregen.

Weiterhin stellen das mögliche Schadensausmaß beziehungsweise die Schadensintensität sowie der sich hieraus ergebende Instandsetzungsaufwand maßgebende Bewertungskriterien dar. Wie in Bild 6-5 dargestellt, werden daher ergänzend zur Analyse der Baukonstruktion auch Qualitätsanforderungen in der Planung, Bauausführung und Instandhaltung sowie die äußeren Randbedingungen am Gebäudestandort bei der Beurteilung der Verletzbarkeit berücksichtigt.

Die Verletzbarkeit des Gesamtgebäudes kann durch jedes relevante Bauteil der Gebäudehülle (Bild 6-5: Bauteile 2.1 bis 2.5) und die technischen Installationen (Bild 6-5: 2.6) erheblich beeinflusst werden. Aus diesem Grund ist es erforderlich, zunächst die spezifische Schadensneigung getrennt für jedes einzelne Bauteil beziehungsweise jede Bauteilgruppe zu ermitteln. Wesentliche Aspekte für die Bewertung der Bauteile sind hierbei:

- die Komplexität der Bauteilgeometrie (Versprünge und Versätze in Grundriss und Schnitt; Anzahl von Anschlüssen und Durchdringungen),
- die Exposition und Größe des Bauteils (Möglichkeiten zum konstruktiven Witterungsschutz),
- Maßnahmen zur gezielten und sicheren Wasserableitung (Gefälleausbildung, Dimensionierung von Querschnitten, Durchlässigkeit von Schichtenfolgen, Verweildauer des Niederschlagswassers),
- die Art und Intensität der Nutzung,
- die Art und Qualität der verwendeten Materialen und Bauprodukte (feuchteresistente Materialien).

Die Wichtung der jeweils für die einzelnen Bauteile ermittelten Verletzbarkeiten orientiert sich an dem zu erwartenden Schadensumfang, in Verbindung mit den zu erwartenden Sanierungskosten. Für die Kostenermittlung steht den mit der Bewertung befassten Bauingenieuren eine umfangreiche Datenbank zur Verfügung, die im Rahmen der Auswertung konkreter Schadensfälle erarbeitet wurde und seither fortlaufend gepflegt wird.

Der Einfluss der Planung und Ausführung auf die Verletzbarkeit von Bauteilen und Gebäuden ist nachweislich hoch. So werden durch den Gebäudeplaner wesentliche Vorgaben zur baukonstruktiven Durchbildung erarbeitet. Insofern bestehen bereits hier Möglichkeiten, durch eine Auswahl geeigneter Materialien und Detaillösungen die Anfälligkeit der Konstruktionen zu reduzieren. Werden hingegen keine Vorgaben zur Ausführung baukonstruktiver Details getroffen, so führt dies häufig dazu, dass wesentliche Ausführungsdetails planerisch nicht beziehungsweise nur unzureichend durchdacht werden und schließlich die ausführenden Unternehmen eigene, mehr oder weniger fachgerechte Lösungen umsetzen. Besonders gefährdete Bereiche stellen hierfür vor allem Detailanschlüsse sowie Schnittstellen zwischen den verschiedenen Gewerken dar. Bei der Bewertung der Qualität von Planung, Ausführung und Instandhaltung werden daher folgende Parameter berücksichtigt:

- die Präqualifikation von Planern und ausführenden Firmen,
- eine gesonderte Schnittstellenkoordination für die verschiedenen Gewerke,
- der Detaillierungsgrad der Planung sowie der Bau- und Leistungsbeschreibungen,
- die Güte der Qualitätssicherung während der Bauausführung,
- eine kontinuierliche Wartung und Instandhaltung während der Nutzungsphase (Wartungsverträge, protokollierte Kontrollen).

In die Gesamtbewertung fließen weiterhin die für den jeweiligen Gebäudestandort spezifischen Faktoren wie die umgebende Bebauung, die klimatischen Randbedingungen (Regenspenden,

Starkregenintensität), die Höhenlage des Bauortes sowie die Beschaffenheit des Baugrundes, ein.

Klassifizierung von Gebäuden und Verringerung der Schadensneigung

6

Durch die Anwendung des bauteilbezogenen Untersuchungsansatzes können grundsätzlich günstige von kritischen Randbedingungen abgegrenzt und damit bestehende Defizite aufgezeigt werden. Zur Visualisierung der Ergebnisse und zur Kennzeichnung eines konkreten Handlungsbedarfs wird die ermittelte Verletzbarkeit getrennt für jede untersuchte Bauteilgruppe in einer Bewertungsgrafik aufgetragen. Die Bilanz für das Gesamtgebäude wird ebenfalls dargestellt, wobei die Wichtung der Einzelbeiträge alle wesentlichen Randbedingungen berücksichtigt. In Bild 6-6 ist exemplarisch der Einfluss einzelner Bauteile auf das Gesamtergebnis sowie die Auswirkung von baulichen Anpassungsmaßnahmen dargestellt.

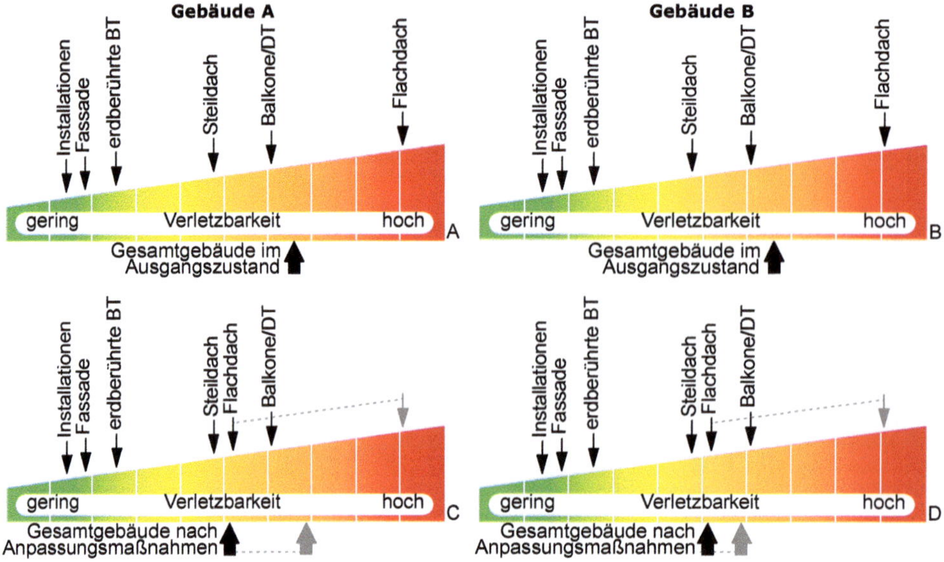

Bild 6-6 Ergebnisgrafiken für die Verletzbarkeit von Gebäuden gegenüber Starkregen mit Darstellung des qualitativen Einflusses von Einzelbeträgen der Bauteile sowie von Anpassungsmaßnahmen auf die Gesamtbilanz. Gebäude A: Flachdach mit hohem Flächenanteil; Gebäude B: Flachdach mit geringem Flächenanteil.

Bild 6-6 a) zeigt die Bewertung für ein Gebäude, dessen Flachdachkonstruktion aufgrund geringer Qualität der Abdichtungslösung eine hohe Verletzbarkeit gegenüber der Einwirkung Starkregen aufweist. Das Flachdach erstreckt sich vollständig über den Gebäudegrundriss, so dass im Ergebnis dem gesamten Gebäude eine erhöhte Verletzbarkeit zugewiesen wird. Das in Bild 6-6 b) betrachtete Gebäude verfügt über eine vergleichbare Schichtenfolge des Flachdaches. In diesem Fall umfasst das Flachdach jedoch nur einen kleinen Teilbereich, weshalb die Verletzbarkeit des Gebäudes bei identischen Einzelbeiträgen der Bauteile wesentlich geringer ist.

Der maßgebende Ansatz zur Verringerung der Schadensneigung eines Gebäudes gegenüber Starkregen besteht darin, die Verletzbarkeit der einzelnen Bauteilgruppen, insbesondere derjenigen mit hohen Einzelbeiträgen, zu reduzieren. Die Auswertung von untersuchten Schadensfällen zeigt, dass eine lange Verweildauer von anfallendem Niederschlag sowie komplexe Anschlussdetails maßgeblich zur Ausbildung der Schäden beigetragen haben. Aus diesem Grund sind insbesondere Anpassungsmaßnahmen auszuführen, die zu einer raschen, sicheren und direkten Ableitung von Niederschlagswasser führen. Der damit verbundene wirtschaftliche Aufwand kann ermittelt und ins Verhältnis zu der damit erreichbaren Verringerung der Verletzbarkeit für das Gebäude gesetzt werden. Bild 6-6 c) und Bild 6-6 d) dokumentieren die Auswirkungen von Anpassungsmaßnahmen am Flachdach für die Gesamtbilanz der Beispielgebäude. Vor dem Hintergrund der unterschiedlichen Flächenanteile ist der Einfluss am Gebäude A im Vergleich zu Gebäude B signifikant größer. Im Ergebnis der Untersuchungen existiert somit ein Instrument zum Aufwand-Nutzen-Vergleich von baulichen Handlungsoptionen für die Anpassung von Konstruktionen und Gebäuden an die Einwirkung Starkregen.

6.4 Baukonstruktive Anpassung

6.4.1 Mehrfamilienhaus, Baujahr etwa 1890

Schwachpunkte

Verletzbare Bereiche des Baugefüges

Das baukonstruktive Gefüge gründerzeitlicher Wohngebäude ist, im Vergleich zur traditionellen Bauweise des beginnenden 19. Jahrhunderts, durch eine stärkere Verwendung industriell hergestellter Baumaterialien gekennzeichnet. Hierbei ist insbesondere der systematische Einsatz gebrannter Mauerziegel für die Herstellung der Außen- und Innenwände in den Wohngeschossen sowie von Stahlträgern in Kellerdecken und Treppenpodesten hervorzuheben. Darüber hinaus wurden für die Schaffung vollwertiger Wohnräume im Dachgeschoss ausbaufreundliche Konstruktionsformen und Querschnitte gewählt. Demgegenüber wurden die Geschossdecken als Holzbalkendecken sowie die Gründung und Kelleraußenwände in Natursteinen, weitgehend einer historischen Bautradition folgend, ausgeführt.

Hinsichtlich der Verletzbarkeit gegenüber Starkniederschlagseinwirkung ist die bautechnische Weiterentwicklung der Außenwände, ausgehend von historischen Fachwerkkonstruktionen beziehungsweise Wänden aus Natursteinmauerwerk hin zu massivem, homogenem Ziegelmauerwerk, positiv zu bewerten. Der Ausbau des Dachgeschosses zu Wohnzwecken führt hingegen zu einem erhöhten Risiko für Feuchteschäden in diesen sensiblen Nutzungsbereichen. Zur Bauzeit des Gebäudes versuchte man, diesem Umstand durch die Ausführung von Zusatzmaßnahmen zur Erhöhung der Regensicherheit der Dachdeckung zu begegnen.

Das in diesem Kapitel betrachtete Mehrfamilienhaus blieb während der Sanierung in seinen baukonstruktiven und gestalterischen Grundzügen weitgehend unverändert. Gegenüber Starkregen besonders verletzbare Bauteile, wie etwa Dachterrassen auf Holzbalkendecken im Dacheinschnitt, wurden hier nachträglich nicht in die historische Baukonstruktion eingefügt. Insofern ergibt sich eine erhöhte Verletzbarkeit vor allem durch die bereits im ursprünglichen Baubestand vorgegebene Gestaltung der Fassaden, der Einbauten und Anschlussgeometrien im Dachgeschoss sowie die unzureichenden Maßnahmen zum Feuchteschutz der erdberührten Bauteile und der Balkone der straßenseitigen Fassade. Diese potentiellen Problempunkte wurden im Zuge der

6

Sanierung im Vergleich zum Bestand weder verschlechtert noch, bezogen auf die Schadensneigung, wesentlich verbessert.

Dachdeckung

Das gesamte Dach ist mit einer Schieferdeckung als Deutsche Deckung (quadratische Schiefer mit Bogenschnitt) versehen. Zur Klärung der nachfolgend verwendeten Begriffe und Bezeichnungen dient Bild 6-7.

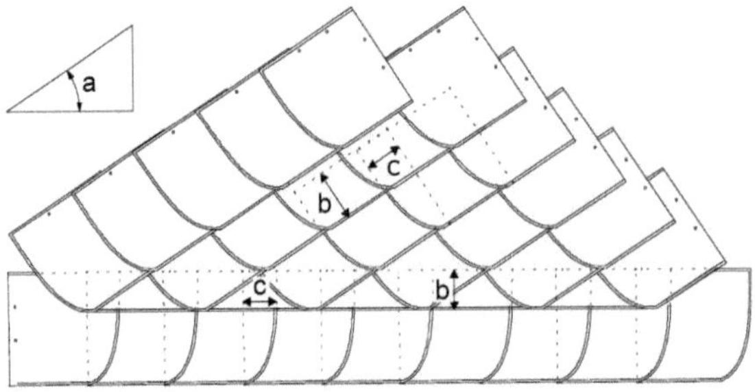

a Gebindesteigung
b Höhenüberdeckung
c Seitenüberdeckung

Bild 6-7 Begriffserklärung für Schieferdeckung als Deutsche Deckung.

Tabelle 6-3 Vergleich der geometrischen Randbedingungen der Dachdeckung im Bestand mit den Anforderungen gemäß den ZVDH-Fachregeln für Dachdeckungen mit Schiefer.

Ausführungsdetails	Bestand	Regelwerk ZVDH	Bemerkungen ZVDH
Dachneigung	Oberdach 31° Mansarde 70°	25° Regeldachneigung für ›Deutsche Deckung‹	
Schieferdeckung Oberdach			
Seitenüberdeckung	90–100 mm	≥ 90 mm	
Höhenüberdeckung	95–110 mm	≥ 100 mm	
Gebindesteigung	0,400 m	≥ 0,485 m < 1,00 m	Gebindesteigung, bezogen auf 1,00 m Trauflänge
Höhenüberdeckung zum Traufgebinde	90–110 mm	≥ 100 mm	wie Höhenüberdeckung in der Fläche auszuführen
Schieferdeckung Mansarde			
Seitenüberdeckung	90–100 mm	≥ 90 mm	
Höhenüberdeckung	80–95 mm	≥ 70 mm	
Gebindesteigung	keine	≥ 0,060 m < 1,00 m	Gebindesteigung, bezogen auf 1,00 m Trauflänge
Höhenüberdeckung zur Liegerinne beziehungsweise Stehfalzdeckung	95–110 mm	≥ 100 mm	wie Höhenüberdeckung in der Fläche auszuführen

Die Deckung ist im Bereich der Mansarde ohne Gebindesteigung und im Bereich des Oberdaches mit einer Steigung von etwa 0,40 m/m (~ 22°) ausgeführt. Die Dachneigung beträgt in der

Mansarde 70° und im Oberdach etwa 31°. Die Ausführung ohne Gebindesteigung im Bereich der Mansarde entspricht damit nicht vollständig den Anforderungen gemäß den ZVDH-Fachregeln für Dachdeckungen mit Schiefer (ZVDH 2012), welche eine Dachneigung von mehr als 70° für die Deckung ohne Gebindesteigung fordern (Grenzfall). Die Gebindesteigung im Bereich des Oberdaches ist als deutlich zu gering anzusprechen. So fordern die Fachregeln bei einer Dachneigung von 31° eine Mindestgebindesteigung von 0,485 m/m (26°). Ein Vergleich der Anforderungen gemäß dem ZVDH-Regelwerk mit den vor Ort tatsächlich vorliegenden geometrischen Randbedingungen der Dachdeckung ist in Tabelle 6-3 enthalten.

Die hier dokumentierten Werte zeigen, dass die Mindestwerte der Höhen- und Seitenüberdeckung von 100 beziehungsweise 90 mm überwiegend noch eingehalten sind, jedoch insbesondere auf Teilflächen am Oberdach unterschritten werden.

Zusätzlich zu den vor Ort bestimmten Ausführungsparametern ist festzuhalten, dass die Dachdeckung sowohl auf der nach Norden orientierten Straßenseite als auch auf der nach Süden gerichteten Hofseite als Rechtsdeckung (Deckung von links nach rechts) ausgeführt ist. Die Hauptwetterrichtung am Gebäudestandort, aus Westen beziehungsweise Nordwesten, ist somit auf der straßenseitigen Dachfläche berücksichtigt. Hingegen führt die auf der hofseitigen Dachfläche gewählte, ungünstige Deckrichtung, insbesondere am flach geneigten Oberdach, zu einem erhöhten Risiko für temporären Wasserzutritt unter die Überdeckung.

Als grundsätzlich günstig hervorzuheben ist die Ausführung des Dachquerschnitts als belüftete Konstruktion (Kaltdach). Durch die Anordnung einer Luftschicht unterhalb der Dachschalung, über der Wärmedämmschicht, kann an lokalen Schwachpunkten der Dachdeckung eindringende Feuchtigkeit weitgehend ungehindert abgegeben werden und verbleibt somit nicht längerfristig in der Schichtenfolge. Weiterhin weist das Dach eine vergleichsweise geringe Anzahl von Durchdringungen durch Dunstrohre oder Ähnliches auf, wodurch das Risiko für Fehlstellen deutlich reduziert ist. Zudem führt die gute und direkte Einsehbarkeit annähernd der gesamten Dachfläche dazu, dass mögliche Beschädigungen an der Dachdeckung frühzeitig erkannt und rasch beseitigt werden können.

Neben den handwerklichen Verarbeitungsmängeln an der Dachdeckung liegen auch an den Übergängen zu den giebelseitig angrenzenden Nachbargebäuden kritische Anschlussdetails hinsichtlich der Beanspruchung durch Starkregen vor. Das betrachtete Gebäude weist im Vergleich zu den Nachbargebäuden eine größere Trauf- und Firsthöhe auf, so dass die Giebelwände über die Ebene der Dachflächen der Nachbargebäude herausgeführt sind. Die seitlichen Anschlüsse der Dächer der Nachbargebäude sind im aktuellen Zustand sowohl in der Geometrie als auch in der handwerklichen Umsetzung mangelhaft. So beträgt die Anschlusshöhe der seitlichen Verblechung abschnittsweise lediglich etwa 4 cm, anstelle der nach den ZVSHK-Klempnerfachregeln geforderten Mindesthöhe von 8 cm. Der obere Rand der Verblechung ist zudem nicht regensicher verwahrt. Bei der Montage mit aufgesetzter Kappleiste wurden weder eine geeignete Dichtschnur noch ein vorkomprimiertes Dichtungsband eingebaut. Aus diesem Grund können das an den Giebelfassaden ablaufende Regenwasser oder der den Anschluss direkt beanspruchende Niederschlag die Verblechung hinterlaufen. Die hier am oberen Rand eingebrachten Versiegelungsmassen (Silikon) stellen keine wirksame Abdichtung dar und sind darüber hinaus überwiegend gerissen.

Die Feuchtebeanspruchung der über die Dachfläche der Nachbargebäude hinausragenden Giebelwände sowie der Anschlussbereiche wird zusätzlich durch einen geringen giebelseitigen Dachüberstand von lediglich etwa 9 cm verstärkt. Darüber hinaus liegen lokale Fehlstellen am Putz des Giebelmauerwerkes vor.

Dachentwässerung

Das Dach mit einer Grundfläche von etwa 200 m² wird über traufseitig angeordnete Dachrinnen mit jeweils einem straßenseitigen und einem hofseitigen Fallrohr entwässert. Für die hofseitige Dachrinne und die Regenfallrohre wurden genormte Profile aus Titanzink verwendet. Die hofseitige Dachrinne ist dabei als 6-teilige, halbrunde Hängedachrinne (EN 612- 333-Zn) ausgeführt. Die Regenfallrohre verfügen über einen Durchmesser von jeweils NG 100. Bei der straßenseitigen Dachrinne handelt es sich um eine handwerklich hergestellte Liegerinne (Aufdachrinne), deren Weite an der Sollwassertiefe (oberer Rand der Dachrinne) etwa 27 cm beträgt.

Zur Überprüfung der vorhandenen Dachentwässerung hinsichtlich ihrer Dimensionierung erfolgte ein rechnerischer Nachweis der vorhandenen Entwässerungskapazität. Als aktuelle Berechnungsgrundlage wurde hier das Nachweisverfahren nach DIN EN 12056-3:2001-01 angewendet. Ergänzend sind in DIN 1986-100:2008-05 zusätzliche Bemessungsgrundsätze bezüglich der anzusetzenden Bemessungsregenspende formuliert. Entsprechend den hier definierten Vorgaben wurde für die Ermittlung des Regenwasserabflusses die für den Gebäudestandort in Dresden spezifische Bemessungsregenspende $r_{(5,5)}$ von 323 l/(s·ha) angesetzt.

6

Im Ergebnis der durchgeführten Berechnung zeigt sich, dass die Dachrinnen, welche jeweils nur über ein Regenfallrohr entwässert werden, eine rechnerische Auslastung von etwa 140 % aufweisen. Somit ist das vorhandene Entwässerungssystem des Hauptdaches, bezogen auf die aktuell zu berücksichtigende Bemessungsregenspende, unzureichend dimensioniert. Für die Fallrohre wurde hingegen eine hinreichende Dimensionierung nachgewiesen. Die Auslastung beträgt dabei jeweils weniger als 40 %.

Balkone

An der Schichtenfolge der beiden Balkone auf der Straßenseite wurden in der bisherigen Nutzungsphase, seit der Sanierung des Gebäudes in den 1990er Jahren, mehrfach Reparaturleistungen durchgeführt, ohne dabei jedoch das Abdichtungskonzept grundlegend zu verändern.

Die Balkontragkonstruktion wird aus zwei in den Außenwandquerschnitt eingelassenen Stahlträgern gebildet, auf welchen eine Werksteinplatte aus Sandstein aufgelagert ist. Auf der Oberseite dieser Balkonplatte ist eine Verblechung aus Titanzinkblech aufgebracht, welche umlaufend an allen drei freien Rändern über eine Tropfkante verfügt. Die historische Balkonumwehrung (Schmiedeeisen) ist in die Sandsteinplatte eingelassen und durchdringt die Verblechung.

Die vorliegende Konstruktionslösung ist keinem der für den Anwendungszweck als genutzte horizontale Fläche im Außenbereich aktuell geltenden Regelwerke zuzuordnen. So wäre für eine Verblechung in Form einer Dachdeckung eine Neigung von mindestens 7° (Doppelstehfalzdeckung) erforderlich. Die für die Abdichtung genutzter Dächer und Flächen maßgebenden Regelwerke DIN 18195 und ZVDH-Fachregeln für Abdichtung sehen hier übereinstimmend die Verwendung von Bitumen- und Polymerbitumenbahnen oder Kunststoff- und Elastomerbahnen als Abdichtung vor.

Die gewählte Konstruktionslösung ist darüber hinaus auch aufgrund fehlender Bewegungsausgleichmöglichkeiten der Verblechung (Längenänderung infolge thermischer Beanspruchung), unzureichender Anschlusshöhen am Anschluss zum Mauerwerk und den Balkontüren sowie einzelner gerissener Lötnähte als nicht regensicher anzusprechen. Auf der Balkonfläche anfallendes Niederschlagswasser oder anstehender Schnee kann an diesen Problempunkten annähernd ungehindert in die Konstruktion eindringen und somit zu Feuchteschäden führen.

Fassade

Die straßenseitige Fassade ist gegliedert durch eine Vielzahl von Sandsteinelementen in Form von Sockel-, Zwischen- und Traufgesimsen, Fenster- und Türgewänden, Sohlbänken, Brüstungsspiegeln und Fensterverdachungen. Zudem sind im Erdgeschoss eine vollflächige Bekleidung aus Sandstein ausgeführt und im 1. Obergeschoss Fugenschnitte im Putz ausgebildet. Infolge der daraus resultierenden Vielzahl von Materialwechseln ergibt sich an dieser Fassade eine stark erhöhte Rissgefahr in den Übergangsbereichen. Auch bestehen an den Sichtflächen der Sandsteinbekleidung teilweise ausgewitterte Mauerfugen. Sowohl an diesen Fugen als auch an Rissen in Bereichen von Materialübergängen ist von einer erhöhten Verletzbarkeit gegenüber Starkregen auszugehen.

An Vorsprüngen mit einer Auskragung von mehr als 5 cm, wie Gesimse, Fensterverdachungen und Sohlbänke, wurden jeweils oberseitige Verblechungen aus Titanzink montiert. Diese Maßnahme führt zu einer deutlichen Verringerung der Feuchtebeanspruchung der Werksteinelemente. Die Begutachtung vor Ort ergab jedoch, dass auch an diesen, hinsichtlich der Beanspruchung durch Niederschlag grundsätzlich günstigen Bauteilen, einzelne lokale Problempunkte vorliegen. So sind beispielsweise die Abdeckungen der Fensterbänke ohne Dichtbandeinlage an die Fensterrahmen angeschlossen und der Eckbereich zwischen Fensterbank, Fensterrahmen und Fenstergewände systematisch unverschlossen (Bild 6-8). Am Fensterrahmen außenseitig herablaufendes Niederschlagswasser kann hier die Verblechung ungehindert hinterlaufen.

Bild 6-8 Anschlussdetail Außenfensterbank – Fensterrahmen – Fenstergewände, Obersicht; Eckbereich der Fensterbänke systematisch unverschlossen (Foto: Günther, 2013).

Die hofseitige Fassade ist eine reine Putzfassade ohne zusätzliche Vor- und Rücksprünge. Sie verfügt lediglich über Fenstergewände aus Sandstein. Die Verletzbarkeit dieser nach Süden orientierten Fassade ist damit deutlich geringer als die der nördlichen Straßenfassade.

Erdberührte Bauteile / Haustechnik

Die Kelleraußenwände aus Sandstein-Quadermauerwerk verfügen über eine Vertikalabdichtung aus Bitumendickbeschichtung, welche im Rahmen der grundhaften Sanierung des Gebäudes aufgebracht wurde. Diese Abdichtung endet jeweils in der Höhe der Oberkante des Geländes oder bis zu 5 cm darunter. Oberhalb des Geländeniveaus ist der Gebäudesockel ohne zusätzliche Abdichtungen auf der Straßenseite mit Sandsteinplatten bekleidet und auf der Hofseite verputzt. Eine nachträgliche Horizontalsperre wurde während der Sanierungsarbeiten nicht ausgeführt. Im Ganzen betrachtet, ist demnach von einem wirksamen Schutz gegenüber seitlich aus dem Baugrund anströmender Feuchtigkeit auszugehen. Kapillar aufsteigende Feuchtigkeit wird hingegen, wie erhöhte Feuchtekennwerte an den Wandfüßen von Außen- und Innenwänden im Kellergeschoss belegen, nicht wirksam unterbunden.

Bezogen auf die Beanspruchung durch Starkregen sind insbesondere der unzureichende Feuchteschutz der Außenwände in Geländehöhe sowie die Höhenlage einzelner Kellerfenster als kritisch anzusprechen. Entlang der Straßenflucht grenzt der Gehwegbelag aus Granitplatten mit Pflasterung in den Randbereichen direkt an den Gebäudesockel an. Die Unterkanten einzelner Kellerfenster liegen hier teilweise auf gleicher Höhe mit der Oberkante des Gehweges. Zusätzliche Maßnahmen zum Schutz gegenüber zuströmendem Oberflächenwasser oder entsprechende Abdichtungen existieren nicht (Bild 6-9). Somit besteht grundsätzlich die Gefahr, dass Oberflächenwasser über die Kellerfenster in das Gebäude eindringt. Aufgrund der fehlenden Abdichtung an den Außenwänden im geländenahen Bereich ist bei zuströmendem Oberflächenwasser auch eine Feuchtebelastung des Außenwandquerschnittes selbst sehr wahrscheinlich.

Bild 6-9 Detail Kellerfenster Straßenfassade, Fensterbank niveaugleich zum Gehweg (Foto: Nikolowski, 2013).

Von Vorteil ist, dass die feuchteempfindlichen Baustoffe innerhalb des Fußbodenaufbaus im Erdgeschoss erst etwa 40 cm über der Geländeoberkante beginnen. Insofern ist hier auch bei Starkregenereignissen ein Sicherheitsabstand gewährleistet. Weiterhin ist als günstig herauszustellen, dass die Kellerräume lediglich einer untergeordneten Nutzung als Abstellräume dienen, so dass im Fall eines Wasserzutritts in den Keller die erforderlichen Instandsetzungsleistungen sowie die damit verbundenen Kosten vergleichsweise gering sein werden.

Die im Keller befindliche Fernwärmeübergabestation ist einschließlich aller Rohrleitungen erhöht, mit einem vertikalen Abstand von mindestens 10 cm zum Fußboden, angeordnet. Zudem liegt das Fußbodenniveau hier etwa 15 bis 20 cm über der Oberkante des Fußbodens in den übrigen Kellerräumen. Der Verteilerkasten für die Elektroinstallation ist an einer Innenwand in einer Höhe von etwa 50 cm montiert. Insofern ist die Haustechnik des Gebäudes bis zu einem Wasserstand von mindestens 25 cm im Keller geschützt.

Klassifizierung des Gesamtgebäudes

An dem untersuchten gründerzeitlichen Wohngebäude liegen, bezogen auf eine geringe Schadensneigung bei Beanspruchung durch Starkregen, grundsätzlich günstige Randbedingungen vor. Als besonders relevant für den Schutz gegenüber dieser Einwirkung sind hervorzuheben:

- die Verwendung einer robusten Dachdeckung (Schieferdeckung)
- das Entwässerungssystem des Hauptdaches mit vorgehängter Rinne und Liegerinne sowie freiem Notüberlauf über die Fassade
- der sehr geringe Anteil flach geneigter Flächen (lediglich zwei kleine Balkone)
- die annähernd vollständig durch die Nachbarbebauung (Blockrandbebauung) geschützt liegende Westfassade (Wetterseite)

Des Weiteren sind die am Gebäudestandort bestehenden Einwirkungsparameter nicht deutlich erhöht. Die Beanspruchung durch Schlagregen entspricht hier der Gruppe II nach DIN 4108-3:2014-11, was eine mittlere Gefährdung charakterisiert. Die erdberührten Bauteile werden durch „Bodenfeuchte“ und „zeitweise aufstauendes Sickerwasser“ beansprucht.

Trotz der günstigen Voraussetzungen zeigt die eingehende Analyse des Baubestandes, dass durch Ausführungsmängel und unzureichende Vorgaben der Planung sowie durch wahrscheinlich nachträglich erfolgte Änderungen (Anhebung des straßenseitigen Geländeniveaus) die Schadensneigung der maßgebenden Außenbauteile erhöht wird. Dies betrifft vor allem die handwerklichen Mängel an der Dachdeckung und den seitlichen Anschlüssen zu den Nachbargebäuden, die unzureichend dimensionierte Entwässerung des Hauptdaches, das stark mangelhafte Abdichtungssystem der Balkone sowie einen eingeschränkten Schutz gegenüber vom Gehweg anströmendem Oberflächenwasser. Darüber hinaus gibt der aktuelle Zustand der Fenster- und Außentüren Hinweise auf eine fehlende kontinuierliche Wartung und Pflege.

Im Gesamtergebnis ist dem Gebäude eine mittlere bis leicht erhöhte Verletzbarkeit zuzuweisen. Der in Bild 6-10 dargestellte vergleichsweise hohe Einzelbetrag für die Bauteilgruppe „Balkone/Dachterrassen“ begründet sich aus der stark mangelhaften Schichtenfolge der beiden Balkone. Aufgrund der geringen Grundfläche von insgesamt lediglich etwa 3,60 m² ist der Einfluss der Balkone auf das Gesamtergebnis für das Gebäude jedoch nur gering. Weitere wesentliche Bauteilgruppen mit einer erhöhten Schadensneigung gegenüber Starkregen sind die erdberührten Bauteile sowie die Fassaden.

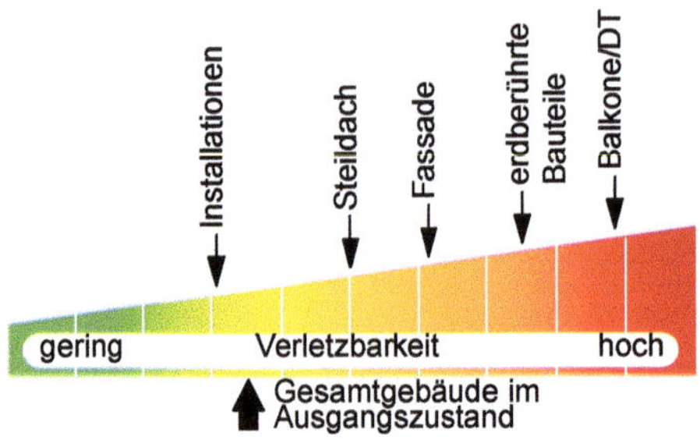

Bild 6-10 Bewertungsgrafik für das Gesamtgebäude im aktuellen Zustand (Sanierung 1990er Jahre).

Anpassung

6

Dachdeckung

Die für die Dachdeckung aus Schiefer dokumentierten Ausführungsparameter liegen zum Teil außerhalb des nach dem ZVDH-Regelwerk definierten zulässigen Wertebereichs (Tabelle 6-3). So unterschreitet die Höhenüberdeckung der Dachschiefer sowohl in der Fläche als auch zum Traufgebinde abschnittsweise den geforderten Mindestwert. Bezüglich der Gebindeneigung wird der zulässige Grenzwert insbesondere im flach geneigten Oberdach deutlich unterschritten. An dieser Stelle sei darauf verwiesen, dass die Gewährleistung einer regensicheren Dachdeckung mit Schiefer zwingend an die Einhaltung der ZVDH-Fachregeln gebunden ist.

Die nachträgliche Herstellung einer zu den Vorgaben des ZVDH konformen Ausführung erfordert eine vollständige Neueindeckung des gesamten Daches. Dieser aus technischer Sicht richtige Schritt ist wirtschaftlich nur dann zu begründen, wenn konkrete Feuchteprobleme im Dachbereich auftreten. Nach Auskunft der Nutzer sowie der Hausverwaltung sind hier bisher keine entsprechenden Schadensfälle bekannt, weshalb die Priorität einer entsprechenden Anpassungsmaßnahme eher mittel- bis langfristig einzuschätzen ist. Im Zusammenhang mit einer Neueindeckung des Daches mit Schiefer sollten in jedem Fall die geforderten Ausführungsparameter eingehalten, möglichst jedoch um einen Sicherheitszuschlag erhöht werden.

Die seitlichen Anschlüsse der Dachdeckungen der Nachbargebäude zum untersuchten Wohngebäude sind in der Ausführungsqualität sehr gering, weshalb hier im Rahmen von Starkregenereignissen bereits kurzfristig Feuchteprobleme zu erwarten sind. Diese würden wahrscheinlich zunächst den Ausbauquerschnitt der Nachbargebäude betreffen, können jedoch auch zu einer Schädigung des Giebelmauerwerks am betrachteten Gebäude selbst führen. Aus diesem Grund ist eine baldige Überarbeitung dieser Anschlusslinien zu empfehlen. Dabei sind die Anschlusshöhen der seitlichen Verblechung auf einen Wert von mindestens 8 cm, besser jedoch 12 cm, zu vergrößern und der obere Rand regensicher zu verwahren. Der Wandanschluss sollte dabei mit aufgesetzter Kappleiste mit vorkomprimiertem Dichtungsband und Fugendichtstoff ausgeführt werden.

Dachentwässerung

Aufgrund einer unzureichenden Dimensionierung der Rinnenquerschnitte ist das Entwässerungssystem des Hauptdaches nicht in der Lage, den im Falle eines Starkregenereignisses anfallenden Regenwasserabfluss sicher abzuführen. Somit besteht hier Handlungsbedarf zur Verbesserung des Ableitvermögens der Dachentwässerung.

Für die Anpassung des Entwässerungssystems an das nach den aktuell geltenden Normen geforderte Sicherheitsniveau existieren zwei denkbare Strategien. Zum einen besteht die Möglichkeit, durch die Anordnung jeweils eines zusätzlichen Regenfallrohres (NG 100) je Fassade die im Entwässerungsabschnitt abzuführende Wassermenge zu verringern (Variante I). Auf jedes Fallrohr würde demnach die Hälfte des derzeit anfallenden Regenwasserabflusses entfallen. Zum anderen ist eine Vergrößerung des Querschnittes der Entwässerungsrinnen denkbar, wodurch deren Abflussvermögen erhöht wird (Variante II). Zur Anpassung an die rechnerisch ermittelte Beanspruchung sollten die Rinnen dabei zukünftig auf folgenden Wert vergrößert werden: halbrunde Hängedachrinne EN 612-400-Zn.

In beiden Fällen werden Eingriffe in das bestehende Rinnensystem erforderlich. Für Variante I ist das Gefälle der Dachrinnen abschnittsweise anzupassen, so dass das anfallende Niederschlagswasser gezielt dem zusätzlichen Fallrohr zugeführt wird. Da die Fallrohre in diesem Fall etwa in den Drittelspunkten der Traufseiten liegen, betrifft die Gefälleveränderung lediglich den Rinnenabschnitt zwischen den beiden Fallrohren. Somit ist auch die Errichtung eines Fassadengerüstes für die Ausführung der Arbeiten nur auf etwa einem Drittel der Fassadenfläche notwendig. Zusätzlich zur Montage jeweils eines Fallrohres sind in diesem Zusammenhang auch Erd- und Entwässerungskanalarbeiten zum Anschluss an die Grundleitungen erforderlich. Die als Variante II beschriebene Vergrößerung der Rinnenquerschnitte hat im Vergleich zu Variante I deutlich umfangreichere Eingriffe in die Verblechung im Traufbereich der Mansarde zur Folge. Die an der straßenseitigen Fassade angeordnete Liegerinne ist einschließlich ihrer Anschlüsse vollständig zu erneuern. Für die Vergrößerung des Querschnittes der vorgehängten Rinne auf der Hofseite sind auch die Rinnenhalter auszutauschen, wodurch die gesamte Verblechung im Anschlussbereich zur Traufe (Doppelstehfalzdeckung, Bild 6-11) aufgenommen werden muss. Die Errichtung eines Fassadengerüstes ist bei der Umsetzung von Variante II jeweils auf der gesamten Fassadenlänge notwendig.

Bild 6-11 Traufdetail Hofseite, Bestand; Vergrößerung des Rinnenquerschnittes erfordert die Aufnahme der Anschlussverblechung (Foto: Günther, 2013).

Bezogen auf die aktuell anzusetzende Bemessungsregenspende $r_{(5,5)}$ von 323 l/(s·ha) ergibt sich für die Anpassungsmaßnahme nach Variante I eine Auslastung der Dachrinnen von etwa 70 %. Für Variante II beträgt die Auslastung etwa 80 %. Insofern bestehen in beiden Fällen Reserven, um auch zukünftig erhöhte Niederschlagsmengen sicher abzuleiten.

Balkone

Die Abdichtungslösung der Balkone entspricht im aktuellen Zustand nicht den derzeit geltenden Anforderungen, wie sie durch DIN 18195 sowie die ZVDH-Flachdachrichtlinien definiert werden. Aus diesem Grund erfordert die Gewährleistung nachhaltiger Schadensfreiheit auch bei Starkniederschlägen eine vollständige Erneuerung der Schichtenfolge der Balkone.

Für die Anpassung wird die Herstellung einer normgerechten Abdichtungslage unter Verwendung von hochwertigen Polymerbitumen-Schweißbahnen oder Kunststoff-Dichtungsbahnen empfohlen. Zusätzlich sind sehr wahrscheinlich Veränderungen am Dichtungsgrund zur Herstellung eines hinreichenden Gefälles in Richtung der freien Ränder erforderlich. Seitens des Planers und des Ausführenden ist besonders auf eine fachgerechte Ausbildung der Anschlüsse zum aufgehenden Mauerwerk sowie zu den Balkontüren zu achten.

Die unkontrollierte Ableitung von Niederschlagswasser, beispielsweise frei über Tropfkanten an den Plattenrändern, wird in der baulichen Praxis zunehmend kritisch bewertet, wenn hierbei fremde Nutzungsbereiche (etwa darunterliegende Balkone und Terrassen) oder öffentliche Verkehrsflächen durch abtropfendes Wasser beeinträchtigt werden. Unter Beibehaltung der derzeitigen Entwässerungslösung kann das über die Tropfkante abtropfende Wasser in der Kälteperiode auch zeitweise zu einer Vereisung des unterhalb der Balkone befindlichen Gehweges führen, woraus sich ein Unfallrisiko ergibt. Aus diesem Grund wird die Anordnung vorgehängter Entwässerungsrinnen empfohlen, die zukünftig eine planmäßige Abführung des anfallenden Niederschlagswassers ermöglichen.

Erdberührte Bauteile / Haustechnik

Ein wesentlicher Ansatz zur Verringerung der Schadensneigung gegenüber der Einwirkung Starkregen besteht im Bereich der erdberührten Bauteile in der wirksamen Unterbindung eines möglichen Wasserzutrittes über die in Geländehöhe angeordneten Kellerfenster.

Um dieses Ziel zu erreichen, sind entweder die Fenster, einschließlich ihrer Anschlüsse zum Gebäude, hinreichend dicht auszubilden oder durch Ausführung zusätzlicher Maßnahmen ein außenseitiger Anstau von Oberflächenwasser zu verhindern. Davon ausgehend sind folgende grundlegende Lösungsansätze denkbar:

- vollständiger Verschluss der Fensteröffnungen und Abdichtung gemäß DIN 18195,
- Absenkung des Gehweges und Herstellung eines Gefälles weg vom Gebäude,
- Einbau hochwasserbeständiger Fenster, einschließlich fachgerechter Ausbildung der Anschlüsse zum Gebäude,
- Erhöhung der Unterkante des Fensters durch Ausbildung einer Schwelle, dadurch jedoch Verringerung der Fensteröffnung,
- nachträgliche Abdichtung der Fensteranschlüsse und -rahmen bei gleichzeitiger Ausbildung einer Barriere vor den Fensteröffnungen am Übergang zum Gehweg.

Die in Bild 6-12 dargestellten Lösungsansätze a) „Verschluss der Fensteröffnungen“ und b) „Absenkung des Gehweges“ sind im vorliegenden Fall kaum umsetzbar. Auch eine Verringerung der Fensterhöhe um mindestens 5 cm (Bild 6-12 d) ist aufgrund der bereits im Bestand geringen Verglasungsfläche mit einer Höhe von etwa 10 cm nicht möglich.

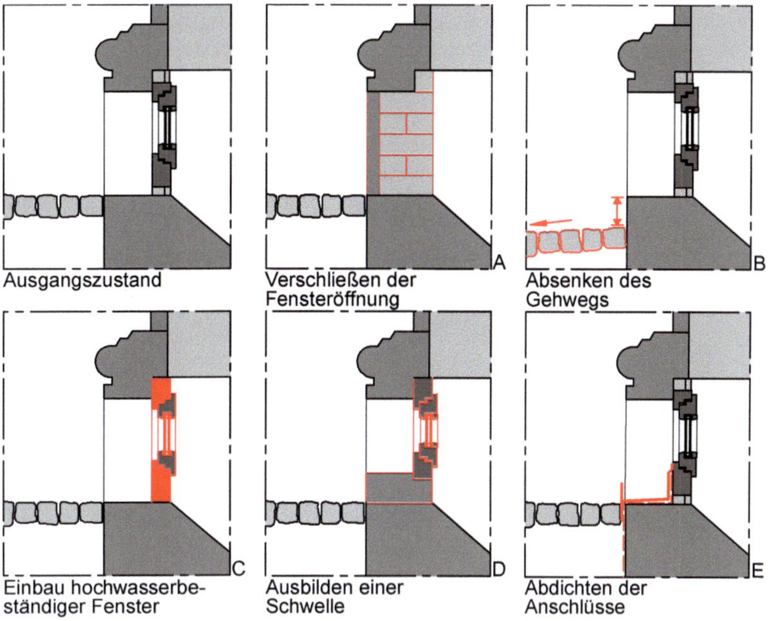

Bild 6-12 Lösungsansätze zur Verringerung der Schadensneigung an zum Gelände niveaugleichen Kellerfenstern; schematische Darstellung.

Die Ertüchtigung der Kellerfenster durch den Einbau hochwasserbeständiger Fenster (Bild 6-12 c) ist sehr gut geeignet, um die Schadensneigung der Konstruktion wesentlich zu verringern. Besonders zu beachten ist dabei die fachgerechte Anschlussausbildung in den Laibungen sowie zur Bauwerksabdichtung, welche bei der nachträglichen Montage vielfach unzureichend erfolgen. Der monetäre Aufwand für eine Nachrüstung mit hochwasserbeständigen Fenstern ist, im Vergleich zu den im betrachteten Keller zu schützenden Gütern sowie der Qualität der übrigen Bauwerksabdichtung, hoch und daher in diesem Fall möglicherweise unverhältnismäßig. Bei einer hochwertigen Nutzung des Kellergeschosses wäre deren Einsatz jedoch klar zu rechtfertigen.

Zu einer Verbesserung des Feuchteschutzes würde auch eine nachträgliche Aufführung der Bauwerksabdichtung am Blendrahmen des Kellerfensters bis zur Unterkante der Entwässerungskammer beitragen (Bild 6-12 e). Der Keller könnte so, mit vergleichsweise moderatem Kostenaufwand, gegenüber seitlich anströmendem Oberflächenwasser bis zu einer Anstauhöhe von etwa 3 bis 4 cm geschützt werden. Der Fensteranschluss und die Fensterbank sind zu verblechen, um so die Abdichtung wirksam vor mechanischen Beschädigungen zu schützen. Zur weiteren Verringerung der Wasserbeanspruchung ist die Herstellung einer vertikalen Barriere in Form eines Metallprofils beziehungsweise Betonbords am Übergang zum Gehweg möglich.

Klassifizierung des angepassten Gebäudes

Die Umsetzung der beschriebenen Anpassungsmaßnahmen führt zu einer weiteren Verringerung der Verletzbarkeit gegenüber Starkregen für das im Bestand bereits durchschnittlich gut geschützte Gebäude. Einen wesentlichen Einfluss auf die Verbesserung des Gesamtergebnisses hat dabei die Erhöhung des Ableitvermögens der Dachentwässerung sowie des Feuchteschutzes im

Bereich der Kellerfenster. Die vollständige Erneuerung der Schichtenfolge der Balkone trägt ebenso zu einer Verbesserung bei, jedoch aufgrund der geringen Grundfläche der Balkone in deutlich geringerem Umfang. Für die Fassaden wird im Rahmen der Gesamtbewertung die Beseitigung der lokal vorliegenden Schwachpunkte an den Außenfensterbänken angesetzt.

Von wesentlicher Bedeutung für die Gewährleistung eines langfristigen Feuchteschutzes der Außenbauteile ist eine fachkundige und kontinuierliche Wartung und Instandhaltung der relevanten Konstruktionselemente. Am betrachteten Gebäude sollte dies insbesondere an der straßenseitigen Fassade sowie an den Fenstern und Außentüren erfolgen. Unter dieser Voraussetzung kann das Gebäude nach Ausführung der Anpassungsmaßnahmen insgesamt als vergleichsweise gering verletzbar gegenüber der Einwirkung von Starkregen bezeichnet werden.

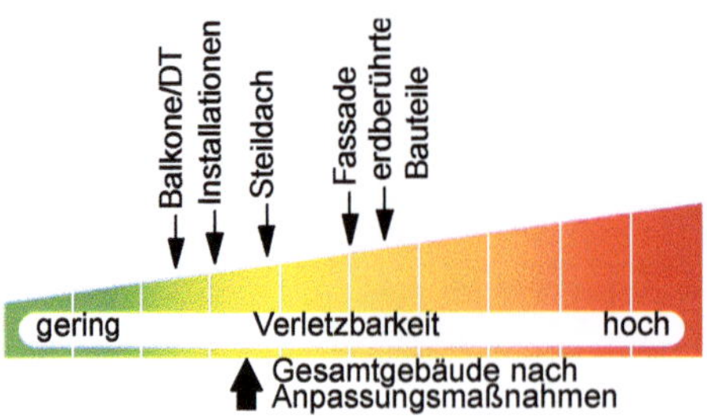

Bild 6-13 Bewertungsgrafik für das Gesamtgebäude nach Umsetzung der beschriebenen Anpassungsmaßnahmen.

6.4.2 Büro- und Geschäftshaus, Baujahr 1959

Schwachpunkte

Dachdeckung

Das Dach des betrachteten Gebäudes ist als Walmdach mit einer Neigung von etwa 31° ausgeführt. Im Traufbereich ist umlaufend die oberste Geschossdecke um etwa 70 cm frei auskragend über die Fassadenflucht hinausgeführt. Das Hauptdach sowie der auskragende Dachabschnitt entwässern gemeinsam in eine innenliegende Rinne, welche entlang der Anschlusslinie der beiden Konstruktionselemente angeordnet ist.

Die Dachdeckung des Walmdaches war ursprünglich mit Biberschwanzziegeln in Kronendeckung ausgeführt, wurde jedoch während der Sanierung in den 1990er Jahren durch eine Deckung aus Betondachsteinen mit hochliegendem Seitenfalz (Typ „Frankfurter Pfanne") ersetzt. In diesem Zusammenhang wurde auch eine Unterspannbahn zur Erhöhung der Regensicherheit eingebaut. Die Regeldachneigung für die verwendete Deckung aus Betondachsteinen beträgt 22° (ZVDH 2012) und wird durch die vorhandene Dachkonstruktion sicher eingehalten.

Das Dachgeschoss diente in der bisherigen Nutzungsgeschichte des Gebäudes lediglich zu Lagerzwecken sowie als Installationsraum für die Lüftungsanlage des ehemals im Staffelgeschoss betriebenen Restaurants. Aufgrund dieser untergeordneten Nutzung war bisher ein zusätzlicher Dachausbau nicht erforderlich. Infolgedessen weist auch die Dachfläche nur eine geringe Anzahl von Durchdringungen, in Form von wenigen Dunstrohren, zwei Schornsteinzügen und insgesamt sechs Dachausstiegsfenstern, auf. Die nachträglich eingebaute Unterspannbahn ist in den Bereichen der Durchdringungen lediglich ausgeschnitten und nicht wirksam an die Konstruktion angeschlossen. Niederschlagswasser beziehungsweise Flugschnee, welche unter die Dachdeckung gelangen und anschließend auf der Unterspannbahn ablaufen, werden somit nicht sicher bis zur Traufe geführt, sondern tropfen in diesen Fehlbereichen unkontrolliert von der Unterspannbahn ab. Die abtropfende Feuchtigkeit kann zu lokalen Schäden an den darunterliegenden Holzbauteilen des Dachstuhles führen, wie es beispielsweise in den Bereichen der Schornsteinzüge bereits zu beobachten ist. Bei langfristig anhaltender Feuchteeinwirkung ist jedoch auch eine weiterführende substanzielle Schädigung des Dachstuhles für die Zukunft nicht auszuschließen.

Bezogen auf die Verletzbarkeit gegenüber Starkregen ist das Hauptdach selbst, aufgrund der untergeordneten Nutzung, der sicheren Einhaltung der Regeldachneigung sowie der geringen Anzahl von Durchdringungen der Dachdeckung als wenig problematisch anzusprechen. Die in weiten Bereichen mangelhafte Anschlussausbildung der Unterspannbahn sowie auch verschiedene Verarbeitungsmängel an Anschlussverblechungen erhöhen jedoch die Schadensneigung am Steildach.

Der über die Fassadenflucht auskragende Abschnitt der obersten Geschossdecke weist oberseitig eine nach innen gerichtete Neigung von lediglich etwa 2° (3,5 %) auf. Dieser Dachabschnitt ist mit einer Titanzink-Verblechung in Doppelstehfalzdeckung abgedeckt. Die Regeldachneigung für die gewählte Deckung beträgt 7°. Bei der Ausführung von zusätzlichen Maßnahmen zum Feuchteschutz ist eine Verringerung der Neigung auf bis zu 3° möglich (ZVDH 2012). Im vorliegenden Fall ist unterhalb des Deckwerkstoffes zusätzlich eine Abdichtungslage angeordnet, so dass eine geringe Unterschreitung der Regeldachneigung zulässig ist. Infolge der vorhandenen sehr geringen Neigung, die auch die Mindestdachneigung gemäß dem Regelwerk des ZVDH unterschreitet, ist jedoch von einer verringerten Regensicherheit der Dachdeckung und damit verbunden von einer erhöhten Schadensneigung der Konstruktion auszugehen. 6

Dachentwässerung

Bei der entlang der Anschlusslinie des Walmdaches zur auskragenden Geschossdecke angeordneten Entwässerungsrinne handelt es sich um eine innenliegende Rinne. Da in diesem Fall die Notentwässerung nicht über eine freie Vorderkante der Rinne erfolgen kann, sind innenliegende Rinnen gemäß DIN 1986-100:2008-05 so zu dimensionieren, dass auch die erhöhte Wassermenge eines fünfminütigen Regenereignisses mit einer Jährlichkeit von 100 Jahren schadensfrei abgeführt werden kann. Für Dresden beträgt die Regenspende 602 l/(s·ha). Zusätzlich ist ein Freibord zu berücksichtigen, der die durch seitlich von der Dachfläche einschießendes Wasser und Windeinfluss zu erwartende Wellenbildung in der Rinne ausgleicht.

Die vorhandene Rinne weist einen trapezförmigen Querschnitt mit einer Fläche von etwa 210 cm^2 auf. Die rechnerische Überprüfung ergab, dass dieser Entwässerungsquerschnitt nicht ausreichend ist, um die bei einem Starkregenereignis anfallende Niederschlagsmenge zuverlässig abzuleiten. Der Auslastungsgrad beträgt, unter Berücksichtigung der für den Gebäudestandort in Dresden spezifischen Bemessungsregenspende der Notentwässerung $r_{(5,100)}$ von 602 l/(s·ha), etwa 125 %. Für die Fallrohre wurde hingegen eine hinreichende Dimensionierung nachgewiesen.

Kritische Zustände hinsichtlich der sicheren Entwässerung der Dachflächen können sich, aufgrund der innenseitigen Anordnung der Rinne, auch im Zusammenhang mit starken Schneefällen ergeben. Zum Schutz gegenüber vom Walmdach aus zugeführten Schneemengen sind umlaufend entlang der Traufe, etwa 50 cm oberhalb der Dachrinne, Schneefanggitter angeordnet. Damit wird das Risiko für eine entsprechend hohe Beanspruchung durch Schnee verringert, jedoch nicht vollständig unterbunden.

Die Entwässerungsrinne selbst ist in Titanzinkblech ausgeführt. Die stichprobenartige Inspektion ergab, dass die Rinne einzelne lokale Fehlstellen wie Risse und offene Verbindungsstellen aufweist. Dass in diesen Bereichen bereits in der Vergangenheit Feuchtigkeit in die Konstruktion eingedrungen ist, belegen die an der Unterseite der darunterliegenden Geschossdecke vorhandenen Feuchtflecken. Insofern ist auch hier ein aktueller Handlungsbedarf zur Verbesserung des baulichen Feuchteschutzes gegeben.

Laubengang im Staffelgeschoss

Am Fußbodenaufbau des Laubengangs wurden augenscheinlich seit dem Jahr 1990 keine größeren Sanierungsleistungen durchgeführt. Inwieweit die vorhandene Schichtenfolge dem ursprünglichen Zustand aus der Bauzeit des Gebäudes entspricht oder das Ergebnis einer späteren Instandsetzung, jedoch deutlich vor 1990, darstellt, ist nicht geklärt.

Der Fußbodenaufbau besteht aus großformatigen Betonwerksteinen, welche flächig im Dickbettmörtel auf einer Estrichschicht verlegt sind. Eine Verbundabdichtung, direkt unterhalb des Plattenbelags, wurde ebenso wie eine Drainageschicht über der Flächenabdichtung nicht angetroffen. Die Flächenabdichtung des Laubengangs wird aus einer Lage Kunststoffdichtungsbahn in einer Stärke von 1,5 mm gebildet.

Entlang der Anschlusslinien zu den Außenwänden im Staffelgeschoss ist die Flächenabdichtung um etwa 30 cm über die Oberkante des Plattenbelags aufgeführt. Im Bereich der Anschlusspunkte zu den nachträglich im Jahr 1991 eingebauten Terrassentüren hat ein nicht hinreichend sensibler Umgang mit der vorhandenen Bausubstanz die Konstruktion sehr verletzbar gemacht. Die Flächenabdichtung liegt hier bereichsweise frei und kann somit mühelos hinterlaufen werden (Bild 6-14). Im Anschlussbereich zu den Stützen des Laubengangs sowie zum freien, äußeren Rand besteht ebenfalls die Gefahr eines Hinterlaufens der Flächenabdichtung infolge einer mangelhaften Anschlussausbildung sowie unzureichender Aufkantungshöhen.

Bild 6-14 Anschluss des Laubengangs zu einer Terrassentür stark mangelhaft; Flächenabdichtung im Anschlussbereich freiliegend (Foto: Günther, 2013).

Die Oberseite des Bodenbelags weist ein Quergefälle von etwa 0,5 % in Richtung der Entwässerungsrinnen auf. Diese Rinnen verlaufen innenseitig entlang der Stützenreihe des Laubengangs und sind in den Gebäudeaußenecken Nordwest und Südost jeweils über einen Bodenablauf in die Regenfallrohre der Dachentwässerung eingebunden.

Die vorliegende Konstruktion des Fußbodenaufbaus im Bereich des Laubengangs entspricht in weiten Teilen nicht beziehungsweise nicht mehr den Anforderungen, welche durch die Allgemein anerkannten Regeln der Technik definiert werden. Insbesondere aufgrund der mangelhaften Randanschlüsse ist ein wirksamer Feuchteschutz durch die Konstruktion nicht mehr gewährleistet. Die Folgen der fehlenden Verbundabdichtung unterhalb des Plattenbelags sowie einer fehlenden Drainageschicht sind eine langfristige Durchfeuchtung der Schichtenfolge, verbunden mit Folgeschäden durch Frostsprengungen. Demgegenüber ist die vollständige Überdachung des Laubengangs als grundsätzlich günstig hervorzuheben. Hierdurch wird die Feuchtebeanspruchung, insbesondere in den kritischen Anschlussbereichen zu den Außenwänden im Staffelgeschoss, deutlich verringert (Bild 6-15).

Bild 6-15 Laubengang im Staffelgeschoss durch Überdachung geschützt; Verringerung der Feuchtebelastung am Anschluss zu Außenwänden (Foto: Fahrion, 2013).

Fassaden

Alle massiven Konstruktionselemente der Gebäudefassaden verfügen, ausgenommen die Stützen im Staffelgeschoss, über eine zusätzliche außenseitige Bekleidung. Die Stahlbetonskelett-Tragkonstruktion ist dabei mit großformatigen Platten aus Kunststein auf Zementbasis und die aussteifenden Wandscheiben in den Gebäudeeckbereichen mit Platten aus Muschelkalk bekleidet. Der Muschelkalk stammt dabei wahrscheinlich aus regionalen Vorkommen. Die Ausfachungen der Fensterbrüstungen sind außenseitig mit roten keramischen Fliesen bekleidet. Sowohl die Werksteinplatten als auch die keramischen Fliesen sind jeweils mit Mörtel am Untergrund befestigt und starr verfugt.

Die gewählte Ausführung mit zusätzlicher Außenwandbekleidung bietet grundsätzlich einen guten Schutz gegenüber der Beanspruchung der Fassaden durch intensive Niederschläge. Problembereiche von direkt auf dem Untergrund angebrachten Bekleidungen bilden jedoch häufig die starr vermörtelten Plattenfugen. Infolge von thermischen Beanspruchungen und einer vielfach geringen Flankenhaftung zu den Werksteinplatten oder Fliesen stellen Rissbildungen im Fugenmörtel beziehungsweise am Anschluss zu den Bekleidungen ein typisches Schadensbild dar. In diese Risse kann Feuchtigkeit eindringen und so zu einer sukzessiven Zerstörung der Fugen führen. Auch lagert sich bei behinderter Abtrocknung Schmutz an den langfristig feuchten Oberflächen ab, welcher die Grundlage für einen bioziden Bewuchs (Algen) bilden kann.

Die visuelle Überprüfung der Fassadenabschnitte mit großformatigen Bekleidungen aus Kunststein beziehungsweise Muschelkalk ergab Hinweise darauf, dass insbesondere in den oberen Fassadenabschnitten, ab einer Höhe von etwa 15 m, ausgewitterte Fugen und Rissbildungen im Fugenmörtel vorliegen. Darüber hinaus sind die Platten im aktuellen Zustand nicht vollständig flächenbündig ausgeführt, weshalb horizontale Absätze entstehen, an deren Oberseite Wasser längerfristig anstehen kann. Im Bereich der Außenecke Nordwest bestehen deutlich sichtbare dunkle Verfärbungen auf der Außenwandbekleidung. Diese sind sehr wahrscheinlich auf eine intensive Feuchtebelastung, verbunden mit Schmutzanlagerungen an der in die Hauptwetterrichtung orientierten Außenecke, zurückzuführen. Weitere dunkle Verfärbungen liegen an der durch das Nachbargebäude sowie den Baumbestand im Innenhof stark verschatteten Außenecke Südwest vor. Zusätzlich sind vereinzelt Feuchteflecken an der Fassadenbekleidung direkt unterhalb des Laubengangs im Staffelgeschoss sichtbar, welche mit hoher Wahrscheinlichkeit aus dem unzureichenden Feuchteschutz des dortigen Fußbodenaufbaus resultieren.

Im Gesamtergebnis ist für die Fassadenflächen mit großformatigen Außenbekleidungen ein Sanierungsbedarf festzuhalten. Gleiches gilt für die außenseitigen Bekleidungen der Fensterbrüstungen. Hier sind die Fugen teilweise stark ausgewittert und einzelne Fliesen vollständig abgelöst (Bild 6-16). Da ein flächiger Putzauftrag unterhalb der Fliesenbekleidung nicht erfolgte, liegt das Mauerwerk in diesen Fehlbereichen außenseitig frei, so dass anfallender Niederschlag annähernd ungehindert in den Wandquerschnitt eindringen kann. Beim Austausch der Fenster im Jahr 1991 wurde die Anschlussausbildung zu den Ausfachungen nicht mit der nötigen Sorgfalt durchgeführt. Unterhalb der Fensterbänke bestehen seither systematisch unverschlossene Fehlstellen, an denen ein Feuchtezutritt in die Konstruktion problemlos möglich ist.

Bei der Bewertung der Fassaden und der zugehörigen Fenster ist zu berücksichtigen, dass der Fußboden der obersten Nutzungsebene etwa 27 m über dem Gelände liegt. Dieses Höhenmaß ist damit größer als 22 m, weshalb das betrachtete Gebäude entsprechend den Definitionen nach Sächsischer Bauordnung (SächsBO 2011 – §2 (4)) als Hochhaus anzusprechen ist. Für Hochhäuser ist gemäß DIN 4108-3:2014-11 die Schlagregenbeanspruchungsgruppe jeweils eine Stufe höher zu wählen, als dies nach der Einordnung entsprechend dem Gebäudestandort der Fall wäre. Insofern müssen die Außenbauteile des betrachteten Gebäudes die Anforderungen nach der höchsten Beanspruchungsgruppe III erfüllen.

Bild 6-16 Detailansicht Fensterbrüstung; Bekleidung aus keramischen Fliesen flächig vom Untergrund abgelöst, systematisch unverschlossene Bereiche unter der Fensterbank (Foto: Günther, 2013).

Außenwände mit im Dickbett oder Dünnbett angemörtelten Platten oder Fliesen können bei Verwendung von wasserabweisendem Ansetzmörtel grundsätzlich diesen erhöhten Anforderungen an den Schlagregenschutz genügen. Entsprechend DIN 18515-1:2015-05 ist jedoch bei Vorliegen der Beanspruchungsgruppe III ein Unterputz in einer Stärke von mindestens 20 mm zur Erhöhung der wasserabweisenden Wirkung der Außenwände aufzutragen. Ein derartiger Unterputz ist zumindest an den Fensterbrüstungen nicht ausgeführt, weshalb hier zusätzlich zu den bestehenden Fehlstellen eine erhöhte Schadensneigung der Konstruktion vorliegt. Inwieweit die während der Sanierung eingebauten Fenster die erhöhten Anforderungen hinsichtlich der Schlagregendichtheit erfüllen, ist, aufgrund fehlender Unterlagen zu den Fenstern, nachträglich nur sehr aufwändig mittels Prüfung am Objekt zu klären. Vor dem Hintergrund einer bereits langfristig ausbleibenden Wartung ist die Einhaltung der bestehenden Anforderungen im aktuellen Zustand der Fenster jedoch nur schwer vorstellbar.

Erdberührte Bauteile/Haustechnik

Die Kelleraußenwände bestehen aus Stahlbeton in einer Stärke von etwa 50 cm und sind außenseitig mit einem bituminösen Anstrich aus der Bauzeit versehen. Die deutlich sichtbaren Feuchteflecken und Ausblühungen an den innenseitigen Wandoberflächen zeigen eine eingeschränkte Wirksamkeit der vorhandenen Abdichtungslösung an. Der Fußbodenaufbau besteht aus Stampfbeton mit darauf, wahrscheinlich in mehreren Lagen, aufgetragenem Estrich.

Das Kellergeschoss wird ausschließlich als Lager sowie als Installationsraum für die Haustechnik genutzt. Hier sind unter anderem die Übergabestation für Fernwärme, die Verteilerkästen der Elektroinstallation sowie auch die Betriebseinrichtungen der Fahrstühle angeordnet.

Zur Belichtung und bei Bedarf auch zur Lüftung der Kellerräume sind Kellerfenster im Sockelbereich des Gebäudes angeordnet. Hierbei ist zu berücksichtigen, dass im Bereich der Ladeneinheit im Erdgeschoss die Oberseite des Fußbodens annähernd niveaugleich zum Außengelände liegt. Die Kellerfenster befinden sich damit oberhalb der Kellerdecke, was durch die Ausbildung von Lichtschächten im Bereich der Außenwände erreicht wurde. Die Unterkante der Kellerfenster liegt dabei jeweils etwa 10 bis 15 cm über dem angrenzenden Gehweg. Somit besteht hier ein tauglicher Schutz gegenüber im Zusammenhang mit Starkregen anströmendem Oberflächenwasser. Der Gebäudesockel selbst ist außenseitig mit Granitplatten bekleidet, welche ausreichend wasserabweisend sind.

Die Eingangsbereiche zum Treppenhaus und zur Ladeneinheit sind jeweils durch ein Vordach überdacht. Zusätzlich ist am Eingang zum Treppenhaus ein Podest mit einer Höhe von etwa 15 cm angeordnet. Der Eingang zum Laden ist, gegenüber dem Gehweg, um etwa 4 cm erhöht ausgeführt und um einen Abstreiferrost mit Entwässerungsfunktion ergänzt. Die Verletzbarkeit der Eingangsbereiche durch Starkregen ist damit insgesamt als vergleichsweise gering anzusprechen. Mit Blick auf die Ausführung der Podestfläche vor dem Treppenhauseingang mit einem Fliesenbelag ohne zusätzliche Verbundabdichtung sind hier jedoch unabhängig von Starkregenereignissen lokale Feuchteschäden sowie frostbedingte Abplatzungen am Fliesenbelag zu erwarten.

Klassifizierung des Gesamtgebäudes

Die bauliche Hülle des untersuchten Büro- und Geschäftshauses ist weitgehend unverändert aus der Bauzeit erhalten. Größere Umbauten an Außenbauteilen erfolgten lediglich im Bereich der Dachdeckung sowie an den Fenstern. Die Fassadenflächen, der Fußbodenaufbau des Laubengangs im Staffelgeschoss, die Vordächer sowie die Kelleraußenwände entsprechen hingegen annähernd dem ursprünglichen Bauzustand.

Die durchgeführte Analyse zeigt, dass das betrachtete Gebäude in seinen wesentlichen Grundzügen vergleichsweise gut an die betrachtete Einwirkung angepasst ist. In diesem Zusammenhang sind als besonders relevant für den Schutz gegenüber Starkregen hervorzuheben:

- das Walmdach mit einer Dachneigung von 31°,
- der mehrschichtige Wandaufbau mit außenseitiger Bekleidung durch Fliesen und Platten,
- die untergeordnete Nutzung des Keller- und des Dachgeschosses,
- der große Dachüberstand über dem Laubengang und die Überdachung der Eingangsbereiche im Erdgeschoss,
- die Lage der Kellerfenster, mindestens 10 cm über dem angrenzenden Gelände.

Das Gebäude weist insgesamt einen erhöhten Instandhaltungsrückstand auf. In der Folge ergibt sich auch eine erhöhte Verletzbarkeit der Außenbauteile, etwa durch ausgewitterte und gerissene Fugen der Wandbekleidungen oder den stark sanierungsbedürftigen Fußbodenaufbau des Laubengangs. Weiterhin führt auch die im aktuellen Zustand unzureichende Dimensionierung der Dachentwässerung zu einer erhöhten Verletzbarkeit.

Die zu Beginn der 1990er Jahre durchgeführten Sanierungsleistungen mit Erneuerung der Dachdeckung und dem Austausch der Fenster tragen grundsätzlich zu einer Verringerung der Schadensneigung des Gesamtgebäudes bei. Durch eine im Detail unzureichende Ausführungsqualität dieser Arbeiten wird jedoch das Risiko für Feuchteschäden bei Einwirkung von Starkregen wieder erhöht. Im Gesamtergebnis ist dem Gebäude eine mittlere bis leicht erhöhte Verletzbarkeit zuzuweisen. Wie in Bild 6-17 dargestellt, weisen dabei die Bauteilgruppen „Balkone/Dachterrassen“, „Fassade“ und „Installationen“ erhöhte Einzelbeiträge auf.

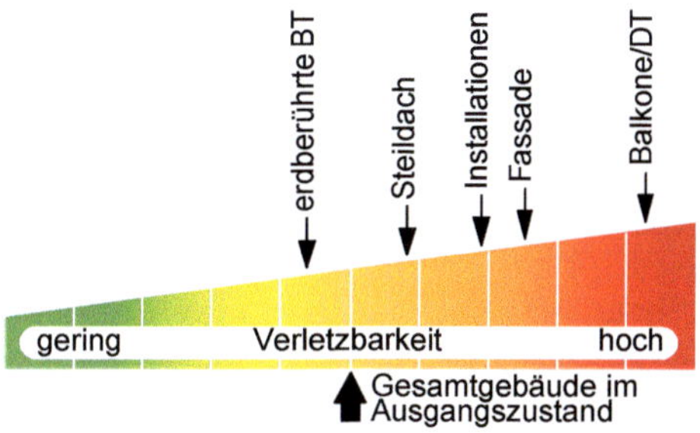

Bild 6-17 Bewertungsgrafik für das Gesamtgebäude im aktuellen Zustand.

Anpassung

Dachdeckung

Die visuelle Überprüfung der Dachdeckung ergab, dass die Ausführung der nachträglich eingebauten Unterspannbahn stark mangelhaft ist. Aus diesem Grund besteht ein wesentlicher Ansatz zur Verringerung der Schadensneigung des Hauptdaches gegenüber der Einwirkung Starkregen in der Herstellung einer fachgerechten Unterspannung. Nur so kann sichergestellt werden, dass zukünftig unter die Deckung gelingende Feuchtigkeit zielgerichtet abgeleitet wird.

Die vorhandene Unterspannbahn ist insbesondere in den Bereichen der Dachflächenfenster infolge der Einwirkung von ultravioletter Strahlung stark versprödet und für eine weitere Verwendung nur bedingt geeignet. Die lokale Ergänzung und fachgerechte Anarbeitung der Unterspannbahn an die Durchdringungspunkte ist grundsätzlich denkbar und sollte als Reparaturmaßnahme zum Schutz für die Holzbauteile im Dachgeschoss kurzfristig durchgeführt werden. Zur Gewährleistung einer dauerhaften und nachhaltigen Lösung ist jedoch die Beseitigung der bestehenden Mangelpunkte mittel- beziehungsweise langfristig nur durch die vollständige Erneuerung der Unterspannbahn zu erreichen. Im Zusammenhang mit einer hierfür erforderlichen Umdeckung des Daches sind auch die sehr wahrscheinlich vorhandenen Ausführungsmängel der Anschlussverblechungen zu den Schornsteinzügen mit zu beseitigen.

Die Doppelstehfalzdeckung der auskragenden Geschossdecke ist mit einer zu geringen Neigung ausgeführt, woraus sich eine erhöhte Schadensneigung ergibt. Der aktuelle Zustand der Deckung wurde bisher nicht detailliert untersucht. Sollte sich jedoch aus einer entsprechenden Überprüfung die Notwendigkeit für die Erneuerung der oberseitigen Verblechung ergeben, so sind in diesem Fall zwingend zusätzliche Maßnahmen zur Erhöhung der Regensicherheit auszuführen.

Die Doppelstehfalzdeckung, ausgeführt beispielsweise in Titanzinkblech, stellt im Allgemeinen eine robuste und dauerhafte Deckung für flach geneigte Dachabschnitte dar und sollte daher im vorliegenden Fall auch zukünftig beibehalten werden. Die Dachneigung sollte auf über 3°, besser jedoch auf 7°, erhöht werden. Für diese Veränderung ist zwingend ein statischer Nachweis der auskragenden Deckenplatte zu führen. Zusätzlich sollte zur Erhöhung der Regensicherheit der

Deckung die Falzhöhe auf 35 mm vergrößert und in den Falz eine Dichtbandeinlage eingearbeitet werden. Unterhalb der Dachdeckung ist zudem eine Trennlage mit Drainagefunktion anzuordnen. Alternativ beziehungsweise ergänzend wäre grundsätzlich auch die Ausführung mit einem wasserdichten Unterdach denkbar.

Dachentwässerung

Die innenliegende Entwässerungsrinne des Hauptdaches ist nicht ausreichend dimensioniert, um, wie gemäß DIN 1986-100:2008-05 gefordert, die bei einem extremen Niederschlagsereignis (Fall Notentwässerung) anfallende Wassermenge sicher abzuleiten. Insofern besteht hier Anpassungsbedarf zur Vergrößerung des Ableitvermögens der Dachentwässerung.

Aufgrund der durch den Bestand vorgegebenen Geometrie am Auflager des auskragenden Deckenabschnittes ist eine nachträgliche Vergrößerung des Rinnenquerschnittes mit wirtschaftlich vertretbarem Aufwand nicht möglich. Somit ist die Vergrößerung des Ableitvermögens lediglich durch die Anordnung zusätzlicher Regenfallrohre zu erreichen. Entsprechend der rechnerischen Überprüfung der Dachentwässerung wären insgesamt zwei zusätzliche Fallrohre ausreichend, um ohne Veränderung der Rinne die bestehenden Anforderungen zu erfüllen. Die Auslastung der Dachrinne würde sich damit im Fall der Notentwässerung zu etwa 85 % ergeben.

Die Entwässerungsrinne weist einzelne Risse und Fehlstellen auf, die bereits zu Feuchteproblemen an tieferliegenden Konstruktionselementen geführt haben. Für eine nachhaltige Instandsetzung der Rinne ist sehr wahrscheinlich eine Erneuerung des gesamten Rinnenkörpers erforderlich. In diesem Zusammenhang wird empfohlen, unterhalb der Rinne eine Sicherheitsrinne anzuordnen. Sicherheitsrinnen können dabei aus Metall oder Abdichtungsstoffen ausgeführt werden. Der Vorteil von Abdichtungen besteht insbesondere in einer hohen Rückstausicherheit. Die Sicherheitsrinne ist mit einem Abstand von mindestens 20 mm zur Dachrinne herzustellen und muss über eigene Abläufe verfügen.

Bei der Planung der neuen Entwässerungs- und der Sicherheitsrinne ist besonders die Anschlussausbildung zum Walmdach und zur Deckung der auskragenden Geschossdecke zu betrachten. Durch detaillierte und handwerksgerechte Planungsvorgaben sowie durch eine fachgerechte Ausführung ist hier für die Zukunft ein Hinterlaufen der Deckung bei Überstau der Rinne sicher auszuschließen.

Für die innenliegende Dachrinne werden zusätzlich Rinnenbegleitheizungen empfohlen. Hierbei handelt es sich um Heizkabel oder -bänder, welche innerhalb der Rinnen und der Fallrohre verlegt werden. Ziel dieser Konstruktion ist es, eine Vereisung dieser Bauteile zu vermeiden und sie somit für Schmelzwasser frei zu halten. Durch die bereits vorhandenen Schneefanggitter oberhalb der Rinne gelangt herabrutschender Schnee in flüssiger Form zu der Rinne und kann nun problemlos abgeleitet werden.

Laubengang im Staffelgeschoss

Die Schichtenfolge des Fußbodenaufbaus im Laubengang im Staffelgeschoss bietet im aktuellen Zustand keinen hinreichenden Schutz gegenüber von außen eindringender Feuchtigkeit. Die Herstellung einer sicheren und fachgerechten Abdichtungslösung erfordert daher die Erneuerung der Schichtenfolge.

Die bisher vorhandene Konstruktionslösung mit Plattenbelag im Mörtelbett sollte aufgrund der Gefährdung durch Frost-Tau-Wechselfolgen nicht wieder ausgeführt werden. Vielmehr wird empfohlen, einen neuen Plattenbelag zukünftig mit höhenverstellbaren Stelzlagern und relevanten Fugenweiten (Anordnung von Fugenkreuzen zur Lagesicherung) herzustellen. Somit gelangt anfallendes Niederschlagswasser, annähernd ungehindert, direkt auf die Abdichtungsebene und kann hier sicher abgeleitet werden. Die Verlegung des Plattenbelags im Kiesbett, als Alternative zu Stelzlagern, ist grundsätzlich denkbar, wird jedoch aufgrund der hierdurch verzögerten Ableitung des Wassers sowie der Neigung dieser Konstruktion zu Verschmutzung und Bemoosung nicht empfohlen.

Die Abdichtung selbst sollte aus hochwertigen Polymerbitumen-Schweißbahnen ausgeführt werden. In Übereinstimmung mit der Normenreihe DIN 18195 sollte die Abdichtung dabei in zwei Lagen hergestellt und oberseitig durch eine Schutzschicht, beispielsweise Gummigranulatmatten, vor mechanischen Beanspruchungen geschützt werden.

Der betrachtete Laubengang grenzt Aufenthaltsräume nach oben gegen das Außenklima ab. Aus diesem Grund ist innerhalb der Schichtenfolge des Fußbodenaufbaus zwingend eine Wärmedämmschicht anzuordnen. In Anbetracht dessen, dass für die Zukunft eine höhere Frequentierung des Laubengangs zu erwarten ist, etwa bei Wiedernutzung des Staffelgeschosses als Restaurant, ist auch der Wärmedämmstoff entsprechend auszuwählen. Empfohlen wird für diesen Einsatz Schaumglas, welches sich im eingebauten Zustand insbesondere durch eine hohe Druckfestigkeit und Maßbeständigkeit sowie eine hohe Wasser- und Dampfdichtheit auszeichnet. Die Wärmedämmung ist vorzugsweise als Gefälledämmung mit einer einachsigen Neigung von mindestens 2 %, weg von der Außenwand im Staffelgeschoss, auszubilden. Eine zur Anpassung an die Einwirkung Starkregen bevorzugte Entwässerungslösung stellt die Anordnung vorgehängter Dachrinnen dar. Diese Ausführung ist jedoch im vorliegenden Fall sowohl aus optischen Gründen nicht zu empfehlen als auch sehr wahrscheinlich mit dem Denkmalstatus des Gebäudes nicht vereinbar. Aus diesem Grund ist die im Bestand vorgegebene Lage der Entwässerung beizubehalten, der Rinnenkörper jedoch vollständig neu zu erstellen.

Bild 6-18 Ausführungsdetail im Beispiel, Verlegung einer mehrlagigen Gefälledämmung aus Schaumglas in Heißbitumen (Foto: Müller, 2011).

Fassade

Die Fassaden mit außenseitiger Bekleidung aus Platten und Fliesen sind im aktuellen Zustand zumindest in Teilbereichen nicht hinreichend schlagregensicher. An den Fassadenabschnitten mit großformatigen Bekleidungen aus Kunststein beziehungsweise Muschelkalk bieten vor allem gerissene und ausgewitterte Fugen ein Risiko für Feuchtezutritte. Aus diesem Grund sind die vorliegenden Schadensbilder zunächst systematisch zu erfassen und zu kartieren. Bestandteil dieser Untersuchung muss auch die Bewertung der Standsicherheit der Fassade sein. Die sorgfältige Inspektion muss dabei mit direktem Kontakt zu der zu untersuchenden Fläche erfolgen. Eine Inaugenscheinnahme vom Gehweg oder von benachbarten Gebäuden aus, ist in diesem Fall nicht ausreichend.

Die gerissenen und ausgewitterten Plattenfugen sind in gleichmäßiger Tiefe, etwa der Plattendicke entsprechend, auszuräumen. Lose Mörtelteile sind zu entfernen. Anschließend ist eine Neuverfugung gemäß den Vorgaben nach DIN 18515-1:2015-05 auszuführen.

Für die Fliesen im Bereich der Fensterbrüstungen deuten die stellenweise bereits bestehenden Fehlstellen auf einen unzureichenden Haftverbund zum Untergrund hin. Daher wird es sehr wahrscheinlich erforderlich sein, alle Fliesenflächen zurückzubauen und zu erneuern. Der Rückbau muss dabei substanzschonend durchgeführt werden, so dass die vorhandenen Fliesen weitgehend unbeschädigt erhalten bleiben (Denkmalschutzstatus des Gebäudes). An den Brüstungen ist anschließend zunächst flächig ein Unterputz mit wasserabweisender Wirkung in einer Stärke von mindestens 20 mm zur Erhöhung der Schlagregensicherheit aufzubringen. In diesem Zusammenhang sind auch die systematisch an den Anschlüssen zu den Fenstern bestehenden Fehlstellen zu beseitigen. Danach können die Fliesen wieder angemörtelt und fachgerecht verfugt werden.

Sofern die Fenster im Gegensatz zur Anpassung an die Einwirkung Sommerhitze nicht getauscht werden, ist in jedem Fall eine Wartung mit Justierung der Fensterflügel und die Erneuerung der Dichtungsbänder durchzuführen.

Erdberührte Bauteile/Haustechnik

Die Sockelbereiche des Gebäudes sind durch die Höhenlage der Kellerfenster sowie auch die verwendete Sockelbekleidung aus Granit gegenüber seitlich zuströmendem Oberflächenwasser vergleichsweise gut geschützt. Aus diesem Grund ist die Priorität zur Ausführung von Anpassungsmaßnahmen in diesem Bereich als gering einzuschätzen.

Die Abdichtung der direkt erdberührten Bauteile ist, so zeigen Ausblühungen und Feuchteflecken an den Kelleraußenwänden, nur eingeschränkt wirksam. Eine Verbesserung des baulichen Feuchteschutzes der Außenbauteile im Keller wird daher, weitgehend unabhängig von der Einwirkung Starkregen, empfohlen.

Die im Gebäude verlaufenden Regenwasserfallrohre des Hauptdaches und des Laubengangs sowie die Entwässerungseinrichtungen im Kellergeschoss sind bereichsweise korrodiert und nicht mehr uneingeschränkt funktionsfähig. Die Entwässerungseinrichtungen sollten daher erneuert und dem derzeitigen Stand der Technik angepasst werden.

Klassifizierung des angepassten Gebäudes

Nach Ausführung aller beschriebenen Anpassungsmaßnahmen ist die Verletzbarkeit des Gesamtgebäudes als gering anzusprechen (Bild 6-19). Anpassungsmaßnahmen mit hoher Priorität stellen dabei die Herstellung einer hinreichend dimensionierten Dachrinne mit Sicherheitsrinne, die Erneuerung der Schichtenfolge des Fußbodenaufbaus im Laubengang und die Beseitigung von Fehlstellen und ausgewitterten Fugen der Fassade dar. Weiterhin sollten regelmäßige Inspektionen der Fassadenfläche sowie eine kontinuierliche Wartung der Entwässerungseinrichtungen und der Fenster erfolgen.

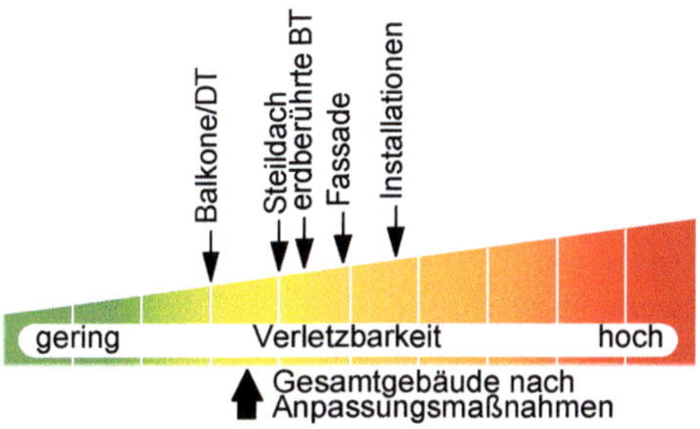

Bild 6-19 Bewertungsgrafik für das Gesamtgebäude nach Umsetzung der beschriebenen Anpassungsmaßnahmen.

6.4.3 Mehrfamilienhaus, Baujahr etwa 1995

Schwachpunkte

Das betrachtete Beispielobjekt weist mehrere, für in den 1990er Jahren errichtete Wohn- und Geschäftsgebäude typische, baukonstruktive Ausführungsdetails auf, welche hinsichtlich der Verletzbarkeit gegenüber Starkregen grundsätzlich kritisch zu bewerten sind. Diese Problemfelder umfassen vor allem Sondereinbauten im Hauptdach wie Gaupen und Zwerchhäuser, die Gestaltung von Dachentwässerung und Traufe, durch Frost-Tau-Wechsel gefährdete Schichtenfolgen auf Dachterrassen sowie Fertigteil-Balkone ohne zusätzliche Abdichtungen. Die benannten Konstruktionen haben in der Vergangenheit wiederholt zu Feuchteschäden nach Starkregeneinwirkungen geführt, in deren Folge zum Teil umfangreiche Sanierungsleistungen erforderlich wurden.

Die Bewertung der Verletzbarkeit der maßgebenden Bauteilgruppen erfolgt im Beispiel zunächst auf der Grundlage des ursprünglichen Bauzustandes mit den jeweils zugehörigen bauzeittypischen Konstruktionsmerkmalen. Dabei werden Defizite dieser Konstruktionen aufgezeigt und grundsätzlich günstige Lösungen ohne baulichen Handlungsbedarf abgegrenzt. Die darauf aufbauend vorgestellten Anpassungsmaßnahmen zur Verringerung der Schadensneigung beinhalten auch bereits ausgeführte Sanierungsleistungen, für die ein Erfolg nachweisbar ist. Insofern wird für diese Maßnahmen durch die praktisch feststellbare Schadensfreiheit die auf der theoretischen Grundlage ermittelte Verbesserung bestätigt.

Dachdeckung und Dachausbau

Das Hauptdach des Gebäudes ist als Mansardwalmdach ausgeführt und wird zusätzlich durch je ein Zwerchhaus in jeder Fassadenrichtung sowie stehende Gaupen gegliedert. Sowohl bei dem Mansardbereich (unterer Dachabschnitt) als auch beim Oberdach handelt es sich um unbelüftete Dachkonstruktionen (Warmdach). Die Dachdeckung besteht im Bereich der Mansarde aus profilierten Beton-Dachsteinen (Bezeichnung: Frankfurter Pfanne). Die Dachneigung beträgt hier etwa 45°. Das Oberdach verfügt über eine Doppelstehfalzdeckung in Titanzinkblech mit einer Neigung von etwa 10°.

Wie vorangegangene Untersuchungen zeigen, weisen unbelüftete Dachquerschnitte eine deutlich höhere Verletzbarkeit gegenüber Starkregen auf. Dies resultiert insbesondere daraus, dass die an lokalen Schwachstellen, wie etwa mangelhaften Anschlussausbildungen von Durchdringungen, in die Schichtenfolge eindringende Feuchtigkeit nicht gezielt abgeführt werden kann. Positiv hervorzuheben ist im vorliegenden Fall die Wahl der Deckwerkstoffe im Verhältnis zur Dachneigung. Im Oberdach wurde ein hochwertiges Deckmaterial verwendet, welches bei fachgerechter Ausführung bis zu einer Dachneigung von 7° ohne Zusatzmaßnahmen regensicher ist (ZVDH 2011). Im Bereich der Mansarde wird die geforderte Regeldachneigung von 22° sicher eingehalten. Das Risiko für einen Feuchtezutritt unter den Deckwerkstoff wird damit in beiden Fällen verringert. Hinsichtlich der Verletzbarkeit sind jedoch die höherwertige Nutzung des Dachgeschosses zu Wohnzwecken und der damit verbundene Ausbau als grundsätzlich kritisch anzusprechen. Auch die Anordnung der Zwerchhäuser und stehenden Gaupen im Dachgeschoss ist eine Folge dieser Planungsentscheidung mit dem Ziel, den möglichen Wohnraum zu maximieren. Durch den Ausbau des Dachgeschosses entfallen sonst bestehende Redundanzen innerhalb des Gesamtsystems Dach, so dass unplanmäßig in den Dachquerschnitt eindringende Feuchtigkeit häufig unmittelbar zu einem Schaden in den Wohnbereichen führt. Dabei stellen vor allem die Anschlusslinien des Hauptdaches zu Gaupen und Zwerchhäusern besonders verletzbare Bereiche dar.

6

Bild 6-20 Anschlussverblechung des Mansardbereiches zur Seitenwand einer Gaupe; Wasserableitung infolge Verschmutzung stark behindert; Traglattung bereits geschädigt (Foto: Müller, 2009).

Dachentwässerung

Die Entwässerung des Hauptdaches erfolgt mittels einer halbrunden Dachrinne (Querschnittgröße 6-teilig), die in insgesamt 8 Regenfallrohre eingebunden ist. Eine Überprüfung des Ableitvermögens des Entwässerungssystems ergab ausreichende Reserven (mehr als 20 %) im Hinblick auf die Bemessungsregenspende nach DIN 1986-100:2008-05 (Standort Dresden).

Ungeachtet dessen weist die vorliegende Ausführungslösung aufgrund besonderer Details eine hohe Verletzbarkeit gegenüber Starkregen auf, was bereits zu Feuchteschäden in Wohnbereichen führte. Um den architektonisch angestrebten, weitgehend bündigen Abschluss der Dachfläche zur Fassade herzustellen, wurde die Dachrinne in Form einer Gesimsrinne hinter die Fassadenflucht zurückgesetzt. Die Ansichtsfläche wird durch eine vertikal orientierte Verblechung aus Titanzinkblech gebildet, die in regelmäßigen Abständen in die Rinne eingehängt ist (Bild 6-21). Die beschriebene Verblechung steht an der Oberseite über die Vorderkante der Dachrinne heraus.

Im Fall einer Überlastung der Dachrinne während eines Starkregens kann die zurückgesetzt liegende Rinne nicht schadensfrei über die Fassade notentwässern. Vielmehr führt die bestehende Konstruktionslösung, wie in Bild 6-21 dargestellt, bei einem Überlaufen der Dachrinne zu einer direkten Feuchtebelastung der Mauerkrone des Drempels. Werden derart ungünstige Lösungsansätze für die Gestaltung des Traufbereiches gewählt, so erfordert dies eine hohe Qualität der Planung und Ausführung und insbesondere eine regelmäßige Wartung und Instandhaltung der betreffenden Konstruktionen. Durch den Planer sind dabei in der Ausführungsplanung konkrete Maßnahmen zur Ableitung des auf der Mauerkrone anstehenden Niederschlagswassers vorzusehen. Auch sind die Eigentümer über das erhöhte Risiko aufzuklären, so dass die Wartung des Dachentwässerungssystems entsprechend angepasst wird.

Gemäß DIN 1986-3:2004-11 werden für Dachrinnen und Regenfallleitungen Inspektions- beziehungsweise Wartungszyklen von 6 Monaten empfohlen, wobei grundsätzlich eine Wartung im Herbst durchzuführen ist. Der halbjährliche Turnus stellt eine Mindestanforderung dar. Unter Berücksichtigung der örtlichen Verhältnisse, wie beispielsweise ein umfangreicher Baumbestand, sollten die Überprüfungen in kürzeren Zeitintervallen stattfinden. Unterbleibt hingegen eine regelmäßige Wartung, so können auch fachgerecht dimensionierte und ausgeführte Entwässerungssysteme Ausgangspunkte einer Schädigung durch Starkregen sein.

Bild 6-21 Verblechung der Gesimsrinne lokal geöffnet; umfangreiche Laubablagerungen in der Rinne, Abflussvermögen stark eingeschränkt (Foto: Müller, 2010).

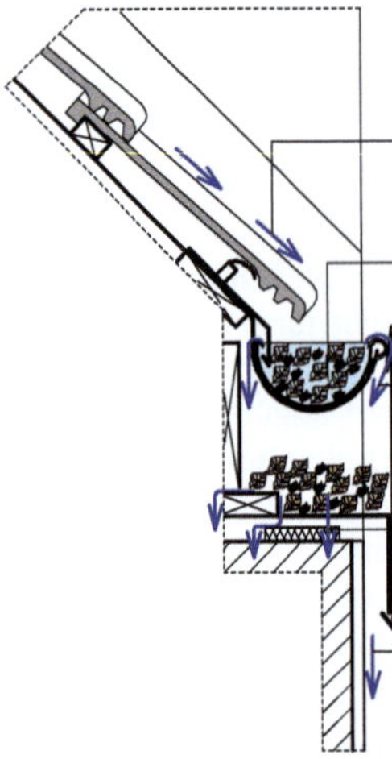

6

Bild 6-22 Vertikalschnitt der Traufe; Schematische Darstellung des Schadensmechanismus „Hinterlaufen der vertikalen Verblechung der Gesimsrinne" (Quelle: Günther, 2013).

Dachterrassen und Balkone

Den Wohnungen des Gebäudes sind jeweils außenliegende Nutzungsflächen in Form von ebenerdigen Terrassen im Erdgeschoss, auskragenden Balkonen in den Obergeschossen und Dachterrassen im Mansardgeschoss zugeordnet. Die Balkone sind dabei als Stahlbeton-Fertigteile mit massiver Randaufkantung und Fliesenbelag ausgeführt. Die Dachterrassen bilden den oberen Abschluss der Mittelrisalite und verfügen ebenfalls über einen keramischen Bodenbelag.

Die Schichtenfolge der Dachterrassen weist unterhalb der Nutzschicht aus Fliesen im Dünnbettmörtel einen Zementestrich (d ~ 5 cm), eine 1-lagige Bitumenschweißbahn als Flächenabdichtung, eine Wärmedämmschicht aus Polystyrol-Hartschaum (d ~ 6,0 cm) sowie eine Bitumenbahn als Dampfsperre auf. Der Aufbau ist damit repräsentativ für eine Vielzahl vergleichbarer Konstruktionen der Bauzeit um 1995.

Die allgemein große Anzahl von Schäden an Dachterrassen mit Fliesenbelag ohne Verbundabdichtung weist die Unzulänglichkeiten dieser Abdichtungslösung nach. Da der Fliesenbelag selbst keine Abdichtung im Sinne der geltenden Regelwerke darstellt, wird die darunterliegende Schichtenfolge (Dünnbettmörtel, Zementestrich) regelmäßig intensiv mit Feuchtigkeit beaufschlagt (Bild 6-23). In Verbindung mit der unvermeidlich auftretenden Frost-Tau-Wechselbeanspruchung der durchfeuchteten Konstruktion sind Schäden am Fliesenbelag sowie am darunterliegenden Zementestrich die Folgen. An lokalen Schwachstellen der Abdichtung kann Feuchtigkeit anschließend in tieferliegende Konstruktionen eindringen.

Bild 6-23 Lokale Öffnung der Schichtenfolge der Dachterrasse; gesamter Aufbau unter der Abdichtungsebene stark feuchtebelastet (Foto: Günther, 2010).

Eine hohe Beachtung erfordern grundsätzlich die Randanschlüsse der Flächenabdichtung zu aufgehenden massiven Bauteilen sowie zu Fenstern und Türen. Die in der hierfür maßgebenden DIN 18195-5:2011-12 eindeutig definierten Aufkantungshöhen werden, wie auch im vorliegenden Fall, häufig nicht eingehalten. In Anschlussbereichen zu Türen und Fenstern, an denen aus objektiven Gründen die sonst geforderte Aufkantung der Abdichtung von 150 mm nicht ausgeführt werden kann, werden durch die Norm besondere Maßnahmen gegen das Eindringen von Wasser oder das Hinterlaufen der Abdichtung verlangt. Die hierfür in der Regel verwendeten Entwässerungsrinnen mit Gitterrosten fehlen auf den Dachterrassen des untersuchten Gebäudes ebenso wie hinreichend dimensionierte Vordächer.

Die Balkone aus Beton-Fertigteilen verfügen über keine Abdichtung nach DIN 18195, so dass hier allgemein eine hohe Verletzbarkeit gegenüber Starkregen vorliegt. Zu beanstanden sind in diesem Zusammenhang auch die zu kleinen Entwässerungsöffnungen (d ~ 3,0 cm) und die fehlende Notentwässerung. Infolge der massiven Randaufkantungen führt eine eingeschränkte Entwässerung im Fall eines Starkregenereignisses unmittelbar zu einem erhöhten Wasseranstau auf den Balkonen.

Fassaden, Türen und Fenster

Die Außenwände des Gebäudes bestehen aus Hochloch-Ziegelmauerwerk mit beidseitigem Putz. Erfüllt der Außenputz dabei mindestens die Qualitätsanforderung „wasserhemmend“ nach DIN 18550-1:2014-12, so wird diesem Wandaufbau eine mittlere Verletzbarkeit gegenüber Starkregen zugewiesen. Grundvoraussetzung hierfür ist jedoch, dass durch konstruktive Maßnahmen Rissbildungen mit Rissweiten von $\geq$ 0,30 mm im Außenputz nachhaltig vermieden werden. Dies kann unter anderem durch die Einlage einer Putzbewehrung in Bereichen von Materialübergängen im Putzgrund (zum Beispiel Deckenränder) erfolgen. Entsprechende Maßnahmen wurden am Gebäude nur unzureichend ausgeführt, weshalb Rissbildungen an den Fassaden mit Rissweiten oberhalb des kritischen Grenzwertes in geringem Umfang feststellbar sind.

Als grundsätzlich ungünstig herauszustellen ist das Fehlen wirksamer Dachüberstände am Gebäude. Dadurch ist die eigentliche Schutzfunktion für die Fassadenflächen nicht mehr gegeben. Die Folgen dieser Ausführungslösung sind visuell deutlich wahrnehmbare Wasserlaufspuren auf den Fassaden sowie eine erhöhte Verletzbarkeit durch Starkregen.

Die Fassadenanschlüsse zu den Fensterbänken entsprechen nicht den derzeit geltenden Anforderungen, wie sie etwa durch die Richtlinie „Anschlüsse an Fenster und Rollläden bei Putz, Wärmedämm-Verbundsystem und Trockenbau“ (Richtlinie Fassadenanschlüsse 2010) dokumentiert werden. Bei den äußeren Fensterbänken des Gebäudes handelt es sich um beschichtete Metallprofile mit Endkappen aus Kunststoff. Wie in Bild 6-24 erkennbar, ist der Laibungsputz nicht fluchtgerecht auf diese Endkappen geführt. Infolgedessen kann anfallendes Niederschlagswasser den Anschlussbereich zwischen Laibungsputz und Endkappe der Fenstersohlbank hinterlaufen und so in den Mauerquerschnitt eindringen. Die bereichsweise nachträglich hergestellte elastische Versiegelung stellt dabei keinen gleichwertigen Ersatz zu einer fachgerechten und regensicheren Anschlussausbildung dar.

Bild 6-24 Nicht fachgerecht ausgeführtes Anschlussdetail der Fassade an Fenster, Rollladenführungsschiene und Fensterbank (Foto: Günther, 2013).

Die Fenster und Türen des Gebäudes sind jeweils etwa 7 cm tief in der Laibung angeordnet und können zusätzlich durch Außenrollläden geschützt werden. Aus diesen Gründen ist deren Verletzbarkeit allgemein als vergleichsweise gering zu charakterisieren. Die fehlende Wartung und die ausbleibende regelmäßige Kontrolle der Fenster und Türen, einschließlich deren Dichtungselementen, setzt diese grundsätzlich positive Bewertung jedoch herab.

Erdberührte Bauteile/Haustechnik

Hinsichtlich der Verletzbarkeit der erdberührten Bauteile und der Haustechnik wird auf die Ausführungen zur Einwirkung Überflutung (Abschnitt 5.4.2) verwiesen. Da im Fall eines Starkregenereignisses am betrachteten Gebäude insbesondere der Schadensmechanismus „Zutritt von Oberflächenwasser“ wirksam wird, sind die hier angeführten Problempunkte weitgehend auch auf die Einwirkung Starkregen übertragbar.

Klassifizierung des Gesamtgebäudes

Das betrachtete Gebäude befindet sich in Dresden, an einem durch die umgebende Bebauung weitgehend geschützten Standort. Entsprechend DIN 4108-3:2014-11 ist Dresden der Schlagregenbeanspruchungsgruppe II zuzuordnen, woraus sich eine mittlere Gefährdung ableitet. Der Baugrund weist keine besonderen Risiken auf. Die Wasserbeanspruchung der erdberührten Bauteile entspricht dem Lastfall „zeitweise aufstauendes Sickerwasser“ nach DIN 18195-1:2011-12.

Die Einzelbeiträge der maßgebenden Bauteile der Gebäudehülle in der Analyse des Baubestandes wurden vorstehend beschrieben. Eine vergleichsweise hohe Verletzbarkeit weisen dabei das ausgebaute Dachgeschoss mit grundsätzlich kritischer Entwässerungslösung, die Dachterrassen und Balkone, die Fassadenanschlüsse zu Fensterbänken sowie die Haustechnik auf. Die Fenster und Türen sowie die erdberührten Bauteile sind gegenüber der Einwirkung Starkregen hingegen nur mäßig gefährdet.

Im Gesamtergebnis ist dem Gebäude eine mittlere bis leicht erhöhte Verletzbarkeit zuzuweisen (Bild 6-25). Von besonderer Relevanz ist dabei die derzeit fehlende kontinuierliche Wartung aller maßgebenden Außenbauteile. Die Lage des Gebäudes in direkter Nähe zu umfangreichem Baumbestand erfordert zwingend eine regelmäßige Kontrolle und Reinigung der Entwässerungseinrichtungen. Auch die Dachfläche, die Fenster und Türen sowie die Fassaden sind turnusmäßig zu inspizieren. Somit besteht hierin ein wesentlicher Ansatz zur Verringerung der Schadensneigung des Gesamtgebäudes gegenüber Starkregen.

6

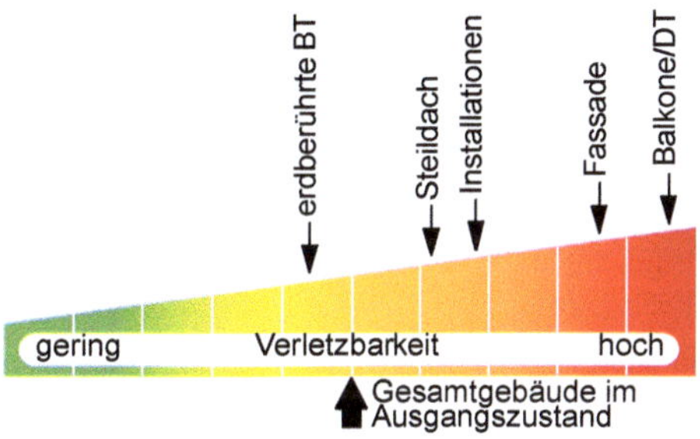

Bild 6-25 Bewertungsgrafik für das Gesamtgebäude im ursprünglichen Bauzustand mit bauzeittypischen Konstruktionsmerkmalen.

Anpassung

Wartung und Instandhaltung

Die Untersuchung des Beispielgebäudes hinsichtlich seiner Verletzbarkeit gegenüber Starkregen ergab, dass die fehlende Wartung und Instandhaltung das Risiko für Schäden durch diese Einwirkung deutlich erhöhen. Regelmäßige Kontrollen mit Reinigung des Entwässerungssystems sowie gegebenenfalls kleineren Sofortreparaturen am Dach und der Fassade bilden jedoch eine Grundvoraussetzung, um die Funktionsfähigkeit der Bauteile und Schichtenfolgen über einen längeren Zeitraum sicherzustellen. Bezugnehmend auf das betrachtete Gebäude sollten daher zukünftig vor allem die nachfolgend aufgeführten Leistungen erfolgen:

- regelmäßige Inspektion der Dachdeckungen mit Prüfung auf Beschädigungen oder Fehlstellen
- turnusmäßige Reinigung und Wartung der Entwässerungseinrichtungen (Gesimsrinnen und Regenwasserfallleitungen)
- regelmäßige Sichtkontrollen der Fassaden (zum Beispiel in Hinblick auf Rissbilder)
- Wiederholung der Feinjustierung von Fenstern und Türen mit Erneuerung verwitterter beziehungsweise nicht mehr funktionsfähiger Dichtungsmaterialien
- regelmäßige Reinigung und Inspektion von Lichtschächten und deren Entwässerung

Für die Umsetzung dieser Leistungen empfiehlt sich der Abschluss von Wartungsverträgen mit hierfür qualifizierten Fachfirmen (Dachdecker und Dachklempner, Tischler, Ingenieure). Einfache Arbeiten, wie etwa die Reinigung der Lichtschächte, können auch an Hausmeisterfirmen übertragen werden.

Die darüber hinausgehenden baulichen Handlungsoptionen stellen wirksame Maßnahmen zur Verringerung der Schadensneigung der einzelnen Bauteilgruppen dar. Die vom Bestand vorgegebenen Randbedingungen (zum Beispiel Anschlusshöhen, Maßabstände) erfordern dabei zum Teil umfangreiche Sanierungsleistungen. Aus diesem Grund wird empfohlen, die Anpassungsmaßnahmen grundsätzlich im Zusammenhang mit ohnehin geplanten Sanierungsleistungen an diesen Bauteilen, wie etwa einer energetischen Ertüchtigung der Fassaden, umzusetzen.

Dachdeckung und Dachausbau

Die Regeldachneigung der am Gebäude eingesetzten Deckwerkstoffe wird, wie unter Abschnitt Schwachpunkte beschrieben, im vorliegenden Fall sicher eingehalten. Demnach ist das Risiko für einen Feuchtezutritt in der ungestörten Dachfläche als vergleichsweise gering zu bewerten.

Potentielle Problempunkte stellen jedoch vor allem die Anschlüsse zu den Gaupen und Zwerchhäusern sowie zu den Durchdringungspunkten der Lüftungsrohre dar. In diesen Bereichen sind die Zusatzmaßnahmen zur Regensicherheit (Unterspannung, Unterdeckung) häufig nicht mit der nötigen Sorgfalt ausgeführt. Im Fall eines begründeten Mangelverdachtes wird empfohlen, die grundsätzliche Ausführungsqualität der Anschlüsse zunächst stichprobenartig durch eine lokale Öffnung ausgewählter Bereiche zu überprüfen. Darauf aufbauend kann anschließend ein gegebenenfalls erforderlicher Instandsetzungsbedarf definiert werden, noch bevor ein Schaden in den angrenzenden Wohnbereichen auftritt.

Am Hauptdach des betrachteten Gebäudes bestehen aktuell keine Hinweise auf eine mangelhafte Anschlussausbildung der Dachdeckung, weshalb hier auf eine weiterführende Überprüfung verzichtet wird. Für den Zeitpunkt, zu dem die verwendeten Beton-Dachsteine ihre zu erwartende Lebensdauer überschreiten und damit eine vollständige Neueindeckung erfordern, wird die Umwandlung des Daches in eine belüftete Konstruktion (Kaltdach) empfohlen. Durch diese Anpassungsmaßnahme wird auch für den ausgebauten Dachquerschnitt im Fall eines unplanmäßigen Feuchtezutritts eine Rücktrocknung der Schichtenfolge ermöglicht und damit die Schadensneigung der Konstruktion weiter verringert.

Dachentwässerung

Der in Bild 6-24 dargestellte Schadensmechanismus „Hinterlaufen der vertikalen Verblechung der Gesimsrinne“ stellt eine wesentliche Ursache für die am Gebäude in der Vergangenheit im Zusammenhang mit Starkregen aufgetretenen Feuchteschäden dar. Zur Gewährleistung zukünftiger Schadensfreiheit sind daher eine regelmäßige Wartung und Reinigung der Dachrinnen sowie bauliche Anpassungen zwingend erforderlich. Die aus technischer Sicht bevorzugte bauliche Lösung besteht dabei in der Herstellung eines wirksamen Dachüberstandes durch eine Verlängerung der Dachfläche nach außen hin sowie in der Anordnung einer vorgehängten, hinreichend dimensionierten Hängerinne. Hierdurch wird sowohl das Risiko für einen Rückstau von anfallendem Niederschlagswasser in das Gebäude verringert als auch der Schutz für die Fassadenflächen wesentlich erhöht.

Sofern die vorliegende Gestaltung mit Gesimsrinne beibehalten werden soll, kann auch bei zukünftig hinreichender Reinigung der Rinnen das Eindringen von Niederschlagswasser in den darunterliegenden Zwischenraum nicht in jedem Fall sicher ausgeschlossen werden. Aus diesem Grund erfordert der Schutz des Baukörpers die Herstellung einer zweiten Entwässerungsebene, etwa durch eine oberseitige Verblechung des Drempelmauerwerks gemäß den Klempnerfachregeln (ZVSHK 2009). Zur Vermeidung eines weiteren Materialeintrages in den Zwischenraum sollte zudem die vorderseitige Verblechung entlang der gesamten Anschlusslinie in die Rinne eingehangen werden.

Dachterrassen und Balkone

An den Dachterrassen und Balkonen besteht ein wesentliches Planungsziel darin, durch konstruktive Maßnahmen eine rasche Ableitung von anfallendem Niederschlagswasser zu erreichen. Längerfristig an kritischen Detailpunkten anstehendes Wasser sowie Feuchtigkeit innerhalb der Schichtenfolge sind möglichst zu vermeiden. Daher sollten bei der Planung und Ausführung von Dachterrassen und Balkonen insbesondere die nachfolgend aufgeführten Grundsätze berücksichtigt werden:

- Herstellung von bis zur Flächenabdichtung gut wasserdurchlässigen Schichtenfolgen
- Ausbildung eines hinreichenden Gefälles (mindestens 2 %) im Dichtungsgrund der Flächenabdichtung, jeweils in Richtung der Entwässerungspunkte
- fachgerechte Planung und Umsetzung von Anschlussdetails, insbesondere der Randanschlüsse, mit hinreichender Aufkantung an aufgehende Bauteile sowie im Bereich von Terrassen- und Balkontüren
- Anordnung ausreichend dimensionierter Entwässerungspunkte und Notüberläufe
- Verwendung robuster Wärmedämm- und Abdichtungsmaterialien

Die am Gebäude vorhandenen Schichtenfolgen mit Fliesenbelag ohne Verbundabdichtung und fehlender (Balkone) beziehungsweise mangelhafter (Dachterrassen) Flächenabdichtung sind mit dem Ziel dauerhafter Schadensfreiheit nicht vereinbar. Aus diesem Grund ist eine vollständige Erneuerung dieser Schichtenfolgen zur Anpassung an zukünftige Starkregenereignisse ohne Alternative.

Zur Herstellung des neuen Dichtungsgrundes ist zunächst auf allen Dachterrassen die bestehenden Schichtenfolgen bis zur Oberkante der Geschossdecke abzubrechen. Oberhalb der vorhandenen Geschossdecke der Erker wird eine neue Schichtenfolge mit folgenden Elementen empfohlen (von unten beginnend):

- bestehende Geschossdecke, Stahlbeton,
- hochdruckfeste Wärmedämmschicht als Gefälledämmung mit gleichmäßigem Gefälle von mindestens 2 % zu den Terrassenrändern hin; zum Beispiel Verwendung von Schaumglas, wirkt zugleich als Dampfsperre (andernfalls Dampfsperre unterhalb der Wärmedämmschicht anordnen),
- Flächenabdichtung für hohe Beanspruchung nach DIN 18195-5:2011-12, Abschnitt 8.3; zum Beispiel mehrlagige Abdichtung aus Polymerbitumen-Schweißbahnen nach DIN EN 13969:2007-03,
- Schutzschicht; zum Beispiel Gummigranulat-Matte,
- Nutzschicht aus punktförmig oder linear gelagerten Holzrosten (Verwendung hochresistenter Holzarten) beziehungsweise Plattenbelag (Betonplatten) auf höhenjustierbaren Stelzlagern.

Der wesentliche Vorteil der beschriebenen Konstruktionslösung liegt in der unmittelbaren und schnellen Ableitung des Niederschlagswassers direkt auf der Abdichtung. Es existieren keine weiteren Schichten, welche den zügigen Wasserablauf behindern beziehungsweise planmäßig durchfeuchtet werden. Risiken aus einer Frost-Tau-Wechselbeanspruchung infolge von in die

Schichtenfolge eindringender Feuchtigkeit werden damit vollständig verhindert. Die Flächenabdichtung kann jederzeit mit geringem Aufwand inspiziert werden. Wartungsarbeiten und Reparaturen am Bodenbelag sind ohne größere Eingriffe ausführbar.

Die Abdichtung ist in den Anschlussbereichen zu aufgehenden Bauteilen entsprechend den Anforderungen nach DIN 18195-5:2011-12 mindestens bis in eine Höhe von 150 mm über die Oberkante des künftigen Bodenbelages aufzuführen, um so ein Hinterlaufen der Abdichtung dauerhaft auszuschließen. Vor den Terrassentüren beziehungsweise vor den bodentiefen Fenstern der Dachterrassen, wo eine entsprechend hohe Aufkantung nur schwer umsetzbar ist, sind geeignete Entwässerungsrinnen mit Gitterrosten einzubauen, welche den Anschlussbereich rasch entwässern. Eine Aufkantungshöhe von mindestens 50 mm über Oberkante Bodenbelag ist jedoch gemäß ZVDH-Flachdachrichtlinie auch hier einzuhalten.

Für die Entwässerung der Dachterrassen sollte die im Bestand vorliegende Lösung mit vorgehängter Kastenrinne grundsätzlich beibehalten werden. Aufgrund des deutlich zu geringen Entwässerungsquerschnittes der vorhandenen Rinnen ist jedoch eine Anpassung durch Vergrößerung des wirksamen Querschnittes erforderlich.

6

Eine denkbare Ausführungslösung, um die Schadensneigung der Dachterrassen am betrachteten Gebäude nachhaltig zu verringern, ist in Bild 6-26 dargestellt.

Für die Balkone des Gebäudes ist eine zu den Dachterrassen vergleichbare Schichtenfolge, in diesem Fall jedoch ohne zusätzliche Wärmedämmschicht, zu empfehlen. Die Gefälleausbildung im Dichtungsgrund der Flächenabdichtung könnte dabei durch die Ausführung eines Gefälleestrichs erfolgen.

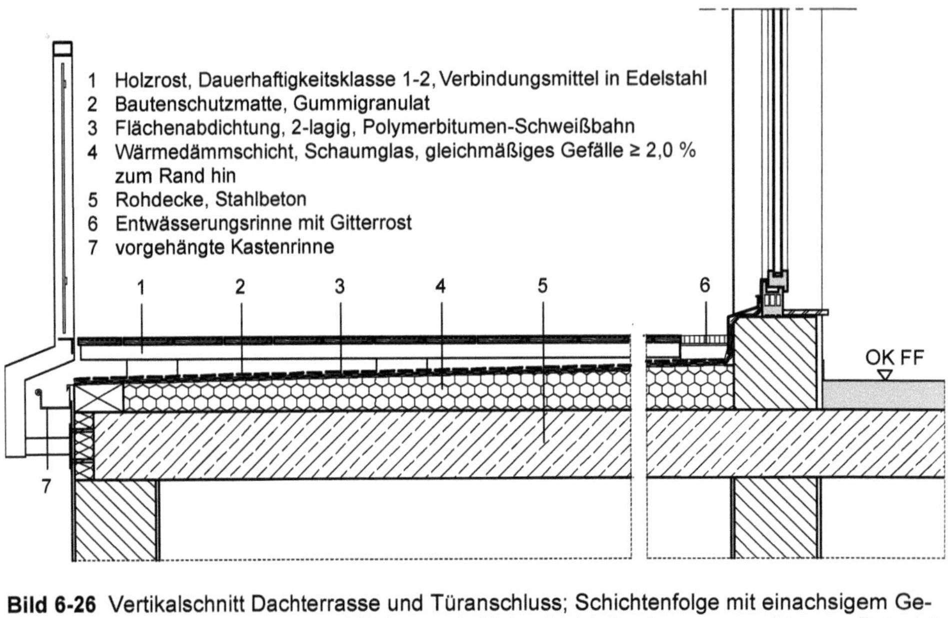

Bild 6-26 Vertikalschnitt Dachterrasse und Türanschluss; Schichtenfolge mit einachsigem Gefälle, vorgehängter Kastenrinne und Holzrost als Nutzschicht, Sanierungsvorschlag am Beispiel eines Mehrfamilienhauses der Bauzeit 1995/96; Maßstab 1:20.

Fassaden und Fassadenanschlüsse

An den Fassaden des betrachteten Gebäudes liegen einzelne starke Rissbildungen vor. Die Öffnungsweiten dieser Risse betragen zum Teil bis zu 0,7 mm. Im Allgemeinen wird davon ausgegangen, dass ab einer Rissweite von etwa 0,3 mm die Schlagregensicherheit von Außenbauteilen eingeschränkt ist. Da dieser Grenzwert im vorliegenden Fall bereichsweise deutlich überschritten wird, ist ein hinreichender Feuchteschutz der Fassaden nicht mehr überall gegeben. Zur Verringerung der Schadensneigung der Fassaden sind die bestehenden Einzelrisse fachgerecht zu schließen. Grundlage für die Instandsetzung sollten die Empfehlungen gemäß WTA-Merkblatt 2-4 (2008) bilden. Die Einzelrisssanierung ist dabei vorzugsweise entsprechend dem Verfahren E 4 „Rissüberbrückung mit Trennlage und Putzträger" auszuführen. Durch die damit verbundene Entkopplung des Putzes können zukünftig geringfügige Rissbreitenänderungen im Untergrund schadensfrei kompensiert werden. Auch genügt diese Ausführung, im Gegensatz zu einem Rissverschluss mit flexiblem Fugendichtstoff, höheren optischen Anforderungen.

Die Außenfensterbänke einschließlich deren Bauteilanschlüsse sollten im Rahmen von Instandsetzungsleistungen an den Fassaden vollständig erneuert werden. Bei der Montage ist zu beachten, dass alle Putzanschlüsse regensicher auszubilden sind. Die Bordprofile im Bereich der Laibungsanschlüsse sind dabei so weit nach außen zu versetzen, dass der äußere Laibungsputz bündig auf deren Innenseiten geführt wird.

Erdberührte Bauteile / Haustechnik

Wie unter Abschnitt Schwachpunkte erläutert, weisen die Doppelparksysteme in der Tiefgarage eine hohe Verletzbarkeit gegenüber Feuchtebeanspruchung auf. Aus diesem Grund sollte deren Notwendigkeit für das Beispielgebäude sowie deren Einsatz im Neubau grundsätzlich kritisch hinterfragt werden.

Für die nachfolgende Gesamtbewertung des Gebäudes wird davon ausgegangen, dass die Doppelparksysteme entfernt und deren Gruben fachgerecht aufgefüllt werden.

Klassifizierung des angepassten Gebäudes

Die Ausführung der beschriebenen Einzelmaßnahmen ermöglicht eine wesentliche Verringerung der Verletzbarkeit des Gebäudes gegenüber der Einwirkung Starkregen. Insbesondere die Erneuerung der Schichtenfolgen der Dachterrassen und Balkone mit Veränderung der Nutzschicht, Gefälleausbildung und Abdichtungslösung trägt maßgebend hierzu bei. Darüber hinaus birgt auch die Umgestaltung der Traufe ein hohes Verbesserungspotential. Durch die Vergrößerung des Dachüberstandes sowie die Anordnung einer vorgehängten Dachrinne kann der Feuchteschutz sowohl am Dach als auch an der Fassade deutlich verbessert werden.

Nach Umsetzung der Anpassungsmaßnahmen kann das Gesamtgebäude als vergleichsweise gering verletzbar angesprochen werden. Dies gilt jedoch nur unter der Voraussetzung, dass durch Einhaltung der vorgegebenen Wartungs- und Instandsetzungszyklen die Funktionsfähigkeit der Außenbauteile zukünftig nachhaltig gewährleistet wird. Andernfalls kann, abgesehen von den Verbesserungen im Bereich der Dachterrassen und Balkone, keine dauerhafte Verringerung der Schadensneigung erzielt werden.

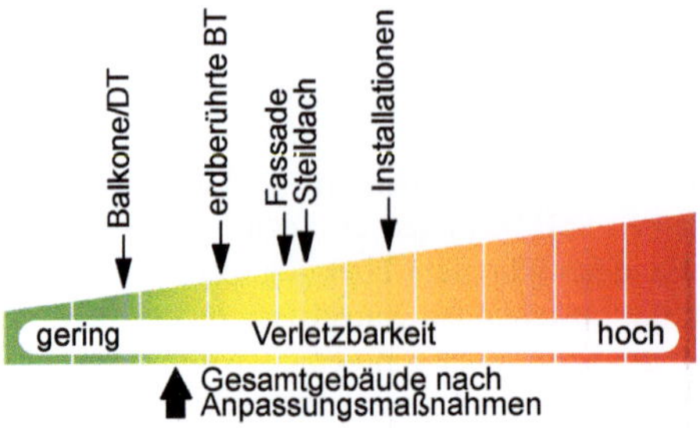

Bild 6-27 Bewertungsgrafik für das Gesamtgebäude nach Umsetzung der beschriebenen Anpassungsmaßnahmen.

6.5 Literatur

Bernhofer et al. 2009	Bernhofer, C.; Matschullat, J.; Bobeth, A.: Das Klima in der REGKLAM-Modellregion Dresden. Berlin: Rhombos, 2009.
Bernhofer et al. 2015	Bernhofer, C.; Franke, J.; Fischer, S.; Kirsten, L.; Körner, P.; Kostrowski, D.; Prasse, H.; Schaller, A.; Donix, T.: Analyse der Klimaentwicklung in Sachsen. Schriftenreihe des Landesamtes für Umwelt, Landwirtschaft und Geologie 3/2015. Dresden: Landesamt für Umwelt, Landwirtschaft und Geologie, 2015.
BMU 2009	Bundesministerium für Umwelt, Naturschutz und Reaktorsicherheit (BMU): Dem Klimawandel begegnen – Die deutsche Anpassungsstrategie. Berlin: BMU, 2009.
BMVBS 2008	Bundesministerium für Verkehr, Bau und Stadtentwicklung / Bundesamt für Bauwesen und Raumordnung (Hrsg.): Folgen des Klimawandels: Gebäude und Baupraxis in Deutschland. BBR-Online-Publikation 10/2008. urn:nbn:de:0093-ON1008R229. Berlin, Bonn: BMVBS / BBR, 2008.
DIN 1986-3	DIN 1986-3, November 2004: Entwässerungsanlagen für Gebäude und Grundstücke – Teil 3: Regeln für Betrieb und Wartung. Berlin: Beuth, 2004.
DIN 1986-100	DIN 1986-100, Mai 2008: Entwässerungsanlagen für Gebäude und Grundstücke – Teil 100: Bestimmungen in Verbindung mit DIN EN 752 und DIN EN 12056 (05/2008). Berlin: Beuth, 2004.
DIN 4108-3	DIN 4108-3, November 2014: Wärmeschutz und Energie-Einsparung in Gebäuden – Teil 3: Klimabedingter Feuchteschutz – Anforderungen, Berechnungsverfahren und Hinweise für Planung und Ausführung. Berlin: Beuth, 2014.
DIN EN 12056-3	DIN EN 12056-3, Januar 2001: Schwerkraftentwässerungsanlagen innerhalb von Gebäuden – Teil 3: Dachentwässerung, Planung und Bemessung. Berlin: Beuth, 2001.
DIN EN 12154	DIN EN 12154, Juni 2000: Vorhangfassaden – Schlagregendichtheit – Leistungsanforderungen und Klassifizierung. Berlin: Beuth, 2000.
DIN EN 12208	DIN EN 12208, Juni 2000: Fenster und Türen – Schlagregendichtheit, Klassifizierung. Berlin: Beuth, 2000.
DIN EN 13969	DIN EN 13969, März 2007: Abdichtungsbahnen – Bitumen für die Bauwerksabdichtung gegen Bodenfeuchte und Wasser – Definitionen und Eigenschaften. Berlin: Beuth, 2007.

DIN 18055	DIN 18055, November 2014: Kriterien für die Anwendung von Fenstern und Außentüren nach DIN EN 14351-1. Berlin: Beuth, 2014.
DIN 18195-1	DIN 18195-1, Dezember 2011: Bauwerksabdichtungen – Teil 1: Grundsätze, Definitionen, Zuordnung der Abdichtungsarten. Berlin: Beuth, 2011.
DIN 18195-2	DIN 18195-2. April 2004: Bauwerksabdichtungen – Teil 2: Stoffe. Berlin: Beuth, 2009.
DIN 18195-3	DIN 18195-3, Dezember 2011: Bauwerksabdichtungen – Teil 3: Anforderungen an den Untergrund und Verarbeitung der Stoffe. Berlin: Beuth, 2011.
DIN 18195-4	DIN 18195-4, Dezember 2011: Bauwerksabdichtungen – Teil 4: Abdichtungen gegen Bodenfeuchte (Kapillarwasser, Haftwasser) und nichtstauendes Sickerwasser an Bodenplatten und Wänden, Bemessung und Ausführung. Berlin: Beuth, 2011.
DIN 18195-5	DIN 18195-5, Dezember 2011: Bauwerksabdichtungen – Teil 5: Abdichtungen gegen nichtdrückendes Wasser auf Deckenflächen und in Nassräumen, Bemessung und Ausführung. Berlin: Beuth, 2011.
DIN 18195-6	DIN 18195-6, Dezember 2011: Bauwerksabdichtungen – Teil 6: Abdichtungen gegen von außen drückendes Wasser und aufstauendes Sickerwasser, Bemessung und Ausführung. Berlin: Beuth, 2011.
DIN 18355	DIN 18355, September 2012: VOB Vergabe- und Vertragsordnung für Bauleistungen – Teil C: Allgemeine Technische Vertragsbedingungen fü Bauleistungen (ATV) – Tischlerarbeiten. Berlin: Beuth, 2012.
DIN 18515-1	DIN 18515-1, Mai 2015: Außenwandbekleidungen – Grundsätze für Planung und Ausführung – Teil 1: Angemörtelte Fliesen oder Platten. Berlin: Beuth, 2015.
DIN 18531-1	DIN 18531-1, Mai 2010: Dachabdichtungen – Abdichtungen für nicht genutzte Dächer – Teil 1: Begriffe, Anforderungen, Planungsgrundsätze. Berlin: Beuth, 2010.
DIN 18531-2	DIN 18531-2, Mai 2010: Dachabdichtungen – Abdichtungen für nicht genutzte Dächer – Teil 2: Stoffe. Berlin: Beuth, 2010.

DIN 18531-3 — DIN 18531-3, Mai 2010: Dachabdichtungen – Abdichtungen für nicht genutzte Dächer – Teil 3: Bemessung, Verarbeitung der Stoffe, Ausführung der Dachabdichtungen. Berlin: Beuth, 2010.

DIN 18531-4 — DIN 18531-4, Mai 2010: Dachabdichtungen – Abdichtungen für nicht genutzte Dächer – Teil 4: Instandhaltung. Berlin: Beuth, 2010.

DIN 18550-1 — DIN 18550-1, Dezember 2014: Planung, Zubereitung und Ausführung von Innen- und Außenputzen – Teil 1: Ergänzende Festlegungen zu DIN EN 13914-1 für Außenputze. Berlin: Beuth, 2014.

DWD 2011 — Deutscher Wetterdienst (Hrsg.): Aktualisierte und erweiterte Testreferenzjahre von Deutschland für mittlere, extreme und zukünftige Witterungsverhältnisse. Offenbach: Deutscher Wetterdienst (DWD), 2011.

Egli 2007 — Egli, T.: Objektschutz gegen meteorologische Naturgefahren. Bern: Vereinigung Kantonaler Feuerversicherungen, 2007.

Ernst et al. 2009 — Ernst, W.; Jauch, M; Spaniol, W.; Burkhardt, M.: Dachabdichtung und Dachbegrünung – Teil VI: Abdichtungen. Pullach, W. Ernst, 2009.

Hatzfeld & Kurz 2010 — Hatzfeld, F.; Kurz, S.: Klimaangepasstes Bauen – Kriteriensteckbrief „Widerstandsfähigkeit gegen Naturgefahren: Wind, Starkregen, Hagel, Schnee/feuchte Winter und Hochwasser“. In: Bundesinstitut für Bau-, Stadt- und Raumforschung und Bundesamt für Bauwesen und Raumordnung (Hrsg.): Endbericht des Forschungsprogramms „Zukunft Bau“, Aktenzeichen 10.08.17.7-09.19. Berlin: BBSR / BBR, 2010.

MNI 2012 — MNI Dresden – Diplomingenieure für Bauwesen (Hrsg.): Verletzbarkeitsanalysen Ex-Post an bestehenden Gebäuden in der Modellregion Dresden. Forschungsarbeit im Rahmen des Forschungsprojektes REGKLAM. Dresden: unveröffentlicht, 2012.

RAL 2006 — Leifaden zur Planung und Ausführung der Montage von Fenstern und Haustüren. RAL-Gütegemeinschaft Fenster und Haustüren e. V. (Hrsg.), 4. Auflage, 2006.

SächsBO 2011 — Sächsische Bauordnung (SächsBO). Fassung vom 28. Mai 2004 (GVBl. Nr. 8 vom 25.06.2004, S. 200; 29.01.2008, S. 102; 13.08.2009, S. 438; 19.05.2010, S. 142; 04.10.2011, S. 377).

Ullrich & Reinfried 2011 — Ullrich, K.; Reinfried, F.: Ex-Post-Analyse von Extremereignissen auf dem Gebiet der Landeshauptstadt Dresden. Dresden: Landeshauptstadt Dresden Umweltamt, 2011.

Zimmermann et al. 2006 — Zimmermann, G.; Ottomann, A.; Klopfer, H.; Soergel, C.: Wasserschäden – Schadensfälle, Leckortung, Bautrocknung, Verantwortlichkeit. Stuttgart: Fraunhofer IRB, 2006.

ZVDH 2012 — Deutsches Dachdeckerhandwerk – Regelwerk (2012): Regelwerk des Deutschen Dachdeckerhandwerks, bestehend aus Grundregeln, Fachregeln, Hinweisen, Merkblättern und Produktdatenblättern. Aktualisierungen bis Ende 2012. Köln: Zentralverband des Deutschen Dachdeckerhandwerks – Fachverband Dach-, Wand- und Abdichtungstechnik e. V., Verlagsgesellschaft Rudolf Müller, 2012.

ZVSHK 2009 — ZVSHK-Klempnerfachregeln (2009): Richtlinien für die Ausführung von Klempnerarbeiten an Dach und Fassade (Klempnerfachregeln). Ausgabe März 2003 inklusive Ergänzungen bis 2009. St. Augustin: Zentralverband Sanitär Heizung Klima, 2009.

7 Hagel

7.1 Relevanz für die Baukonstruktion

Hagelereignisse können eine direkte Schädigung der Gebäude verursachen. Betroffen ist dabei insbesondere die Gebäudehülle, wie zum Beispiel Dach- und Fassadenflächen. Ein Hagelschaden kann rein optischer Natur sein oder im Extremfall zu einer Beeinträchtigung der Schutzfunktion der Gebäudehülle führen. Das Maß der schädigenden Wirkung ist dabei hauptsächlich von der Größe des Hagelkornes und der beim Aufprall auf ein Bauteil freigesetzten kinetischen Energie abhängig (Tabelle 7-1).

Tabelle 7-1 Schäden in Abhängigkeit von der Hagelgröße (Münchner Rück 2007).

Durchmesser [cm]	Vergleichsgröße	Schadenswirkung
0,5–2,0	Erbse, Haselnuss, Murmel	Keine Schäden an Gebäuden
2.0–3,0	Ein-Euro-Münze	Erste Schäden an Gewächshäusern
3,0–4,0	Walnuss, Tischtennisball	Glashäuser werden zerstört, Leichtdächer werden durchlöchert
4,0–6,0	Golfball, Billardkugel	Fenster und Glasüberdachungen gehen zu Bruch
6,0–8,0	Tennisball	Dachpfannen brechen, signifikante Gebäudeschäden (Fassaden, Metallverkleidungen, Fensterrahmen)
8,0–11,0	Baseball, Grapefruit	Gehwegplatten werden zerstört
> 11,0	Kleine Melone, Handball	Schäden an Gebäudesubstanz

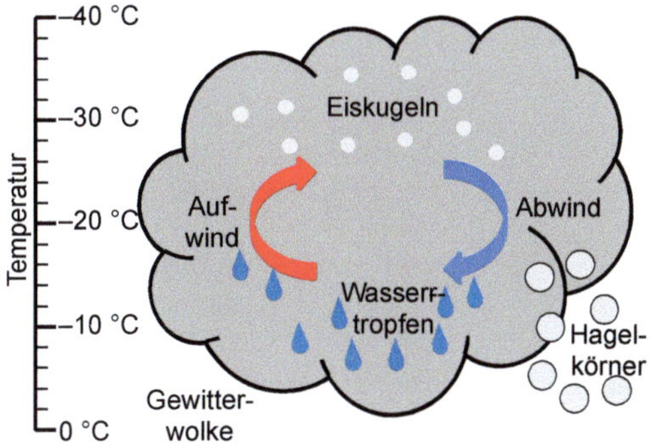

Bild 7-1 Prinzip Entstehung Hagel.

7

Hagel entsteht innerhalb von Gewitterzellen mit sehr wasserreichen Wolken (Bild 7-1). Innerhalb dieser Wolken herrschen starke Auf- und Abwinde, welche die Wasserpartikel abwechselnd in höhere und niedrigere Wolkenschichten transportieren. In den höher gelegenen Wolkenschichten gefrieren diese Wasserpartikel aufgrund der dort vorherrschenden niedrigen Temperaturen zu Eis. Werden diese durch Abwinde in die wärmeren tieferen Wolkenschichten transportiert, haftet sich weiteres Wasser an. Zurück in den oberen kalten Wolkenschichten gefriert das zuvor angelagerte Wasser ebenfalls zu Eis und es kommt zum Anwachsen des Hagelkornes. Dieser Vorgang kann sich je nach Stärke der Auf- und Abwinde häufiger abspielen und es entsteht ein Kreislauf aus Wasseranlagerung in niedrigen Wolkenschichten und Anfrieren des Wassers in höheren Wolkenschichten. Je länger dieser Kreislauf andauert, umso größer wird das Hagelkorn. Wenn die Aufwinde nicht mehr stark genug sind, um die Eiskugeln in höhere Wolkenschichten zu transportieren, fallen diese aus der Wolke aus und es kommt zum Hagelschauer.

Der durch einen Hagelschauer hervorgerufene Hagelschaden kann Folgeschäden nach sich ziehen, die den direkt durch den Hagel verursachten wirtschaftlichen Schaden um mehrere Potenzen übersteigen können. Wird etwa die Regen- und Schlagregensicherheit der Gebäudehülle beeinträchtigt, kann der mit dem Hagel häufig einhergehende Starkregen zu Wasserschäden im Gebäude führen, indem Dämmschichten und tragende Konstruktionen unter der wasserführenden Schicht durchfeuchtet werden. Neben der Verschlechterung der Dämmwirkung kann dies zu Schimmelpilzbildung und dem Verlust der Tragfähigkeit von tragenden Holzbauteilen führen. Zudem können Hagelkörner beziehungsweise durch den Hagel abgerissene Äste und Blätter die Entwässerungssysteme am Gebäude verstopfen (Hatzfeld und Kurz 2010) und somit wiederum Wasserschäden hervorrufen. Durch den Hagel beschädigte Dach- oder Fassadenelemente können herabstürzen und Passanten gefährden beziehungsweise Fahrzeuge beschädigen.

Bild 7-2 Schaden an einem Gebäude nach einem Hagelereignis (Foto: Nikolowski, 2010).

In Deutschland entstand nach Informationen des Gesamtverbandes der Deutschen Versicherungswirtschaft – GDV – allein im Jahr 2013 ein Sachschaden von circa 3,1 Milliarden Euro durch Hagelstürme vom Sommer bis zum Frühherbst. Hervorzuheben sind hier besonders heftige

Hagelstürme in Juli und August 2013 über Niedersachsen und Baden-Württemberg, welche allein versicherte Schäden von voraussichtlich 2,7 Milliarden Euro hinterließen.

So sorgte in Reutlingen ein 10-minütiger Hagelsturm am 28.07.2013 mit tennisballgroßen Hagelkörnern für zerstörte Dächer und Autos. Zudem wurde ein Großteil der Ernte der Tafelobstbauern vernichtet. Im Anschluss an den Hagel sorgte zudem ein Starkregenereignis für vollgelaufene Keller und weitere Schäden an Gebäuden.

Ein Blick in die Vergangenheit zeigt, dass einzelne Gebiete Deutschlands immer wieder von starken Hagelereignissen heimgesucht werden. So sorgte das Tief Frank im Jahr 2011 mit einem Schadensaufwand von circa 300 Millionen Euro für eines der schlimmsten Hagelereignisse für Sachversicherungen zwischen den Jahren 2002 und 2012.

Die steigenden Schadenssummen liegen nicht zuletzt auch an einer sich ändernden Bauweise. Wurden die Gebäude der Gründerzeit noch vorwiegend in Massivbauweise mit verputzten Wänden aus Mauerwerk und Dächern mit Dachgauben und Schieferdeckung ausgeführt, werden heute häufig Materialien wie Wärmedämmverbundsysteme, Lichtkuppeln aus Kunststoff und Metallraffstores verwendet. Diese besitzen in der Regel einen geringen Widerstand gegen mechanische Beschädigungen, wie sie bei einem Hagelschauer entstehen.

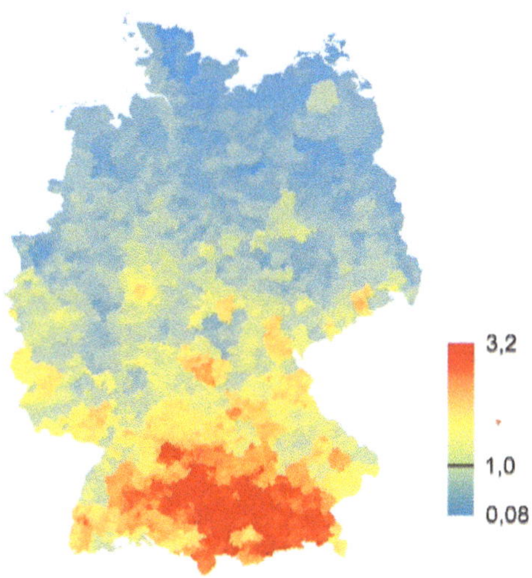

Bild 7-3 Hagelwahrscheinlichkeit in Deutschland (Quelle: E+S Rückversicherung AG, 2015).

Für Deutschland kann in Bezug auf die Hagelgefährdung ein deutliches Nord-Süd-Gefälle festgestellt werden. Bild 7-3 zeigt die Verteilung von Hagelereignissen innerhalb der letzten 30 Jahre. Der Wert 1 auf der Farbskala entspricht der durchschnittlichen Anzahl an Hagelereignissen im Mittel über ganz Deutschland. Demnach gab es im Gebiet um München innerhalb der letzten 30 Jahre bis zu 3,2 mehr Hagelereignisse als im Mittel über ganz Deutschland. In Gebieten rund um Norddeutschland sind dagegen weniger Hagelereignisse zu verzeichnen. Dabei ist jedoch zu erwähnen, dass die Grafik lediglich die Anzahl an Hagelereignissen wiedergibt, nicht deren Intensität oder Schadenpotential. Da jedoch im Süden von Deutschland sehr dicht besiedelte Gebiete mit hohen Sachwerten anzutreffen sind, kann in Kombination mit einer hohen Hagelfrequenz ein enormer wirtschaftlicher Schaden entstehen, welcher vor allem durch geeignete Präventions- und Vorsorgemaßnahmen verringert werden kann.

7.2 Erkenntnisse der Klimaforschung

Der aktuelle Stand der Klimaforschung ist der, dass für Deutschland bisher nur qualitative Aussagen zur Hagelgefährdung in der Abstufung gering/hoch existieren. Um für Bauteile die Schadenswahrscheinlichkeit durch Hagelschlag abschätzen zu können, sind jedoch Aussagen über die Häufigkeit bestimmter Hagelkorngrößen erforderlich. Aussagen über maximal zu erwartende Hagelkorngrößen würden die Abschätzung einer oberen Grenze ermöglichen, aber keine Aussagen zu wirtschaftlich sinnvollen Maßnahmen erlauben. Entsprechend detaillierte Auswertungen existieren bisher nur für die Schweiz. Bild 7-4 stellt die Hagelgefährdungszone und Mindesthagelkorngröße nach Stucki und Egli dar, mit denen dort alle 50 Jahre zu rechnen ist. Dementsprechend ist in Gebieten der Hagelgefährdungszone 2 alle 50 Jahre mit einem Ereignis zu rechnen, bei dem Hagelkörner mit einem Durchmesser von mindestens 2 cm und weniger als 3 cm auftreten. Die Einteilung in Hagelgefährdungszonen erfolgte durch die Auswertung von Wetterradardaten (Stucki und Egli 2007).

Die Münchener Rückversicherungsgesellschaft hat länderübergreifende, qualitative Hagelgefährdungskarten erstellt (Münchner Rück 2011). Ein Ausschnitt, aus dem die qualitative Hagelgefährdung der Schweiz und Deutschlands hervorgeht, ist in Bild 7-5 dargestellt. Vergleicht man die Grenzen der Hagelgefährdungszonen nach (Stucki und Egli 2007) mit denen gemäß Münchener Rück für das Gebiet der Schweiz, dann ist eine recht gute Übereinstimmung feststellbar. Beide Auswertungen stellen für die Kantone Wallis und Graubünden die geringste Hagelgefahr fest, während die nördlicher gelegenen Kantone und das Tessin als stärker gefährdet gelten.

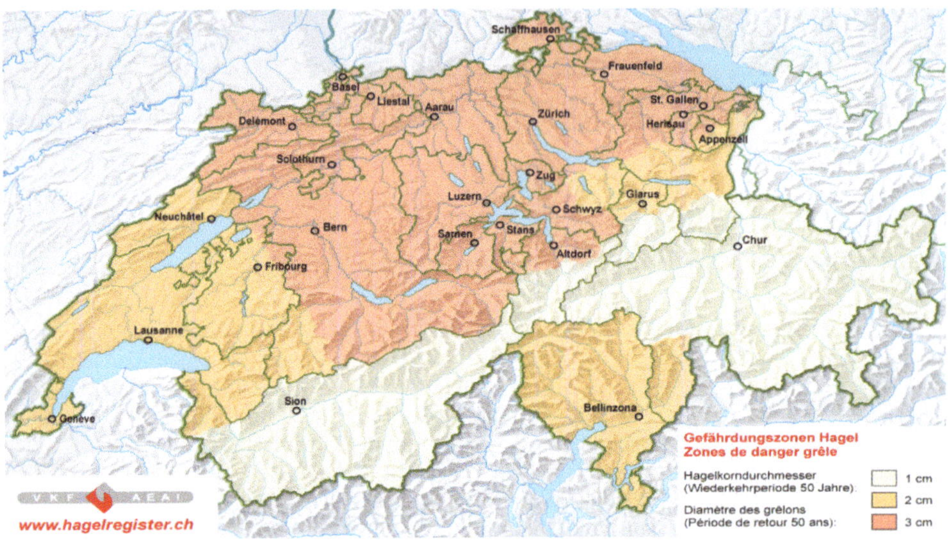

Bild 7-4 Hagelgefährdungszonen in der Schweiz (VKF, Datengrundlage: swisstopo).

Diese Übereinstimmung und die direkte Nachbarschaft zwischen der Schweiz und Deutschland ermöglichen somit in gewissem Maße eine Übertragbarkeit dieser Erkenntnisse auf Deutschland.

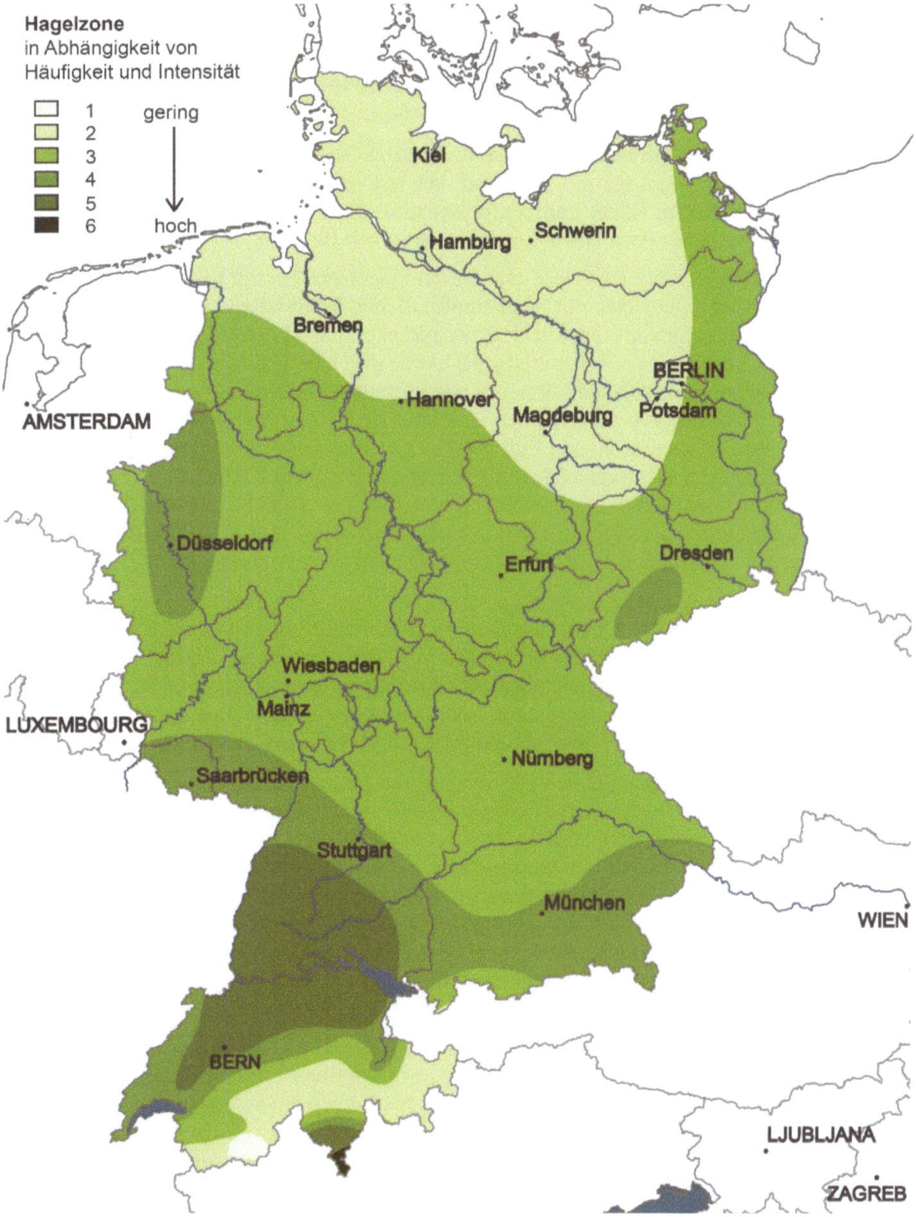

Bild 7-5 Übertragbarkeit der Schweizer Hagelgefährdungszonen auf Deutschland (Datengrundlage: Münchner Rück 2011).

Entsprechend Bild 7-5 liegen Bern und die Nordschweiz in der Hagelzone 5. Für Deutschland stellt diese Karte nur im Südwesten dieselbe Hagelgefahr wie in der Nordschweiz fest. Überträgt man die Hagelgefährdungszonen von Stucki und Egli sinngemäß auf Deutschland, wäre folglich im Südwesten aktuell alle 50 Jahre mit einem Hagelkorndurchmesser von mehr als 3 cm und weniger als 4 cm zu rechnen. Vergleicht man Bild 7-4 mit Bild 7-5, dann entsprechen die Hagelzonen 3 und 4 aus Bild 7-5 ungefähr einem Hagelkorndurchmesser von 2 bis unter 3 cm gemäß Bild 7-4 und die Hagelzonen 1 und 2 aus Bild 7-5 entsprechen ungefähr einem Hagelkorndurchmesser von 1 bis unter 2 cm gemäß Bild 7-4.

Dass neben dem südlichen Gebieten Deutschlands trotzdem auch in nördlicheren Gebieten bauschadensrelevante Hagelereignisse möglich sind, hat spätestens das Unwetter am 17.06.2006 gezeigt. Bei dem Gewitter im Raum Leipzig traten laut Polizei hühnereigroße Hagelkörner auf (SZ 2006). Dies entspricht in etwa einem Durchmesser von 4 bis 5 cm.

In der Schweiz wurde grundsätzlich eine Zunahme der Hagelschäden festgestellt. Dies wird zum einen auf eine veränderte Bauweise mit hagelempfindlichen Materialien, zum anderen auf eine Zunahme und Intensivierung von Hagelereignissen zurückgeführt (Lateltin und Jordi 2008). Aus einer 121-jährigen Zeitreihe von Großwetterlagen wurde geschlossen, dass diejenigen Wetterlagen, bei denen Hagelzellen entstehen können, in den letzten Jahrzehnten in der Schweiz zugenommen haben. Die Radardaten zeigen einen zunehmenden Trend bei großen Hagelzellen mit Zugbahnlängen über 100 km (Stucki und Egli 2007). Die Analysen von Stucki und Egli stimmen mit den Untersuchungen des Karlsruher Instituts für Meteorologie und Klimaforschung überein. Darin wurde für Baden-Württemberg innerhalb der Periode von 1986 bis 2004 ein signifikanter Anstieg von Hagelereignissen festgestellt (Kunz et al. 2009). Diese Auswertung basiert auf einer Kombination aus Schadensdaten einer Versicherung, Daten von Wetterstationen des DWD, einem Wetterradar und mithilfe einer Radiosonde ermittelten Gewitterpotential.

In Baden-Württemberg war die Elementarschadenversicherung bis 1994 eine Pflichtversicherung für alle Privat-, Gewerbe- und Industriegebäude. Zudem wurde die Versicherung nur von einem Monopolisten angeboten. Durch diese Randbedingungen ergeben sich konsistente Datensätze und eine hohe räumliche Auflösung. Sämtliche besiedelten Gebiete Baden-Württembergs sind dadurch bis in das Jahr 1994 vollständig erfasst (Puskeiler 2009).

Bei der Untersuchung der zukünftigen Entwicklung von Hagelereignissen erhält man je nach Größe des betrachteten Gebietes unterschiedliche Ergebnisse. So kamen Meteorologen der TU Dresden im Rahmen eines Forschungsvorhabens zum Klimawandel in der Region um die sächsische Landeshauptstadt zu dem Ergebnis, dass keine ausreichend gesicherten Aussagen über die zukünftige Entwicklung von Hagelereignissen in dieser Region möglich sind (Bernhofer et al. 2011). Dies wird mit den fehlenden beziehungsweise unzureichenden Beobachtungsdaten für Hagelereignisse in Sachsen und insbesondere mit der Kleinskaligkeit von Hagelereignissen begründet. Die heutigen Verfahren zur Klimasimulation sind demnach zu grob, um räumlich begrenzte Ereignisse wie Hagel hinreichend genau abbilden zu können.

Bisher existierende Klimamodelle sind nicht in der Lage, einzelne lokale Gewitterereignisse abzubilden. Die Entstehungswahrscheinlichkeit von Gewittern muss mithilfe verschiedener Konvektionsindizes aus großskaligen Klimaparametern abgeschätzt werden (Kunz et al. 2009; Trapp et al. 2007). Die Konvektionsindizes sind ein Maß für die Stabilität der atmosphärischen Schichtung. Je instabiler die Atmosphäre, desto wahrscheinlicher ist die Gewitterentstehung und umso stärker sind die Aufwinde. Die Stabilität der Atmosphäre wird zusätzlich durch die Orografie beeinflusst. Die Entwicklung der Treibhausgasemissionen, die Implementierung der Atmosphärenphysik in die Klimamodelle und die Abschätzung eines Gewitterereignisses mittels Konvektionsindizes sind bereits mit Unsicherheiten behaftet. Hinzu kommt, dass erst ab gewissen

Grenzwerten der Konvektionsindizes die Hagelbildung innerhalb einer Gewitterzelle möglich wird (Kunz 2007). Somit ist die Abschätzung der zukünftigen Entwicklung von Hagelereignissen mit zahlreichen Unsicherheiten behaftet.

Einen anderen Ansatz verfolgt die deutsche Versicherungswirtschaft. In Zusammenarbeit mit führenden Klimaforschern erfolgte eine Verknüpfung wetterbedingter Schäden über einen relativ langen Zeitraum mit verschiedenen Klimamodellen. Als Ergebnis konnten konkrete Schadensszenarien für die in Deutschland am häufigsten auftretenden Naturkatastrophen Sturm, Hagel und Hochwasser für die Zukunft abgeleitet werden (GDV 2011).

So wird in einer vom Gesamtverband der Deutschen Versicherungswirtschaft (GDV) beauftragten Studie zu den Auswirkungen des Klimawandels auf die Versicherungswirtschaft festgestellt, dass für die Periode 2041 bis 2070 im Vergleich zur Periode 1984 bis 2008 insbesondere in Ostdeutschland im Sommer mit einem erheblichen Anstieg der Schadensummen durch Sturm und Hagel zu rechnen ist (Bild 7-6). Die größten gesamtwirtschaftlichen Sturmschäden verursachen dabei jedoch nicht Gewitterstürme und Tornados, sondern großflächige Sturmereignisse (Klawa und Ulbrich 2003). Schwere, großflächige Sturmereignisse treten in Mitteleuropa nahezu ausschließlich im Winterhalbjahr auf (Rauthe et al. 2010).

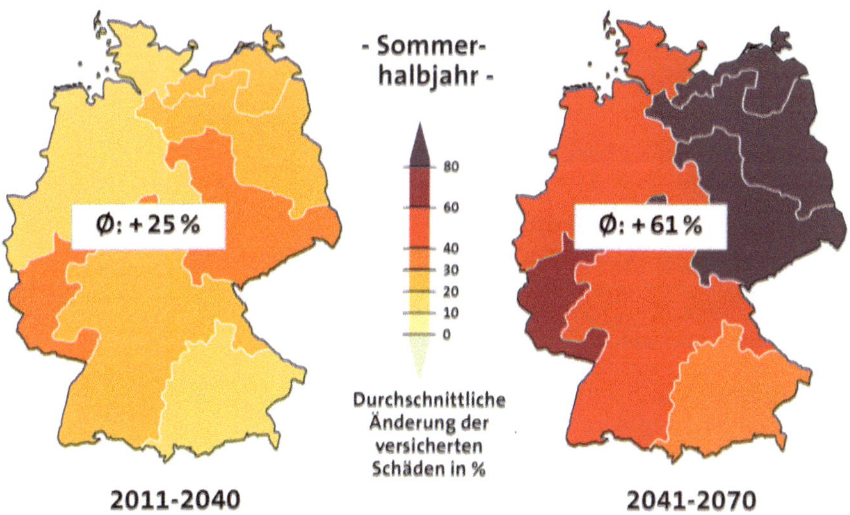

Bild 7-6 Projizierte Entwicklung des mittleren Schadensatzes infolge von Sturm/Hagel im Vergleich zur Periode 1984 bis 2008 (Quelle: GDV 2011).

7.3 Verletzbarkeitsanalyse

Eine Verletzbarkeitsanalyse für die Einwirkung Hagel muss für jedes Bauteil eines zu untersuchenden Gebäudes durchgeführt werden. Das liegt vor allem daran, dass die Gebäudehülle, welche mit Hagel in Verbindung kommt, aus einer Vielzahl an Materialien besteht, welche wiederrum nicht zwangsläufig den gleichen Hagelwiderstand besitzen. Für die Ermittlung der Verletzbarkeit sind je Bauteil insgesamt drei Arbeitsschritte durchzuführen, wie Bild 7-7 verdeutlicht.

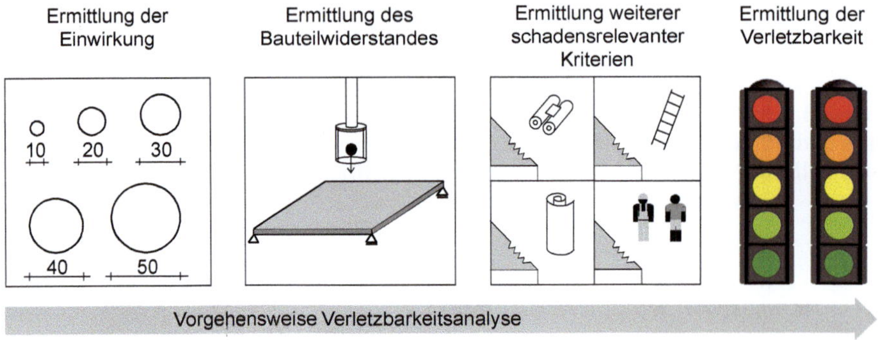

Bild 7-7 Prinzipielle Vorgehensweise bei der Verletzbarkeitsanalyse.

7.3.1 Ermittlung der Einwirkung

Für die Ermittlung der Einwirkung muss in einem ersten Schritt untersucht werden, mit welcher Hagelintensität zu rechnen ist. Das entscheidende Maß dafür ist die Korngröße der einzelnen Hagelkörner, da diese maßgeblich die Fallgeschwindigkeit und die damit freigesetzte Energie beim Auftreffen des Korns auf die Oberfläche eines Bauteils beeinflusst, wie Bild 7-8 verdeutlicht. Weitere Einflüsse, wie zum Beispiel Windgeschwindigkeit und Windrichtung, spielen in puncto Aufprallenergie dagegen nur eine untergeordnete Rolle. Sie beeinflussen jedoch die Auftreffstelle der Hagelkörner, da bei einem Hagelereignis mit starken Windgeschwindigkeiten die Hagelkörner auch an senkrecht ausgerichtete Fassadenteile der Gebäudehülle treffen können.

Nach Bild 7-4 können in Anlehnung an die Schweiz für das Gebiet der Bundesrepublik Deutschland derzeit nur Aussagen über die zu erwartenden Korndurchmesser getroffen werden, welche statistisch gesehen einmal in 50 Jahren auftreten. Fundierte Aussagen über eine Häufung oder Intensivierung von Hagelereignissen als Folge des Klimawandels können derzeit jedoch nicht getroffen werden. Dafür fehlen Beobachtungsdaten über maximal aufgetretene Hagelkorngrößen sowie Wiederkehrwahrscheinlichkeiten bestimmter Korngrößen (Fahrion et al. 2012, S. 43).

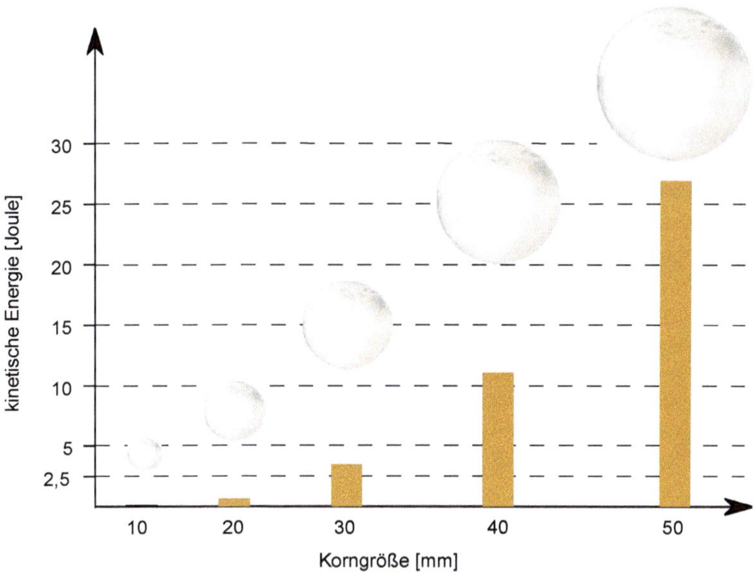

Bild 7-8 Kinetische Energie beim Aufprall eines Hagelkorns in Abhängigkeit der Korngröße.

7.3.2 Ermittlung des Bauteilwiderstandes

Ist die Größe der zu erwartenden Hagelkörner und damit der freigesetzten kinetischen Energie beim Aufprall auf ein Bauteil bekannt, kann für die einzelnen, potentiell betroffenen Bauteile der jeweilige Widerstand gegen mechanische Beschädigung durch Hagel ermittelt und der Einwirkung gegenübergestellt werden. Für einige Bauteile existieren bereits genormte Prüfverfahren zur Bestimmung des Hagelwiderstandes, welche in Tabelle 7-2 aufgelistet sind.

Tabelle 7-2 Übersicht zu Bauprodukten, die für Beanspruchungen durch Hagel genormt sind.

Bauteil	Norm
Terrestrische kristalline Silizium-PV-Module	DIN EN 61215:2012-07, Terrestrische kristalline Silizium-Photovoltaik-(PV)-Module, Bauarteignung und Bauartzulassung
Terrestrische Dünnschicht-PV-Module	DIN EN 61646:2009-03, Terrestrische Dünnschicht-Photovoltaik-(PV)-Module, Bauarteignung und Bauartzulassung
Thermische Solarkollektoren	DIN EN 12975-1:2011-01, Thermische Solaranlagen und ihre Bauteile – Kollektoren – Teil 1: Allgemeine Anforderungen
Dachabdichtungen	DIN EN 13583:2012-10, Abdichtungsbahnen – Bitumen-, Kunststoff- und Elastomerbahnen für Dachabdichtungen – Bestimmung des Widerstandes gegen Hagelschlag
Wärmedämmverbundsysteme	ETAG 004:2000-03, Leitlinie für die Europäische Technische Zulassung für außenseitige Wärmedämm-Verbundsysteme mit Putzschicht
Lichtkuppeln aus Kunststoff	DIN EN 1873:2014-08, Vorgefertigte Zubehörteile für Dacheindeckungen – Lichtkuppeln aus Kunststoff – Produktfestlegungen und Prüfverfahren

Bei dieser Auflistung ist jedoch zu berücksichtigen, dass die Durchführung dieser genormten Prüfungen für eine Verwendung der Materialien auf dem deutschen Markt keine Pflicht ist. Es muss also davon ausgegangen werden, dass an einem Gebäude verbaute Systeme nicht einer genormten Hagelwiderstandsprüfung unterzogen wurden. Lediglich bei den Terrestrischen kristallinen Silizium-PV-Modulen und den Terrestrischen Dünnschicht-PV-Modulen kann in der Regel von einer Prüfung des Hagelwiderstandes ausgegangen werden, da die jeweiligen Hersteller eine solche Widerstandsprüfung als Wettbewerbsvorteil ansehen.

Sämtliche nicht genormten Produkte können mittels einer von der Eidgenössischen Materialprüfungs- und Forschungsanstalt (Empa) in der Schweiz entwickelten standardisierten Materialprüfung untersucht und eingeordnet werden (Stucki und Egli 2007). Dabei werden die zu untersuchenden Materialien mit künstlichen Eiskugeln unterschiedlichen Durchmessers beschossen, was Hagelschläge unterschiedlichen Ausmaßes simuliert (Bild 7-9). Für den Beschuss werden die jeweiligen Materialien in ihrer realen Einbausituation vorbereitet und je nach Fassaden- oder Dachbauteil aus einem Winkel von 45° oder 90° beschossen. Die verschieden großen Eiskugeln stehen dabei für fünf Hagelwiderstandsklassen (HW), wobei die Klasse HW 1 einem sehr schwachen und HW 5 einem sehr hohen Hagelwiderstand entspricht.

Bild 7-9 Hagelwiderstandsprüfung an einem Fassaden- und Dachbauteil (Foto: Empa).

Die von einem Bauteil erreichte Hagelwiderstandsklasse richtet sich demnach nach der maximalen Größe der Eiskugel, bei welcher das Bauteil bei einem Beschuss unbeschadet bleibt.

Weiterhin wird je nach Bauteil die Einhaltung von bis zu fünf Bauteilfunktionen überwacht (Wasserdichtheit, Lichtdurchlässigkeit, Lichtabschirmung, Mechanik und Aussehen). Tabelle 73 gibt an, welche Hagelwiderstandsklasse bei einem unbeschadeten Aufprall mit bestimmtem Korndurchmesser erreicht wird.

Sämtliche Ergebnisse bereits durchgeführter Hagelwiderstandsprüfungen können über eine Datenbank der Vereinigung kantonaler Feuerversicherungen (VKF) abgerufen und mit den am zu untersuchenden Gebäude vorhandenen Materialien verglichen werden. Es ist zu beobachten, dass immer mehr Hersteller ihre Produkte auf diese Weise durch die Empa zertifizieren lassen. Der Hagelwiderstand eines Bauteils, welches weder genormt noch in der Datenbank der VKF eingetragen ist, kann zunächst entweder über Vergleiche bereits durchgeführter Prüfungen ähnlicher Produkte oder durch eine Überprüfung gegebenenfalls vorliegender Zertifikate abgeschätzt werden. Die typischerweise erzielten Hagelwiderstandsklassen häufig vorkommender Bauteile können aus Tabelle 7-4 entnommen werden.

Tabelle 7-3 Hagelwiderstandsklassen 1–5 nach Stucki und Egli 2007, S. 26.

Hagelwiderstand	Korndurchmesser [mm]	Masse des Korns [g]	Geschwindigkeit [m/s]	Klassengrenze [J]
HW 1	10	0,5	13,8	0,04
HW 2	20	3,6	19,5	0,7
HW 3	30	12,3	23,9	3,5
HW 4	40	29,2	27,5	11,1
HW 5	50	56,9	30,8	27

Tabelle 7-4 Hagelwiderstandsklassen hagelgefährdeter Bauteile nach Stucki und Egli 2007.

Bauteil	Hagelwiderstandsklasse
GFK-Profile	HW 1 bis HW 3
Lichtkuppeln	HW 2 bis HW 5
Rollladen/Raffstores	HW 1 bis HW 2
Abdeckbleche	HW 1 bis HW 2
Holzbretter	HW 1 bis HW 2
Verputzte Außendämmung	HW 3 bis HW 4
Dachziegel	HW 4
Verglasungen (außer Drahtglas)	HW 5
Faserzementplatten	HW 4 bis HW 5
Dichtungsbahnen	HW 4 bis HW 5
Kunststoffplatten	HW 3 bis HW 5

7.3.3 Ermittlung weiterer schadensrelevanter Kriterien

In den Abschnitten 7.3.1 und 7.3.2 wurde untersucht, wie gut ein Bauteil aufgrund seines Materialwiderstandes und seiner Beschaffenheit gegen Hagelschlag geschützt ist. Liegt als Ergebnis kein ausreichender Hagelwiderstand vor, ist weiterhin zu untersuchen, welche Bauteilfunktion speziell betroffen ist und wie schnell sich das jeweilige Bauteil reparieren oder ersetzen lässt, beziehungsweise wie hoch die Gefahr von Folgeschäden durch den Hagelschaden ist. Diese Aspekte stellen weitere schadensrelevante Kriterien dar und beeinflussen somit auch die Verletzbarkeit eines Bauteils. Nachfolgend sollen die Kriterien deshalb näher beschrieben werden.

Bauteilfunktion

Nach den Hagelwiderstandsprüfungen der Empa werden Bauteile auf bis zu 5 Bauteilfunktionen untersucht (Wasserdichtheit, Lichtdurchlässigkeit, Lichtabschirmung, Mechanik und Aussehen).

In Bezug auf die schädigende Wirkung sind Beeinträchtigungen in den Bauteilfunktionen Wasserdichtheit und Mechanik kritischer zu bewerten als in den Funktionen Lichtdurchlässigkeit, Lichtabschirmung und Aussehen. So sorgt zum Beispiel eindringendes Wasser durch eine defekte Dachabdichtung zur Durchfeuchtung weiterer Bauteile, während Dellen auf einer Metalldacheindeckung zwar das Aussehen beeinflussen, aber keine weiteren Schäden hervorrufen.

Reparaturnotwendigkeit

Je schneller ein Bauteil nach einem Hagelschaden repariert werden muss, umso höher ist seine Verletzbarkeit. Dieses Kriterium baut direkt auf der Beurteilung der Bauteilfunktion auf. Die Ertüchtigung der Wasserdichtheit beziehungsweise der Mechanik muss aufgrund der schädigenden Wirkung wesentlich schneller erfolgen als bei einer eingedellten Metallabdeckung.

Einsehbarkeit von Schwachstellen

Beschädigte Bauteile können nur repariert werden, wenn man den Schaden bemerkt. Je schwieriger die Einsehbarkeit von Schwachstellen ist, umso höher sind die Gefahr von Folgeschäden und die Verletzbarkeit. Wird zum Beispiel ein Loch in einer Dachabdichtung nicht bemerkt, kann die Unterkonstruktion durchfeuchten und weitere Bauteile schädigen.

Zugänglichkeit von Schwachstellen

Je einfacher und schneller man zu einer Schwachstelle gelangt, umso zügiger und kostengünstiger kann eine Reparatur erfolgen, was wiederrum die Gefahr von Folgeschäden senkt.

Materialverfügbarkeit

Für eine zügige Reparatur ist die Beschaffung von Material ein wichtiger Parameter. Während zum Beispiel Dachabdichtungen für Ausbesserungen in jedem Baustoffhandel erhältlich sind, müssen spezielle Teile der Anlagentechnik oftmals erst bestellt werden. Bei Komponenten für die Telekommunikation oder Gebäudesicherheit muss im schlimmsten Fall sogar die Nutzung eines Gebäudes eingeschränkt oder ausgesetzt werden.

Personalanforderungen

Die Personalanforderungen stehen in unmittelbaren Zusammenhang mit der Gefahr von Folgeschäden und der Schadenssumme. Je höher die Anforderungen an das Personal, umso länger ist die Reparaturzeit. Kann beispielsweise eine verstopfte Regenrinne an einem Einfamilienhaus in der Regel von einem Hausmeister instand gesetzt werden, müssen Dacharbeiten an Kirchtürmen oftmals von speziell ausgebildeten Industriekletterern erledigt werden.

7.3.4 Ermittlung der Verletzbarkeit

Die Ermittlung und Darstellung der Verletzbarkeit erfolgt in Form einer Klassifizierungsampel, welche in insgesamt 5 Verletzbarkeitskategorien eingeteilt wird. Dies ermöglicht sowohl Planern als auch Gebäudebesitzern einen schnellen Überblick über das untersuchte Gebäude. Weiterhin erfolgt eine Unterteilung in Verletzbarkeit 1. und 2. Ordnung.

Die Verletzbarkeit 1. Ordnung beschreibt die Verletzbarkeit eines Bauteils in Bezug auf den jeweiligen Hagelwiderstand. Dabei ist allein von Interesse, ob ein Material den Aufprall eines bestimmten Korndurchmessers unbeschadet übersteht oder nicht. Es gilt: Je höher der Materialwiderstand, desto geringer ist die Verletzbarkeit. Tabelle 7-5 zeigt exemplarisch die Klassifizierungsampel für die Verletzbarkeit 1. Ordnung für ein Bauteil unter der Annahme, dass mit 2 bis 3 cm großen Hagelkörnern zu rechnen ist, welche statistisch gesehen einmal in 50 Jahren auftreten.

Tabelle 7-5 Klassifizierungsampel für die Einteilung der Verletzbarkeit 1. Ordnung.

Kriterium	Sehr hohe Verletzbarkeit	Hohe Verletzbarkeit	Mittlere Verletzbarkeit	Geringe Verletzbarkeit	Keine Verletzbarkeit
Hagelwiderstand nach Empa	HW 1	HW 1–HW 2	HW 2	HW 3	HW 4 - HW 5

In Gebieten mit anderen zu erwartenden Korndurchmessern kann sich die Einteilung der Hagelwiderstandsklasse aus Tabelle 7-5 verschieben. In der Regel sollte die zum Korndurchmesser entsprechende Hagelwiderstandsklasse eine mittlere bis geringe Verletzbarkeit darstellen. Demzufolge kann ein Bauteil je nach Standort in Nord- oder Süddeutschland aufgrund der unterschiedlichen zu erwartenden Hagelkorndurchmesser eine unterschiedliche Verletzbarkeit 1. Ordnung aufweisen.

7

Tabelle 7-6 Klassifizierungsampel für die Einteilung der Verletzbarkeit 2. Ordnung.

Kriterium	Sehr hohe Verletzbarkeit	Hohe Verletzbarkeit	Mittlere Verletzbarkeit	Geringe Verletzbarkeit	Keine Verletzbarkeit
	4 VP	3 VP	2 VP	1 VP	0 VP
Bauteilfunktion	Wasserdichtheit, Mechanik	Mechanik	Aussehen, Lichtabschirmung und -durchlässigkeit	x	x
Reparaturnotwendigkeit	sofortige Reparatur	zügige Reparatur	keine sofortige Reparatur	x	x
Einsehbarkeit von Schwachstellen	keine Einsehbarkeit	Einsehbarkeit von geübtem Personal	mit Aufwand einsehbar	mit geringem Aufwand einsehbar	ohne Probleme einsehbar
Zugänglichkeit von Schwachstellen	sehr schwere Zugänglichkeit	schwere Zugänglichkeit	aufwändige Zugänglichkeit	gute Zugänglichkeit für geschultes Personal	gute Zugänglichkeit für geübtes Personal
Materialverfügbarkeit	schwere Beschaffung	verfügbar in bestimmten Firmen	verfügbar in Fachfirmen	verfügbar im üblichen Baustoffhandel	verfügbar in Lager oder Werkstatt
Personalanforderungen	Spezialisten	speziell geschultes Personal	Facharbeiter	erfahrenes Personal	Laien
Gesamtverletzbarkeit 2. O.	24–18	17–11	10–6	5–3	2–0

Die Verletzbarkeit 2. Ordnung beschreibt die Verletzbarkeit für den Fall eines durch Hagel beschädigten Bauteils. Hier werden die in Abschnitt 7.3.3 beschriebenen weiteren schadensrelevanten Kriterien untersucht und in eine Klassifizierungsampel eingetragen. Tabelle 7-6 zeigt eine solche Ampel exemplarisch. Dabei ist jede Verletzbarkeitskategorie mit Verletzbarkeitspunkten (VP) verknüpft. Für die Kategorie „sehr hohe Verletzbarkeit" gibt es zum Beispiel 4 VP und für die Kategorie „keine Verletzbarkeit" 0 VP. Addiert man die erreichten VP jeder Zeile, erhält man eine Gesamtverletzbarkeit 2. Ordnung. Diese beschreibt das Gefährdungspotential eines durch Hagel zerstörten Bauteils.

7.4 Baukonstruktive Anpassung

7.4.1 Mehrfamilienhaus, Baujahr etwa 1970

Für die Ausarbeitung und Umsetzung geeigneter Klimaanpassungsmaßnahmen muss in einem ersten Schritt untersucht werden, welche Bauteile besonders gefährdet bei Hagelereignissen sind und somit einen Schwachpunkt in der Schutzfunktion der Gebäudehülle darstellen. Dies geschieht mit dem unter 7.3 beschriebenen Verfahren der Verletzbarkeitsanalyse.

7

Generell kann gesagt werden, dass Schwachpunkte in Bezug auf Hagelereignisse in erster Linie an Bauteilen der Gebäudehülle auszumachen sind, da diese die aus einem Hagelschlag resultierende kinetische Energie aufnehmen müssen. Bild 7-10 gibt einen Überblick über die untersuchungsrelevanten Bauteile, welche einer Verletzbarkeitsanalyse unterzogen werden.

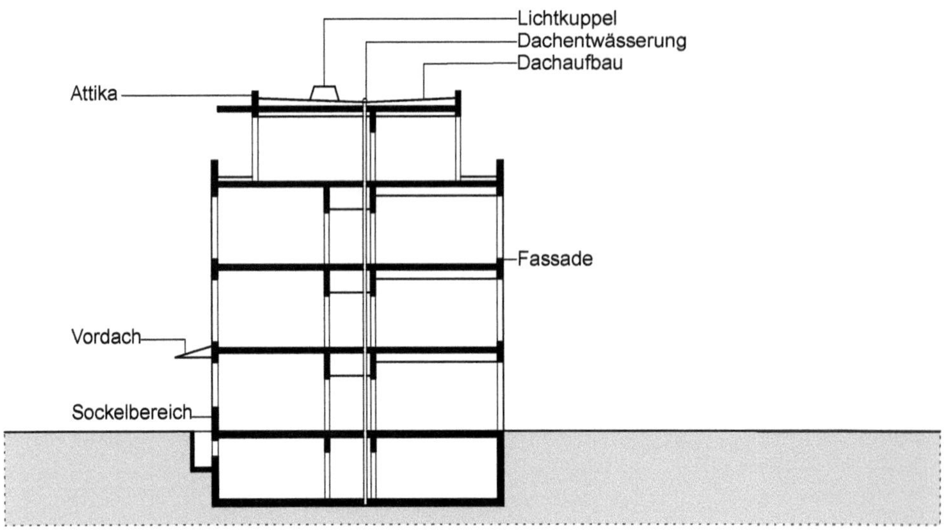

Bild 7-10 Potentielle Schwachstellen in Bezug auf Hagelereignisse.

Dachaufbau

Bei der Dachkonstruktion handelt es sich um ein belüftetes Flachdach (Kaltdach). Die oberste, mit Hagel in Verbindung kommende Schicht ist dabei die Dachabdichtung, welche aus Bitumenbahnen besteht. Da die letzte Sanierung 1996 erfolgte, ist die Bitumenbahn bereits 18 Jahre alt. Aufgrund fehlender Angaben zum genauen Hersteller und Fabrikat der Abdichtungslage kann hier kein direkter Datenbankabgleich mit Prüfergebnissen aus vereinheitlichten Materialprüfungen der VKF durchgeführt werden. Die Ergebnisse der Datenbank sind für Bauherren und Planer frei zugänglich. Auch eine Abschätzung des Hagelwiderstandes über Tabelle 7-4 ist nur bedingt möglich, da die Ergebnisse an neuen Materialien durchgeführt wurden. Im Laufe der Zeit ändert sich der mechanische Widerstand von Bauteilen durch die zunehmende Bewitterung. Prüfbestimmungen für die Untersuchung gealterter Materialien am Gebäude gibt es von Seiten der VKF nicht. Es gibt jedoch Institutionen, die Tests mit einer „Armbrust" für die Überprüfung des Hagelwiderstandes HW 3 vor Ort durchführen. Weiterhin ist es aufgrund des geringen Kenntnisstandes nicht möglich, einen Hersteller der Abdichtungsbahn ausfindig zu machen und diesen nach eventuell durchgeführten Testberichten zur Prüfung des mechanischen Widerstandes und daraus erhaltenen Zertifikaten zu befragen. So bleibt bei der Klassifizierung der Verletzbarkeit 1. Ordnung der Dachabdichtung nur eine qualitative Einschätzung.

Dachbegehungen zeigten, dass zunächst keine gravierenden Schäden, wie zum Beispiel Blasenbildung oder fehlerhafte Verklebungen von Stößen einzelner Bitumenbahnen, existierten. Auch Pfützen, welche an sich kein Schaden sind, aber auf ein fehlerhaftes Gefälle hinweisen können, konnten nicht ausgemacht werden. Bei genauerer Betrachtung der Dachabdichtung stellte sich jedoch heraus, dass in einigen Bereichen Schwachstellen vorhanden sind. Diese Schädigungen wurden wahrscheinlich bei Begehungen zu Wartungs- und Kontrollarbeiten verursacht. Speziell im Sommer können zum Beispiel Werkzeuge von Handwerkern oder Fußabdrücke Spuren in dem bei hohen Temperaturen anfälligen Dachbelag hinterlassen. Im speziellen Fall befand sich eine Dachluke nahe dem beschädigten Bereich, durch die man zu Wartungszwecken in den belüfteten Dachzwischenraum gelangt. Hier hinterließ der Handgriff der Einstiegsluke einen Abdruck in der Bitumenabdichtung. Das stellt zwar eine Schwächung der Abdichtung dar, ist jedoch nicht maßgebend für die Klassifizierung der Verletzbarkeit 1. Ordnung infolge eines Hagelereignisses. Viel entscheidender ist dagegen die Erkenntnis, dass die Abdichtung bereits seit 18 Jahren bewittert wird. Zwar ist die abdichtende Funktion zum jetzigen Zeitpunkt intakt, jedoch kommt es durch die UV-Strahlung der Sonne in der Regel zu einer Versprödung und somit zur Verschlechterung der mechanischen Eigenschaften. Bei einem Hagelereignis ist die Abdichtung je nach Korngröße hohen mechanischen Belastungen ausgesetzt. Bei einer durch Bewitterung versprödeten Abdichtung kann es so zu punktuellen Fehlstellen in der Abdichtung kommen.

Wenn keine Widerstandsprüfung an dem Material durchgeführt werden kann, sollte man demnach für die Betrachtung der Hagelwiderstandsklasse des Bauteils „Dachabdichtung" qualitativ eine mittlere Verletzbarkeit 1. Ordnung ansetzen.

Für die Betrachtung der Verletzbarkeit 2. Ordnung wird davon ausgegangen, dass die Dachabdichtung dem Hagelereignis nicht standhalten konnte und beschädigt wurde. Damit ist die Bauteilfunktion „Wasserdichtheit" nicht mehr gewährleistet, was nach Tabelle 7-6 vier Verletzbarkeitspunkte (4 VP) zur Folge hat. Mit Hagel oftmals einhergehendes Regenwasser kann auf die Tragkonstruktion der Hamad-Platte gelangen und diese durchfeuchten. Positiv wirkt sich hier die Ausführung als Kaltdachkonstruktion aus, da so die Wärmedämmung unter der Hamad-Platte vor einer Durchfeuchtung zunächst geschützt ist. Trotzdem wird eine zügige Reparatur notwendig (3 VP), um die Bausubstanz zu schützen. Generell sind eventuelle Schäden an der Dachabdichtung ohne Probleme durch Dachbegehungen feststellbar (0 VP). Die Zugänglichkeit zum

Flachdach ist über die im Treppenhaus angeordneten Oberlichter gut möglich. Auch der belüftete Dachzwischenraum kann über Einstiegsluken, welche sich auf dem Dach befinden, begangen werden (0 VP). Eventuelle Durchfeuchtungen der Dachplatten oder der auf der obersten Geschossdecke liegenden Wärmedämmung können so schnell erkannt werden. Das für Reparaturen oder Ausbesserungen an der Dachabdichtung nötige Material kann aus dem Baustoffhandel bezogen (1 VP) und durch die großen Oberlichter auf das Dach transportiert werden. Die Arbeiten auf dem Dach sind von Facharbeitern auszuführen (2 VP), bedürfen jedoch keiner komplizierten Sicherungsmaßnahmen, wie zum Beispiel Gerüste oder Abfangungen.

Zusammenfassend ergeben sich nach der Beurteilung sämtlicher schadensrelevanter Kriterien 10 VP, was eine mittlere Verletzbarkeit 2. Ordnung für den Dachaufbau bedeutet.

Dachentwässerung

Das Dach des Gebäudes wird über innenliegende Abläufe mit einem Durchmesser von DN 90 entwässert. Aus Planunterlagen geht hervor, dass die Entwässerung für eine Bemessungsregenspende von 100 l/s·ha ausgelegt wurde (Baukombinat Dresden 1972, S. 3). Nach aktuellem Normungsstand ist eine Bemessungsregenspende von 323 l/s·ha für den Gebäudestandort Dresden anzusetzen (DIN 1986-100:2008-05, Kap. 12.2.1). Bei diesem Wasseranfall müssten die Abläufe 4,57 l/s abführen, was über eine Freispiegelentwässerung nicht mehr möglich ist. In dieser Folge kommt es zum Wasseranstau und es entsteht eine Druckentwässerung mit einer Ablaufkapazität von 18 l/s, womit die anfallenden Wassermassen abgeführt werden können. Es ist jedoch zu beachten, dass ein Wasseranstau eine zusätzliche Belastung für die Dachkonstruktion, die Abdichtung und deren Stöße sowie die Entwässerungssysteme darstellt.

Ein weiterer Schwachpunkt der Dachentwässerung liegt in der konstruktiven Ausbildung, was Bild 7-11 verdeutlicht. Durch den Rinnenträger, welcher zugleich das Auflager für die Dachplatten bildet, entsteht eine Einbuchtung, in welcher die Entwässerung sitzt. Zwar ist dies günstig für die Ableitung von anfallendem Regenwasser, jedoch kann dies im Hagelfall zu Problemen führen, da Hagelereignisse häufig mit starken Sturmereignissen und Regenschauern einhergehen. In solch einem Fall würden die auf einem Dach befindlichen Hagelkörner von den anfallenden Wassermassen in den Rinnenträger gespült und könnten den Abfluss verstopfen. Dies bedeutet ebenfalls eine enorme Belastung der Abdichtung sowie eine erhöhte Auflast infolge aufstauenden Regenwassers.

Ein weiteres Problem stellt die fehlende Notentwässerung dar. Aufgrund der Lage der Lichtkuppeln ist pro Rinnenträger nur eine Entwässerung vorgesehen. Wird diese durch Hagelkörner oder andere Ursachen verstopft, kann das Wasser nicht zu anderen Abläufen fließen. Erst ab einer Stauhöhe von circa 40 cm würde das Wasser zu den benachbarten Abläufen gelangen. DIN 1986-100:2008-05 schreibt jedoch vor, dass von jedem Dachablauf ein freier Abfluss auf der Dachabdichtung zu einer Notentwässerung mit ausreichendem Abflussvermögen vorhanden sein muss.

Für die Betrachtung der Verletzbarkeit 1. Ordnung stellt die Dachentwässerung im betrachteten Fall eine Besonderheit dar. Das Bauteil an sich besitzt einen hohen Hagelwiderstand, der zu keiner nennenswerten Beschädigung führt. Jedoch bedingen die konstruktive Ausbildung des Bauteils sowie die fehlende Notentwässerung eine Verstopfung durch angespülte Hagelkörner und einen Wasseranstau. Dies führt zu einer qualitativ bestimmten mittleren Verletzbarkeit 1. Ordnung.

Die Gefahr von Folgeschäden wirkt sich zudem auch auf die Verletzbarkeit 2. Ordnung aus. Der Wasseranstau sorgt für eine zusätzliche statische Last und kann im Bereich von Stößen oder in durch Hagelschlag gestörten Bereichen die Bauteilfunktion „Wasserdichtheit" gefährden (4 VP). In solch einem Fall wäre eine sofortige Reparatur notwendig, um weiterführende Schäden zu verhindern (4 VP). Wie auch beim Bauteil „Dachaufbau" ist ein solcher Schaden über Ausstiegsluken gut zugänglich (0 VP) und kann relativ schnell durch eine Dachbegehung festgestellt werden (0 VP). Für eine Reparatur müsste zunächst die Verstopfung an dem betroffenen Ablauf beseitigt werden, um den Wasserabfluss wiederherzustellen beziehungswiese den Wasseranstau auf ein verträgliches Maß zu reduzieren. Für diese Arbeiten werden normalerweise keine neuen Materialien und speziell ausgebildetes Fachpersonal benötigt, weshalb für die schadensrelevanten Kriterien „Materialverfügbarkeit" und „Personalanforderungen" keine VP anfallen. Addiert ergeben sich somit 8 VP, was eine mittlere Verletzbarkeit 2. Ordnung für das Bauteil „Dachentwässerung" bedeutet.

1 Dachaufbau:
Bitumenabdichtung einlagig aus Sanierung 1996
zwei Lagen Dachpappe mit Heißanstrich und Bekiesung als Bestand
Stahlbetonkassettenelement (Hamad-Platte)
bekriechbarer Dachzwischenraum
Wärmedämmung Sanierung 1996 (Mineralwolle, d = 10 cm)
Wärmedämmung Bestand (Mineralwollplatte mit Dachpappenabdeckung, d = 4 cm)
Stahlbetondecke des obersten Wohngeschosses
2 Gefälleausbildung in Ortbeton im Bereich des Rinnenträgers
3 Flachdachablauf DN 90 mit Laubfangkorb
4 Rinnenträger aus Stahlbeton

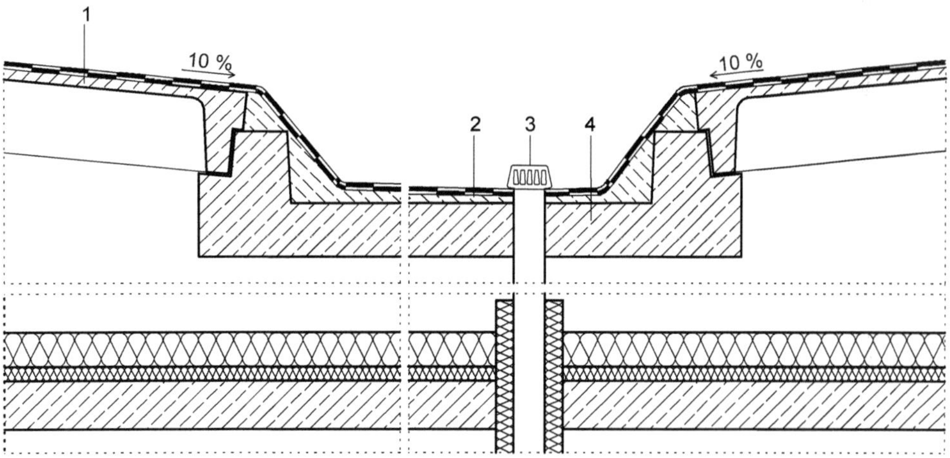

Bild 7-11 Dachaufbau und Konstruktion der Dachentwässerung im Bestand, M = 1:20.

Lichtkuppel

Die Lichtkuppel bildet den oberen Abschluss des innenliegenden Treppenhauses, wie in dem Gebäudeschnitt aus 3.4.5 zu erkennen ist. Zugleich fungiert sie als Dachausstieg und Rauchabzug. Das Bauteil besteht aus Kunststoff und wurde während der Sanierung 1996 eingebaut (Bild 7-12). Wie bei der Dachabdichtung fehlen auch hier weitere Angaben zu Hersteller oder Fabrikat, was die Ermittlung des Hagelwiderstandes erschwert.

Auch für den Fall einer guten Dokumentation wären Aussagen aus der Hageldatenbank der Präventationsstiftung der VKF oder Widerstandstests unabhängiger Prüfeinrichtungen nur bedingt hilfreich. Denn ähnlich wie bei den Bitumenabdichtungen beziehen sich die Testergebnisse nur auf neue Produkte. Da der Kunststoff jedoch aufgrund einer langjährigen Bewitterung spröde wird und sich somit seine mechanischen Eigenschaften verschlechtern, kann ein Vergleich nicht durchgeführt werden. Durch eine Vielzahl von Hagelwiderstandsprüfungen an Lichtkuppeln zeigte sich, dass die erreichbare Hagelwiderstandsklasse von neuen Lichtkuppeln von HW 2 bis HW 5 schwanken kann. Zudem ist der Hagelwiderstand stark von der Aufprallstelle abhängig, da das Bauteil in der Mitte in der Regel eine wesentlich geringere Steifigkeit besitzt als am Randbereich, wo der Rahmen für zusätzliche Stabilität sorgt.

Bild 7-12 Lichtkuppel als Dachausstieg und Rauchabzug (Foto: Horn, 2012).

Eine exakte Aussage über die Widerstandsfähigkeit gegenüber mechanischer Einwirkung kann daher nicht gegeben werden. Aufgrund einer möglichen Versprödung und der relativ großen Spannweite der Lichtkuppel ist jedoch qualitativ von einer hohen Verletzbarkeit 1. Ordnung auszugehen.

In diesem Fall wäre die Wasserdichtheit nicht mehr gewährleistet und bei einem mit Hagel einhergehenden Regenschauer würden Teile des Treppenhauses durchfeuchtet. Bei der Betrachtung der Verletzbarkeit 2. Ordnung würde das 4 VP für das schadensrelevante Kriterium „Bauteilfunktion" bedeuten. Das mach eine sofortige Reparatur notwendig (4 VP). Die entstandene Schwachstelle ist sofort sichtbar (0 VP). Aufgrund der Lage im Treppenhaus ist sie zudem relativ gut für geschultes Personal zugänglich (1 VP). Es muss lediglich ein Gerüst im Treppenhaus aufgestellt werden, welches den Flur als Verkehrsfläche und Zugangsmöglichkeit zu den einzelnen Wohnungen behindert. Die Demontage der beschädigten Lichtkuppel sowie der Einbau und baukonstruktiv einwandfreie Anschluss einer neuen Lichtkuppel kann nur von Fachkräften ausgeführt werden (2 VP). Zudem ist es fragwürdig, ob eine neue Lichtkuppel mit den speziellen

Abmessungen und Funktionen (Nutzung als Rauchabzug) in Baumärkten erhältlich ist. Hier erfolgt die Beschaffung in aller Regel wohl eher über Fachfirmen für das Dachdeckerhandwerk (2 VP).

Unter diesen Aspekten ergeben sich zusammengefasst 13 VP, was eine hohe Verletzbarkeit 2. Ordnung für das Bauteil „Lichtkuppel" bedeutet.

Bekleidung Vordach / Attika

Diese beiden Bauteile können zusammengefasst werden, da sie aus dem gleichen Material bestehen. Es handelt sich hierbei um Faserzementplatten. Diese haben nach Tabelle 7-4 grundsätzlich einen Hagelwiderstand von HW 4 bis HW 5. Da jedoch auch hier die Werte für neue Materialien gelten und sich der Hagelwiderstand infolge einer natürlichen Bewitterung nach wenigen Jahren vermindern kann, kann man auch hier nur eine qualitative Einschätzung abgeben. Aufgrund des augenscheinlich guten Zustandes der Materialien wird in diesem Fall von keiner beziehungsweise nur einer geringen Verletzbarkeit 1. Ordnung ausgegangen.

Für den Fall einer Beschädigung der Bekleidung ist vor allem die Bauteilfunktion „Wasserdichtheit" betroffen (4 VP), womit eine zügige Reparatur notwendig wird (3 VP), um die Durchfeuchtung weiterer Bauteile zu verhindern. Während eine Beschädigung auch für Laien ohne Probleme einsehbar ist (0 VP), gestaltet sich die Zugänglichkeit vor allem bei der Attikaverblendung schon schwieriger. Hier muss das gesamte Gebäude eingerüstet werden (2 VP). Die Reparatur kann von Facharbeitern ausgeführt werden (2 VP) und das dazu nötige Material ist aus dem Baustoffhandel verfügbar (1 VP). Zusammengefasst ergeben sich somit 12 VP, was einer hohen Verletzbarkeit 2. Ordnung entspricht.

Fassade

Die äußere Hülle der Fassade besteht aus einem mineralischen Wärmedämmverbundsystem der Systembaureihe Heck Multitherm. Entsprechend den Produktdatenblättern besteht der Dämmstoff aus Mineralwolleplatten der Baustoffklasse A1 (BASF 2012, S. 5). Aus Tests der Empa ist bekannt, dass Wärmedämmverbundsysteme mit Komponenten der Baustoffklasse A1 einen Hagelwiderstand von HW 3 aufweisen (Stucki und Egli 2007, S. 25), was nach den Annahmen aus Tabelle 7-5 eine geringe Verletzbarkeit 1. Ordnung bedeutet. Je nach Gebäudestandort und zu erwartenden Korndurchmessern kann sich diese Klassifizierung jedoch ändern.

Im Falle einer Beschädigung kommt es zu punktförmigen Abplatzungen des Oberputzes, was sofort sichtbar ist (0 VP) und vor allem die Bauteilfunktionen „Aussehen" und „Wasserdichtheit" beeinträchtigt (4 VP). Hier ist eine zügige Reparatur notwendig (3 VP), welche von Facharbeitern durchgeführt werden kann (2 VP). Für die Durchführung von Reparaturmaßnahmen müsste die gesamte Fassade eingerüstet werden, um alle Bereiche zugänglich zu machen (2 VP). Je nach Reparaturmaßnahme kann das benötigte Material entweder aus dem Baustoffhandel oder von Fachfirmen bezogen werden (1–2 VP). Zusammengefasst ergeben sich somit 12 bis 13 VP, was einer hohen Verletzbarkeit 2. Ordnung entspricht.

Sockelbereich

Die Außenwände des Kellergeschosses und damit auch des Sockelbereiches bestehen aus 26 cm dicken monolithischen Stahlbetonfertigteilen. Diese Bauteile haben einen sehr hohen Hagelwiderstand und demnach geht von ihnen auch keine Verletzbarkeit 1. Ordnung bei Hagelereignissen aus. Folglich muss hier auch keine Untersuchung für die Verletzbarkeit 2. Ordnung durchgeführt werden.

Zusammenfassung Verletzbarkeit

Nach der Untersuchung aller mit Hagel in Verbindung kommender Bauteile verdeutlicht Bild 7-13 die Schwachstellen des Gebäudes. Die Klassifizierungsampeln spiegeln dabei die Verletzbarkeit 1. und 2. Ordnung wider.

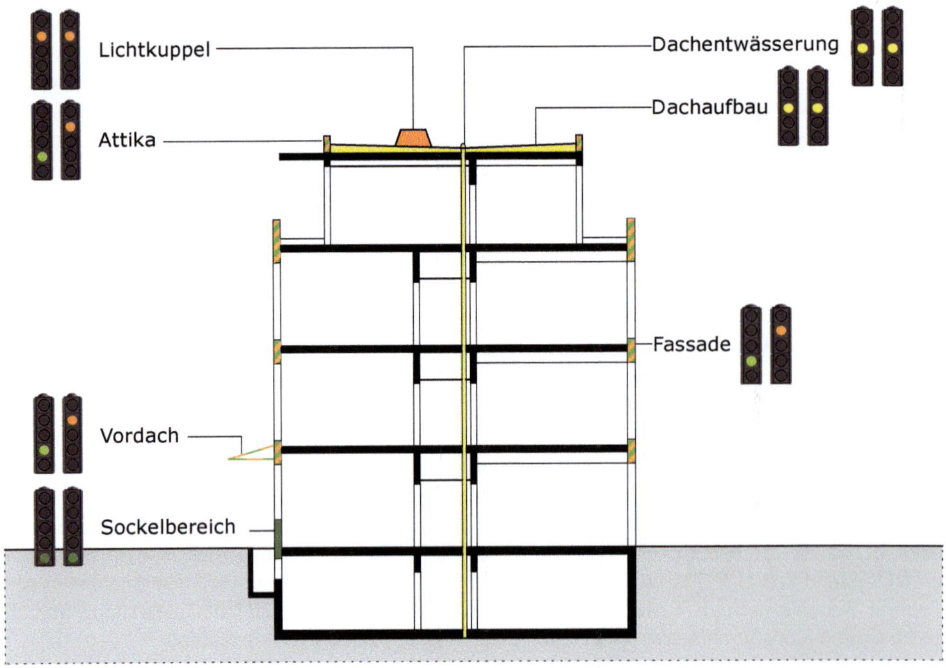

Bild 7-13 Verletzbarkeitsrisiko 1. und 2. Ordnung der mit Hagel in Verbindung kommenden Bauteile.

Anpassungsoptionen für den Dachaufbau und die Dachentwässerung

Der Dachaufbau und die Dachentwässerung werden gemeinsam betrachtet, da sie sich gegenseitig beeinflussen. So ist die nach DIN 1986-100:2008-05 berechnete Wassermenge für die Dimensionierung der Entwässerung abhängig vom Dachaufbau. Weiterhin wirken sich das Abflussvermögen sowie die konstruktive Ausbildung der Dachentwässerung auf die Belastung des Dachaufbaus und somit auf die Dachabdichtung aus.

Beim derzeitigen Aufbau ist die mit Hagel in Verbindung kommende Schicht eine Bitumendachbahn. Ein günstiger und effektiver Schutz der Abdichtung wäre das Aufbringen einer zusätzlichen Schutzschicht in Form einer Kiesschicht. Diese hätte weiterhin den Vorteil, dass die Dachentwässerung aufgrund des verminderten Abflussbeiwertes entlastet wird. Auf dem Dach anfallendes Regenwasser fließt durch die Kiesschicht hin zu den Entwässerungseinläufen. Die Kiesschicht verzöget den Wasserabfluss aufgrund seiner Beschaffenheit und es gelangt zeitverzögert zu der Entwässerung. Bei einer Bitumenbahn ohne Kiesschicht gelangt das Wasser direkt zu der Entwässerung und wird in seinem Fluss nicht behindert. Somit muss bei einem glatten Dachbelag, wie z. B. Bitumenbahnen, mit einem doppelt so hohen Regenwasseranfall gerechnet werden wie bei einer Kiesschicht als Oberflächenschutz (DIN 1986-100:2008-05, Tabelle 9). Da diese Variante jedoch eine zusätzliche Auflast für das Dachtragwerk darstellt und die Dachplatten mit einer Neigung von 10 % ausgeführt wurden, kann sie im konkreten Fall nicht angewandt werden. Demnach bleibt nur die Möglichkeit der Erneuerung der Dachabdichtung mit einem Material, welches, im Vergleich zur ursprünglichen Abdichtung, einen ausreichend hohen Hagelwiderstand besitzt und seine mechanische Widerstandsfähigkeit auch bei längerer Bewitterung nicht verliert. Zu beachten ist dabei, dass eine neue Abdichtung flächig verklebt werden muss, da eine mechanische Befestigung zur Schädigung der Kassettendeckenplatten im Spiegelbereich führen kann (IEMB 1995, S. 99). Aufgrund der Notwendigkeit einer flächigen Befestigung durch Verklebung entfallen die meisten Abdichtungsbahnen auf Kunststoffbasis. Vielmehr sollte eine Abdichtung auf Bitumenbasis verwendet werden, welche sowohl nach der Hageldatenbank einen ausreichend hohen Hagelwiderstand besitzt als auch bei längerer Bewitterung ihre mechanische Widerstandsfähigkeit nicht verliert und sich flächig mit dem Untergrund verkleben lässt.

Bei der Dachentwässerung ist mit Bezug auf die derzeit gültige Normung eine Notentwässerung vorzusehen. In Bezug auf veränderliche Einwirkungen infolge des Klimawandels sollten auch zukünftig zu erwartende Bemessungsregenspenden, hervorgerufen durch extreme Wetterereignisse, berücksichtigt werden. Als Hilfestellung können hier Auswertungen des Deutschen Wetterdienstes zu Starkregenereignissen (KOSTRA-DWD) dienen. Auf Grundlage der Bemessungsregeln nach DIN 1986-100:2008-05 ergibt sich für die Dimensionierung der Notentwässerung eine Bemessungsregenspende von 602 l/(s·ha) für den Gebäudestandort Dresden und somit ein notwendiges Mindestabflussvermögen von 3,94 l/s. Ein Abfluss mit einem Nenndurchmesser von DN 100 kann diese Wassermenge über Freispiegelentwässerung abführen. Es ist darauf zu achten, dass die Notentwässerung nicht an die vorhandene Entwässerungsanlage angeschlossen wird, sondern mit einem freien Auslauf auf schadlos überflutbare Grundstücksflächen entwässert (DIN 1986-100:2008-05, Kap. 5.9). Eine mögliche Anpassungsvariante zeigt dabei Bild 7-14.

Durch den Einsatz eines Metallgitters als Abdeckung wird gewährleistet, dass sich durch Regenwasser angespülte Hagelkörner nicht am Einlaufgitter der Entwässerung festsetzen und diese verstopfen. Die Notentwässerung ist bewusst 55 mm über der Normalentwässerung angeordnet. So wird gewährleistet, dass Regenwasser nur dann notentwässert wird, wenn die eigentlichen Entwässerungsanlagen ausgefallen oder stark überlastet sind. Hierbei ist jedoch die Tragfähigkeit der Dachkonstruktion auf die zusätzliche Auflast der Stauhöhe zu untersuchen. Der belüftete Dachraum bietet ausreichenden Platz für die Verlegung der Notentwässerung hin zu den Traufbereichen, von wo sie auf die Freiflächen des Hinterhofes entwässern kann.

1 Dachaufbau:
Bitumenabdichtung mit ausreichendem Hagelwiderstand und Alterungsbeständigkeit (z. B. Sopralen Premier EP5 ard flam), auf Untergrund verklebt
Stahlbetonkassettenelement (Hamad-Platte)
bekriechbarer Dachzwischenraum
Wärmedämmung (Mineralwollplatte WLG 035, d = 6 cm)
Wärmedämmung Sanierung 1996 + Bestand (Mineralwolle, d_{ges} = 14 cm)
Stahlbetondecke des obersten Wohngeschosses
2 Notentwässerung DN 100 mit Laubfang (55 mm über Normalentwässerung)
3 Metallgitter zum Rückhalt von Hagelkörnern
4 Rinnenträger aus Stahlbeton

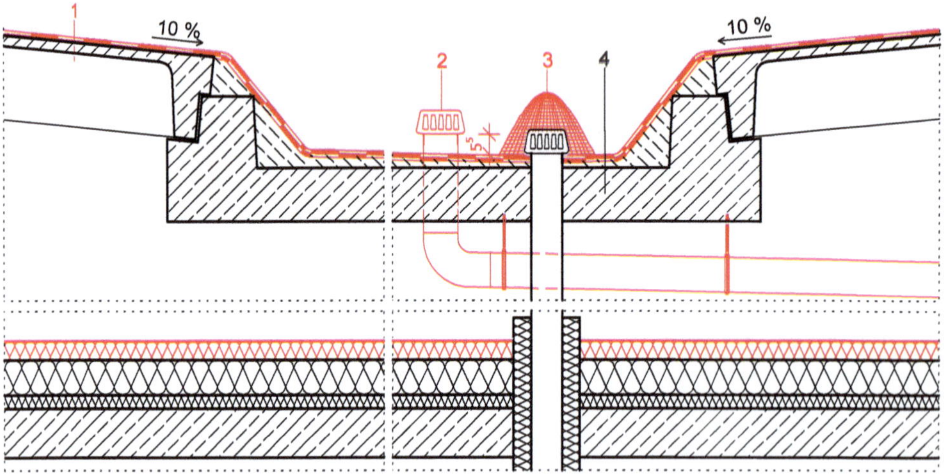

Bild 7-14 Dachaufbau und Konstruktion der Dachentwässerung als Anpassungsoption, M = 1:20.

Bei der Abdichtung ist zu beachten, dass sich dunkle Materialien aufgrund der hohen Absorptionsfähigkeit stärker erhitzen als helle. Dies kann vor allem unter dem Aspekt des Klimawandels und einer damit einhergehenden Intensivierung von sommerlichen Hitzeperioden von Bedeutung werden. Für die Betrachtung wäre demnach eine dunkle Abdichtung auf Bitumenbasis kontraproduktiv, da sie die darunterliegenden Räume stärker aufheizt als zum Beispiel eine hellere Kunststoffabdichtung. Durch die Ausführung als Kaltdach kann dieser Einfluss jedoch ausgeschlossen werden, da das durch die dunkle Abdichtung stärker aufgeheizte Dachelement durch die Hinterlüftung zum einen gekühlt wird und zum anderen nicht mit der Deckenplatte und den darunterliegenden Räumen in Verbindung kommt. Weiterhin zeichnen sich Bitumenbahnen durch eine relativ einfache Verarbeitbarkeit und Robustheit aus. Es sollte allerdings darauf geachtet werden, dass sich Elemente von Dachluken nicht mehr in die Abdichtung drücken können. Bereiche, die zu Wartungszwecken häufiger begangen werden, müssen ebenfalls geschützt werden.

7

Anpassungsoptionen für die Bekleidung Vordach / Attika

Die am Gebäude vorhandenen Faserzementplatten haben im neuen Zustand einen sehr guten Hagelwiderstand. Lediglich durch eine lange Bewitterung kann es zur Minderung der mechanischen Eigenschaften und somit zum Schadensfall bei ausreichend großen Hagelkörnern kommen. Als Anpassungsoption empfiehlt sich hier die Verwendung von Materialien mit hohem Hagelwiderstand, bei denen zudem eine gute Alterungsbeständigkeit nachgewiesen wurde.

Anpassungsoptionen für die Lichtkuppel

Die Lichtkuppel besitzt eine hohe Verletzbarkeit 1. und 2. Ordnung bei Hagelereignissen. Aufgrund einer altersbedingten Versprödung von Kunststoffkuppeln brächte ein Austausch daher nur kurzfristig eine Verbesserung des Verletzbarkeitsrisikos. Hinzu kommen die hohen Kosten eines Austausches. Sinnvoller ist in solch einem Fall der Schutz der bestehenden Lichtkuppel. Dies kann zum Beispiel mit einem Metallgitter realisiert werden. Je nach Maschenweite des Gitters lassen sich unterschiedlich große Hagelkörner abhalten. Diese Art des Schutzes ermöglicht zudem noch den Lichteinfall durch die Lichkuppeln ins Innere des Treppenhauses. Bei opaken Schutzmaßnahmen ist dies nicht mehr gewährleistet. Je nach Wirkungsweise einer Lichtkuppel kann die Ausführung eines Schutzgitters variieren. Handelt es sich um eine nicht öffenbare Lichtkuppel, kann ein freitragendes Gestell über der Lichtkuppel platziert werden. Soll die Lichtkuppel jedoch öffenbar sein, so muss das Metallgitter so angebracht werden, dass zum einen die empfindliche Kunststoffscheibe geschützt ist und zum anderen die Öffnungsfunktion nicht beeinträchtigt wird. Dies ist vor allem bei Rauchabzügen oder der Realisierung von Nachtlüftungskonzepten zur Einhaltung des sommerlichen Wärmeschutzes von Bedeutung. Dazu hat eine Reihe an Herstellern bereits eine umfangreiche Palette an passenden Nachrüstsätzen in ihrem Angebot. Diese Schutzgitter lassen sich neben Lichtkuppeln auch bei Lichtbändern anwenden, wie in Bild 7-15 zu sehen ist.

Bild 7-15 Schutz eines Lichtbandes durch Metallgitter (Foto: INDU LIGHT, 2015).

Anpassungsoptionen für die Fassade

Für Fassadenbekleidungen aus WDVS gibt es zwei Möglichkeiten der Anpassung. Zum einen kann bei der Materialwahl für ein WDVS bereits auf den Hagelwiderstand geachtet werden. So gibt es auf dem Markt Produkte, welche einen Hagelwiderstand von HW 5 aufweisen, welcher nach den Prüfbestimmungen der VKF getestet wurde. Zum anderen gibt es für bestehende WDVS-Fassaden spezielle Schutzanstriche zur Nachrüstung, die den Hagelwiderstand erhöhen. Dabei ist jedoch darauf zu achten, dass diese Anstriche häufig einen relativ hohen Wasserdampfdiffusionswiderstand aufweisen, wodurch es zur Tauwasserbildung im Inneren der Konstruktion kommen kann. Hier sind im Vorfeld diffusionstechnische Berechnungen durchzuführen, um eine Bauschadensfreiheit zu gewährleisten.

7.4.2 Bürogebäude, Baujahr 1974

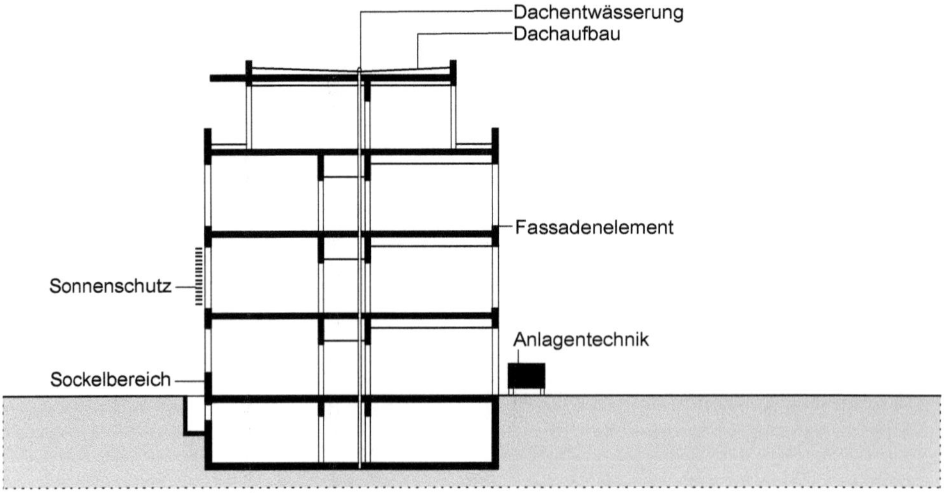

Bild 7-16 Potentielle Schwachstellen in Bezug auf Hagelereignisse.

Gemäß den bereits beschriebenen Methoden zur Untersuchung der Verletzbarkeit von Gebäuden und Baukonstruktionen müssen zunächst sämtliche mit Hagel in Verbindung kommende Bauteile auf ihren Hagelwiderstand hin untersucht werden. Bild 7-16 zeigt schematisch, welche Bauteile als potentielle Schwachstellen in Betracht gezogen und dementsprechend weiter untersucht werden.

Dachaufbau

Das Dach besitzt einen einschaligen, nicht belüfteten Aufbau (Warmdach). Die oberste, mit Hagel in Verbindung kommende Schicht ist dabei die Abdichtung. Diese besteht nach Bestandsunterlagen aus insgesamt drei Lagen. Nach Informationen des Hausverwalters wurde im Rahmen früherer Sanierungsmaßnahmen eine neue Lage Bitumenschweißbahn auf den bestehenden Dachaufbau aufgebracht. Genauere Informationen zu dem verwendeten Produkt konnten allerdings nicht gemacht werden.

In DIN EN 13583:2012-10 wird das Prüfverfahren zur Bestimmung des Hagelwiderstandes von Abdichtungsbahnen beschrieben. Da es sich im konkreten Fall um eine bereits eingebaute Abdichtung handelt, kann keine Prüfung an diesem Bauteil durchgeführt werden. Eine Prüfung an einer neuen Dachabdichtung, die in ihren Eigenschaften mit der eingebauten vergleichbar wäre, ist aufgrund des unbekannten Werkstoffes nicht möglich. Ohnehin hätte dies wenig Aussagekraft, da ein verbautes Bauteil schon eine gewisse Vorschädigung aufgrund einer jahrelangen Bewitterung aufweist. Durch die UV-Strahlung kommt es zur Versprödung der Bitumenbahnen, was eine Minderung ihrer mechanischen Widerstandsfähigkeit zur Folge hat. So können auch aus der Datenbank der VKF, welche Ergebnisse aus standardisierten Hagelwiderstandsprüfungen an verschiedenen Materialien beinhaltet, keine Ergebnisse für die Abdichtung entnommen werden.

Da die letzte große Sanierungsmaßnahme des Dachaufbaus bereits 1996 stattfand, wird die obere Lage der Abdichtung bereits seit mehreren Jahren bewittert. In dieser Zeit können sich die mechanischen Eigenschaften einer Bitumendichtungsbahn stark verschlechtern. Dachbegehungen zeigten bereits, dass die Abdichtung an mehreren Stellen ausgebessert wurde. In Bild 7-17 (links) ist zu sehen, dass einige Stöße von Abdichtungsbahnen keine wasserdichte Verbindung mehr gewährleisten.

Bild 7-17 links: fehlerhafter Stoß der Abdichtungsbahnen, rechts: Pfützenbildung (Foto: Horn, 2012).

Bild 7-17 rechts zeigt zudem größere Bereiche von Pfützenbildungen. Hier liegt die Vermutung von einem fehlerhaft ausgeführten Gefälle nahe. Diese Tatsachen führen zu der qualitativen Einschätzung, dass der Hagelwiderstand der vorhandenen Dachabdichtung nicht durchgängig gewährleistet ist, womit man für das Bauteil eine mittlere Verletzung 1. Ordnung klassifizieren kann. Im Falle einer Beschädigung der Abdichtung ist die Wasserdichtheit nicht mehr gewährleistet und Regenwasser, welches üblicherweise in Verbindung mit Hagelschauern auftritt, kann in die Unterkonstruktion gelangen (4 VP). Das stellt eine Gefahr für die Wärmedämmung dar, welche nicht wasserfest ist. Durchfeuchtete Dämmung besitzt eine bessere Wärmeleitfähigkeit als trockene, was zu einer Verschlechterung des U-Wertes der Dachkonstruktion führt. Eine sofortige Reparatur wird daher dringend nötig, um sowohl die energetischen Eigenschaften der Gebäudehülle wieder herzustellen als auch eine Durchfeuchtung weiterer Bauteile zu verhindern (4 VP).

Ein Schaden an der Bitumenabdichtung ist durch eine Dachbegehung relativ einfach festzustellen (0 VP). Über die Ausstiegstüren in der Fahrstuhlüberfahrt kann man ohne großen Aufwand auf das Flachdach gelangen (0 VP). Nebenkosten für Gerüste oder temporäre Zugangsmöglichkeiten zur Schadensstelle entfallen somit. Das zu Reparaturzwecken benötigte Material kann aus dem Baustoffhandel bezogen werden (1 VP). Dies und die Tatsache, dass Reparaturarbeiten von Facharbeitern ausführbar sind (2 VP), beschleunigt die Instandsetzung, da keine großen Wartezeiten für Sonderanfertigungen oder Spezialkräfte entstehen.

Zusammengefasst ergeben sich für die Betrachtung der schadensrelevanten Kriterien 11 VP, was einer hohen Verletzbarkeit 2. Ordnung entspricht.

Dachentwässerung

1 Flachdachablauf mit Laubfang
2 Dachaufbau:
Bitumenbahn (Sanierung 1996)
Aluminium-pigmentierter Universalkorrosionsschutz-Anstrichstdf
Glasvlies Dachbelag
Dachpappe 500
Dachpappe 350 zweilagig
zementgebundene HWL-Platte zweilagig
Dachpappe 350 als Dampfsperre
Gefällebeton
Verbunddecke
3 innenliegendes Fallrohr DN 80
4 Dämmung des Fallrohres

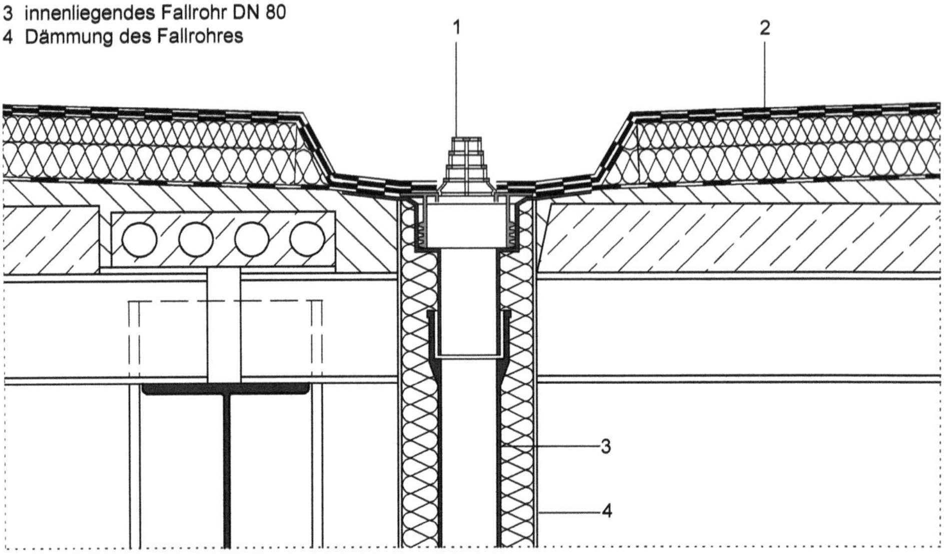

Bild 7-18 Detailzeichnung Dacheinlauf, M = 1:10.

Bild 7-18 zeigt die konstruktive Durchbildung im Bereich der Dachentwässerung inklusive dem Dachaufbau. Die Dachflächen des Gebäudes werden über insgesamt fünf innenliegende Dacheinläufe mit einem Durchmesser von jeweils DN 80 entwässert, welche in einer Vertiefung sitzen und zum Schutz vor Verstopfung mit einer Kunststoffabdeckung ausgestattet sind. Dabei besitzen die äußeren Einläufe eine Wassereinzugsfläche von circa 200 m² und die inneren Einläufe von circa 180 m². Nach DIN 1986-100:2008-05 sind sie für eine Bemessungsregenspende für den Gebäudestandort Dresden von 323 l/s·ha für eine Freispiegelentwässerung unterdimensioniert. Deshalb ist sicherzustellen, dass der aus einer sich einstellenden Druckentwässerung entstehende Wasseranstau nicht zu einer kritischen Last für die Dachkonstruktion wird und schädigend für die Bauteile der Entwässerung wirkt. Die konstruktive Ausbildung der Entwässerung ist für die Funktion der Wasserabführung zwar optimal, da das Wasser am tiefsten Punkt abgeführt wird und sich der Dacheinlauf durch das Laubfanggitter nicht zusetzen kann. In Bezug auf Hagelereignisse kann das allerdings problematisch werden. Da ein Hagelschauer meistens mit Regen einhergeht, werden die auf dem Dach verteilten Hagelkörner durch das anfallende Regenwasser zu den Entwässerungseinläufen gespült und können in der Senke zur Verstopfung führen. Als Folge kommt es zum Anstau von Regenwasser, was zum einen eine erhöhte Auflast für die Tragkonstruktion des Daches bedeutet und zum anderen eine größere Belastung der Dachabdichtung darstellt. Auch wenn hier das Bauteil an sich einen hohen Hagelwiderstand besitzt, stellt seine konstruktive Ausbildung doch einen Schwachpunkt bei Hagelereignissen dar, was einer mittleren Verletzbarkeit 1. Ordnung entspricht. Weiterhin ist keine, von der Hauptentwässerung unabhängig ausgeführte, Notentwässerung vorhanden. 7

Im Fall einer Verstopfung entsteht die Gefahr von Folgeschäden, welche sich zudem auch auf die Verletzbarkeit 2. Ordnung auswirken. Der Wasseranstau sorgt für eine zusätzliche statische Last und kann im Bereich von Stößen oder durch Hagelschlag gestörten Bereichen die Wasserdichtheit gefährden (4 VP). Hier ist eine sofortige Reparatur notwendig, um weiterführende Schäden an den darunterliegenden Bauteilen zu verhindern (4 VP). Ähnlich wie auch beim Dachaufbau kann ein solcher Schaden relativ schnell durch eine Dachbegehung erreicht (0 VP) und festgestellt werden (0 VP). Für eine Reparatur müsste zunächst die Verstopfung an dem betroffenen Ablauf beseitigt werden, um den Wasserabfluss wiederherzustellen beziehungsweise den Wasseranstau auf ein verträgliches Maß zu reduzieren. Für diese Arbeiten werden normalerweise keine neuen Materialien (0 VP) und speziell ausgebildetes Fachpersonal (0 VP) benötigt.

Damit ergeben sich zusammengefasst 8 VP, was einer mittleren Verletzbarkeit 2. Ordnung entspricht.

Sonnenschutz

Am Gebäude befindet sich ein außenliegender Sonnenschutz in Form von Lamellenraffstores, welcher dem Fabrikat Warema E80 entspricht (Schulte 2011, S. 22) und in Bild 7-19 zu sehen ist. Aus Tabelle 7-4 geht hervor, dass Lamellenraffstores nur einen geringen Hagelwiderstand von HW 1 bis HW 2 aufweisen. Damit kann der Sonnenschutz einen Hagelschlag mit einem Korndurchmesser von bis zu 2 cm unbeschadet überstehen. Da in einigen Regionen Deutschlands jedoch auch mit größeren Hagelkörnern zu rechnen ist, ist eine Beschädigung nicht auszuschließen. Konkret würden Hagelkörner Dellen in den Metalllamellen verursachen und diese sogar verbiegen, so dass der Sonnenschutz an einzelnen Fenstern nicht mehr in die Schutzstellung gebracht werden kann. Die Tatsache, dass am Beispielgebäude ein sogenannter „Windwächter" installiert ist, welcher den Sonnenschutz bei zu hohen Windgeschwindigkeiten einfährt, verringert das Schadenspotential, da Hagelereignisse in der Regel mit Sturm einhergehen.

So würde der Sonnenschutz durch den vom Windwächter gemessenen Wind in Schutzstellung gefahren werden, bevor das erste Hagelkorn auf die Fassade auftrifft.

Ungeachtet dessen sind aus der Praxis auch Fälle bekannt, bei denen der Windwächter infolge eines Sturms zuerst zerstört wurde oder nicht funktionierte und somit der Sonnenschutz nicht eingefahren werden konnte. In solch einem Fall ist der Sonnenschutz dem Hagel ausgesetzt und kann ebenfalls zerstört werden.

Aus diesem Grund gilt festzuhalten, dass das Verletzbarkeitspotential des außenliegenden Sonnenschutzes abhängig von der Funktionsweise eines Windwächters ist. So geht vom Sonnenschutz beim Fall eines zerstörten Windwächters eine hohe Verletzbarkeit 1. Ordnung aus. Wird eine Beschädigung des Windwächters durch konstruktive Maßnahmen verhindert, besteht keine Gefahr, da sich die Lamellen im Hagelfall hinter dem Fassadenelement befinden.

Bild 7-19 Ansicht außenliegender Sonnenschutz (Foto: Fahrion, 2011).

Fassadenelement

Die äußere Schale des Fassadenelementes besteht aus 6 mm thermisch vorgespanntem Glas, welches nach Tabelle 7-4 einen Hagelwiderstand von HW 5 erreicht, was keiner Verletzbarkeit 1. Ordnung entspricht. Somit wird hier auch nicht die Verletzbarkeit 2. Ordnung behandelt, da eine Beschädigung äußerst unwahrscheinlich ist.

Sockelelement

Nach Schulte 2011 ist im Sockelbereich ein circa 3 cm starker wasserdichter Sockelputz auf einer Stahlbetonwand aufgebracht. Die Stahlbetonwand bildet zudem einen stabilen Untergrund. Diese Konstruktion hat einen sehr hohen Hagelwiderstand, was der Klassifikation „keine Verletzbarkeit 1. Ordnung" entspricht. Ähnlich wie bei dem Fassadenelement erfolgt deshalb keine weitere Betrachtung der Verletzbarkeit 2. Ordnung.

Anlagentechnik

Die Anlagentechnik gehört zwar nicht zur Gebäudehülle, jedoch sind bei Nichtwohngebäuden aus Gründen des Platzangebotes häufig anlagentechnische Bauteile, wie z. B. Lüfter, auf dem Dach angeordnet, wo sie der zerstörerischen Kraft von Hagelkörnern ausgesetzt werden. Am untersuchten Gebäude befinden sich neben dem Seiteneingang auf Höhe der Geländeoberkante mehrere Kühlaggregate mit nach oben gerichteten Axialventilatoren, wie in Bild 7-20 zu sehen ist. Hier sind allerdings die empfindlichen Schaufelräder durch ein Metallgitter mit einer Maschenweite von 1 cm geschützt. Demnach gilt auch hier keine Verletzbarkeit 1. Ordnung und der Entfall einer Betrachtung der Verletzbarkeit 2. Ordnung.

Bild 7-20 Kühlaggregat mit Axialventilator (Foto: Horn, 2012).

Zusammenfassung Verletzbarkeit

Nach der Untersuchung aller mit Hagel in Verbindung kommender Bauteile verdeutlicht Bild 7-21 die Schwachstellen des Gebäudes. Die Ampeln spiegeln die Klasse der Verletzbarkeit 1. und 2. Ordnung wider.

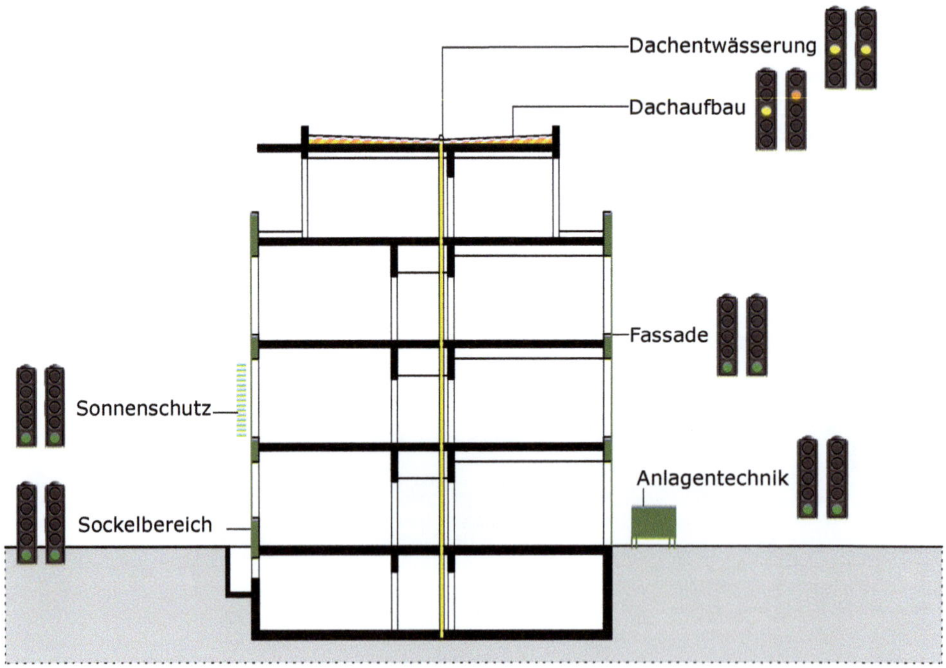

Bild 7-21 Verletzbarkeitsrisiko 1. und 2. Ordnung der mit Hagel in Verbindung kommenden Bauteile.

Anpassungsoptionen für den Dachaufbau und die Dachentwässerung

Aus Bild 7-21 geht hervor, dass besonders die Bereiche des Daches einer Anpassung für einen besseren Hagelwiderstand bedürfen. Der außenliegende Sonnenschutz besitzt nur dann ein Verletzbarkeitsrisiko 1. und 2. Ordnung, wenn der Windwächter beschädigt ist. Stellt man also die Funktionsfähigkeit dieses Bauteils sicher, besitzt der Sonnenschutz kein Schadenspotential.

Demnach wird sich im weiteren Verlauf auf das Dach konzentriert. Dabei müssen sowohl die Materialien der Dachabdichtung als auch die Entwässerungseinläufe an die gestiegenen Anforderungen angepasst werden. Letztere sind bei einer Freispiegelentwässerung nicht ausreichend für die in der Region anzusetzende Berechnungsregenspende von 323 l/(s·ha) dimensioniert und bergen aufgrund ihrer geometrischen Einbindung in die Dachkonstruktion eine Verstopfungsgefahr bei Hagelereignissen. Betrachtet man eine Druckentwässerung, so sind die bestehenden Dacheinläufe jedoch ausreichend.

Für die Anpassung des Dachaufbaus stehen prinzipiell mehrere Varianten zur Verfügung. Allgemein können die Prinzipien „Schützen" und „Verstärken" angewandt werden. Die einfachste Anpassungsmaßnahme stellt eine Kiesschicht als Schutz der Abdichtung vor Hagel dar, da sie die mechanische Energie beim Auftreffen von Hagelkörnern absorbiert. Zudem schützt sie die Abdichtung vor UV-Strahlen, welche auf Dauer die mechanischen Eigenschaften von Bitumen- und Kunststoffdichtungsbahnen herabsetzen können. Letztlich haben Kiesschichten auch einen positiven Effekt bei der Dimensionierung der Entwässerungseinläufe und verhindern deren Verstopfen. Nach DIN 1986-100:2008-05 Kap. 12.2.1, Formel 3, wird der Regenwasserabfluss Q mit folgender Formel berechnet:

$$Q = r_{(D,T)} \cdot C \cdot A \cdot \frac{1}{10000} \quad (7.1)$$

Neben den konstanten Werten A (wirksame Niederschlagsfläche) und $r_{(D,T)}$ (Berechnungsregenspende nach DIN 1986-100:2008-05, Anhang A) steht C für den Abflussbeiwert, welcher von der Ausführung der Dachfläche abhängig ist. Konkret gibt dieser an, wie schnell das anfallende Regenwasser von der Dachfläche zu den Entwässerungseinläufen transportiert werden kann. Nach Tabelle 9 der DIN 1986-100:2008-05 haben wasserundurchlässige Dachflächen, wie z. B. Dächer mit Bitumenbahnen als obere Schicht, einen Abflussbeiwert von 1,0, wohingegen Kiesschüttdächer einen Wert von 0,5 aufweisen (DIN 1986-100:2008-05, S. 55 ff.). Das hat zur Folge, dass auf einem Bitumendach sofort die gesamte Menge an Regenwasser zu den Entwässerungseinläufen fließt. Bei einem Kiesdach muss das Regenwasser erst durch die Kiesschicht fließen, was eine Verzögerung des Wasserflusses zur Folge hat und somit nur die Hälfte der anfallenden Wassermenge sofort zu den Entwässerungen gelangt.

Kann aus statischen Gründen keine Kiesschicht aufgebracht werden, müssen Materialien verwendet werden, die nach der Datenbank der VKF einen, für die jeweilige Region, ausreichend hohen Hagelwiderstand aufweisen. Dabei ist zwingend zu beachten, dass die mechanischen Eigenschaften mit Zunahme der Bewitterungszeit nicht abnehmen. Hier ist es ratsam, ein Produkt zu verwenden, dessen mechanische Eigenschaften von unabhängigen Institutionen auf Alterung untersucht wurden.

Generell ist es durch die für Bürogebäude oft typische Nutzung unter verschiedenen Verwaltern oftmals nicht möglich, genügend Informationen über ein Gebäude zu erlangen. Besonders Angaben zur Statik des Dachtragwerkes und zu durchgeführten Sanierungsmaßnahmen sind oft nicht aufzufinden. Aus diesem Grund werden hier gleich drei Anpassungsoptionen vorgestellt, welche sich nach den jeweiligen Gegebenheiten des Gebäudes richten und in Bild 7-22 zu sehen sind. Selbstverständlich können diese Varianten auch auf andere Gebäude dieses Typs angewandt werden.

Die drei Varianten ergeben sich aus dem jeweiligen Zustand des Bestandsdaches. Denn je nachdem, ob Teile der vorhandenen Dachhaut ausgetauscht werden müssen oder noch intakt sind, können verschiedene Aufbauten gewählt werden. Wichtig dabei ist die Betrachtung der Traglast des Daches. So besitzen die Varianten 1 und 2 ein höheres Eigengewicht als die alte Dachkonstruktion, wohingegen Variante 3 sogar leichter als der Ausgangszustand ist. Als Entscheidungshilfe kann Tabelle 7-7 dienen, aus welcher je nach Zustand des Daches und Vorhandensein von Bestandsunterlagen die geeignete Anpassungsvariante gewählt werden kann. Dazu muss der Zustand der drei für ein Flachdach entscheidenden Parameter abgefragt und beurteilt werden.

Für das Dach des Untersuchungsgebäudes muss die Tabelle wie folgt angewendet werden: Da nichts Genaueres über den Zustand der Wärmedämmung bekannt ist, wird die Wahl der Anpassungsvariante zunächst anhand der beiden anderen Zustandsabfragen gewählt. Wie bereits erwähnt, ist die vorhandene Abdichtung nicht intakt, da sie an einigen Stellen schon ausgebessert wurde. Im Bereich der Fahrstuhlüberfahrt und an anderen Stellen bilden sich größere Wasserpfützen, was auf ein fehlerhaftes Gefälle hinweist. Auch Blasenbildung an einigen Stellen der

Abdichtung wurde beobachtet. Dies hat zumeist eine Ursache in einer fehlerhaften Dampfdruckausgleichsschicht. Mit Blick auf Tabelle 7-7 bleibt demnach festzuhalten, dass nur noch Variante 1 oder 3 als Anpassungsoption für das beschriebene Gebäude in Frage kommen.

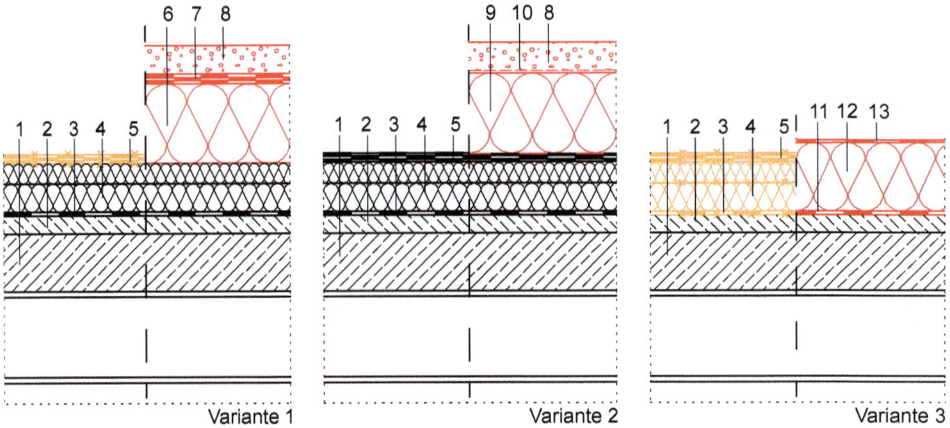

1 Stahlverbunddecke, d = 26 cm
2 Gefällebeton, d_{min} = 2 cm
3 Dachpappe als Dampfsperre
4 2 x zementgebundene HWL-Platte, λ = 0,09 W/mK, d_{ges} = 8,5 cm
5 Abdichtung Bestand, mehrlagig
6 Wärmedämmung, Polystyrol-Hartschaum, (EPS) WLG 035, dh DAA, d = 14 cm
7 2-lagige Abdichtung, obere Abdichtung z.B. PYE-G 200DD, untere Abdichtung, z.B. G 200DD (punktuell verklebt für Wirkung als Dampfdruckausgleichsschicht)
8 Kiesschüttung (Körnung 16/32), d = 5 cm
9 Wärmedämmung, Polystyrol-Extruderschaum (XPS) WLG 035, dh DUK, d = 14 cm
10 Filtervlies
11 Dampfsperre (punktuell verklebt für Wirkung als Dampfdruckausgleichsschicht)
12 Wärmedämmung, Polyurethan-Hartschaum (PUR/PIR), λ = 0,024 W/mK, dh DAA, d = 12 cm
13 Neubau einlagige Abdichtung aus thermoplastischem Polyolefin (TPO) mit hohem Hagelwiderstand nach Klassifizierung EMPA (HW 4), z.B. Sika Sarnafil TS 77-15 (punktuell befestigt für Wirkung als Dampfdruckausgleichsschicht)

Bild 7-22 Übersicht über die Anpassungsvarianten für das Dach des Untersuchungsgebäudes.

Da es im weiteren Verlauf der Untersuchungen nicht möglich war, Informationen über die Traglast der Dachelemente zu erhalten, muss man davon ausgehen, dass das Dach keine zusätzlichen Lasten abtragen kann. Folglich kann als Anpassung nur noch Variante 3 verwendet werden, weshalb sich auch die Frage nach dem Zustand der Wärmedämmung erübrigt. Die zuvor beschriebene Anpassung mit einer Kiesschicht, welche sowohl die Dachabdichtung vor mechanischer Beschädigung als auch die Entwässerungseinläufe vor Verstopfung durch Hagelkörner schützt, kann aus statischen Gründen nicht eingesetzt werden. Diese Variante hätte eine Erhöhung der Dachlast zur Folge.

Variante 3 ist dagegen geeignet für Dächer, deren vorhandene Abdichtung und Wärmedämmung nicht mehr intakt sind, sowie für Tragwerke, die keine zusätzlichen Lasten aus neuen Dachaufbauten aufnehmen können.

Bild 7-23 zeigt einen Detailschnitt des neuen Dachaufbaus nach Variante 3 im Bereich des Entwässerungseinlaufes, welcher ebenfalls im Rahmen des Sanierungskonzeptes überarbeitet werden muss. Bei dieser Anpassungsvariante wurden sowohl die alte Dachabdichtung als auch die Wärmedämmung entfernt und durch einen neuen Aufbau ersetzt. Durch die Verwendung von Polyurethan als Dämmmaterial genügt man den Anforderungen der Energieeinsparverordnung (EnEV 2016) und reduziert das Eigengewicht des Dachaufbaus im Vergleich zum Bestandsaufbau. Möglich ist dies vor allem durch die Wahl eines modernen Polyurethan-Dämmstoffes, welcher im Vergleich zu den ursprünglichen HWL-Platten sowohl einen besseren Wärmedurchgangswiderstand als auch eine geringere Dichte aufweist. Durch die geringe Wärmeleitfähigkeit von $\lambda = 0{,}024$ W/(mK) genügt eine Dämmstoffstärke von 12 cm.

Tabelle 7-7 Entscheidungshilfe für die Wahl der Anpassungsvariante.

Situation am Gebäude	Variante 1	Variante 2	Variante 3
Die vorhandene Wärmedämmung ist nicht mehr intakt und muss erneuert werden.	nicht anwendbar	nicht anwendbar	anwendbar
Die Abdichtung ist nicht mehr intakt und muss erneuert werden.	anwendbar	nicht anwendbar	anwendbar
Das Dachtragwerk kann keine zusätzliche Auflast durch einen neuen Dachaufbau abtragen.	nicht anwendbar	nicht anwendbar	anwendbar

Es ist jedoch darauf zu achten, dass der Dämmstoff für das Anwendungsgebiet DAA (Anwendung zur Außendämmung von Dach oder Decke, vor Bewitterung geschützt, Dämmung unter Abdichtung) und die Produkteigenschaften dh (hohe Druckbelastbarkeit) nach DIN 4108-10:2015-12 geeignet ist. Auf eine Kiesschicht als Oberflächenschutz wurde aus Gewichtsgründen verzichtet. Somit steht die Abdichtung im direkten Kontakt mit Hagel und muss demnach einen ausreichend hohen Hagelwiderstand aufweisen. Für den konkreten Fall wurde sich für eine Abdichtung aus TPO (thermoplastisches Polyolefin) mit einem Hagelwiderstand von HW 4 entschieden. Unabhängige Tests (Institut für Bautenschutz, Baustoffe und Bauphysik 2009, S. 15 f.) bestätigen, dass auch mit zunehmenden Alter der Abdichtung keine wesentliche Verschlechterung der mechanischen Eigenschaften zu erwarten sind. Durch die systembedingte mechanische Befestigung erreicht man zudem die Wirkung als Dampfdruckausgleichsschicht.

Aus Bild 7-23 geht hervor, dass die Entwässerung sowohl neu dimensioniert als auch in seiner konstruktiven Ausbildung neu gestaltet wurde. Durch die Entfernung der ursprünglichen Einbuchtung im Bereich der Entwässerung in Verbindung mit einem Laubfangkorb wird die Gefahr einer Verstopfung durch Hagelkörner vermindert und die zuvor bestehende Wärmebrücke beseitigt. Durch den größeren Durchmesser des Entwässerungsrohres kann nun die Bemessungsregenspende über eine Freispiegelentwässerung abgeführt werden. Es entfällt ein möglicher Wasseranstau von 55 mm und die Belastung der Abdichtung durch anstauendes Wasser verringert sich.

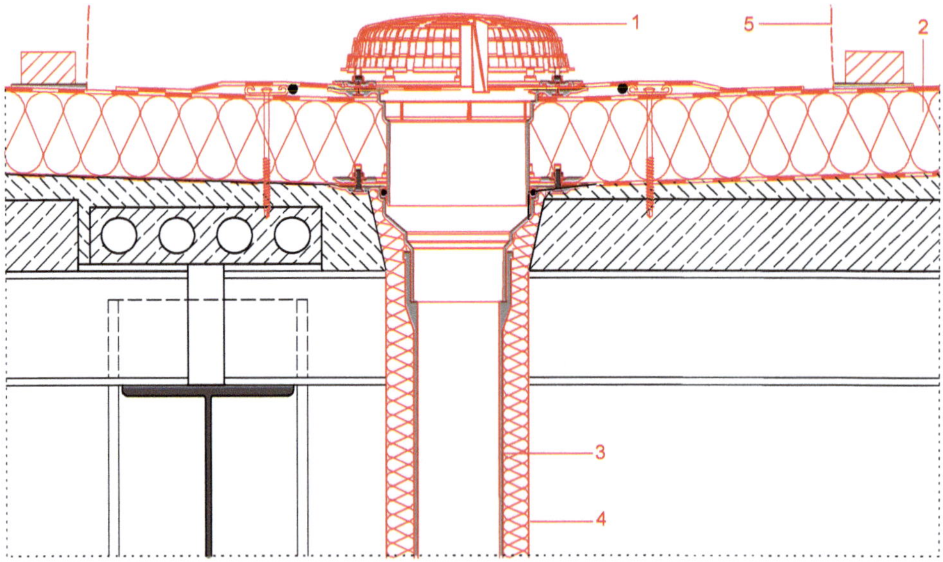

1 Flachdachablauf mit Laubfang (DN 125, z. B. KESSEL Ecoguss)
2 Dachaufbau Anpassungsvariante 3:
einlagige Dachabdichtung aus thermoplastischen Polyolefin (TPO) mit ausreichendem Hagelwiderstand und Alterungsbeständigkeit (z. B. Sika Sarnafil TS 77-15 mit Befestigung Sarnabar SB 6,3 x 180 mm)
Wärmedämmung PUR/PIR, d = 12 cm, λ = 0,024 W/mK (DAA, dh)
Dampfsperre, punktuell verklebt für Dampfdruckausgleich
Gefällebeton
Stahlbetonverbunddecke
3 Innenliegendes Fallrohr, DN 125
4 Dämmung des Fallrohres
5 Metallgitter zum Rückhalt von Hagelkörnern (optional)

Bild 7-23 Detail der Anpassungsvariante 3 im Bereich der Dachentwässerung, M = 1:10.

7.5 Literatur

BASF 2012	BASF Wall Systems GmbH & Co. KG (Hrsg.): Fassadendämmung für den Profi im Altbau – Einfach, sicher und wirtschaftlich. Marktredwitz: BASF, 2012.
Baukombinat Dresden 1972	VEB-Baukombinat Dresden (Hrsg.): Beschreibung der Typenserie IW66/P2. Dresden, 1972.
Bernhofer et al. 2011	Bernhofer, C.; Matschullat, J.; Bobeth, A.: Klimaprojektionen für die REGKLAM-Modellregion Dresden. Berlin, Rhombos, 2011.
DIN 1986-100	DIN 1986-100, Mai 2005: Entwässerungsanlagen für Gebäude und Grundstücke – Teil 100: Bestimmungen in Verbindung mit DIN EN 752 und DIN EN 12056. Berlin: Beuth, 2008.
DIN 4108-10	DIN 4108-10, Juni 2008: Wärmeschutz und Energie-Einsparung in Gebäuden – Teil 10: Anwendungsbezogene Anforderungen an Wärmedämmstoffe – Werkmäßig hergestellte Wärmedämmstoffe. Berlin: Beuth, 2008.
DIN EN 13583	DIN EN 13583, Oktober 2012: Abdichtungsbahnen – Bitumen-, Kunststoff- und Elastomerbahnen für Dachabdichtungen – Bestimmung des Widerstandes gegen Hagelschlag. Berlin: Beuth, 2012.
Empa	Empa, Dübendorf und Flüeler Polymer Consulting GmbH, Aathal
E+S Rückversicherung AG, 2015	E+S Rückversicherung AG: Risikokarte Hagelschlag. Hannover, 2015.
Fahrion et al. 2012	Fahrion, M.-S.; Nikolowski, J.; Zimm, J.; Naumann, T.: Relevante Einwirkungen auf Gebäude. In: Weller, B.; Naumann, T.; Jakubetz, S. (Hrsg.): Gebäude unter den Einwirkungen des Klimawandels. Berlin: Rhombos, 2012. Seite 1–66.
GDV 2011	Gesamtverband der Deutschen Versicherungswirtschaft e. V. (Hrsg.): Herausforderung Klimawandel: Antworten und Forderungen der deutschen Versicherer. Berlin: Gesamtverband der Deutschen Versicherungswirtschaft, 2011.
Hatzfeld & Kurz 2010	Hatzfeld, F.; Kurz, S.: Klimaangepasstes Bauen – Kriteriensteckbrief „Widerstandsfähigkeit gegen Naturgefahren: Wind, Starkregen, Hagel, Schnee, feuchte Winter und Hochwasser“. Hydrotec Ingenieurgesellschaft für Wasser und Umwelt. Aachen, 2010. Forschungsbericht. BBSR Forschungsprogramm Zukunft Bau. Aktenzeichen 10.08.17.7-09.19.

7

IEMB 1995	Institut für Erhaltung und Modernisierung von Bauwerken e. V. (Hrsg.): Sanierungsgrundlagen Plattenbau – Flachdächer. Berlin: IRB, 1995.
Institut für Bautenschutz, Baustoffe und Bauphysik 2009	Institut für Bautenschutz, Baustoffe und Bauphysik Dr. Rieche und Dr. Schürger GmbH: Dauerhaftigkeit der Kunststoffdichtungsbahnen. In: Sarnafil T.: Kurzbericht zum Gutachten 70006 vom 02.07.2009 im Auftrag der Sika Services AG und Sika Technology AG. Fellbach: Sika, 2009.
Kunz et al. 2009	Kunz, M.; Sander, J.; Kottmeier, C.: Recent trends of thunderstorm and hailstorm frequency and their atmospheric characteristics in southwest Germany. In: International Journal of Climatology 20 (2009). Seite 2283–2297.
Lateltin & Jordi 2008	Lateltin, O.; Jordi, M.: Hagel – Die unterschätzte Gefahr. In: Schadenprisma (2008), Nr. 4, S. 7–11. (Online unter: http//www.schadenprisma.de/index.htm)
Münchner Rück 2007	Münchner Rückversicherungs-Gesellschaft: Zwischen Hoch und Tief: Wetterrisiken in Mitteleuropa. München: Münchner Rückversicherungs-Gesellschaft, 2007.
Münchner Rück 2011	Münchner Rückversicherungs-Gesellschaft: Nathan: Globus der Naturgefahren. DVD, 2011.
Puskeiler 2009	Puskeiler, M.: Analyse der Hagelgefährdung durch Kombination von Radardaten und Schadendaten für Südwestdeutschland. Universität Karlsruhe, Institut für Meteorologie und Klimaforschung. Diplomarbeit, 2009.
Rauthe et al. 2010	Rauthe, M.; Kunz, M.; Kottmeier, C.: Changes in wind gust extremes over Central Europe derived from a small ensemble of high resolution regional climate models. In: Meteorologische Zeitschrift 19 (2010), Nr. 3. Seite. 299–312.
Schulte 2011	Schulte, A.: Klimaanpassungsstrategie im Verwaltungsgebäudebestand. Dresden, Technische Universität Dresden, Institut für Baukonstruktion, Diplomarbeit, 2011.
Stucki & Egli 2007	Stucki, M.; Egli, T.: Synthesebericht Elementarschutzregister Hagel: Untersuchungen zur Hagelgefahr und zum Widerstand der Gebäudehülle. Bern: Präventionsstiftung der kantonalen Gebäudeversicherungen, 2007.
SZ 2006	Süddeutsche Zeitung Digitale Medien (Hrsg.): Hagelsturm über Leipzig. Erschienen am 17.06.2006. Abgerufen am 14.03.2012: http://www.sueddeutsche.de/panorama/unwetter-hagelsturm-ueber-leipzig-1.665265.

Trapp et al. 2007	Trapp, R. J.; Diffenbaugh, N. S.; Brooks, H. E.; Baldwin, M. E.; Robinson, E. D.; Pal, J. S.: Changes in severe thunderstorm environment frequency during the 21st century caused by anthropogenically enhanced global radiative forcing. In: Proceedings of the National Academy of Sciences of the United States of America 104 (2007), Nr. 50. Seite 19719–19723.
VKF	Vereinigung Kantonaler Feuerversicherungen VKF, Bern.

8 Wind

8.1 Relevanz für die Baukonstruktion

Windböen mit hohen Geschwindigkeiten können direkte Schäden an Gebäuden verursachen. Je nach Richtung der Windanströmung können Gebäudeteile durch Winddruck oder Windsog belastet oder einer Wechselbeanspruchung ausgesetzt werden. Weiterhin können Stürme Schäden an Gebäuden durch abgerissene Äste, umstürzende Bäume oder umherwirbelnde Trümmerteile verursachen. Infolge der in Mitteleuropa dominierenden Massivbauweise sind Schäden an der Gebäudestruktur infolge von Windbeanspruchungen die Ausnahme. Die meisten Schadensfälle betreffen die Gebäudehülle und hier insbesondere Dächer (Bild 8-1), Fenster und periphere Installationen (Münchener Rückversicherung 2007).

Bild 8-1 links: Windschäden durch Sog und unterseitigen Druck an der Traufe (Foto: Zimm, 2010), rechts: Schäden an der Dachdeckung (Foto: Schinke, 2010).

Die höchsten Windgeschwindigkeiten treten in der Regel bei Tornados auf, gefolgt von Winterstürmen und Gewitterstürmen. Tornados werden entsprechend der maximal auftretenden Windgeschwindigkeit nach der Fujita-Skala (Fujita 1971) oder der TORRO-Skala (Meaden 1976) klassifiziert. Die stärksten bisher erfassten und bestätigten Tornados wurden der Klasse F5 zugeordnet. Dies entspricht Windgeschwindigkeiten zwischen 420 und 512 km/h. Während entsprechende Ereignisse in den USA jährlich auftreten, sind in Deutschland bisher zwei bestätigte F5-Ereignisse bekannt und es ist statistisch gesehen nur alle ein bis zwei Jahrhunderte damit zu rechnen. Die beiden F5-Tornados traten am 29.06.1764 in Brandenburg in der Nähe von Woldegk und am 23.04.1800 in Sachsen nahe Hainichen auf. Des Weiteren wurden seit dem Jahr 1515 insgesamt 11 F4-Ereignisse in Deutschland registriert (Amstler 2011, S. 53; Klose 2015, S. 424 ff.). In Europa werden im Durchschnitt jährlich 483 Tornados und Wasserhosen gemeldet (Groenemeijer und Kühne 2014, S. 4788). In Deutschland schwanken die Zahlen zwischen 30 und 60 (Klose 2015, S. 426). In Deutschland treten die meisten Tornados entsprechend der Gewitteraktivität während der Sommermonate auf. Das Maximum ergibt sich im Monat Juli (Dotzek 2005, S. 177). Dabei nimmt die Tornadogefahr in Deutschland von Nordwesten nach Südosten ab (Groenemeijer und Kühne 2014, S. 4780).

Die größten Einzelschäden an Gebäuden können durch Tornados verursacht werden. Gesamtwirtschaftlich am bedeutendsten sind hingegen Winterstürme, da es sich dabei um großräumige Ereignisse handelt, die, in Abhängigkeit der Zugbahn, gleichzeitig das gesamte Bundesgebiet betreffen können (Bittner et al. 2009, S. 8). Ein Beispiel für ein entsprechendes Ereignis ist der Orkan Kyrill, der am 18. und 19. Januar 2007 weite Teile Deutschlands erfasste. Mit einem Gesamtschaden von 5,5 Milliarden US$ in Originalwerten (Schadenshöhe zum damaligen Zeitpunkt) war er das schadenträchtigste Sturmereignis in der Geschichte Deutschlands (EM-DAT). Europaweit wurden Gesamtschäden von 10 Milliarden US$ verursacht. Im europaweiten Maßstab übertraf der Wintersturm Lothar am 26. Dezember 1999 mit einer Gesamtschadensumme in Originalwerten von 11,5 Milliarden US$ noch den Wintersturm Kyrill. Da nur der Süden Deutschlands durch den Orkan Lothar betroffen war, ergab sich in Deutschland mit 1,6 Milliarden US$ eine geringere Schadensummen als durch Kyrill (EM-DAT; Münchener Rückversicherung 2015). Vom Deutschen Wetterdienst wurde bei beiden Sturmereignissen die Spitzenböe auf dem Wendelstein in Bayern gemessen. Der Sturm Kyrill erreichte hierbei 202,7 km/h, Lothar sogar 258,8 km/h (Müller-Westermeier 2007). Starke Winterstürme sind in Deutschland keine Einzelfälle. Seit dem Jahr 1990 sind insgesamt acht Stürme aufgetreten, die in Deutschland einen Gesamtschaden von jeweils mindestens 1,0 Milliarden US$ verursacht haben. Dies waren in absteigender Reihenfolge der verursachten Schadensummen: Kyrill, Jeanett, Lothar, Daria, Vivian, Wiebke, Emma und Xynthia (EM-DAT).

Die auf die Erdoberfläche auftreffende Solarstrahlung nimmt näherungsweise vom Äquator zu den Polen hin ab. Dadurch ergeben sich deutliche Temperaturunterschiede. Winterstürme entstehen im Bereich der Polarfront, wo die kalten Luftmassen der Polarregion auf die wärmere Luft der gemäßigten Breiten trifft. Durch die starken Temperaturdifferenzen ergibt sich zudem ein mit der Höhe zunehmender horizontaler Luftdruckunterschied. Der Temperaturunterschied zwischen der Polarluft und der Subtropikluft ist im nordhemisphärischen Herbst und Winter am stärksten ausgeprägt. Deshalb treten starke Stürme auch nur zu diesen Jahreszeiten auf und man spricht von Winterstürmen. Winterstürme entwickeln sich aus Tiefdruckgebieten, die im Bereich der Polarfront entstehen, den sogenannten Polarfrontzyklonen. Diese bilden sich über dem Atlantik und wandern mit der Westwinddrift nach Osten und treffen somit auf das europäische Festland. Zu den Details der Entstehung einer Polarfrontzyklone und der Westwinddrift vergleiche Klose 2015, Häckel 2012 oder Schönwiese 2013. Da auf der Nordhalbkugel die Luftmassen das Tiefdruckzentrum gegen den Uhrzeigersinn umströmen und gleichzeitig die Tiefdruckgebiete Europa von West nach Ost überqueren, treten die höchsten Windgeschwindigkeiten in der Regel südlich des Tiefdruckzentrums auf. Hier wirken die Verlagerungsgeschwindigkeit des Tiefdruckzentrums und die Windströmung in dieselbe Richtung.

Während die Windkraft, die auf Baukörper wirkt, proportional zum Quadrat der Windgeschwindigkeit ist, zeigen verschiedene Schadensmodelle, dass durch Stürme verursachte Schäden proportional zur dritten Potenz der maximalen Windgeschwindigkeit sind (Klawa und Ulbrich 2003). Folglich würde bereits eine geringe Steigerung der maximal auftretenden Windgeschwindigkeiten als Folge des Klimawandels zu erheblich gesteigerten Schadensummen führen. Den gleichen Effekt hätte eine Verkürzung der statistischen Wiederkehrwahrscheinlichkeit schadenverursachender Sturmereignisse. Wegen des beträchtlichen Schadenspotentials ist es zwingend erforderlich, sich mit den möglichen Folgen des Klimawandels auf die Einwirkung Wind zu beschäftigen.

8.2 Erkenntnisse der Klimaforschung

Da es sich bei Tornados und Gewitterstürmen um kleinskalige, lokale Ereignisse handelt, ist hier die Datenlage grundsätzlich schlechter als bei Winterstürmen. Es ist in der Praxis äußerst unwahrscheinlich, dass eine Wetterstation auf der Zugbahn eines Tornados liegt und unbeschädigt bleibt. Seit der Mitte der 1990er Jahre kann ein starker Anstieg der Tornadobeobachtungen in Europa festgestellt werden. Diese Zunahme an gemeldeten Tornados ist auf ein gesteigertes Interesse und die Einrichtung von Datenbanken zur Meldung und Erfassung entsprechender Ereignisse zurückzuführen. Darin ist demzufolge kein klimawandelbedingtes Signal zu sehen (Dotzek et al. 2009, S. 577 sowie Groenemeijer und Kühne 2014, S. 4781). Aktuelle Klimamodelle sind zu grob aufgelöst, als dass sie die Entstehung von Gewittern und damit einhergehenden Gewitterstürmen oder Tornados abbilden könnten. Aus diesem Grund wird auf Konvektionsmaße zurückgegriffen, die es ermöglichen, auf Grundlage der atmosphärischen Grundgrößen Druck, Temperatur, Feuchte und Wind auf vorteilhafte Entstehungsbedingungen für Schwergewitter zu schließen (Sander 2010, S. 1–5). Marsh et al. 2009 untersuchten unter dem Emissionsszenario A2 (Kapitel 4.2) die Entwicklung der Umgebungsbedingungen bis zum Ende des 21. Jahrhunderts, die die Entstehung von Schwergewittern begünstigen. Sie stellten für den Mittelmeerraum, die südliche Atlantikküste Spaniens und Portugals sowie das Schwarze Meer eine Zunahme des Schwergewitterpotentials fest. Für Teile Mittel- und Osteuropas ist lediglich in den Sommermonaten ein leichter Anstieg zu verzeichnen (Marsh et al. 2009, S. 616 f.). Insgesamt bestehen jedoch deutliche Unsicherheiten.

Im Weiteren wird die beobachtete Entwicklung von Winterstürmen untersucht. Gegenwärtig werden an 298 deutschen Wetterstationen Windmessungen durchgeführt. Zusätzlich dazu sind 68 dieser Stationen in ein Sturmwarnnetz integriert (DWD 2015). Hierbei erfolgt eine stündliche Auswertung der Windgeschwindigkeiten und der Windrichtungen. Die Zeitreihen basieren dabei auf Messungen automatischer Stationen, welche in den 1990er Jahren einheitlich in Ost- und Westdeutschland installiert wurden und nun eine homogene Datengrundlage bilden. Wetterdaten, die zeitlich vor 1990 erfasst wurden, besitzen zum Teil einen heterogenen Charakter. Die Aufzeichnung von Winddaten in den alten Bundesländern beginnt im Durchschnitt im Jahr 1966, während in den neuen Bundesländern der Großteil der Zeitreihen zwischen 1973 und 1991 begonnen und hier zum Teil auch in 10-Minuten-Intervallen erfasst wurde. Vor der Automatisierung moderner Wetterstationen wurden alle Registrierungen der Anemografen durch Mitarbeiter der Wetterstationen ausgewertet. Folglich sind die existierenden Zeitreihen zu kurz, um Aussagen über beobachtbare Trends treffen zu können.

Bereits seit Ende des 19. Jahrhunderts wird der Luftdruck an unterschiedlichen Stationen in qualitativ ausreichender und einheitlicher Form aufgenommen (WASA 1998). Mithilfe der Luftdruckmesswerte an drei unterschiedlichen Stationen lassen sich Windgeschwindigkeit und Windrichtung näherungsweise berechnen. Der so berechnete geostrophische Wind spiegelt die tatsächlichen Windverhältnisse in ausreichender Höhe über der Geländeoberfläche gut wider. Zur Berechnung des geostrophischen Windes in Zentraleuropa wurden in einer Studie die Stationen Prag, Wien und Kremsmünster (südlich von Linz) herangezogen. In Bild 8-2 wird die Entwicklung des geostrophischen Windes in Nordwesteuropa, Nordeuropa und Mitteleuropa dargestellt. Die Windstärke in Mitteleuropa unterliegt seit 1880 ausgeprägten Schwankungen. Um das Jahr 2000 entsprach diese ungefähr dem langjährigen Mittel.

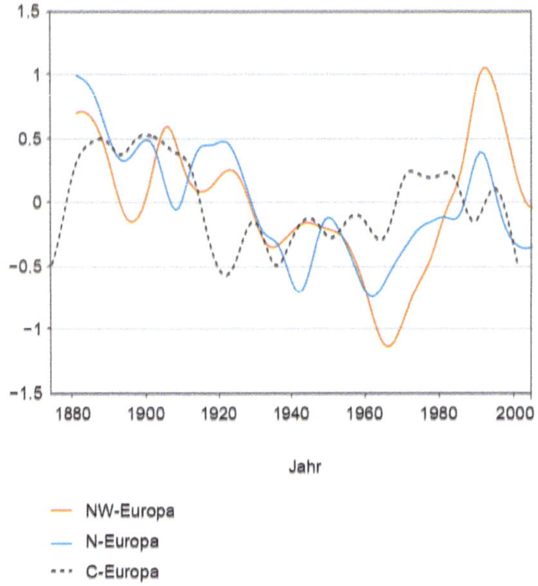

8

Bild 8-2 Abweichung des 95. Perzentils der geostrophischen Windstärke vom langjährigen Mittel (Matulla et al. 2008).

Seitdem ist bei der mittleren jährlichen Windstärke ein Abfall zu verzeichnen. Insgesamt kann über die lange Zeitreihe von 1880 bis 2007 jedoch kein eindeutiger Trend zur Änderung der Windstärken festgestellt werden. Auch in Nord- und Nordwesteuropa kann in den Jahren 1880 bis 2007 kein Trend bei der Entwicklung der Windstärke festgestellt werden. Allerdings hat zwischen den 1960er Jahren und den 1990er Jahren die Sturmaktivität über Nordeuropa stark zugenommen. Seit der Mitte der 1990er Jahre ging diese jedoch wieder zurück und erreichte zum Jahrtausendwechsel durchschnittliche Werte (Matulla et al. 2008). Wang et al. 2009 analysierten die Entwicklung des geostrophischen Windes getrennt nach Jahreszeiten über dem Nordost-Atlantik und der Nordsee. Dabei stellten sie für den Nordseeraum fest, dass das erste Maximum der Sturmaktivität, welches um das Jahr 1880 auftrat, aus hohen Windgeschwindigkeiten im Sommer resultiert, während die hohen geostrophischen Windgeschwindigkeiten zu Beginn der 1990er Jahre nur im Winter und Frühjahr auftraten. Die Sturmaktivität hat im Zeitraum 1874 bis 2007 über dem Nordostatlantik und der Nordsee im Sommer signifikant abgenommen. Im Winter konnte über der Nordsee zu Beginn der 1990er Jahre ein absolutes Maximum der Windgeschwindigkeit identifiziert werden, ein eindeutiger und signifikanter Trend, der auf eine Zunahme der Windgeschwindigkeiten im Winter hinweist, konnte allerdings nicht ermittelt werden (Wang et al. 2009, S. 1183 und 1187). Insgesamt kann aus den Langzeitbeobachtungen der Windstärke kein klimawandelbedingter Trend der Sturmaktivität abgeleitet werden.

Für die Zukunft zeigen zahlreiche Klimaprojektionen für Europa insbesondere zum Ende des 21. Jahrhunderts ein einheitliches geographisches Muster bei der Entwicklung der Sturmaktivität. In einem Band, welches vom nördlichen Westeuropa über das nördliche Mitteleuropa bis hinein ins Baltikum reicht, nehmen die extremen Windgeschwindigkeiten beziehungsweise Böengeschwindigkeiten im Vergleich zum Ende des 20. Jahrhunderts zu (Pinto et al. 2007; Schwierz et al. 2010; Donat et al. 2011). Besonders betroffen sind die südlichen Teile Großbritanniens, Nordfrankreich, die Beneluxstaaten, Norddeutschland, Dänemark, der Süden der skandinavischen Halbinsel und das Baltikum. Je nach verwendetem Simulationsmodell und Emissionsszenario können sich die betroffenen Bereiche in gewissen Grenzen verschieben, so dass eine exakte Abgrenzung nicht möglich erscheint. Küstenbereiche sind tendenziell jedoch stärker betroffen, so dass sich für Deutschland die am stärksten ausgeprägten Veränderungen für den Norden und den Westen ergeben. In südlicher und östlicher Richtung sind eher geringe Veränderungen zu erwarten (Schwierz et al. 2010; Donat et al. 2011). Dieses Band erhöhter Sturmaktivität wird sowohl im Norden als auch im Süden von zwei Bereichen reduzierter Sturmaktivität flankiert. Ein besonders robustes Signal, welches in den Klimasimulationen sehr ausgeprägt auftritt, ist die Reduktion extremer Windgeschwindigkeiten über dem Mittelmeerraum (Schwierz et al. 2010; Donat et al. 2011; Zappa et al. 2013).

In einer weiteren Studie untersuchten Donat et al. 2010 die Veränderung der Großwetterlagen über Europa zum Ende des 21. Jahrhunderts. Dabei stellten sie im Winterhalbjahr eine Zunahme des Luftdrucks über Südeuropa und eine Abnahme über Nordeuropa fest. Dadurch verstärkt sich der meridionale Luftdruckgradient, was in häufigeren Westwetterlagen resultiert. Der höhere Luftdruckgradient führt des Weiteren zu einer Verstärkung der Stürme. Dementsprechend wird zum Ende des 21. Jahrhunderts eine Zunahme von Sturmtagen in Mitteleuropa beziehungsweise Deutschland projiziert (Donat et al. 2010, S. 33 f.). Des Weiteren konnte festgestellt werden, dass die Anzahl der Tiefdruckgebiete pro Winter, die Stürme in Mitteleuropa und Deutschland verursachen, zunimmt. Zudem erhöht sich die Intensität dieser Sturmtiefs. Dadurch nimmt auch die während Sturmereignissen festgestellte durchschnittliche Windgeschwindigkeit über weiten Teilen Europas um circa 5 % zu (Donat et al. 2010, S. 38 f.). Diese Erkenntnis wird durch eine Studie von Zappa et al. 2013 bestätigt, in der starke Sturmtiefs untersucht wurden, die mit hohen Windgeschwindigkeiten einhergehen. Für Mitteleuropa konnte bis zum Ende des 21. Jahrhunderts eine zunehmende Anzahl und gleichzeitig ein Anstieg der Windstärke der Winterstürme festgestellt werden. Bereits im Jahr 2006 stellten Leckebusch et al. fest, dass unter dem Emissionsszenario A2 insbesondere über Nordwesteuropa bis zum Ende des 21. Jahrhunderts mit einer zunehmenden Sturmaktivität zu rechnen ist. Dies wird auf eine zunehmende Anzahl starker Tiefdruckgebiete über den Britischen Inseln und der Nordsee sowie einen sich verstärkenden Druckgradienten zurückgeführt.

Pinto et al. 2010 stellten unter den Emissionsszenarien A1B und A2 zum Ende des 21. Jahrhunderts eine zunehmende Häufigkeit von Großwetterlagen fest, die zu starken Winterstürmen im Westen Deutschlands führen. Auch für ganz Deutschland wird ein signifikanter Anstieg bei der Häufigkeit starker Sturmereignisse projiziert. Zudem werden in Zukunft Sturmereignisse auftreten, die das stärkste Ereignis der Bezugsperiode 1960 bis 2000 übertreffen werden. Unter Annahme des Emissionsszenarios A1B wäre das stärkste Sturmereignis der Bezugsperiode zum Ende des 21. Jahrhunderts nur noch das achtstärkste, unter Verwendung des Szenarios A2 sogar nur das zehntstärkste Ereignis (Pinto et al. 2010, S. 196 ff.).

Zahlreiche Untersuchungen, die sich mit der Entwicklung extremer Sturmereignisse infolge des Klimawandels befassen, analysieren die Veränderung der Häufigkeit und Intensität von Stürmen, die oberhalb des 95. oder 98. Perzentils liegen. Wird das Winterhalbjahr analysiert, dann entspricht dies einer Wiederkehrperiode von circa 0,11 oder 0,3. Das bedeutet, es ist pro Jahr mit 9 beziehungsweise 3 Ereignissen dieser Stärke zu rechnen. Della-Marta und Pinto 2009 verwenden Methoden der Extremwertanalyse, um die Veränderung von Sturmereignissen mit deutlich größeren Wiederkehrperioden von beispielsweise 20, 50 oder 100 Jahren zu untersuchen. Im Bauwesen werden Tragstrukturen in der Regel auf 50-jährige Sturmereignisse ausgelegt (DIN EN

1991-1-4:2010-12). Della-Marta und Pinto 2009 analysieren die Veränderung der Wiederkehrperioden von Sturmereignissen zwischen den Zeiträumen 1960 bis 2000 und 2060 bis 2100 unter den Emissionsszenarien A1B und A2. Dabei wird für eine Region, die die Britischen Inseln, die Nordsee und Westeuropa umfasst, eine drastische Reduktion der Wiederkehrperioden von Sturmereignissen unterschiedlichster Stärke zum Ende des 21. Jahrhunderts festgestellt. Stürme, die im Bezugszeitraum eine Wiederkehrperiode von 50 Jahren oder 20 Jahren aufweisen, werden im Zeitraum 2060 bis 2100 im Durchschnitt alle 9 respektive 5,5 Jahre auftreten. Folglich würde sich die Wiederkehrperiode des Wintersturms Daria, der in Europa zu den dritthöchsten Schäden aller Sturmereignisse geführt hat (Münchener Rückversicherung 2015), von 18 Jahren auf 5,5 Jahre reduzieren. Die Autoren der Studie weisen darauf hin, dass das Änderungssignal übermäßig groß erscheint und dass ein größeres Ensemble an Klimamodellen herangezogen werden müsste, um verlässliche Aussagen treffen zu können (Della-Marta und Pinto 2009, S. 5).

Rauthe et al. 2010 untersuchten ebenfalls mit Methoden der Extremwertstatistik und zwei regionalen Klimamodellen die Veränderung winterlicher Böenextrema in Deutschland für den Projektionszeitraum 2021 bis 2050. Um Sturmereignisse mit großem Schadenspotential zu analysieren und gleichzeitig noch hinnehmbare Unsicherheiten in den Ergebnissen zu erzielen, wurden Sturmereignisse mit einer Wiederkehrperiode von 10 Jahren betrachtet. Mit steigender Wiederkehrperiode der analysierten Sturmereignisse nehmen die Unsicherheiten in den Ergebnissen erheblich zu. Insbesondere für Nordwestdeutschland wird für den Projektionszeitraum 2021 bis 2050 im Vergleich zum Bezugszeitraum 1971 bis 2000 eine stark ausgeprägte Zunahme der Böenextrema für eine 10-jährige Wiederkehrperiode festgestellt. Besonders betroffen sind die Küstenbereiche der Nordsee und weite Teile Nordrhein-Westfalens. Für diese Gebiete wird eine Zunahme der maximalen Böengeschwindigkeit eines 10-jährigen Ereignisses um bis zu 6 % projiziert (Bild 8-3). Auch für den Norden Ostdeutschlands zeigen die Klimasimulationen eine zunehmende, jedoch weniger stark ausgeprägte Tendenz zu stärkeren Windböen. Lediglich für die Bundesländer Baden-Württemberg und Bayern wird in Bereichen eine Abnahme der Böenextrema 10-jähriger Ereignisse erwartet (Rauthe et al. 2010, S. 307). Insgesamt können wiederum die bereits in den oben erläuterten Studien festgestellten Nord-Süd- und West-Ost-Gefälle beobachtet werden.

Im Vergleich zum Ende des 20. Jahrhunderts werden bis zum Ende des 21. Jahrhunderts die versicherten Sturmschäden an Wohngebäuden in Deutschland infolge des projizierten Klimawandels erheblich zunehmen. Zu dieser Erkenntnis gelangen verschiedene Studien, die Berechnungsergebnisse globaler beziehungsweise regionaler Klimamodelle mit Sturmschadensmodellen verknüpfen (Pinto et al. 2007; Schwierz et al. 2010; Donat et al. 2011). Pinto et al. 2007 und Donat et al. 2011 verwenden in ihren Untersuchungen dasselbe Schadensmodell, welches auf Klawa und Ulbrich 2003 basiert. Folglich sind die Ergebnisse der beiden Studien vergleichbar. Während Pinto et al. 2007 lediglich ein globales Klimamodell verwenden, welches in drei verschiedenen Läufen vorliegt, verwenden Donat et al. 2011 ein Ensemble aus 9 globalen Klimamodellen und 8 regionalen Klimamodellen, um die Entwicklung der versicherten Sturmschäden bis zum Ende des 21. Jahrhunderts zu analysieren.

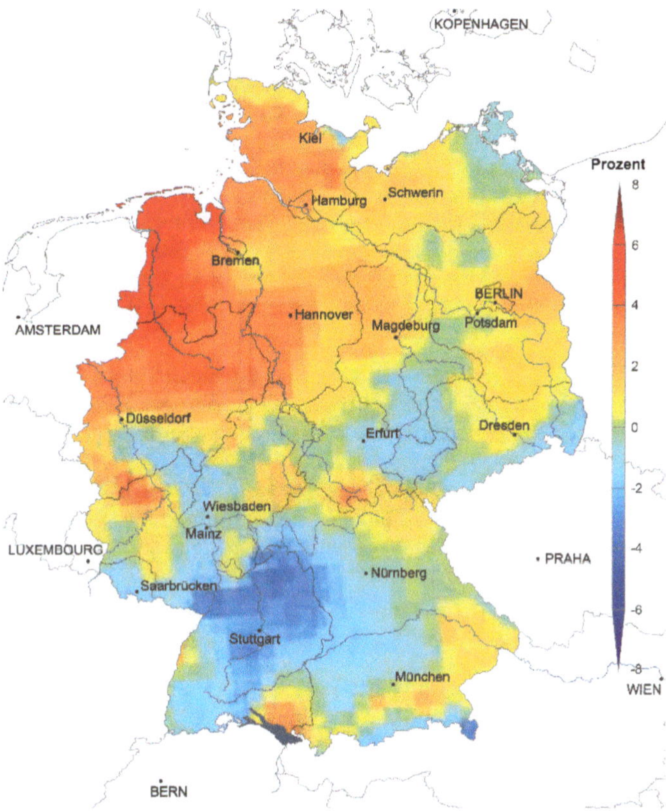

Bild 8-3 Relative Veränderung der Böenextrema für eine 10-jährige Wiederkehrperiode (Datengrundlage: Rauthe et al. 2010, S. 307).

Ohne Maßnahmen zur Anpassung an den Klimawandel nehmen demnach unter dem SRES-Emissionsszenario A1B die versicherten Schäden an Gebäuden in Deutschland bis zum Ende des 21. Jahrhunderts um 40 % zu, unter dem Szenario A2 sogar um 49 % (Pinto et al. 2007, S. 172 f.). Zu ähnlichen Ergebnissen gelangen auch Donat et al. 2011. Im Ensemblemittelwert aus den 9 globalen Klimamodellen nimmt der durchschnittliche jährliche Schaden unter dem Emissionsszenario A1B um 37,7 % zu. Im Ensemblemittelwert der Simulationen mit regionalen Klimamodellen, ebenfalls unter dem Emissionsszenario A1B, steigt der durchschnittliche jährliche Schaden zwischen der Bezugsperiode 1961 bis 1990 und dem Zeitraum 2071 bis 2100 um lediglich 15,1 %. Dabei führt ein relativ geringer Anstieg der absoluten Windgeschwindigkeiten in den globalen Klimamodellen für Mitteleuropa von circa 5 % zu einer erheblichen Zunahme der Schäden um 37,7 % (Donat et al. 2011, S. 1365). Dies verdeutlicht, dass auch relativ geringe Änderungen in der Sturmaktivität wirtschaftlich von Bedeutung sind. Beide Studien gehen übereinstimmend von einer Abnahme der Sturmschäden auf der Iberischen Halbinsel aus (Pinto et al. 2007, S. 173; Donat et al. 2011, S. 1359).

Die Untersuchung von Schwierz et al. 2010 basiert auf einem Schadensmodell der Schweizerischen Rückversicherungsgesellschaft. Mit Hilfe von Monte-Carlo-Simulationen werden probabilistisch künstliche Sturmereignisse generiert. Die Erzeugung tausender hypothetischer Sturmereignisse erweitert die Datenbasis auf einen Betrachtungszeitraum, der mehreren tausend Jahren entspricht, anstelle von 30 Jahren, die durch jede Simulation für den Zeitraum 2071 bis 2100 erzeugt werden (Schwierz et al. 2010, S. 494). Dadurch werden auch sehr seltene Ereignisse erfasst. Durch die Erweiterung der Datenbasis lassen sich Wiederkehrperioden für unterschiedliche Schadenshöhen ermitteln. Die mit einer Wiederkehrperiode von einem Jahr in Deutschland zu erwartenden Sturmschäden steigen zwischen den Zeiträumen 1961 bis 1990 und 2071 bis 2100 unter dem Emissionsszenario A2 um durchschnittlich 114 %. Wegen der sehr unterschiedlichen Herangehensweisen können die Ergebnisse von Schwierz et al. 2010 nicht direkt mit den Ergebnissen von Pinto et al. 2007 und Donat et al. 2011 verglichen werden.

Trotz teilweise verschiedener Ansätze liefern die drei genannten Untersuchungen deutliche Hinweise auf eine klimawandelbedingte Zunahme der Sturmschäden in Deutschland. Alle drei Untersuchungen stellen eine Zunahme der zwischenjährlichen Variabilität der Sturmschäden fest. Dies ist insbesondere auf eine Abnahme der Wiederkehrperioden starker Sturmereignisse zurückzuführen. Dabei stellen Donat et al. 2011 wie schon Pinto et al. 2010 zum Ende des 21. Jahrhunderts in den Klimaprojektionen auch außergewöhnliche starke Sturmereignisse fest, die unter den aktuellen Klimaverhältnissen nicht auftreten und ebenfalls zu einer Erhöhung der zwischenjährlichen Variabilität beitragen.

8

8.3 Verletzbarkeitsanalyse

Ein Gebäude ist dann gegenüber der Einwirkung Wind verletzbar, wenn das Tragwerk beziehungsweise einzelne Bauteile der Gebäudehülle keinen ausreichenden Widerstand gegen die auftretenden Windlasten aufweisen. Die Windlasten zur Bemessung von Tragwerken, Bauteilen und Befestigungen werden nach DIN EN 1991-1-4:2010-12 in Verbindung mit dem zugehörigen nationalen Anhang ermittelt. Deutschland wird, wie in Bild 8-4 dargestellt, in vier Windzonen unterteilt. In Abhängigkeit der Windzone wird ein Grundwert der Basiswindgeschwindigkeit $v_{b,0}$ festgelegt, dieser entspricht dem Zehnminuten-Mittelwert der Windgeschwindigkeit in einer Bezugshöhe von 10 m über flachem, offenem Gelände mit einer Wiederkehrperiode von 50 Jahren. Da der Richtungsfaktor und der Jahreszeitenbeiwert im nationalen Anhang zu 1,0 definiert sind, sind der Grundwert der Basiswindgeschwindigkeit $v_{b,0}$ und die Basiswindgeschwindigkeit v_b identisch. Werte der Basiswindgeschwindigkeit in Abhängigkeit der Windzone sind in Tabelle 8-1 enthalten. Auf Grundlage der Basiswindgeschwindigkeiten v_b lassen sich die Basisgeschwindigkeitsdrücke q_b nach folgender Formel berechnen:

$$q_b = \frac{1}{2} \cdot \rho \cdot v_b^2 \tag{8-1}$$

Dabei wird die Rohdichte der Luft zu 1,25 kg/m³ festgelegt. Die Basisgeschwindigkeitsdrücke können ebenfalls Tabelle 8-1 entnommen werden. Für Bauwerksstandorte oberhalb von 800 m über NN ist der Basisgeschwindigkeitsdruck entsprechend DIN EN 1991-1-4/NA:2010-12, Abschnitt A.2 zu erhöhen. Bei Bauwerksstandorten über 1100 m über NN sowie Kamm- und Gipfellagen sind zusätzliche Überlegungen erforderlich, die jedoch nicht in der Norm geregelt sind.

Bild 8-4 Windzonenkarte für die Bundesrepublik Deutschland gemäß DIN EN 1991-1-4/NA:2010-12. Wiedergegeben mit Erlaubnis von DIN Deutsches Institut für Normung e. V. Maßgebend für das Anwenden der DIN-Norm ist deren Fassung mit dem neuesten Ausgabedatum, die bei der Beuth Verlag GmbH, Am DIN-Platz, Burggrafenstraße 6, 10787 Berlin erhältlich ist.

Tabelle 8-1 Basiswindgeschwindigkeit v_b und Basisgeschwindigkeitsdruck q_b in Abhängigkeit der Windzone nach Bild 8-4.

Windzone	Basiswindgeschwindigkeit v_b [m/s]	Basisgeschwindigkeitsdruck q_b [kN/m^2]
1	22,5	0,32
2	25,0	0,39
3	27,5	0,47
4	30,0	0,56

Der Böen- beziehungsweise Spitzengeschwindigkeitsdruck q_p stellt die Grundlage für die Bemessung dar. Die Böengeschwindigkeiten in derselben Höhe über Grund sind abhängig von der Rauigkeit des Untergrunds und damit von der Art und Nutzung des Geländes. Die Norm unterscheidet vier Geländekategorien (DIN EN 1991-1-4/NA:2010-12, Tabelle NA.B.1). Kategorie I umfasst die offene See, Seen mit mindestens 5 km freier Fläche in Windrichtung sowie glattes, flaches Land ohne Hindernisse. Kategorie II umfasst Gebiete mit größeren landwirtschaftlichen Nutzflächen, die lediglich durch Hecken, einzelne Gehöfte, Häuser oder Bäume gegliedert sind. Vorstädte, Industrie- und Gewerbegebiete sowie Wälder fallen in die Kategorie III, während Stadtgebiete der Kategorie IV zugeordnet werden.

8

Tabelle 8-2 Böengeschwindigkeitsdruck q_p und Böengeschwindigkeit v_p in Abhängigkeit der Geländekategorie.

	Kategorie I z. B. offene See	**Kategorie II z. B. landwirtschaftliches Gebiet**	**Kategorie III z. B. Gewerbegebiete**	**Kategorie IV z. B. Stadtgebiete**
Mindesthöhe z_{min} [m]	2,00	4,00	8,00	16,00
Böengeschwindigkeitsdruck q_p [kN/m²] für $z > z_{min}$	$2{,}6 \cdot q_b \cdot (z/10)^{0,19}$	$2{,}1 \cdot q_b \cdot (z/10)^{0,24}$	$1{,}6 \cdot q_b \cdot (z/10)^{0,31}$	$1{,}1 \cdot q_b \cdot (z/10)^{0,40}$
Böengeschwindigkeitsdruck q_p [kN/m²] für $z \leq z_{min}$	$1{,}9 \cdot q_b$	$1{,}7 \cdot q_b$	$1{,}5 \cdot q_b$	$1{,}3 \cdot q_b$
Böengeschwindigkeit v_p [m/s] für $z > z_{min}$	$1{,}61 \cdot v_b \cdot (z/10)^{0,095}$	$1{,}45 \cdot v_b \cdot (z/10)^{0,120}$	$1{,}27 \cdot v_b \cdot (z/10)^{0,155}$	$1{,}05 \cdot v_b \cdot (z/10)^{0,200}$
Böengeschwindigkeit v_p [m/s] für $z \leq z_{min}$	$1{,}38 \cdot v_b$	$1{,}30 \cdot v_b$	$1{,}23 \cdot v_b$	$1{,}15 \cdot v_b$

In Abhängigkeit der entsprechenden Geländekategorie können der Böengeschwindigkeitsdruck und die Böengeschwindigkeit mit den in Tabelle 8-2 dargestellten Formeln berechnet werden. Mit Hilfe des Böengeschwindigkeitsdrucks q_p kann der Winddruck auf die Außenflächen eines Bauwerks wie folgt ermittelt werden:

8

$$w_e = q_p(z_e) \cdot c_{pe} \tag{8-2}$$

z_e Bezugshöhe für den Außendruck

c_{pe} aerodynamischer Beiwert für den Außendruck

In Räumen mit Öffnungen in der Gebäudehülle ist unter Umständen auch der Winddruck auf die Oberflächen im Inneren eines Bauwerks zu berücksichtigen (DIN EN 1991-1-4:2010-12, Abschnitt 7.2.9). Dieser berechnet sich entsprechend der folgenden Formel:

$$w_i = q_p(z_i) \cdot c_{pi} \tag{8-3}$$

z_i Bezugshöhe für den Innendruck

c_{pi} aerodynamischer Beiwert für den Innendruck

Die aerodynamischen Beiwerte sind abhängig von der Bauwerksform, der Anströmrichtung und der exakten Lage der Bauteilfläche am Gebäude. Sie ermitteln sich nach DIN EN 1991-1-4:2010-12, Abschnitt 7. Bei den aerodynamischen Beiwerten handelt es sich um einheitenlose Faktoren. Bei den Außendruckbeiwerten ist zwischen den globalen und den lokalen Druckbeiwerten zu unterscheiden. Die globalen Druckbeiwerte $c_{pe,10}$ sind für Lasteinflussflächen von mindestens 10 m² gültig und werden für die Bemessung gesamter Tragwerke herangezogen. Die lokalen aerodynamischen Außendruckbeiwerte $c_{pe,1}$ sind bei Lasteinflussflächen von 1 m² oder weniger zu verwenden. Sie dienen folglich zur Bemessung kleiner Bauteile oder Verankerungen. Zwischen den lokalen und globalen aerodynamischen Außendruckbeiwerten kann nach DIN EN 1991-1-4:2010-12, Abschnitt 7.2.1 logarithmisch interpoliert werden. Enthält die DIN EN 1991-1-4:2010-12 für eine gewählte Bauwerksgeometrie keine passenden aerodynamischen Beiwerte, dann müssen diese versuchstechnisch in Grenzschichtwindkanälen ermittelt werden (Gerhardt 2005, S. 50–53).

Der wesentliche Einflussfaktor auf die Windlastannahmen nach DIN EN 1991-1-4:2010-12, der sich infolge des Klimawandels verändern kann, ist der Grundwert der Basiswindgeschwindigkeit $v_{b,0}$. Die Einteilung Deutschlands in Windzonen sowie die angegebenen Grundwerte der Basiswindgeschwindigkeit für einen Zehnminuten-Mittelwert mit einer Wiederkehrperiode von 50 Jahren basieren auf Windmessungen an 183 Stationen des Deutschen Wetterdienstes (Kasperski et al. 2001; Niemann 2002). Die Datengrundlage und die extremwertstatistische Auswertung werden in Kasperski et al. 2001 erläutert. Der Auswertung liegen Windgeschwindigkeitsmessungen bis zum Ende des 20. Jahrhunderts zugrunde. Die Messdaten an den verwendeten Stationen reichen unterschiedlich weit in die Vergangenheit zurück. Im Mittel enthalten die Stationen Winddaten aus 30 zusammenhängenden Jahren. Folglich sind die Analysen näherungsweise repräsentativ für einen 30-jährigen Zeitraum zum Ende des 20. Jahrhunderts.

Wie die Ausführungen in Kapitel 8.2 gezeigt haben, ist im Verlauf des Klimawandels insbesondere im Nordwesten Deutschlands mit einer Zunahme der Windgeschwindigkeiten zu rechnen. Die unterschiedlichen Studien stimmen zwar in den grundsätzlichen Aussagen überein, jedoch enthalten lediglich die Untersuchungen von Rauthe et al. 2010 räumlich ausreichend aufgelöste Daten, um diese auf die Windzonenkarte der DIN EN 1991-1-4:2010-12 übertragen zu können. Rauthe et al. 2010 weisen darauf hin, dass ihre Ergebnisse für die Küstengebiete Deutschlands gut mit denen anderer Studien übereinstimmen. Im Vergleich zum Bezugszeitraum 1971 bis 2000 projizieren Rauthe et al. 2010 für den Zeitraum 2021 bis 2050 für ein 10-jähriges Ereignis im Nordwesten Deutschlands eine Zunahme der Böengeschwindigkeit um maximal 6 %. Rauthe et al. 2010, Seite 306 stellen fest, dass die exakte Wahl der Wiederkehrperiode die Ergebnisse nicht entscheidend beeinflusst. Folglich kann in grober Näherung davon ausgegangen werden, dass auch die 50-jährigen Böen in Nordwestdeutschland bis zur Mitte des Jahrhunderts um maximal 6 % ansteigen. Die Grundwerte der Basiswindgeschwindigkeit der DIN EN 1991-1-4/NA:2010-12 basieren im Mittel auf 30-jährigen Windmessungen zum Ende des 20. Jahrhunderts. Der Zeitraum der Windmessungen stimmt folglich mit dem Kontrollzeitraum von Rauthe et al. 2010 überein. Zudem ist der Zusammenhang zwischen Basiswindgeschwindigkeit und Böengeschwindigkeit nach DIN EN 1991-1-4/NA:2010-12 linear. Demzufolge können die Ergebnisse von Rauthe et al. 2010 näherungsweise auf die Grundwerte der Basiswindgeschwindigkeit nach DIN EN 1991-1-4/NA:2010-12 übertragen werden. Das bedeutet, der aktuelle Grundwert der Basiswindgeschwindigkeit der Windzone 4 ist entsprechend dieser Überlegungen mit dem Faktor 1,06 zu multiplizieren, um auch im Zeitraum 2021 bis 2050 noch ein 50-jähriges Ereignis als Bemessungsgrundlage zu berücksichtigen. Dadurch steigt der Grundwert der Basiswindgeschwindigkeit von 30 m/s auf 31,8 m/s. Der zugehörige Böengeschwindigkeitsdruck für die Geländekategorie I in einer Höhe von 10 m steigt dementsprechend von 1,4625 kN/m^2 auf 1,643265 kN/m^2. Dies entspricht einer Steigerung um mehr als 12 %.

Die hier erläuterten Überlegungen erlauben es, eine erste Zahl für die Entwicklung der Windlasten bis zur Mitte des 21. Jahrhunderts abzuschätzen. Allerdings ist dieser Ansatz mit erheblichen Unsicherheiten behaftet. Zum einen basieren die Aussagen lediglich auf einer einzigen Studie. Zum anderen wird davon ausgegangen, dass sich das Verhältnis von mittlerer 10-minütiger Windgeschwindigkeit zur Böengeschwindigkeit infolge des Klimawandels nicht verändert. Andernfalls müssten unter Umständen auch die Formeln zur Ermittlung des Böengeschwindigkeitsdrucks angepasst werden. Da sich mit fortschreitendem Klimawandel auch die durchschnittlichen Temperaturen erhöhen, wäre eventuell zu prüfen, ob die angesetzte Rohdichte der Luft abgemindert werden kann. Auf der sicheren Seite liegend könnte auch der aktuelle Wert von 1,25 kg/m^3 beibehalten werden.

Das Verfahren zur Windlastermittlung kann relativ einfach an veränderte Einwirkungsbedingungen angepasst werden. Allerdings ist der Umfang der Veränderungen in den Klimaprojektionen nicht eindeutig. Aktuell erscheint einzig die Studie von Rauthe et al. 2010 so angelegt, dass die Ergebnisse direkt auf die Windlastnorm übertragbar sind. Um die Aussagen auf eine breitere Basis stellen zu können, müssten zusätzliche Studien durchgeführt werden, die die Entwicklung der mittleren 10-minütigen Windgeschwindigkeit mit einer Wiederkehrperiode von 50 Jahren betrachten und dabei die Änderungen im Vergleich zum Ende des 20. Jahrhunderts darstellen. Dabei sollte im Vergleich zur Studie von Rauthe et al. 2010 das gewählte Ensemble um mehrere globale Klimamodelle ergänzt werden. Zudem wäre es erforderlich, regionale Klimaprojektionen für das Ende des 21. Jahrhunderts zu erstellen, um mittel- bis langfristige Anpassungsmaßnahmen planen zu können.

8.4 Baukonstruktive Anpassung

Seit der Jahrtausendwende wurden erhebliche Bemühungen unternommen, die Windlastermittlung für Tragwerke auf eine fundierte Basis zu stellen und verschiedenste Einflussfaktoren auf die Windlast in einer größeren Detailtiefe zu berücksichtigen. Seit Einführung der DIN 1055-4:2005-03 ist die Windlast in Deutschland erstmals vom geographischen Gebäudestandort abhängig. Die zuvor gültige Norm basierte konzeptionell auf der Ausgabe aus dem Jahr 1938 und sah für ganz Deutschland eine einheitliche Windgeschwindigkeit für die Bemessung vor (DIN 1055-4:1986-08). Dies führte zu regional sehr unterschiedlichen Sicherheitsniveaus (Niemann 2002). Seit Einführung der DIN 1055-4:2005-03 haben sich die bemessungsrelevanten Staudrücke an der Küste und auf den Inseln der Ost- und Nordsee teilweise deutlich erhöht. Allerdings wurden gleichzeitig normative Vereinfachungen zurückgezogen, die in vielen Fällen auf der sicheren Seite lagen (Niemann 2002). Dadurch kann nicht pauschal davon ausgegangen werden, dass Gebäude oder Bauwerksteile an den Küsten oder auf den Inseln der Nord- und Ostsee, die vor Einführung der DIN 1055-4:2005-03 errichtet wurden, unzureichend bemessen sind. Zudem ist bei traditionellen Bauweisen für die meisten Bauteile das Eigengewicht und nicht die Windanströmung der maßgebende Lastfall.

Die meisten Schäden durch Wind treten an Dächern, gefolgt von Sonnenschutzsystemen und Fassaden auf (Weidmann 2010, S. 20). Um die Sturmsicherheit bestehender Dachdeckungen aus Dachziegeln oder Dachsteinen zu erhöhen, bietet sich die nachträgliche Installation von Sturmklammern an (Bild 8-5). Bei der Planung und Ausführung von Dachdeckungen mit Dachziegeln oder Dachsteinen ist inzwischen, nach dem aktuellen Regelwerk des Zentralverbands des Deutschen Dachdeckerhandwerks, eine Verklammerung zur Windsogsicherung prinzipiell vorzusehen (ZVDH 2012).

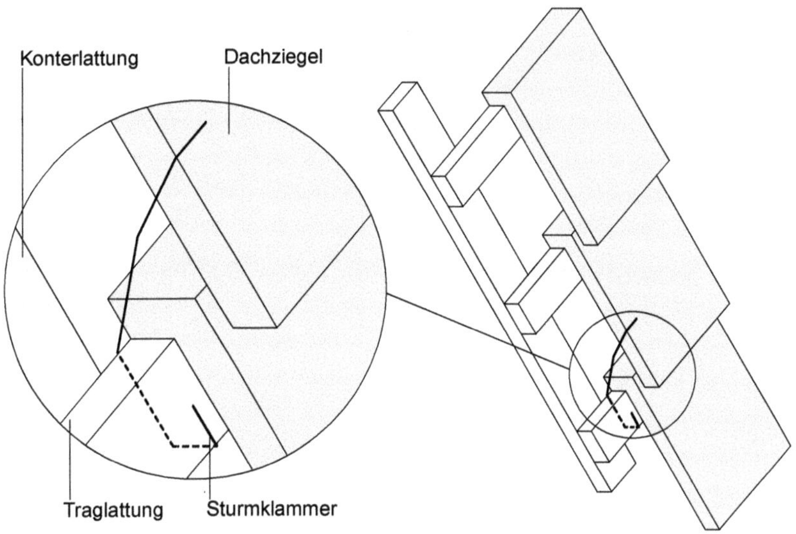

Bild 8-5 Beispiel für die Wirkungsweise von Sturmklammern

Bei geneigten Dächern sind insbesondere Ortgang, First, Traufe und Grate gefährdet. Hier treten in der Regel die höchsten Windlasten auf. Bei Dachüberständen, sowohl im Bereich der Traufe als auch des Ortgangs, kann sich der Windsog auf der Dachoberseite ungünstig mit dem Winddruck auf der Dachunterseite überlagern (Bild 8-6). Für die Bemessung dieser Bereiche ist auf der Dachoberseite der Windsog der anschließenden Dachfläche und auf der Dachunterseite der Winddruck der anschließenden Wandfläche anzusetzen (Kempf 2014, S. 99). Um zu verhindern, dass in diesen Bereichen sowohl der oberseitige Windsog als auch der unterseitige Winddruck auf die Dachdeckung einwirken, kann unterseitig eine winddichte Schalung angebracht werden. Sind die Dachziegel oder Dachsteine bereits durch Sturmklammern gesichert, dann kann auf eine klimawandelbedingt steigende Windlast reagiert werden, indem die Anzahl der Sturmklammern erhöht wird. Ist im Ausgangszustand lediglich jeder Dritte Ziegel gesichert, dann können nachträglich auch die übrigen Ziegel mit Klammern versehen werden. Da es sehr aufwendig ist, entsprechende Arbeiten nachträglich durchzuführen, empfiehlt es sich, diese mit sowieso anfallenden Sanierungsarbeiten zu kombinieren. Bei Sanierungen oder dem Neubau von Dächern im Nordwesten Deutschlands sollten als Vorsorgemaßnahme bereits heute sämtliche durch Wind belastete Befestigungsmittel überdimensioniert werden und demzufolge die Anforderungen der Norm übererfüllt werden.

Die Windsicherheit bestehender Steildächer kann außerdem erhöht werden, indem nachträglich geschlossene Deckunterlagen oder durchströmungshemmende Schichten installiert werden. Dadurch kann verhindert werden, dass sich im Dachraum ein Windinnendruck ausbildet, der sich mit dem außenseitigen Windsog ungünstig überlagert.

8

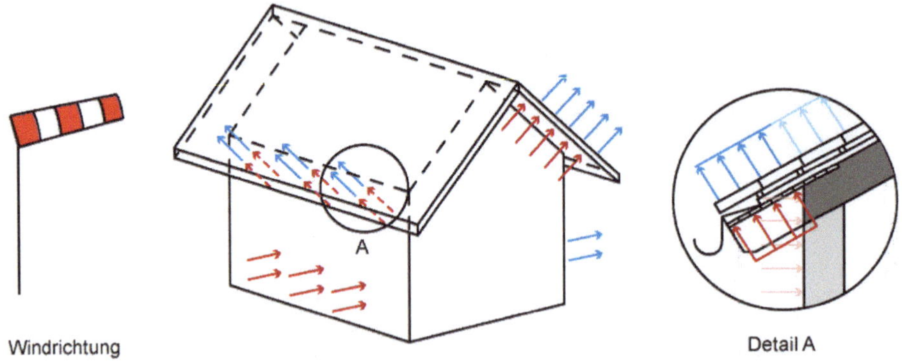

Bild 8-6 Überlagerung von Windsog und Winddruck im Bereich der Dachüberstände.

8

Bei Flachdächern treten die größten Sogkräfte in den Eckbereichen auf. Die Form des Traufbereichs beeinflusst dabei erheblich die Größe der abhebenden Windkräfte. Durch abgerundete oder mansardenartig abgeschrägte Traufbereiche von Flachdächern lassen sich die Windsogkräfte erheblich reduzieren. Da es jedoch in den meisten Fällen nicht möglich ist, den Traufbereich nachträglich abzuschrägen oder gar abzurunden, stellt dies bei Bestandsgebäuden keine geeignete Maßnahme zum Umgang mit erhöhten Windgeschwindigkeiten dar. Stattdessen können nachträglich Windleitelemente an der Dachkante installiert werden (Gerhardt 2005, S. 78) oder bestehende Attiken nachträglich erhöht werden.

Bei der mechanischen Befestigung von Dachdeckungen sollte darauf geachtet werden, dass keine unprofilierten Nägel verwendet werden, da diese infolge der Windeinwirkung herausgezogen werden können. Stattdessen sollten Rillennägel oder Schraubnägel verwendet werden. Diese weisen einen größeren Auszugswiderstand auf (Weidmann 2010, S. 28).

Markisen und außenliegende Lamellenraffstores können bereits bei relativ geringen Windgeschwindigkeiten beschädigt werden. Im Hinblick auf die Windbelastung ist es vorteilhaft, außenliegende Lamellenraffstores zwischen den Leibungsflächen anzuordnen. Diese Anordnung führt allerdings zu Nachteilen beim sommerlichen Wärmeschutz. Lamellenraffstores absorbieren einen Teil der auftreffenden Solarstrahlung. Sind sie in der Fensterleibung angeordnet, dann werden sie nur geringfügig hinterlüftet. Dadurch kommt es zu einem Wärmestau zwischen Lamellenraffstore und Verglasungsoberfläche. Dies führt bei geöffnetem Fenster zum Einströmen überhitzter Luft. Bei geschlossenem Fenster erhöht sich der Wärmestrom in Richtung des Innenraumes. Aus diesem Grund empfiehlt sich eine andere Anordnung der Sonnenschutzelemente. Um trotzdem Schäden durch Wind zu vermeiden, sollten Sonnenschutzelemente über Strahlungs- und Windsensoren automatisiert werden. Eine entsprechende Automation bietet sowohl hinsichtlich des sommerlichen Wärmeschutzes als auch im Hinblick auf die Einwirkung Hagel wesentliche Vorteile (Kapitel 4.4 und Kapitel 7.4).

Zusammenfassend kann festgestellt werden, dass der Bemessungsalgorithmus für die Einwirkung Wind weit entwickelt ist und sich relativ einfach durch Veränderung der Grundwerte der Basiswindgeschwindigkeit oder durch Verschiebung der Grenzen zwischen den Windzonen anpassen lässt. Prinzipielle Anpassungsmöglichkeiten bei steigenden Windgeschwindigkeiten sind zusätzliche Befestigungsmittel oder der Ersatz bestehender durch größer dimensionierte Befestigungsmittel.

8.5 Literatur

Amstler 2011	Amstler, K.: Klimatologisch-statistische Bearbeitung von Tornadoereignissen in Europa. Wien, Universität, Meteorologie, Diplomarbeit, 2011.
Bittner et al. 2009	Bittner, R.; Günther, K.; Merz, B.: Naturkatastrophen in Deutschland. In: Ernst & Sohn Special (2009), Nr. 6. Seite 7–10.
Della-Marta und Pinto 2009	Della-Marta, P. M.; Pinto, J. G.: Statistical uncertainty of changes in winter storms over the North Atlantic and Europe in an ensemble of transient climate simulations. In: Geophysical Research Letters 36 (2009), L14703, doi:10.1029/2009GL038557.
DIN 1055-4	DIN 1055-4, August 1986: Lastannahmen für Bautcen – Verkehrslasten, Windlasten bei nicht schwingungsanfälligen Bauwerken. Berlin: Beuth, 1986.
DIN 1055-4	DIN 1055-4, März 2005: Einwirkungen auf Tragwerke – Teil 4: Windlasten. Berlin: Beuth, 2005.
DIN EN 1991-1-4	DIN EN 1991-1-4, Dezember 2010: Eurocode 1: Einwirkungen auf Tragwerke – Teil 1-4: Allgemeine Einwirkungen – Windlasten. Berlin: Beuth, 2010.
DIN EN 1991-1-4/NA	DIN EN 1991-1-4/NA, Dezember 2010: Nationaler Anhang – National festgelegte Parameter – Eurocode 1: Einwirkungen auf Tragwerke – Teil 1-4: Allgemeine Einwirkungen – Windlasten. Berlin: Beuth, 2010.
Donat et al. 2011	Donat, M. G.; Leckebusch, G. C.; Wild, S.; Ulbrich, U.: Future changes in European winter storm losses and extreme wind speeds inferred from GCM and RCM multi-model simulations. In: Natural Hazards and Earth System Sciences 11 (2011), Nr. 5. Seite 1351–1370.
Dotzek 2005	Dotzek, N.: Tornado- und Downburstklimatologie. In: Deutscher Wetterdienst (Hrsg.): Klimastatusbericht 2004. Offenbach: Selbstverlag des Deutschen Wetterdienstes, 2005. Seite 171–180.
Dotzek et al. 2009	Dotzek, N.; Groenemeijer, P.; Feuerstein, B.; Holzer, A. M.: Overview of ESSL's severe convective storms research using the European Severe Weather Database ESWD. In: Atmospheric Research 93 (2009), Nr. 1-3. Seite 575–586.

DWD 2015	Deutscher Wetterdienst: Übersicht über das Mess- und Beobachtungsnetz des DWD. http://www.dwd.de/bvbw/appmanager/bvbw/dwdwwwDesktop?_nfpb=true&_pageLabel=_dwdwww_wir_ueberuns_zahlen&_state=maximized&_windowLabel=T16602374671148363281755 (Stand: 01.05.2015)
EM-DAT	Guha-Sapir, D.; Below, R.; Hoyois, Ph.: EM-DAT: International Disaster Database. Université Catholique de Louvain, Brüssel, Belgien. www.emdat.be
Fujita 1971	Fujita, T. T.: Proposed Characterization of Tornadoes and Hurricanes by Area and Intensity. Satellite and Mesometeorology Research Project, Research Paper Number 91, Department of the Geophysical Sciences, The University of Chicago, 1971. – Forschungsbericht. https://archive.org/details/nasa_techdoc_19720008829
Gerhardt 2005	Gerhardt, H. J.: Windschäden. Stuttgart: Fraunhofer IRB, 2005.
Groenemeijer & Kühne 2014	Groenemeijer, P.; Kühne, T.: A Climatology of Tornadoes in Europe: Results from the European Severe Weather Database. In: Monthly Weather Review 142 (2014), Nr. 12. Seite 4775–4790.
Häckel 2012	Häckel, H.: Meteorologie. 7. Auflage. Stuttgart: Eugen Ulmer, 2012.
Kasperski et al. 2001	Kasperski, M.; Hölscher, N.; Versen, U.: Extremwertanalyse der Windgeschwindigkeiten für das Gebiet der Bundesrepublik Deutschland. Ruhr-Universität Bochum, Fakultät für Bauingenieurwesen. Stuttgart: Fraunhofer IRB, 2001. – Forschungsbericht. Gefördert durch das Deutsche Institut für Bautechnik DIBt, Aktenzeichen: IV 12-5-3.79-897/99.
Kempf 2014	Kempf, H.: Lastannahmen nach EC1. Köln: Bundesanzeiger Verlag, 2014.
Klawa & Ulbrich 2003	Klawa, M.; Ulbrich, U.: A model for the estimation of storm losses and the identification of severe winter storms in Germany. In: Natural Hazards and Earth System Sciences 3 (2003), Nr. 6. Seite 725–732.
Klose 2015	Klose, B.: Meteorologie – Eine interdisziplinäre Einführung in die Physik der Atmosphäre. 2. Auflage. Berlin: Springer Spektrum, 2015.

Leckebusch et al. 2006	Leckebusch, G. C.; Koffi, B.; Ulbrich, U.; Pinto, J. G.; Spangehl, T.; Zacharias, S.: Analysis of frequency and intensity of European winter storm events from a multi-model perspective, at synoptic and regional scales. In: Climate Research 31 (2006), Nr. 1. Seite 59–74.
Marsh et al. 2009	Marsh, P. T.; Brooks, H. E.; Karoly, D. J.: Preliminary investigation into the severe thunderstorm environment of Europe simulated by the Community Climate System Model 3. In: Atmospheric Research 93 (2009). Seite 607–618.
Matulla et al. 2008	Matulla, C; Schöner, W.; Alexandersson, H.; von Storch, H.; Wang, X. L.: European storminess: late nineteenth century to present. In: Climate Dynamics 31 (2008), Nr. 2. Seite 125–130.
Meaden 1976	Meaden, G. T.: Tornadoes in Britain: Their intensities and distribution in space and time. In: Journal of Meteorology 1 (1976), Nr. 8. Seite 242–251.
Müller-Westermeier 2007	Müller-Westermeier, G.: Beschreibung und klimatologische Bewertung des Orkantiefs „Kyrill". Offenbach: Deutscher Wetterdienst, 2007. http://www.dwd.de/bvbw/generator/DWDWWW/Content/Oeffentlichkeit/KU/KU2/KU23/besondere__ereignisse__deutschland/stuerme/orkan__kyrill__18012007,templateld=raw,property=publicationFile.pdf/orkan_kyrill_18012007.pdf
Münchener Rückversicherung 2007	Münchener Rückversicherungsgesellschaft (Hrsg.): Zwischen Hoch und Tief: Wetterrisiken in Mitteleuropa. München: Münchener Rückversicherungsgesellschaft, 2007.
Münchener Rückversicherung 2015	Münchener Rückversicherungsgesellschaft (Hrsg.), GeoRisiko-Forschung, NatCatSERVICE: Schadenereignisse in Europa 1980–2014 – 10 teuerste Winterstürme für die Gesamtwirtschaft. München: Münchener Rückversicherungsgesellschaft, 2015. http://www.munichre.com/site/corporate/get/documents_E1940826845/mr/assetpool.shared/Documents/5_Touch/_NatCatService/Significant-Natural-Catastrophes/2014/10-teuerste-Winterst%C3Bcrme-f%C3BCr-die-Gesamtwirtschaft.pdf
Niemann 2002	Niemann, H.-J.: Anwendungsbereich und Hintergrund der neuen DIN 1055 Teil 4. In: Der Prüfingenieur (2002), Nr. 21. Seite 35–45.
Pinto et al. 2007	Pinto, J. G.; Fröhlich, E. L.; Leckebusch, G. C.; Ulbrich, U.: Changing European storm loss potentials under modified climate conditions according to ensemble simulations of the ECHAM5/MPI-OM1 GCM. In: Natural Hazards and Earth System Sciences 7 (2007), Nr. 1. Seite 165–175.

8

Pinto et al. 2010	Pinto, J. G.; Neuhaus, C. P.; Leckebusch, G. C.; Reyers, M.; Kerschgens, M.: Estimation of wind storm impacts over Western Germany under future climate conditions using a statistical-dynamical downscaling approach. In: Tellus A 62 (2010), Nr. 2. Seite 188–201.
Rauthe et al. 2010	Rauthe, M.; Kunz, M.; Kottmeier, C.: Changes in wind gust extremes over Central Europe derived from a small ensemble of high resolution regional climate models. In: Meteorologische Zeitschrift 19 (2010), Nr. 3. Seite 299-312.
Sander 2010	Sander, J.: Extremwetterereignisse im Klimawandel – Bewertung der derzeitigen und zukünftigen Gefährdung. München, Ludwig-Maximilians-Universität, Fakultät für Physik, Dissertation, 2010.
Schönwiese 2013	Schönwiese, C.-D.: Klimatologie. 4. Auflage. Stuttgart: Eugen Ulmer, 2013.
Schwierz et al. 2010	Schwierz, C.; Köllner-Heck, P.; Zenklusen Mutter, E.; Bresch, David, N.; Vidale, P.-L.; Wild, M.; Schär, C.: Modelling European winter wind storm losses in current and future climate. In: Climatic Change 101 (2010), Nr. 3–4. Seite 485–514.
Wang et al. 2009	Wang, X. L.; Zwiers, F. W.; Swail, V. R.; Feng, Y.: Trends and variability of storminess in the Northeast Atlantic region, 1874–2007. In: Climate Dynamics 33 (2009), Nr. 7. Seite 1179–1195.
WASA 1998	WASA Group: Changing Waves and Storms in the Northeast Atlantic? In: Bulletin of the American Meteorological Society 79 (1998), Nr. 5. Seite. 741–760.
Weidmann 2010	Weidmann, M.; Präventionsstiftung der Kantonalen Gebäudeversicherungen (Hrsg.): Sicherheit von Dächern und Fassaden bezüglich schadenverursachendem Wind – Synthesebericht für Architekten, Bauherren und Gebäudeeigentümer. Bern: Selbstverlag der Präventionsstiftung der Kantonalen Gebäudeversicherungen, 2010.
Zappa et al. 2013	Zappa, G.; Shaffrey, L. C.; Hodges, K. I.; Sansom, P. G.; Stephenson, D. B.: A Multimodel Assessment of Future Projections of North Atlantic and European Extratropical Cyclones in the CMIP5 Climate Models. In: Journal of Climate 26 (2013), Nr. 16. Seite 5846–5862.
ZVDH 2012	Zentralverband des Deutschen Dachdeckerhandwerks – Fachverband Dach-, Wand- und Abdichtungstechnik – e. V. (Hrsg.): Fachregel für Dachdeckungen mit Dachziegeln und Dachsteinen. Ausgabe Dezember 2012.

9 Schnee

9.1 Relevanz für die Baukonstruktion

Ereignisanalyse

Für die Ereignisanalyse wurde die NatCat-SERVICE-Datenbank der Münchener Rückversicherungs-Gesellschaft genutzt, welche ein Informationsangebot über Schäden aus Naturkatastrophen darstellt. Dort wird zwischen verschiedene Naturgefahrenereignissen unterschieden. Diese werden wiederum in Ereignisfamilien und Ereignistypen unterteilt. Bei der Betrachtung von Schäden, welche durch Schnee verursacht werden, kommen folgende Ereignistypen in Frage: Außertropischer Sturm, Wintersturm, Schneesturm, Kältewellen, Winterschäden (Munich Re 2011 a). Die folgende Tabelle 9-1 stellt ausgewählte Extremereignisse der Vergangenheit in Deutschland dar, bei denen Schnee eine Hauptursache für Schädigungen war. Dies soll verdeutlichen, dass trotz der globalen Erwärmung extreme Winter möglich sind.

Tabelle 9-1 Winterschäden in Deutschland und Europa (Datengrundlage: Munich Re 2010, Munich Re 2011 b, Munich Re Rück 2012, Munich Re 2013).

Datum	Schadensereignis	Gebiet	Gesamtschäden Mio. US$	Erläuterungen, Schadenbeschreibung
29.12.1978–4.1.1979	Wintersturm, Winterschäden	Schleswig-Holstein, Niedersachsen, Sachsen, Thüringen, Mecklenburg-Vorpommern	80	Extreme Schneefälle, hohe Windgeschwindigkeiten, Sturmflut, Überschwemmung, Temperaturen bis –25 °C, Frost, Schneeverwehungen bis 5 m, Glatteis
24.4.1980	Winterschäden	Nordrhein-Westfalen, Sachsen, Bayern	20	Stärkste Schnee- und Regenfälle seit 1848, Schneeverwehungen, Überschwemmungen
25.–27.11.2005	Wintersturm „Thorsten“, Winterschäden	Nordrhein-Westfalen, Niedersachsen	300	Windgeschwindigkeiten bis zu 100 km/h, heftige Schnee- und Regenfälle, gefrierender Regen
7.-13.2.2006	Winterschäden	Bayern	100	Heftige Schneefälle, Schneedruck
8.–13.1.2010	Winterschäden	Europa	1730	Schneestürme
15.–17.12.2011	Wintersturm „Joachim“	Westeuropa	650	Schwere Schneefälle, starker Regen, Sturzfluten
25.1–13.2.2012	Kältewelle, Winterschäden	Ost-, Süd-, Westeuropa	850	Schneeverwehungen bis zu 8 Meter, extremer Frost, Temperaturen bis –39 °C

Mögliche Folgen für Gebäude

Das Auftreten von festem Niederschlag in Form von Schnee während des Winters kann zu enormen Belastungen der Tragsysteme und Bauteilen von Gebäuden führen. Deshalb ist die Einwirkung Schnee bei der Bemessung der Tragwerke eine maßgebende Komponente. Eine Überbelastung der Elemente kann zur ihrer Beschädigung oder Zerstörung bis hin zur Gefährdung der Standsicherheit ganzer Gebäudeteile führen.

Die Schäden, welche während oder nach einem Schneeereignis an Gebäuden auftreten, lassen sich in zwei Gruppen einteilen: die primären und sekundären Schneeschäden.

In der Gruppe der primären Schneeschäden werden diejenigen Schäden an Gebäuden zusammengefasst, welche auf Grund des wirkenden Schneedrucks infolge einer Schneeauflage entstehen. Davon sind hauptsächlich tragende Bauteile der Dachkonstruktion, Dacheinbauten (zum Beispiel Schneefangsysteme) und aus der Fassade auskragende Bauteile betroffen. Es lassen sich hierbei nach Egli 2007 generell vier Gefährdungsbilder unterscheiden:

- Schnee ohne Wind: Gleichmäßige Ablagerung des Schnees
- Schnee mit Wind: Ungleichmäßige Ablagerung des Schnees
- Schneerutsch: Abgleiten des Schnees ist ungehindert möglich
  → erhöhte Belastung tieferliegender Gebäudeteile
- Eislast: Durch ungünstigen Frost- und Tauwetter-Wechsel

Anhand vergangener Schneeereignisse lässt sich jedoch belegen, dass ein Großteil der Tragwerke von Gebäuden sehr gut dimensioniert ist. Diese können sogar Lasten aufnehmen, welche über der von der Norm vorgegebenen Bemessungslast liegen, ohne davon geschädigt zu werden. Dies lässt sich beispielhaft am Winter des Jahres 2006 veranschaulichen, in dem in Süddeutschland trotz vorübergehender, deutlich überhöhter Schneelasten die Lasteinwirkungen von den meisten Gebäuden unbeschadet aufgenommen werden konnten (Handke 2007).

Entstehen dennoch Schäden an einem Gebäude infolge einer Schneeauflage, werden diese als sekundäre Schneeschäden bezeichnet. Beispielsweise können durch den Abtauprozess des Schnees nach einem Witterungsumschwung Feuchteschäden an Gebäuden entstehen. Diese werden durch Frostsprengungen (zum Beispiel an Fallrohren) und Eisschanzenbildung (z. B. an Schneefanggittern) begünstigt. Für sekundäre Schneeschäden kann von folgenden Ursachen ausgegangen werden:

- Planungsfehler: hierunter zählt zum Beispiel die nicht vorschriftsmäßige Planung der Dacheindeckung,
- Ausführungsfehler: beispielhaft sei auf eine nicht fachgerechte Ausführung der Dachhaut verwiesen, in deren Folge durch Frost-Tauwetter-Wechsel Wasser unter die Dachhaut gelangen kann sowie
- Mangelhafte Wartung: in deren Folge beispielsweise ein defektes Entwässerungssystem den Rückstau von Schmelzwasser verursachen kann.

Weiterhin müssen für die Beurteilung eines Schneeereignisses in Bezug auf das Schädigungspotential für Gebäude mehrere Faktoren berücksichtigt werden. Eine wichtige Größe bildet dabei die tatsächliche Schneelast. Diese wird nicht allein durch die Mächtigkeit der Schneedecke bestimmt, sondern ist von der Art des Schnees abhängig. Beispielsweise wiegt lockerer Pulverschnee 100 kg/m³. Im Gegensatz dazu verursacht Eis ein Gewicht von bis zu 900 kg/m³. Dies zeigt, dass die Dichte von Schnee keine feste Größe ist. Sie verändert sich durch das Verdichten des Schnees bei einer längeren Liegezeit oder durch Bildung von Eisschichten aufgrund von

Frost-Tauwetter-Wechseln. Deshalb wird das Wasseräquivalent einer Schneedecke bestimmt. Damit wird der Wassergehalt des Schnees in mm angegeben. Hieraus lässt sich ableiten, inwieweit es notwendig ist, die Schneedecke vom Dach zu räumen, und ob ein sogenannter „echter Schneeschaden" vorliegt. Dies ist der Fall, wenn die tatsächliche Schneelast die Bemessungslast überschreitet. Außerdem sind die Schneefallintensität und die vorherrschenden Winde während des Schneefallereignisses weitere Faktoren.

9.2 Erkenntnisse der Klimaforschung

9.2.1 Ex-Post-Analysen

Damit eine geschlossene Schneedecke entsteht, müssen zwei Randbedingungen erfüllt sein. Der winterliche Niederschlag muss in fester Form, d. h. in Form von Schnee, fallen und die Temperatur in Bodennähe muss unterhalb des Gefrierpunktes liegen. Diese Gegebenheiten liegen heutzutage lediglich in Mittelgebirgsregionen während einer längeren Periode eines durchschnittlichen Winters vor. Deshalb wurde die Auftretenshäufigkeit von Schneedecken mit einer Mächtigkeit von mehr als 20 cm durch Bernhofer und Goldberg (2008) an fünf ausgewählten Stationen in sächsischen Mittelgebirgen für die Winterperioden (November bis April) 1961–2005 exemplarisch untersucht (Tabelle 9-2).

Hierfür werden Messwerte von Messstationen des Deutschen Wetterdienstes genutzt. Dabei kann auf Werte der Höhe der Gesamtschneedecke, des Schneebedeckungsgrades und des Wasseräquivalents zurückgegriffen werden, wobei Messungen des Wasseräquivalents lediglich an wenigen Stationen durchgeführt werden.

Tabelle 9-2 Auftretenshäufigkeit von Schneedecken größer 20 cm pro Tag und deren Änderung an ausgewählten Stationen in sächsischen Mittelgebirgen im Zeitraum 1961–2005 für November bis April (Datengrundlage: Bernhofer und Goldberg 2008).

Messstation	Höhe ü. NN in [m]	Max / Min Auftreten in [d]	Zeitliche Änderung pro 10 Jahre in [d]
Bad Elster	510	100 / 0	–7
Carlsfeld (ergänzt mit Station Carlsfeld – Talsperre Weiterwiese (917 m ü. NN))	897	155 / 19	–5
Fichtelberg	1213	181 / 44	–7
Zinnwald (Daten ab 01.01.1967, ergänzt mit Station Geisingberg (823 m ü. NN))	877	163 / 8	–16
Jonsdorf	460	96 / 0	–5

Es konnte festgestellt werden, dass die Häufigkeit derartiger Schneedecken grundsätzlich an allen Stationen und hier besonders deutlich an der Station Zinnwald zurückgegangen ist.

In Baden-Württemberg und Bayern wurde in einer KLIWA-Studie (Günther et al. 2006) das Langzeitverhalten der Schneedecken untersucht. Dabei wurden für die Bezugsperiode 1951 bis 1996 weitere Parameter analysiert. Es kann davon ausgegangen werden, dass die aufgezeigten Besonderheiten im Wesentlichen auf andere Regionen in Deutschland übertragbar sind.

9

Folgende klimatische Kennwerte wurden berücksichtigt:

- die Schneedeckendauer,
- die Schneedeckenzeit,
- die Dauer der längsten Schneedeckenperiode (Winterdecke),
- der Zeitpunkt der maximalen Schneedeckenhöhe,
- die Beständigkeit der Schneedecke,
- die Erhaltung der Winterdecke und
- der Maximalwert des Wasseräquivalents.

Demnach ist, ausgenommen der Schneedeckenzeit, für alle genannten Größen ein Rückgang zu verzeichnen. Für zunehmende Geländehöhen ist eine Abschwächung dieses Trends feststellbar.

In Albert et al. 2014 wird darauf hingewiesen, dass in keiner anderen Jahreszeit als im Winter die Streuung der Messwerte der Lufttemperaturen so groß ist und eine hohe Variabilität der Winterwitterung vorliegt. Dies lässt sich mit der Betrachtung der Kältesummen für die Winter 1949/50 bis 2009/10 an der Station Dresden bestätigen (Bild 9-1). Unter der Kältesumme versteht man den aufsummierten Betrag der negativen Tagesmitteltemperaturen für die Wintermonate Dezember, Januar und Februar oder die Monate November, Dezember, Januar, Februar und März.

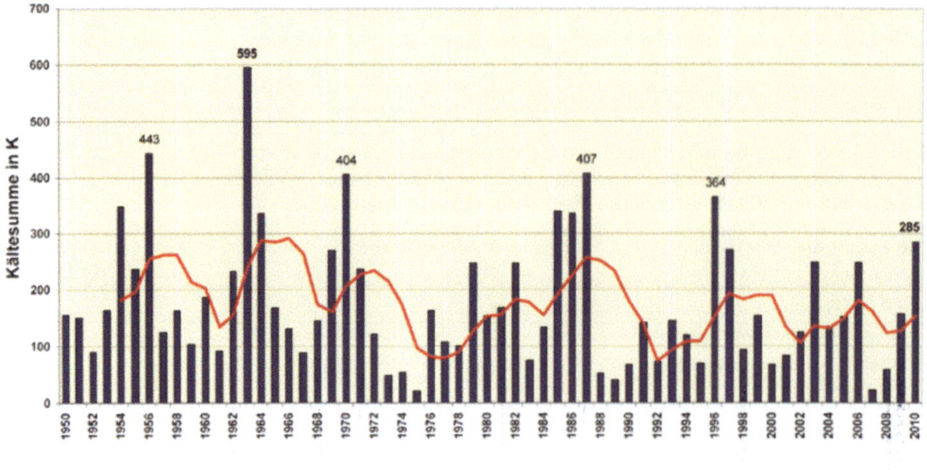

Bild 9-1 Kältesummen für die Winter 1949/50 bis 2009/10 an der Station Dresden (Albert et al. 2014).

Diese Variabilität wird von der Nordatlantik-Oszillation verursacht. In negativen Phasen der Arktischen Oszillation orientieren sich die Luftströmungen auf der Nordhalbkugel um. Dies führt dazu, dass kalte Polarluft weit nach Süden strömen kann und wärmere Luft aus den mittleren Breiten nach Norden fließt. Dies verursacht sehr strenge Winter in Europa. Während positiver Phasen der Nordatlantik-Oszillation dominieren starke Westwinde, so dass warme Atlantikluft nach Nordeuropa und Sibirien strömen kann. Dies wiederum verursacht milde Winter in Europa. Jedoch ist momentan noch kein signifikanter Trend der Nordatlantik-Oszillation erkennbar.

Der beschleunigte Rückgang des arktischen Meer-Eises in den vergangenen zwei Jahrzehnten hat Veränderungen der Energieströme zwischen Ozean und Atmosphäre zur Folge. Dadurch werden die charakteristischen Zirkulationsmuster der Nordhemisphäre beeinflusst. Hierfür ist die Häufung von Trogwetterlagen über Mitteleuropa ein Indiz. Während dieser Wetterlagen kann im Winter polare Kaltluft nach Mitteleuropa strömen. Dies ist in Sachsen meist mit starken Schneefällen verbunden. Eine solche Trogwetterlage war auch für den sehr kalten und schneereichen Winter 2010/11 verantwortlich (Albert et al. 2014).

9.2.2 Klimaprojektionen

Klimaprojektionen für die Perioden 2021–2050 und 2071–2100 legen laut Bernhofer et al. (2011) eine zukünftige Zunahme der Niederschläge im Winterhalbjahr nahe. Die Ergebnisse zeigen für das Winterhalbjahr zudem eine mittlere Temperaturzunahme um etwa 2,8 °K. Werden zusätzlich die Eis- und Frosttage betrachtet, so ist hier von einer Halbierung dieser Tage bis 2100 auszugehen (Tabelle 9-3). Im Rahmen der Untersuchungen wurde als Winterhalbjahr der Zeitraum von Oktober bis März angenommen. Aussagen über die Schneefallveränderungen sind aus diesen Angaben jedoch nicht ableitbar, da beispielsweise das Wasseräquivalent bei den Untersuchungen keine Betrachtung findet und daher keine Ergebnisse bezüglich der Trendentwicklung von Schneelasten auf Gebäuden getroffen werden können.

Tabelle 9-3 Erkenntnisse aus Klimaprojektionen für Sachsen, welche für die Perioden 2021 bis 2050 und 2071 bis 2100 durchgeführt wurden (Datengrundlage: Bernhofer et al. 2011).

Klimakenngröße	1961–1990	2021–2050	2071–2100
Niederschlag Winterhalbjahr [mm]	354	+5 (–37 bis +38)	+21 (–31 bis +55)
Temperatur Winterhalbjahr [°C]	2,6	+1,0 (+0,4 bis +1,6)	+2,8 (+0,6 bis +3,1)
Anzahl Eistage [n] (Maximaltemperatur unter 0 °C)	32,5	–8,2 (–16,4 bis –4,3)	–18,3 (–25,7 bis –3,6)
Anzahl Frosttage [n] (Minimaltemperatur unter 0 °C)	91,5	–16,7 (–25,7 bis -9,3)	–41,0 (–48,8 bis –7,9)

Der KLIWA-Bericht (Günther et al. 2006) gibt an, dass sich für Baden-Württemberg und Bayern „bei weiterer winterlicher Erwärmung die maximalen Wasseräquivalente der Schneedecke deutlich verringern werden und dass es zu einem häufigeren Auf- und Abbau der Schneedecke in tieferen und mittleren Lagen kommen wird“. Das könnte im Tiefland folglich zu einer Verringerung der anzusetzenden Schneelasten führen, während aufgrund des höheren Wassergehaltes im Schnee bei höheren Temperaturen in Mittelgebirgen weiterhin Episoden mit hohen Schneelasten möglich sind.

Die Internetseite „KlimafolgenOnline.com“ (KlimafolgenOnline 2015) ist ein Gemeinschaftsprodukt des Potsdam-Instituts für Klimafolgenforschung e. V. und der WetterOnline Meteorologische Dienstleistungen GmbH. Diese Seite dient dazu, mögliche Folgen des Klimawandels für Deutschland darzustellen. Der Nutzer hat eine Vielzahl an Parametern zur Auswahl, welche für Deutschland als Farbkarte dargestellt werden. Integriert sind außerdem zwei Zoomstufen für die Darstellung der Ergebnisse für einzelne Bundesländer und Landkreise.

Unter der Auswahl befinden sich die Parameter „Schneehöhe“, „Anzahl Schneetage mit > 10 cm Schnee“, „Andauer Schneetage mit > 10 cm Schnee“ und „Anzahl Schneetage mit > 30 cm Schnee“. Es werden beobachtete Daten für den Zeitraum 1901–2010 und simulierte Daten für den Zeitraum 2011–2100 bereitgestellt. Der Simulation liegt das Klimamodell STAR zugrunde.

In Tabelle 9-4 sind Werte für die aufgeführten Parameter für das Bundesland Sachsen aufgeführt. Diese stellen die Ergebnisse einer Projektion mit dem RCP-Szenario 2.6 mit mittlerer Temperaturzunahme dar. Unter Andauer wird die längste Periode aufeinanderfolgender Schneetage verstanden, innerhalb welcher die entsprechenden, geforderten Werte der Mächtigkeit der Schneedecke nicht unterschritten werden.

Tabelle 9-4 Erkenntnisse für Schneeparameter aus Klimaprojektionen für Sachsen, welche für die Perioden 2021 bis 2050 und 2071 bis 2100 durchgeführt wurden (Datengrundlage: KlimafolgenOnline).

Parameter	1961–1990	2021–2050	2071–2100
Schneehöhe [cm]	11.8 (2.4 bis 34.1)	9.3 (3.5 bis 23.6)	8.7 (3.2 bis 22.1)
Anzahl Schneetage > 10 cm [n]	30.2 (1.6 bis 94.9)	20.6 (3.1 bis 60.7)	17.6 (2.0 bis 56.0)
Andauer Schneetage > 10 cm [n]	21.7 (1.1 bis 75.3)	13.6 (1.8 bis 49.9)	11.6 (1.3 bis 45.0)
Anzahl Schneetage > 30 cm [n]	7.9 (0.0 bis 46.0)	3.7 (0.1 bis 26.0)	3.1 (0.1 bis 22.1)
Andauer Schneetage > 30 cm [n]	6.9 (0.0 bis 44.1)	2.8 (0.1 bis 22.3)	2.3 (0.0 bis 19.0)

Informationen über die mögliche Änderung der Anzahl der Schneetage sind im „Regionalen Klimaatlas Deutschland“ der Helmholtz Gemeinschaft erhältlichen. Unter Schneetage wird die Anzahl derjenigen Tage verstanden, an welchen der gefallene Niederschlag sich ausschließlich aus Schneewasser zusammensetzt. Die aktuellen Forschungen liefern für die Änderung dieser Schneetage bis zum Ende des 21. Jahrhunderts (2071–2100) im Vergleich mit erfassten Daten aus dem Zeitraum 1961–1990 keine einheitlichen Ergebnisse. Demnach sind sowohl Zunahmen als auch Abnahmen möglich. Die Spannbreite liegt zwischen –3 Tage und 0 Tagen (Bild 9-2). Aus heutiger Sicht sind alle möglichen Änderungen innerhalb dieser Spannbreite denkbar. Die mittlere Änderung liegt bei –2 Tage. Dieser Wert dient häufig als Richtwert für Anpassungsstrategien.

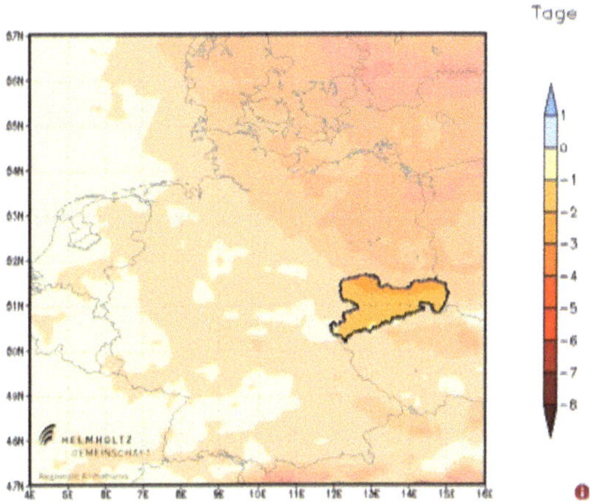

Bild 9-2 Mögliche mittlere Änderung der Schneetage im Jahr bis Ende des 21. Jahrhunderts (2071–2100) im Vergleich zu heute (1961–1990) (Quelle: Regionaler Klimaatlas 2015).

9.3 Verletzbarkeitsanalyse

9.3.1 Regelwerke

Um die Verletzbarkeit eines Gebäudes infolge von Schnee beurteilen zu können, müssen die betroffenen Bauteile mit den Normen und Regelwerken verglichen werden. Aus diesen ergibt sich der Sollzustand, in dem sich die Konstruktion befinden soll.

Bezüglich primärer Schneeschäden müssen hauptsächlich tragende Bauteile, Dacheinbauteile und auskragende Bauteile auf ihre ausreichende Dimensionierung überprüft werden. Dazu zählen beispielsweise bei einer Steildachkonstruktion die Sparren, die Schalung, die Konter- und die Traglatten. Diese müssen in der Planung unter Berücksichtigung der Lastannahmen entsprechend der DIN EN 1991, welche auch als Eurocode 1 bezeichnet wird, dimensioniert werden. In Bezug auf die Verletzbarkeit infolge von Schneedruck ist besonders der Teil 1-3: „Allgemeine Einwirkungen, Schneelasten“ relevant. Deshalb werden die Annahmen aus diesem Teil im Folgenden näher erläutert.

Die Lastannahmen der DIN EN 1991-1-3:2010-12 können nur angewendet werden, wenn die Meereshöhe des Geländes geringer als 1500 m ü. NN ist. Für das Gebiet des Freistaats Sachsens ergeben sich daraus keine Beschränkungen, da sich das Gelände in einer Höhenlage von 73 m ü. NN an der Elbe bis 1215 m ü. NN auf dem Fichtelberg befindet (Statistisches Landesamt des Freistaates Sachsen 2014). Die aufgeführten Annahmen berücksichtigen ein Wiederkehrintervall von 50 Jahren und haben dementsprechend eine jährliche Überschreitenswahrscheinlichkeit von 0,02.

Das Gebiet der Bundesrepublik Deutschland wird mit der DIN EN 1991-1-3/NA:2010-12 in fünf Schneelastzonen eingeteilt (Bild 9-3). Eine Tabelle mit der aktuellen Zuordnung der Verwaltungseinheiten zu einer Schneelastzone ist auf der Internetseite des Deutschen Instituts für Bautechnik abrufbar (DIBt 2015). Daraus ablesbar ist, dass das Gebiet des Freistaats Sachsen den Lastzonen 2 und 3 zugewiesen wird.

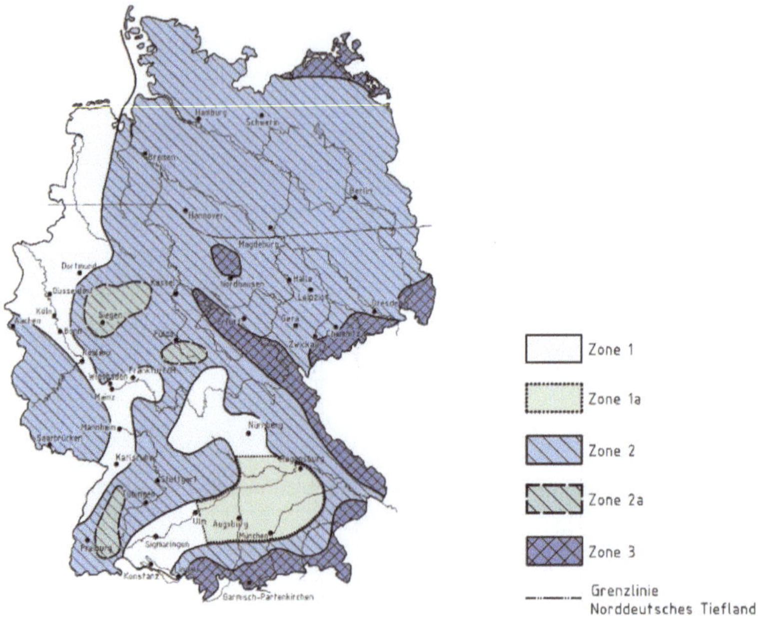

Bild 9-3 Schneelastzonen nach DIN EN 1991-1-3/NA:2010-12 (Quelle: Weller et al. 2012).

Mit Hilfe der Schneelastzone und der Meereshöhe des Geländes kann mit den folgenden Formeln die charakteristische Schneelast s_k auf dem Boden ermittelt werden. Dabei müssen die mindestens anzusetzenden Sockelbeträge der Schneelastzonen berücksichtigt werden.

Zone 1: $$s_k = 0{,}19 + 0{,}91 \cdot \left(\frac{A + 140}{760}\right)^2 \qquad s_{k,min} = 0{,}65 \qquad (9\text{-}1)$$

Zone 1a: $$s_k = \left(0{,}19 + 0{,}91 \cdot \left(\frac{A + 140}{760}\right)^2\right) \cdot 1{,}25 \qquad s_{k,min} = 0{,}81 \qquad (9\text{-}2)$$

Zone 2: $$s_k = 0{,}25 + 1{,}91 \cdot \left(\frac{A + 140}{760}\right)^2 \qquad s_{k,min} = 0{,}85 \qquad (9\text{-}3)$$

Zone 2a: $$s_k = \left(0{,}25 + 1{,}91 \cdot \left(\frac{A + 140}{760}\right)^2\right) \cdot 1{,}25 \qquad s_{k,min} = 1{,}06 \qquad (9\text{-}4)$$

Zone 3: $$s_k = 0{,}31 + 2{,}91 \cdot \left(\frac{A + 140}{760}\right)^2 \qquad s_{k,min} = 1{,}1 \qquad (9\text{-}5)$$

s_k charakteristische Schneelast auf dem Boden, in kN/m²
$s_{k,min}$ Sockelbetrag, in kN/m²
A Geländehöhe über Meeresniveau, in m

Unter Berücksichtigung der Dachneigung und der Form des Daches sind Formbeiwerte zu bestimmen, mit welchen die charakteristische Schneelast auf dem Boden in die charakteristische Schneelast auf dem Dach umgerechnet werden kann.

Neben der Bestimmung der Schneelast auf Dächern werden in DIN EN 1991-1-3:2010-12 Angaben zu Kräften gemacht, die bei der Nachweisführung von örtlichen Effekten angesetzt werden müssen. Zu diesen Effekten zählen Verwehungen an Wänden und Aufbauten, Schneeüberhang an Dachtraufen und Schneelasten an Schneefanggittern und Dachaufbauten. Die aufgezeigten Lastannahmen nach DIN EN 1991-1-3:2010-12 wurden in das Regelwerk des Deutschen Dachdeckerhandwerks (ZVDH 2015) in den „Hinweisen zur Lastermittlung" übernommen.

Nach dem Regelwerk des ZVDH, der DIN 18334:2012-12 und der DIN 1991-1-1/NA:2010-12 kann bei den Dachbauteilen Traglattung und Schalung auf einen statischen Nachweis verzichtet werden, wenn der Sparrenabstand maximal 1 m beträgt und keine weiteren statischen Anforderungen vorliegen. Folglich werden Querschnittsabmessungen gewählt, die sich erfahrungsgemäß bewährt haben. Dies erfolgt unter Berücksichtigung des Sparrenabstandes und der Sortierklasse nach DIN 4074-1:2012-06. Somit muss für diese Bauteile kein expliziter Nachweis für das Widerstehen gegenüber der Belastung Schnee geführt werden. Jedoch kann davon ausgegangen werden, dass diese Bauteile durch eine Belastung mit Schneedruck nicht verletzt werden können, da die genannte Vereinfachung nur in Regionen mit durchschnittlichen Schneelasten angewendet werden darf.

Zusätzlich legt das „Merkblatt Einbauteile bei Dachdeckungen" des ZVDH fest, dass Schneefangsysteme bemessen werden müssen. Die anzusetzenden Lasten ergeben sich hierfür aus den „Hinweisen zur Lastermittlung". Als Teilsicherheitsbeiwert muss $\gamma_Q = 1{,}5$ gewählt werden, wenn das Schneefangsystem zur Reduzierung von Schneelasten auf Tragkonstruktionen tieferliegender Dachflächen eingebaut wird. In anderen Fällen, zum Beispiel zur Verkehrssicherung, kann $\gamma_Q = 1{,}0$ angenommen werden. Bezüglich sekundärer Schneeschäden müssen die Dachdeckung, die Dach- und Gebäudeabdichtungen und die Entwässerungsanlagen bezüglich ihrer regelwerkgerechten Ausführung untersucht werden.

In den Fachregeln des ZVDH zu Dachdeckungen werden in Abhängigkeit der jeweiligen Deckungsart Vorgaben bezüglich der Regeldachneigung und der Mindestüberdeckungen der Dachdeckungselemente gemacht, welche für eine regensichere Ausbildung eingehalten werden müssen. Diese sollten auch als Mindestanforderungen gegenüber Schnee gesehen werden. Gegen extreme Witterungserscheinungen, wie zum Beispiel Flugschnee, kann das kurzfristige Eintreten von Feuchtigkeit unter die Dachdeckung nur ausgeschlossen werden, wenn zusätzliche Maßnahmen geplant und ausgeführt werden. Bei der Unterschreitung der Regeldachneigung werden Zusatzmaßnahmen zur Erhöhung der Regensicherheit in Abhängigkeit der Dachdeckungsarten angegeben, die zusätzlich geplant und ausgeführt werden müssen.

Die Richtlinien zur Ausführung von Klempnerarbeiten an Dach und Fassade des Zentralverbands Sanitär Heizung Klima (ZVSHK 2009) ergänzen diese Fachregeln bezüglich der fachgerechten Ausführung von Metalldächern. Desweiteren müssen Flachdächer und flach geneigte Dächer in Deutschland unter Berücksichtigung der ZVDH-Flachdachrichtlinie geplant und dimensioniert werden.

Bei der Planung und Ausführung von Dachabdichtung und dem Schutz vor Feuchtigkeit müssen momentan folgende Richtlinien und Normen beachtet werden:

- DIN 18531 Teil 1–4 (2010-05): Dachabdichtungen – Abdichtungen für nicht genutzte Dächer
- DIN 18195 Teil 5 (2011-12): Abdichtung von Bauwerken – Abdichtungen gegen nichtdrückendes Wasser auf Deckenflächen und in Nassräumen, Bemessung und Ausführung
- ZVDH 2015 Fachregel für Abdichtungen – Flachdachrichtlinie (2008-10)

Um die Gebäudeentwässerungssysteme auf ihre norm- und regelwerkgerechte Ausführung zu überprüfen, müssen die folgenden Regeln berücksichtigt werden:

- DIN EN 12056 Teil 3 (2001-01) Schwerkraftentwässerungsanlagen innerhalb von Gebäuden – Dachentwässerung, Planung und Bemessung
- DIN 1986 Teil 100 (2008-05) Entwässerungsanlagen für Gebäude und Grundstücke – Bestimmungen in Verbindung mit DIN EN 752:2015-10 und DIN EN 12056
- DIN 1986 Teil 30 (2012-03) Entwässerungsanlagen für Gebäude und Grundstücke – Instandhaltung
- ZVDH 2015 Regeln für Dachdeckungen
- ZVSHK 2009 Richtlinien zur Ausführung von Klempnerarbeiten an Dach und Fassade
- FLL 2008 Dachbegrünungsrichtlinie

9

Nähere Erläuterungen zu den einzelnen Regelwerken sind im Kapitel „Starkregen" in Weller et al. 2012 zu finden.

9.3.2 Allgemeine Faktoren

Neben der norm- und regelwerkgerechten Ausführung der Gebäude, welche vorausgehend beschrieben wurde, wird die Verletzbarkeit eines Gebäudes infolge der Einwirkung Schnee durch eine Vielzahl an Faktoren beeinflusst. Sie ergeben sich aus Merkmalen des Gebäudes und des Standorts, welche bei der Planung von Bauvorhaben berücksichtigt werden können. Bildet man beispielsweise die Dachneigung größer aus, ist die Wahrscheinlichkeit geringer, dass sich große Mengen Schnee auf der Dachkonstruktion ansammeln, da ein Teil des Schnees aufgrund der Gravitation abgleitet. Außerdem wird die Entwässerung der Dachflächen für das anfallende Wasser des Abtauvorgangs erleichtert. Diese Zusammenhänge zeigen exemplarisch, wie sich die Geometrie eines Gebäudes auf seine Verletzbarkeit infolge von Schnee auswirkt.

Ein weiterer Faktor kann in den bauphysikalischen Eigenschaften der Dachkonstruktion gesehen werden. Ist der Wärmedurchgang an den Dachflächen eines beheizten Dachgeschosses sehr groß, kann es zum Abtauen des Schnees an den Dachaußenflächen kommen. Das entstehende Schmelzwasser fließt entweder ab oder verbleibt als von außen drückendes Wasser auf der Dachkonstruktion. An kälteren Stellen des Daches, zum Beispiel eine auskragende Traufe, kann das abfließende Schmelzwasser gefrieren und zu einer punktuellen Belastung führen. Die Konzeption eines Daches spielt ebenfalls eine wichtige Rolle. Beispielsweise kann die Verletzbarkeit infolge von Schnee verringert werden, wenn das Dach leicht zugänglich und einsehbar ist.

Dadurch werden die Wartung der einzelnen Bauteile und die Beobachtung der aktuellen Schneelast erleichtert. Infolge dessen können rechtzeitig Sofortmaßnahmen zur Verhinderung von Schäden eingeleitet werden.

Neben den Faktoren, welche sich auf das Gebäude beziehen, beeinflusst der Standort eines Gebäudes ebenso dessen Verletzbarkeit. Beispielsweise ist ein Standort durch seine Makrolage einer Klimazone zugeordnet. Diese wiederum gibt Aufschluss darüber, wie groß die grundsätzliche Gefährdung durch Schnee ist. Weiterhin hat die Mikrolage eines Grundstücks Einfluss auf die Verletzbarkeit von Gebäuden infolge von Schnee. Verdeutlichen lässt sich dies anhand der kleinklimatischen Verhältnisse. Befindet sich ein Grundstück in einem dicht besiedelten Gebiet, kann davon ausgegangen werden, dass die zu erwartende Schneelast aufgrund der leicht erhöhten Temperaturen geringer ist als in einem unbebauten Gebiet. Zudem kann die Schneelast in dauerhaft verschatteten Bereichen des Daches größer sein, da eine Verringerung der Schneedecke durch Sonneneinstrahlung verhindert wird.

Die hier beschriebenen Merkmale sind nur ein kleiner Teil der Menge an Faktoren, welche die Verletzbarkeit von Gebäuden infolge von Schnee beeinflussen können. Einen Überblick über weitere sollen Tabelle 9-5 und Tabelle 9-6 geben.

Tabelle 9-5 Einflussfaktoren für die Verletzbarkeit infolge Schnees bezogen auf den Standort (Hatzfeld und Kurz 2010; Benden et al. 2012).

Faktor		**Einfluss**
Makrolage	Klimazone	Klimazone bestimmt die Relevanz der Einwirkung Schnee
Mikrolage	Kleinklimatische Situation (dichte Besiedelung, Nord-/Südausrichtung des Geländes)	↑ Dichtheit Besiedlung → ↑ Temperatur → ↓Schneelast; Nordausrichtung → ↑ Schneelast, da ↓ Schmelzen durch geringere Sonneneinstrahlung
	Meereshöhe des Geländes	↑ Meereshöhe → ↑ Schneelast
	Witterungsexponiertheit des Geländes (Hanglage, Anhöhe, Bergkuppe, Lage an der See)	↑ Exponiertheit → ↑ Schneelast, Gefahr der Schneeverlagerung durch Wind
	Lage zur Windrichtung	Lage zur Windrichtung bestimmt die gefährdeten Bereiche für höhere Belastungen durch Schneeverfrachtung

9

Tabelle 9-6 Einflussfaktoren für die Verletzbarkeit infolge Schnees bezogen auf das Gebäude (Hatzfeld und Kurz 2010; Benden et al. 2012).

Faktor		Einfluss
Geometrie	Dachneigung	↑ Dachneigung → ↓ Ablagerung von Schnee, erleichtert die Entwässerung für das Schmelzwasser
	Struktur des Daches	↑ Strukturiertheit → ↑ mögliche Stellen, an denen sich Schnee anhäufen kann, ↓ Einsehbarkeit
	Form des Daches	Form beeinflusst, wie viel Schnee sich auf Dach ablagern kann
	Größe der Dachfläche	↑ Größe → ↑ Schneemenge → ↑ Aufwand möglicherweise notwendiger Dachräumung, ↑ Schneemenge, die verweht werden kann
	Spannweite des Daches	↑ Spannweite → ↑ Schnittgrößen infolge der Einwirkung Schnee
	Höhe des Gebäudes	↑ Höhe des Gebäudes → ↑Windexposition → ↑ Gefahr der Schneeverlagerung
	Dachaufbauten	↑ Anzahl Dachaufbauten → ↑ mögliche Stellen, an denen sich Schnee anhäufen kann
	Auskragungen (Balkone, Vordächer, stark überhängende Traufen)	↑ Anzahl der Auskragungen → ↑ Schneeanhäufung durch herabfallenden Schnee von höherliegenden Dachteilen, ↑ Eisbildung an kühlerer Bauwerksteile
	Oberflächenrauigkeit der Dachdeckung	↑ Oberflächenrauigkeit → ↑Haftung des Schnees
Bauphysik	Wärmedurchgang an Dachflächen	↑ Wärmedurchgang → ↑ Gefahr der Bildung von Schmelzwasser, welches an kälteren Stellen gefrieren kann → ↑ punktuelle Belastung
Konzeption	Begehbarkeit der Dachdeckung	↑ Begehbarkeit → bessere Wartung, Abschätzbarkeit der aktuellen Schneelast
	Einsehbarkeit, Zugänglichkeit	↑ Einsehbarkeit, Zugänglichkeit → ↑Wartung, Abschätzbarkeit der aktuellen Schneelast

9

9.4 Baukonstruktive Anpassung

In der Vergangenheit lassen sich zwei unterschiedliche Anpassungsstrategien bezüglich der Einwirkung Schnee finden. In schneearmen Gebieten, in welchen die Hauptbeanspruchungsarten des Daches Wind und Regen waren, wurden sehr steile Dachneigungen ausgeführt, um das Regenwasser möglichst schnell abzuleiten. Dies hatte den Vorteil, dass im Winter eine große Ansammlung von Schnee verhindert werden konnte.

In schneereichen Regionen, zum Beispiel in der Alpenregion, wurden hingegen bevorzugt geneigte Dächer mit geringen Dachneigungen errichtet. Damit wurden ein unkontrolliertes Abrutschen des Schnees verhindert und die guten Dämmeigenschaften von Schnee für den winterlichen Wärmeschutz ausgenutzt. Entsprechend mussten die Tragwerke für sehr große Schneelasten ausgebildet werden (Hummel 2015). Aufgrund der Weiterentwicklung der Dämmtechniken ist dies heutzutage jedoch nicht mehr notwendig. Daraus lässt sich folgern, dass eine ausreichende Dimensionierung der Tragwerke bezüglich der Einwirkung Schnee unbedingt erforderlich ist, jedoch durch eine vorausschauende Planung extreme Schneeablagerungen auf einem Dach verhindert werden können.

Da momentan keine eindeutigen Aussagen über die zukünftige Trendentwicklung der Einwirkung Schnee getroffen werden können, besteht diesbezüglich für die aktuelle Schneelastnorm DIN EN 1991-1-3:2010-12 kein Anpassungsbedarf. Sollte ein solcher Bedarf jedoch zukünftig erkennbar werden, ist dies über eine Erhöhung der Sockelbeträge oder eine Veränderung der Zuordnung zu Schneelastzonen relativ einfach umsetzbar (Weller et al. 2012). Außerdem wurden die Schneelastansätze mit der Einführung der DIN 1055-5:2005-07, deren Lastannahmen in die heute gültige DIN 1991-1-3/NA:2010-12 übernommen wurden, in vielen Gebieten erhöht. Als Beispiel sei hier Bad Bayersoien genannt. Dort wurde die Schneelast von 1,90 kN/m² auf 3,85 kN/m² angehoben (Schwind 2009). Eine Anpassungsnotwendigkeit ergibt sich somit, wenn der Vergleich des Soll-Zustandes mit dem Ist-Zustand des Gebäudes Defizite aufweist. Dadurch können Maßnahmen am Tragwerk, an der Gebäudeentwässerung und der Dachdeckung und -abdichtung nötig werden. Hinzu kommen Maßnahmen, welche der Verhaltensvorsorge dienen.

Wurde das Tragwerk ursprünglich zu gering dimensioniert, muss dieses im Zuge der Anpassungsmaßnahmen verstärkt werden. Dabei sollte immer berücksichtigt werden, dass eine Verstärkungsmaßnahme mit einer Vergrößerung des Eigengewichts oder auch einer Veränderung des statischen Systems verbunden ist. Hierfür muss die Tragfähigkeit der tieferliegenden Bauteile gewährleistet sein. Als Verstärkungsmaßnahme können Querschnittvergrößerungen der tragenden Bauteile, zum Beispiel von Sparren oder Unterzügen, oder eine Verstärkung der Verbindungen gesehen werden. Dabei wird das statische System nicht verändert. Durch Einfügen von neuen Tragglieden, zum Beispiel zusätzlichen Pfettenabstützungen, zur Verringerung der Stützweite des Tragwerks oder das Verwenden von neuen Tragsystemen wird in das statische System eingegriffen.

Die Entwässerungsanlagen müssen so ausgelegt sein, dass der zügige Abtransport des Schmelzwassers sichergestellt ist. Deshalb müssen diese Systeme einer regelmäßigen Kontrolle und Wartung unterzogen werden, um ein Aufstauen von Schmelzwasser zu verhindern. Dies sollte besonders vor angekündigten Schneeereignissen überprüft werden. Bei horizontalen Flächen sollte weiterhin auf ein ausreichendes Entwässerungsgefälle geachtet werden. Außerdem sollten Maßnahmen geplant werden, die ein Zufrieren der Entwässerungsanlagen verhindern. Dies kann beispielsweise durch den Einsatz von Dachrinnenheizungen erfolgen. Hierbei sollten jedoch deren Vor- und Nachteile gegeneinander abgewogen werden. Auch ein mögliches händisches Abschlagen von Eis als Notmaßnahme kann bezüglich der Realisierbarkeit überprüft werden.

Ergibt die Untersuchung des Daches, dass die Regeldachneigung nicht eingehalten wurde, kann untersucht werden, ob durch den Einsatz von Zusatzmaßnahmen oder Anpassung der Unterkonstruktion die geforderte Regensicherheit gewährleistet werden kann. Hier muss besonders darauf geachtet werden, dass die Regeldachneigung auch in Bereichen, in welchen die Dachneigung reduziert wird, zum Beispiel im Traufbereich durch Aufschieblinge, eingehalten wird. Gegebenenfalls muss in diesen Bereichen mit einer anderen Dachdeckungsart gearbeitet werden. Falls eine Umdeckung des Daches geplant wird, kann im Zuge dessen überprüft werden, ob durch die

Verwendung einer anderen Dachdeckungsart eine höhere Sicherheit erreicht werden kann. Wird im Laufe der Untersuchungen eine erhöhte Gefahr durch Eisrückstau festgestellt, sollte ein Unterdach eingebaut werden (Suda und Rudolf-Miklau 2012). Abdichtungen an horizontalen Flächen und an kritischen Detailpunkten auf dem Dach sollten regelmäßig auf ihre Dichtheit überprüft werden.

Eine Anpassungsmöglichkeit im Bereich der Verhaltensvorsorge ist die Verbesserung der Überwachung der Schneelasten während eines Ereignisses, um gezielt vor Überbelastung der Tragwerke warnen zu können. Unbedingt notwendig hierfür ist die Kenntnis der Belastungsgrenze eines Gebäudes bezüglich der Einwirkung Schnee. Der Deutsche Wetterdienst bietet hierfür 72-Stunden-Vorhersagen für die Entwicklung von Schneedecken an. Diese können mit eigenen Schneelastmessungen über Stechzylinder oder festinstallierten Messgeräten, zum Beispiel Schneewaagen und -kissen, kombiniert werden, um die Belastung durch eine Schneedecke qualifiziert beurteilen zu können (Hatzfeld und Kurz 2010).

Das Aufstellen eines Schneeräumungsplanes bildet eine weitere Anpassungsmöglichkeit. Dabei wird ein detaillierter Ablaufplan für eine mögliche Räumung aufgestellt, um asymmetrische Belastungen oder eine Beschädigung der Tragstruktur zu vermeiden. Im Zuge dessen sollten Sicherungssysteme für die Räumarbeiten zur Sicherstellung des Arbeitsschutzes geplant und ausgeführt werden (Suda und Rudolf-Miklau 2012).

9.5 Literatur

Albert et al. 2014	Albert, E.; Bobeth, A.; Hausmann, A.; Kraatz, M.; Küchler, W.; Lattauschke, G.; Mayr-Bednarz, B.; Mellentin,U.; Müller, E.; von Rechenberg, I.; Riehl, G.; Völlings, A.: Kompendium Klima – Sachsen im Klimawandel. Sächsisches Landesamt für Umwelt, Landwirtschaft und Geologie (Hrsg.), Dresden, 2014.
Benden et al. 2012	Benden, J.; Riegel, C.; Trum, A.; Theißen, A.; Roelen, R.; Wentz, F.: Gewerbeflächen im Klimawandel – Leitfaden zum Umgang mit Klimatrends und Extremwettern. StädteRegion Aachen (Hrsg.), Aachen, 2012.
Bernhofer et al. 2011	Bernhofer, C.; Heidenreich, M.; Riedel, K.: Klimafakten zur REGKLAM-Modellregion Dresden. Dresden: Faltblatt, 2011.
Bernhofer & Goldberg 2008	Bernhofer, C.; Goldberg, V.: Sachsen im Klimawandel – Eine Analyse. Sächsisches Staatsministerium für Umwelt und Landwirtschaft (Hrsg.), Dresden, 2008.
DIBt 2015	Deutsches Institut für Bautechnik: Zuordnung der Schneelastzonen nach Verwaltungsgrenzen. https://www.dibt.de/de/Service/Dokumente-Listen-TBB.html, Stand: 23.07.2015.
DIN EN 752	DIN EN 752, Oktober 2015: Entwässerungsanlagen außerhalb von Gebäuden – Kanalmanagement. Berlin: Beuth, 2015.
DIN EN 1991-1-3	DIN EN 1991-1-3, Dezember 2010: Eurocode 1: Einwirkungen auf Tragwerke – Teil 1-3: Allgemeine Einwirkungen, Schneelasten. Berlin: Beuth, 2010.
DIN EN 1991-1-3/NA	DIN EN 1991-1-3/NA, Dezember 2010: Nationaler Anhang – National festgelegte Parameter – Eurocode 1: Einwirkungen auf Tragwerke – Teil 1-3: Allgemeine Einwirkungen – Schneelasten. Berlin: Beuth, 2010.
DIN 1055-5	DIN 1055-5, Juli 2005: Einwirkungen auf Tragwerke – Teil 5: Schnee und Eislasten. Berlin: Beuth, 2005.
DIN 4074-1	DIN 4074-1, Juni 2012: Sortierung von Holz nach der Tragfähigkeit – Teil 1: Nadelschnittholz. Berlin: Beuth, 2012.
DIN EN 12056-3	DIN EN 12056, Januar 2001: Schwerkraftentwässerungsanlagen innerhalb von Gebäuden – Teil 3: Dachentwässerung, Planung und Bemessung. Berlin: Beuth, 2001.

DIN 18195-5	DIN 18195-5, Dezember 2011: Bauwerksabdichtungen – Teil 5: Abdichtungen gegen nichtdrückendes Wasser auf Deckenflächen und in Nassräumen, Bemessung und Ausführung. Berlin: Beuth, 2011.
DIN 18334	DIN 18334, Dezember 2012: VOB Vergabe- und Vertragsordnung für Bauleistungen – Teil C: Allgemeine Technische Vertragsbedingungen für Bauleistungen (ATV) – Zimmer- und Holzbauarbeiten. Berlin: Beuth, 2012.
DIN 18531	DIN 18531, Mai 2010: Dachabdichtungen – Abdichtungen für nicht genutzte Dächer. Teile 1 bis 4. Berlin: Beuth, 2010.
DIN 1986-30	DIN 1986-30, März 2012: Entwässerungsanlagen für Gebäude und Grundstücke – Teil 30: Entwässerungsanlagen für Gebäude und Grundstücke – Instandhaltung. Berlin: Beuth, 2012.
DIN 1986-100	DIN 1986-100, Mai 2008: Entwässerungsanlagen für Gebäude und Grundstücke – Teil 100: Bestimmungen in Verbindung mit DIN EN 752 und DIN EN 12056. Berlin: Beuth, 2008
Egli 2007	Egli, T.: Wegleitung Objektschutz gegen meteorologische Naturgefahren. Bern: Vereinigung Kantonaler Feuerversicherungen (Hrsg.), 2007.
FLL 2008	Forschungsanstalt Landschaftsentwicklung Landschaftsbau e. V. (FLL) (Hrsg.): Dachbegrünungsrichtlinie. Forschungsgesellschaft Landschaftsentwicklung Landschaftsbau e. V., 2008.
Günther et al. 2006	Günther, T.; Rachner, M.; Matthäus, H.: Langzeitverhalten der Schneedecke in Baden-Württemberg und Bayern. KLIWA-Berichte, Heft 6; Arbeitskreis KLIWA (Hrsg.), Bayerisches Landesamt für Wasserwirtschaft, München, 2006.
Handke 2007	Handke, G.: Schneedruck – der unbekannte Schaden. In: Schadenprisma. Ausgabe 1-2007. Düsseldorf: Verband der öffentlichen Versicherer (Hrsg.), 2007. Seite 10–14.
Hatzfeld & Kurz 2010	Hatzfeld, F.; Kurz, S.: Klimaangepasstes Bauen – Kriteriensteckbrief „Widerstandsfähigkeit gegen Naturgefahren: Wind, Starkregen, Hagel, Schnee/feuchte Winter und Hochwasser“. Hydrotec Ingenieurgesellschaft für Wasser und Umwelt, Aachen, 2010. Forschungsbericht. BBSR Forschungsprogramm Zukunft Bau. Aktenzeichen 10.08.17.7-09.19.
Hummel 2015	Hummel, M.: Satteldach – die einfache Konstruktion hat sich bewährt. http://www.bauen.de/ratgeber/hausbau/dach/dachformen/artikel/artikel/satteldach-die-einfache-konstruktion-hat-sich-bewaehrt.html, Stand: 21.08.2015.

KlimafolgenOnline 2015 — http://www.klimafolgenonline.com/, Stand: 29.07.2015.

Munich Re 2010 — Münchener Rückversicherungs-Gesellschaft: Winter damage in Germany – Significant events between 1970 and 2009. Münchener Rückversicherungs-Gesellschaft (Hrsg.), 2010.

Munich Re 2011 a — Münchener Rückversicherungs-Gesellschaft: NATCAT-SERVICE – Naturkatastrophen-Knowhow für Risikomanagement und Forschung. Münchener Rückversicherungs-Gesellschaft (Hrsg.), 2011.

Munich Re 2011 b — Münchener Rückversicherungs-Gesellschaft: Topics Geo – Naturkatastrophen 2010. Münchener Rückversicherungs-Gesellschaft (Hrsg.), 2011.

Munich Re 2012 — Münchener Rückversicherungs-Gesellschaft: Topics Geo – Naturkatastrophen 2011. Münchener Rückversicherungs-Gesellschaft (Hrsg.), 2012.

Munich Re 2013 — Münchener Rückversicherungs-Gesellschaft: Topics Geo – Naturkatastrophen 2012. Münchener Rückversicherungs-Gesellschaft (Hrsg.), 2013.

Regionaler Klimaatlas 2015 — http://www.regionaler-klimaatlas.de/klimaatlas/2071-2100/jahr/schneetage/sachsen/mittlereanderung.html, Stand: 30.07.2015

Schwind 2009 — Schwind, W.: Die neue Schneelastnorm DIN 1055-5 kritisch hinterfragt. In: Bautechnik 86 (2009), Heft 10. Berlin: Ernst & Sohn Verlag, 2009.

Statistisches Landesamt des Freistaates Sachsen 2014 — Statistisches Landesamt des Freistaates Sachsen (Hrsg.): Statistisches Jahrbuch Sachsen 2014. Kamenz: 2014.

Suda & Rudolf-Miklau 2012 — Suda, J.; Rudolf-Miklau, F. (Hrsg.): Bauen und Naturgefahren – Handbuch für konstruktiven Gebäudeschutz. Wien: Springer-Verlag, 2012.

Weller et al. 2012 — Weller, B.; Naumann, T.; Jakubetz, S. (Hrsg.): Gebäude unter den Einwirkungen des Klimawandels. Berlin: Rhombus, 2012.

ZVDH 2015 — Zentralverband des Deutschen Dachdeckerhandwerks (ZVDH) – Fachverband Dach-, Wand- und Abdichtungstechnik – e. V. (Hrsg.): Deutsches Dachdeckerhandwerk – Regelwerk. Inkl. Fachregeln Dachdeckungen und Fachregel für Abdichtungen – Flachdachrichtlinie. 2015.

ZVSHK 2009 Zentralverband Sanitär Heizung Klima (ZVSHK) (Hrsg.): Richtlinien für die Ausführung von Klempnerarbeiten an Dach und Fassade (Klempnerfachregeln). November 2009.

10 Wirtschaftlichkeit von Anpassungsmaßnahmen

10.1 Theorie und Abgrenzung

In der Deutschen Anpassungsstrategie an den Klimawandel wird gefordert, dass Anpassungsmaßnahmen kosteneffizient sein sollten (Bundesregierung 2008, S. 7). Das Aufzeigen der wirtschaftlichen Vorteilhaftigkeit von Klimaanpassungsmaßnahmen ist ein bedeutender Aspekt, um entsprechende Investitionsentscheidungen herbeizuführen. Eine grundlegende Voraussetzung, um die in den vorhergehenden Kapiteln beschriebenen Klimaanpassungsmaßnahmen einer Wirtschaftlichkeitsbetrachtung zuführen zu können, ist eine Bewertung des durch die Maßnahme verhinderten Schadens oder des dadurch erzielten Nutzens in Geldeinheiten. Während die klimatischen Einwirkungen Überflutung, Starkregen und Hagel tatsächlich in Geldeinheiten bewertbare Schäden an der Gebäudesubstanz hervorrufen, ist dies bei der Einwirkung Sommerhitze nur sehr selten der Fall.

Grundsätzlich kann zwischen statischen und dynamischen Investitionsrechenverfahren unterschieden werden. Im Gegensatz zu den statischen Investitionsrechenverfahren berücksichtigen die dynamischen Verfahren den unterschiedlichen zeitlichen Anfall von Zahlungen (Poggensee 2015, S. 92). Durch einen festgelegten Zinssatz i werden sämtliche Zahlungsströme auf einen gemeinsamen Bezugszeitpunkt verschoben. Dadurch wird der durch die Verzinsung bedingte Zeitwert des Geldes berücksichtigt (Perridon et al. 2012, S. 32). Demnach ist eine Einzahlung zum jetzigen Zeitpunkt mehr wert als eine betragsmäßig gleich hohe Einzahlung in der Zukunft, da in der Zwischenzeit durch die Investition des Geldes Zinsgewinne erzielt werden können. Wird eine zukünftige Zahlung auf den Investitionsbeginn abgezinst, dann spricht man vom Barwert, wird sie auf das Ende der Nutzungszeit aufgezinst, vom Endwert.

Abzinsungsfaktor

$$(1+i)^{-n} \tag{10-1}$$

Aufzinsungsfaktor

$$(1+i)^{n} \tag{10-2}$$

Dabei ist n die Anzahl der Jahre, um die eine Zahlung zeitlich verschoben wird. Die eingeführten Faktoren berücksichtigen sowohl den Zins als auch den Zinseszins. Bei den klassischen dynamischen Investitionsrechenverfahren werden die Zahlungsströme eines Jahres vereinfachend auf den Zeitpunkt Jahresende bezogen, eine unterjährige Verzinsung bleibt demzufolge unberücksichtigt (Poggensee 2015, S. 94).

Sobald es möglich ist, den durch eine Klimaanpassungsmaßnahme verhinderten Schaden oder erzielten Nutzen in Geldeinheiten zu bewerten, können prinzipiell alle bekannten Investitionsrechenverfahren angewenpdet werden. In den folgenden Kapiteln wird für jede Einwirkung jeweils nur eine Methode zur Beurteilung der Wirtschaftlichkeit aufgezeigt. Andere Methoden zur Investitions- und Wirtschaftlichkeitsrechnung können der entsprechenden Literatur entnommen werden (zum Beispiel Poggensee 2015; Götze 2014; Kruschwitz 2014; Perridon et al. 2012). Des Weiteren wird nur betrachtet, ob eine Einzelinvestition in Form einer Klimaanpassung wirtschaftlich sinnvoll ist. Es wird nicht dargestellt, wie aus verschiedenen Ertüchtigungsvorschlägen der wirtschaftlichste ausgewählt werden kann.

Zur Bewertung der Wirtschaftlichkeit von Anpassungsmaßnahmen an die klimatischen Einwirkungen Überflutung, Starkregen und Hagel wurde eine durch die Deutsche Vereinigung für Wasserwirtschaft, Abwasser und Abfall e. V. vorgeschlagene Herangehensweise verwendet (DWA 2012). Dabei werden sowohl die Investitionskosten für eine Anpassungsmaßnahme als auch die durch ein Unwetterereignis entstandene Schadenssumme gegenübergestellt. Durch die finanzmathematische Aufbereitung aller Kosten über einen bestimmten Betrachtungszeitraum erhält man ein dynamisches Investitionsrechenverfahren. Die theoretischen Grundlagen hierzu werden in Kapitel 10.3 vorgestellt und für die anderen Einwirkungen nur noch angewendet.

Sämtliche ermittelte und finanzmathematisch umgerechneten Kosten sind von den getroffenen Annahmen für Zinssätze, Preissteigerungen und Baukosten abhängig und dadurch mit mehr oder weniger hohen Risiko- und Unsicherheitsmomenten behaftet. Die Abschätzung dieses Risikos über die Variation der Eingangsparameter ist daher sinnvoll. Auch die Ermittlung von kritischen Werten, bei welchen eine Anpassungsmaßnahme nicht mehr sinnvoll wäre, gilt als hilfreich. Statische Investitionsrechenverfahren sollten heute nicht mehr angewendet werden.

In den folgenden Kapiteln wird für jede Einwirkung beispielhaft eine Wirtschaftlichkeitsbetrachtung durchgeführt, die es Ingenieuren in einer frühen Planungsphase ermöglichen soll, die wirtschaftliche Sinnhaftigkeit einer Investition überschlägig festzustellen. Zudem wird der Zweck verfolgt, einen Anknüpfungspunkt für die Wirtschaftswissenschaften zu schaffen, um dadurch eine wissenschaftsübergreifende Thematisierung des gesamtgesellschaftlichen Problems der Anpassung an den Klimawandel zu ermöglichen.

10.2 Sommerhitze

Eine grundlegende Voraussetzung, um Klimaanpassungsmaßnahmen einer Wirtschaftlichkeitsbetrachtung zuführen zu können, ist eine Bewertung des durch die Maßnahme verhinderten Schadens oder des dadurch erzielten Nutzens in Geldeinheiten. Dies stellt für die klimatische Einwirkung Sommerhitze ein besonderes Problem dar. Durch hohe Sonneneinstrahlung oder hohe Lufttemperaturen während des Sommers werden nur selten direkte, monetarisierbare Schäden an Bauwerken verursacht. Ausnahmen sind insbesondere aus dem Straßenbau in Form von Spurrinnen bei Asphaltstraßen (TMLFUN 2013) und Blow-ups bei Betonstraßen (Tröltzsch et al. 2012, S 12 ff.) bekannt. Die Anzahl direkter, hitzebedingter Schäden an Gebäuden ist deutlich zu gering, als dass man daraus einen dringenden, wirtschaftlich begründeten Handlungsbedarf ableiten könnte. Für die klimatische Einwirkung Sommerhitze sind nicht Schäden an der Bausubstanz von entscheidender Bedeutung, sondern vielmehr die Beeinträchtigung der Gebäudenutzer durch hohe Innenraumtemperaturen. Um Klimaanpassungsmaßnahmen zur Verbesserung des sommerlichen Wärmeschutzes über Investitionsrechenverfahren bewerten zu können, besteht eine wesentliche Aufgabe darin, die thermische Innenraumqualität in Geldeinheiten zu bewerten. Hierfür wurden drei Ansätze untersucht (Fahrion 2015).

10.2.1 Mietminderungen

Der Ansatz einer geminderten Miete für Räume, in denen im Sommer unbehaglich hohe Raumtemperaturen auftreten, stellt eine prinzipielle Möglichkeit dar, einen unzureichenden sommerlichen Wärmeschutz in Geldeinheiten zu bewerten. Bei der gewerblichen Miete von Räumen haben mehrere Gerichte einen Sachmangel nach § 536 BGB festgestellt, wenn in den angemieteten Räumen im Sommer eine lang andauernde Überhitzung auftritt (OLG Rostock 2000; LG Bielefeld 2003; OLG Hamm 2007). Gemäß § 535 BGB, Abs. 1, Satz 2 hat der Vermieter die Mietsache dem Mieter in einem zum vertragsgemäßen Gebrauch geeigneten Zustand zu überlassen und sie während der Mietzeit in diesem Zustand zu erhalten. Dafür ist es nicht bereits ausreichend, wenn das Objekt bautechnisch den anerkannten Regeln der Technik genügt (OLG Rostock 2000; OLG Hamm 2007; OLG Naumburg 2009). Vielmehr müssen gewerbliche Räume auch ohne ausdrückliche Abrede so beschaffen sein, dass die nach dem Vertragszweck vorgesehene Nutzung darin in zulässiger Weise ausgeübt werden kann (OLG Rostock 2000; LG Bielefeld 2003). Ist hierzu die Beschäftigung von Arbeitnehmern in den angemieteten Räumen erforderlich, muss den Anforderungen der Verordnung über Arbeitsstätten (ArbStättV) genügt werden. Die ArbStättV fordert eine „gesundheitlich zuträgliche Raumtemperatur". Dies wurde in der bis zum Juni 2010 gültigen Technischen Regel für Arbeitsstätten (ASR) 6 Raumtemperaturen in Abschnitt1, Punkt 3.3 folgendermaßen konkretisiert: Die Lufttemperatur in Arbeitsräumen soll +26 °C nicht überschreiten. Bei darüberliegender Außentemperatur darf in Ausnahmefällen die Lufttemperatur höher sein. Da weder in der ArbStättV noch in der ASR 6 konkrete Angaben gemacht wurden, wie sich die Lufttemperatur in Arbeitsräumen bei Außentemperaturen über +26 °C verhalten darf, haben die Gerichte zur Konkretisierung die inzwischen zurückgezogene DIN 1946-2:1994-01 verwendet. Die betreffende Norm war eigentlich für raumlufttechnische Anlagen gültig und wurde durch die DIN EN 13779:2007-09 ersetzt. Als erstmalig die DIN 1946-2:1994-01 durch das OLG Köln herangezogen wurde, hat das Gericht ausdrücklich darauf hingewiesen, dass die genannten Regelungen im Streitfall nicht unmittelbar einschlägig sind, aber mit den Ausführungen des Sachverständigen übereinstimmen (OLG Köln 1991). Als Folge des erläuterten Argumentationsganges wurde in mehreren Verfahren folgender Grundsatz geprägt: Es sind die bautechnischen Voraussetzungen zu schaffen, dass bei einer Außentemperatur bis zu 32 °C die Innentemperatur regelmäßig 26 °C nicht übersteigt und bei höheren Außentemperaturen die Innentemperatur regelmäßig mindestens 6 K unter der Außentemperatur liegt.

Die erläuterte Argumentation über die ArbStättV, die ASR 6 und die DIN 1946-2:1994-01 ist in Rechtsprechung und Literatur allerdings umstritten. So schließt sich das OLG Frankfurt ausdrücklich nicht der Argumentation des OLG Hamm, des OLG Köln und des LG Bielefeld an (OLG Frankfurt 2007). Das OLG Frankfurt sieht in dem Versuch, die DIN 1946-2:1994-01 bei nicht klimatisierten Gebäuden anzuwenden, ein Missverständnis der Norm, da diese sich eben gerade nicht an Erbauer oder Vermieter von nicht klimatisierten Gebäuden richtet, sondern an Klimaanlagenbauer und Architekten, welche Klimaanlagen einbauen lassen. Das OLG Frankfurt betont auch, dass der Adressat der Verordnung über Arbeitsstätten nicht der Vermieter, sondern ausschließlich der Arbeitgeber, also der Mieter ist. Das OLG Frankfurt sieht als wesentliche Norm, die für einen vertragsgemäßen Zustand der Mietsache heranzuziehen ist, die DIN 4108-2:2013-02. Auch Herrlein sieht in seinem Kommentar die DIN 4108-2:2013-02 als wesentliche

Grundlage, um zu beurteilen, ob Mieträume hinsichtlich einer Überhitzung im Sommer mangelfrei sind (Herrlein 2007).

Die obigen Ausführungen zeigen, dass die Rechtsprechung nicht einheitlich ist. Die seit Juni 2010 gültige Technische Regel für Arbeitsstätten ASR 3.5 hat die zu ergreifenden Maßnahmen bei Lufttemperaturen im Raum über 26 °C konkretisiert und des Weiteren festgelegt, dass erst ab Lufttemperaturen über +35 °C ein Raum nicht mehr als Arbeitsraum geeignet ist. Wie sich dies auf die Rechtsprechung auswirken wird, ist bisher ungeklärt (Fahrion 2015).

Tabelle 10-1 Gerichtlich bestätigte Minderungsquoten bei Überhitzung von Mieträumen.

Minderungsquote	Gericht, Datum, Aktenzeichen
Gewerbliche Miete	
16,5 %	OLG Rostock, Urteil vom 29.12.2000, Az. 3 U 83/98
16,6 %	OLG Naumburg, Urteil vom 13.10.2009, Az. 9 U 45/09
33 %	KG Berlin, Urteil vom 02.09.2002, Az. 8 U 146/01
Wohnraummiete	
20 %	AG Hamburg, Urteil vom 10.05.2006, Az. 46 C 108/04

Das einzige Urteil, bei dem bei der Miete von Wohnräumen eine Entscheidung über eine Mietminderung gefallen ist, stammt vom Amtsgericht Hamburg (AG Hamburg 2006). Hierbei wurde durch einen Sachverständigen festgestellt, dass die zum Zeitpunkt der Erbauung des Gebäudes geltenden Bestimmungen der Wärmeschutzverordnung 1995 und der DIN 4108 „Wärmeschutz im Hochbau" nicht eingehalten wurden. Insbesondere fehlte an den großflächigen Südfenstern ein ausreichender Sonnenschutz.

DIN-Normen werden nur dann zur Beurteilung des vertraglich geschuldeten Bauzustandes einer Mietsache herangezogen, wenn auch durch Auslegung keine zwischen den Vertragsparteien vereinbarte Beschaffenheit ermittelt werden kann (Spielbauer 2013, S 357 f., Rn 27 und 28). Dabei ist nach der Verkehrsanschauung grundsätzlich der bei der Errichtung des Gebäudes geltende Maßstab anzusetzen (BGH 2004; BGH 2009; BGH 2010). Das bedeutet, die zur Erbauungszeit gültigen Normen sind heranzuziehen. Wird hingegen ein saniertes beziehungsweise modernisiertes Objekt vermietet, dann kann der Mieter erwarten, dass die erneuerten Ausstattungsmerkmale dem zum Zeitpunkt der Sanierung üblichen Standard entsprechen (Börstinghaus 2005). Ob beispielsweise der Austausch oder die nachträgliche Installation von Sonnenschutzvorrichtungen bei einer Sanierung dazu führt, dass insgesamt die zur Zeit der Sanierung gültigen Vorgaben für den sommerlichen Wärmeschutz einzuhalten sind, ist ungeklärt.

Eine Mietminderung kann folglich nur dann zweifelsfrei durchgesetzt werden, wenn der Nachweis des sommerlichen Wärmeschutzes nach der zum Zeitpunkt der Erbauung gültigen Norm nicht erfüllt ist. In den anderen Fällen ist die Rechtsprechung uneinheitlich, beziehungsweise die Fragestellungen sind noch nicht richterlich geklärt. Es ist davon auszugehen, dass der sommerliche Wärmeschutz der Mehrzahl der Bestandsgebäude den zum jeweiligen Zeitpunkt der Erbauung gültigen technischen Regeln entspricht. Aus diesem Grund könnte nur bei den schlechtesten Gebäuden eines jeden Baualters eine Mietminderung mit Sicherheit angesetzt werden, um die Qualität des sommerlichen Wärmeschutzes in Geldeinheiten zu bewerten. Wie die obigen Ausführungen zeigen, ist in den meisten anderen Fällen der Ansatz einer geminderten Miete durchaus mit erheblichen Unsicherheiten behaftet. Folglich würde diese Herangehensweise nur die Einhaltung einer Mindestqualität überprüfen und bei deren Unterschreitung eine Mietminderung vorsehen. Über den Standard hinausreichende Verbesserungen des sommerlichen Wärmeschutzes könnten wirtschaftlich nicht bewertet werden (Fahrion 2015). Zudem wäre der Vermieter zur Beseitigung des Mangels verpflichtet, so dass eine Mietminderung in der Regel nicht über mehrere Jahre ansetzbar wäre. Die Möglichkeiten zur Wirtschaftlichkeitsbewertung über einen geminderten Mietzins werden noch ausführlicher in Fahrion 2015 diskutiert.

10.2.2 Heizwärme- und Kühlbedarf

Baukonstruktive Klimaanpassungsmaßnahmen zur Verbesserung des sommerlichen Wärmeschutzes führen prinzipiell zu einer Reduktion des Kühlbedarfs. Häufig führen die Maßnahmen aber auch gleichzeitig zu einer Verminderung des Heizwärmebedarfs. Beispielsweise hat der in Kapitel 4.4.3 vorgestellte Austausch bestehender Kunststofffenster mit luftgefüllter Zweischeiben-Isolierverglasung gegen moderne Fenster mit Zweischeiben-Wärmeschutzverglasung und Sonnenschutz im Scheibenzwischenraum auch eine Reduktion der Wärmedurchgangskoeffizienten und damit des Heizwärmebedarfs zur Folge. Eine Reduktion des Kühl- und des Heizwärmebedarfs wirkt sich direkt auf die Betriebskosten des betreffenden Gebäudes aus. Für eine Wirtschaftlichkeitsbetrachtung können die jährlichen Energieeinsparungen den Investitionskosten für die Klimaanpassungsmaßnahme gegenübergestellt werden. In zahlreichen Fällen ist die Einsparung von Betriebskosten für eine technische Gebäudekühlung jedoch rein fiktiv, da die Gebäude gar nicht oder nur in einzelnen Räumen mit einer Kühlanlage ausgerüstet sind. Während in Deutschland Kühlanlagen in Nichtwohngebäuden noch relativ häufig zum Einsatz kommen, stellen sie bei Wohngebäuden eine Ausnahme dar.

Die eingesparten Energiekosten können nicht direkt über die Reduktion des Heizwärme- und Kühlbedarfs bestimmt werden. Um die tatsächlich benötigte Energiemenge ermitteln zu können, die zur Sicherstellung definierter Raumtemperaturen erforderlich ist, müssen noch die Verluste der Anlagentechnik bei der Übergabe, Verteilung, Speicherung und Erzeugung der Nutzwärme und -kälte bilanziert werden. Zudem müssen auch die von der Anlagentechnik benötigten Hilfsenergien berücksichtigt werden. Es muss folglich der erforderliche Endenergiebedarf bestimmt werden. Dies ist auch deshalb von Bedeutung, da nicht davon ausgegangen werden kann, dass nach einer Sanierung der Gebäudehülle die vorhandene Anlagentechnik mit derselben Effizienz arbeitet wie zuvor. Ebenso werden sich die infolge des Klimawandels veränderten Klimarandbedingungen auf die Effizienz der installierten Anlagentechnik auswirken (Fahrion 2015).

Vereinfachte Ansätze zur Ermittlung des Endenergiebedarfs über Erfahrungswerte oder tabellierte Kennwerte sind in der Regel ungeeignet, da sie die veränderten Klimarandbedingungen vernachlässigen. Dies trifft beispielsweise auch auf das Kennwerteverfahren zur Bewertung des Endenergiebedarfs für die Kälteerzeugung nach DIN V 18599-7:2011-12, S. 51 zu. Zur Bestimmung der Effizienz der eingesetzten Anlagentechnik wären zusätzlich zu den thermischen Gebäudesimulationen detaillierte Anlagensimulationen erforderlich.

Ist in einem Gebäude keine Kühlanlage installiert, dann ließe sich die wirtschaftliche Vorteilhaftigkeit einer Klimaanpassungsmaßnahme dadurch ermitteln, dass sowohl für den Zustand vor der Klimaanpassung als auch für den Zustand nach der Klimaanpassung eine Kühlanlage projektiert würde. Da der Kühlbedarf infolge der Klimaanpassungsmaßnahme sinkt, ist in diesem Fall eine kleinere und kostengünstigere Kühlanlage ausreichend. Das bedeutet, die Investitionskosten für die Kühlanlage sind geringer, gleichzeitig sind auch die jährlichen Betriebskosten reduziert. Für eine Wirtschaftlichkeitsbetrachtung könnten dann die Einsparungen bei den Investitions- und den Betriebskosten der Kühlanlage den Kosten der Klimaanpassungsmaßnahme gegenübergestellt werden. Der aufgezeigte Ansatz zur Wirtschaftlichkeitsbetrachtung erfordert allerdings vertieftes anlagentechnisches Wissen und zusätzlichen Aufwand bei der Anlagensimulation. Zudem müssen für Gebäude ohne Kühlanlage zwei fiktive Kühlsysteme projektiert werden, die allerdings nicht realisiert werden. Vereinfachte Herangehensweisen zur Bewertung der Anlagentechnik über tabellierte Kennwerte unter verschiedenen Klimarandbedingungen könnten Abhilfe schaffen (Fahrion 2015).

10.2.3 Leistungsfähigkeit

Im Folgenden wird auf Grundlage des in Kapitel 4.1, Bild 4-1 vorgestellten linearen Zusammenhangs zwischen Temperatur und Leistungsfähigkeit beispielhaft eine Wirtschaftlichkeitsbetrachtung für eine Klimaanpassungsmaßnahme durchgeführt. Bei diesem von Seppänen und Fisk aufgestellten linearen Zusammenhang wird davon ausgegangen, dass ab einer Temperatur von 25 °C die geistige Leistungsfähigkeit um 2 % je Kelvin Temperaturanstieg abnimmt (Seppänen und Fisk 2006, S. 421 f.). Für die hier durchgeführte Betrachtung musste der lineare Zusammenhang über den Gültigkeitsbereich zwischen 25 °C und 33 °C hinaus extrapoliert werden. Eine Fortschreibung des linearen Zusammenhangs für höhere Temperaturen ist tendenziell als unkritisch zu beurteilen, da davon auszugehen ist, dass bei höheren Temperaturen die Leistungsfähigkeit eher überproportional abnimmt.

Die Wirtschaftlichkeitsanalyse wurde für ein Gebäude des Typs Leipzig ohne Kühlanlage durchgeführt (Fahrion 2015). Betrachtet wurde die in Kapitel 4.4.1 vorgestellte Anpassungsmaßnahme mit automatisierten Lamellenfenstern, Sonnenschutzverglasung in den nordorientierten Fenstern und den Treppenhausfassaden, Nachrüstung außenliegender, strahlungsgesteuerter Lamellenraffstores an den sonstigen Fenstern sowie Einbau einer abgehängten Decke mit PCM.

10 Grundlage für die durchgeführten Untersuchungen sind die thermischen Gebäudesimulationen für das Gebäude des Typs Leipzig mit den Randbedingungen der DIN 4108-2:2013-02 (Fahrion 2015). Es wurden die operativen Temperaturen θ_{op} während der nach DIN 4108-2:2013-02 definierten Nutzungszeit (7.00 Uhr bis 18.00 Uhr) in sämtlichen Büroräumen des Gebäudes für die Klimadatensätze mit den Bezugszeiträumen 1988 bis 2007 (TRY 2010) und 2021 bis 2050 (TRY 2035) sowohl im Zustand vor als auch nach der Umsetzung der Klimaanpassungsmaßnahme ausgegeben. Die Reduktion der Leistungsfähigkeit kann für jede Bürozone und jede Stunde der Nutzungszeit mit folgendem Zusammenhang berechnet werden:

$$P = \frac{(2 \cdot \theta_{op} - 50)}{100} \tag{10-3}$$

Herrscht in einem Büroraum während der Nutzungszeit eine operative Temperatur von 30 °C, dann ist die Leistungsfähigkeit der Personen in diesem Raum in dieser Stunde um 10 % reduziert. Eine um 10 % reduzierte Leistungsfähigkeit ist gleichbedeutend mit einem Arbeitszeitverlust von 0,1 Stunden oder sechs Minuten pro Person, die sich in dem entsprechenden Raum aufhält. Summiert man die Arbeitszeitverluste pro Person für jede Bürozone über das Jahr auf und multipliziert sie mit der Anzahl der Personen, dann ergeben sich die Arbeitszeitverluste pro Zone. Ist unbekannt, wie viele Arbeitsplätze sich in einem Raum befinden, dann kann dies mittels der Richtwerte der Technischen Regel für Arbeitsstätten ASR A1.2 abgeschätzt werden. Gemäß ASR A1.2 beträgt der Flächenbedarf je Arbeitsplatz einschließlich Möblierung und anteiliger Verkehrsfläche im Raum zwischen 8 m² und 10 m².

Die Summe der Arbeitszeitverluste aller Zonen ergeben die Arbeitszeitverluste pro Gebäude und Jahr. Für das untersuchte Gebäude des Typs Leipzig ergeben sich die in Tabelle 10-2 dargestellten Arbeitszeitverluste. Die Differenz zwischen den Arbeitszeitverlusten vor und nach Durchführung der Klimaanpassungsmaßnahme stellt den Nutzen der Klimaanpassungsmaßnahme dar. Multipliziert man die Differenz der Arbeitszeitverluste mit den entsprechenden Arbeitskosten der in dem Gebäude beschäftigten Mitarbeiter, ergibt sich der in Geldeinheiten bewertete wirtschaftliche Vorteil für das Unternehmen (Fahrion 2015).

Tabelle 10-2 Arbeitszeitverluste pro Jahr für das untersuchte Gebäude (Fahrion 2015).

Klimadatensatz	Summe der Arbeitszeitverluste [h/a] aller Zonen	
	vor Klimaanpassung	nach Klimaanpassung
1988–2007 (TRY 2010)	11.918,09	2.058,79
2021–2050 (TRY 2035)	18.547,09	4.309,43

Bei einem realen Projekt können die Arbeitskosten aller in dem betreffenden Gebäude arbeitenden Personen durch die Personalabteilung des Unternehmens exakt aufgestellt werden. Da dies im dargestellten Beispiel nicht möglich war, wurde auf die letzte Arbeitskostenerhebung durch das Statistische Bundesamt aus dem Jahr 2012 zurückgegriffen (Statistisches Bundesamt 2015a). Demnach betrugen im Jahr 2012 die durchschnittlichen Nettoarbeitskosten je geleisteter Stunde in den neuen Ländern im Produzierenden Gewerbe und Dienstleistungsbereich 23,45 € (Statistisches Bundesamt 2015b). Die im Folgenden erläuterte, detaillierte Wirtschaftlichkeitsberechnung wurde mit den durchschnittlichen Arbeitskosten für die neuen Länder durchgeführt, da ein entsprechendes Gebäude des Typs Leipzig zum einen grundsätzlich von Unternehmen verschiedener Branchen genutzt werden kann und zum anderen in den alten Bundesländern keine Gebäude des Typs Leipzig existieren. Allerdings kann man auch dort Gebäude finden, die baukonstruktiv mit denen des Typs Leipzig vergleichbar sind.

10

Verwendet wurden hier die Nettoarbeitskosten je geleisteter Stunde. Die Nettoarbeitskosten ergeben sich aus den Bruttoarbeitskosten durch Abzug der von der Bundesagentur für Arbeit erhaltenen Zuschüsse für Lohn- und Gehaltszahlungen. Die geleisteten Arbeitsstunden berechnen sich aus den bezahlten Arbeitsstunden, indem die Urlaubs-, Krankheits-, Feier- und sonstige Ausfalltage abgezogen und die unbezahlten Überstunden hinzuaddiert werden (Statistisches Bundesamt 2015a, S. 10 ff.). Demzufolge sind die Nettoarbeitskosten je geleisteter Arbeitsstunde die dem Arbeitgeber tatsächlich für eine Arbeitsstunde entstehenden Kosten. Die Nutzungsdauer der Investition wurde im vorliegenden Beispiel auf 25 Jahre festgelegt, da nach dieser Zeit mit erneuten Investitionen zu rechnen ist. Beispielweise ist für Schwingflügelbeschläge, wie sie für die vorgesehenen Lamellenfenster benötigt werden, mit einer mittleren Nutzungsdauer von 25 Jahren zu rechnen (BBSR 2011 und IEMB 2008). Es wurde davon ausgegangen, dass die Klimaanpassungsmaßnahme im Verlauf des Jahres 2015 baulich umgesetzt wird und der daraus resultierende Nutzen somit ab dem Jahr 2016 zum Tragen kommt. Mit Hilfe der Arbeitskostenindizes für die Jahre 2013 und 2014 konnten zunächst die Arbeitskosten für das Jahr 2014 zu 24,26 € bestimmt werden. Für beide Jahre ist die Veränderung gegenüber dem Vorjahr mit +1,7 % angegeben. Zur Ermittlung der Arbeitskosten für die folgenden Jahre wurde die durchschnittliche jährliche Steigerung der Arbeitskosten auf Grundlage der Arbeitskostenindizes der Jahre 2001 bis 2014 zu 1,84 % bestimmt (Statistisches Bundesamt 2015c). Somit errechnen sich für das Jahr 2016 durchschnittliche Arbeitskosten in den Neuen Ländern von 25,16 € (Tabelle 10-3).

Tabelle 10-3 Ermittlung des finanziellen Nutzens aus der gesteigerten Leistungsfähigkeit der Mitarbeiter im untersuchten Gebäude (Fahrion 2015).

Jahr	Differenz Arbeitszeitverluste [h/a]	Arbeitskosten [€/h]	Berücksichtigung Arbeits-/ Nutzungszeit	Feiertage, Urlaub, Krankheit, unbezahlte Überstunden	Einzahlungen aus gesteigerter Leistungsfähigkeit [€]
2016	9.859,30	25,16	8/11	217,5/261	150.339,39
2017	9.859,30	25,62	8/11	217,5/261	153.088,04
2018	9.859,30	26,09	8/11	217,5/261	155.896,45
2019	9.859,30	26,57	8/11	217,5/261	158.764,61
2020	9.859,30	27,06	8/11	217,5/261	161.692,52
2021	14.237,66	27,56	8/11	217,5/261	237.812,07
2022	14.237,66	28,07	8/11	217,5/261	242.212,80
2023	14.237,66	28,59	8/11	217,5/261	246.699,82
2024	14.237,66	29,12	8/11	217,5/261	251.273,13
2025	14.237,66	29,66	8/11	217,5/261	255.932,72
2026	14.237,66	30,21	8/11	217,5/261	260.678,61
2027	14.237,66	30,77	8/11	217,5/261	265.510,79
2028	14.237,66	31,34	8/11	217,5/261	270.429,25
2029	14.237,66	31,92	8/11	217,5/261	275.434,00
2030	14.237,66	32,51	8/11	217,5/261	280.525,05
2031	14.237,66	33,11	8/11	217,5/261	285.702,38
2032	14.237,66	33,72	8/11	217,5/261	290.966,00
2033	14.237,66	34,34	8/11	217,5/261	296.315,91
2034	14.237,66	34,97	8/11	217,5/261	301.752,10
2035	14.237,66	35,61	8/11	217,5/261	307.274,59
2036	14.237,66	36,27	8/11	217,5/261	312.969,65
2037	14.237,66	36,94	8/11	217,5/261	318.751,01
2038	14.237,66	37,62	8/11	217,5/261	324.618,65
2039	14.237,66	38,31	8/11	217,5/261	330.572,58
2040	14.237,66	39,01	8/11	217,5/261	336.612,80

Da sich die Nettoarbeitskosten je geleisteter Stunde auf die real erbrachten Arbeitszeiten pro Jahr beziehen, müssen die Nutzungszeiten der DIN 4108-2:2013-02 auf die real geleisteten Arbeitsstunden umgerechnet werden. Die Norm geht von einem fiktiven Kalender aus, der nur aus Wochentagen und Wochenenden besteht. Feiertage und Urlaubszeiten bleiben unberücksichtigt. Das Jahr beginnt an einem Montag, so dass sich insgesamt 261 Wochentage beziehungsweise Arbeitstage ergeben. Die Nutzungszeit ist von 7.00 Uhr bis 18.00 Uhr definiert.

Um einen Bezug auf die geleisteten Arbeitsstunden zu erreichen, erfolgt zunächst eine Umrechnung auf einen achtstündigen Arbeitstag und somit eine Vierzigstundenwoche. Hierzu werden die Arbeitszeitverluste mit dem Faktor 8/11 multipliziert (Tabelle 10-4, Spalte 4). Die tatsächliche Anzahl an Arbeitstagen unterliegt jährlichen Schwankungen, da auch die Anzahl der gesetzlichen Feiertage, die auf Samstage oder Sonntage fallen, Schwankungen unterliegt. Für die neuen Bundesländer wurde hier eine durchschnittliche Anzahl von 253 Arbeitstagen angesetzt. Des Weiteren wurde von 30 bezahlten Urlaubstagen ausgegangen. Zwischen 1991 und 2014 waren die Arbeitnehmer in Deutschland im Mittel 10 Tage krank gemeldet (Statistisches Bundesamt 2015d). Beschäftigte Arbeitnehmer in Vollzeit leisten im Durchschnitt 3 unbezahlte Überstunden pro Monat (Weber et al. 2014, S. 4). Somit ergeben sich pro Jahr 36 unbezahlte Überstunden. Dies entspricht unter Ansatz eines Achtstundentages 4,5 Tagen an unbezahlten Überstunden pro Jahr. Unter der vereinfachten Annahme, dass die Feiertage, Urlaubstage, Krankheitstage und unbezahlten Überstunden gleichmäßig über das Jahr verteilt sind, ergibt sich ein Abminderungsfaktor für die tatsächlichen Arbeitstage von 217,5/261 (Tabelle 10-3, Spalte 5). Werden die durch die Klimaanpassungsmaßnahme weniger anfallenden Arbeitszeitverluste mit den Arbeitskosten und den erläuterten Korrekturfaktoren multipliziert, dann ergeben sich die jährlichen Einzahlungen aus der gesteigerten Leistungsfähigkeit der Mitarbeiter (Fahrion 2015).

Tabelle 10-4 Ermittlung der Summe aller barwertigen Einzahlungsüberschüsse (Fahrion 2015).

Jahr	Einzahlungen aus gesteigerter Leistungsfähigkeit [€]	Auszahlungen für Wartung und Instandhaltung [€]	Einzahlungsüberschüsse pro Periode [€]	Abzinsungsfaktor bei einem Kalkulationszinssatz von 8 %	Barwert der Einzahlungsüberschüsse [€]
2016	150.339,39	15.000,00	135.339,39	0,925925926	125.314,25
2017	153.088,04	15.315,00	137.773,04	0,85733882	118.118,18
2018	155.896,45	15.636,62	140.259,83	0,793832241	111.342,78
2019	158.764,61	15.964,99	142.799,62	0,735029853	104.961,98
2020	161.692,52	16.300,25	145.392,27	0,680583197	98.951,54
2021	237.812,07	16.642,56	221.169,51	0,630169627	139.374,31
2022	242.212,80	16.992,05	225.220,75	0,583490395	131.414,14
2023	246.699,82	17.348,88	229.350,94	0,540268885	123.911,18
2024	251.273,13	17.713,21	233.559,92	0,500248967	116.838,11
2025	255.932,72	18.085,19	237.847,53	0,463193488	110.169,43
2026	260.678,61	18.464,98	242.213,63	0,428882859	103.881,27
2027	265.510,79	18.852,74	246.658,05	0,397113759	97.951,31
2028	270.429,25	19.248,65	251.180,60	0,367697925	92.358,59
2029	275.434,00	19.652,87	255.781,13	0,340461041	87.083,51
2030	280.525,05	20.065,58	260.459,47	0,315241705	82.107,69
2031	285.702,38	20.486,96	265.215,42	0,291890468	77.413,85
2032	290.966,00	20.917,19	270.048,81	0,270268951	72.985,81
2033	296.315,91	21.356,45	274.959,46	0,250249029	68.808,34
2034	301.752,10	21.804,94	279.947,16	0,231712064	64.867,13
2035	307.274,59	22.262,84	285.011,75	0,214548207	61.148,76
2036	312.969,65	22.730,36	290.239,29	0,198655748	57.657,70
2037	318.751,01	23.207,70	295.543,31	0,183940507	54.362,39
2038	324.618,65	23.695,06	300.923,59	0,170315284	51.251,89
2039	330.572,58	24.192,66	306.379,92	0,157699337	48.315,91
2040	336.612,80	24.700,71	311.912,09	0,146017905	45.544,75
					Σ 2.246.134,80

10

Diesen müssen noch die Auszahlungen für Wartung und Instandhaltung gegengerechnet werden (Tabelle 10-4, Spalte 3). Die Preissteigerung für Wartung und Instandhaltung wurde berücksichtigt, indem aus den Preisindizes für die Instandhaltung von Wohngebäuden einschließlich Umsatzsteuer aus den Jahren 2001 bis 2014 eine durchschnittliche jährliche Preissteigerung von 2,1 % ermittelt wurde (Statistisches Bundesamt 2015e). Die sich ergebenden Einzahlungsüberschüsse (Tabelle 10-4, Spalte 4) fallen zu unterschiedlichen Zeitpunkten an.

Bei den dynamischen Investitionsrechenverfahren wird der unterschiedliche zeitliche Anfall von Zahlungen bei der Bewertung von Investitionen berücksichtigt. Im vorliegenden Beispiel wurde entschieden, die Investition in die Klimaanpassungsmaßnahme mit Hilfe der Kapitalwertmethode auf ihre Wirtschaftlichkeit hin zu untersuchen. Bei der Kapitalwertmethode werden sämtliche anfallenden Ein- und Auszahlungen auf den Zeitpunkt des Investitionsbeginns mit dem Kalkulationszinssatz i abgezinst. Die Formel zur Berechnung des Kapitalwertes lautet:

$$C_0 = \sum_{k=1}^{n} (e_k - a_k) \cdot (1+i)^{-k} + R \cdot (1+i)^{-n} - A \qquad (10\text{-}4)$$

e_k	laufende Einzahlungen der Periode k
a_k	laufende Auszahlungen der Periode k
i	Kalkulationszinssatz
R	Restwert
A	Anschaffungsauszahlung
n	Nutzungsdauer

Ist der Kapitalwert größer oder gleich Null, dann ist die Investition unter den angesetzten Randbedingungen wirtschaftlich (Poggensee 2015, S. 107 ff.). Geht man davon aus, dass die Investition zum Ende der Nutzungszeit keinen Restwert mehr aufweist, dann darf die Anschaffungsauszahlung maximal der Summe der diskontierten Einzahlungsüberschüsse entsprechen, damit die Investition gerade noch lohnenswert ist.

$$A = \sum_{k=1}^{n} (e_k - a_k) \cdot (1+i)^{-k} \qquad (10\text{-}5)$$

Die Wahl des Kalkulationszinssatzes kann sich erheblich auf die Beurteilung einer Investition auswirken. In der Literatur werden verschiedene prinzipielle Herangehensweisen zur Bestimmung des Kalkulationszinssatzes für die Investitionsrechnung beschrieben (Däumler und Grabe 2007, S. 34 ff.; Götze 2014, S. 95 ff.; Rolfes 2003, S. 22 ff.). Eine in der Unternehmenspraxis übliche Herangehensweise ist, den Mindestverzinsungsanspruch einer Investition an den Finanzierungskosten des Unternehmens zu orientieren. Unternehmen finanzieren sich in der Regel anteilig über Eigenkapital und Fremdkapital. Wird davon ausgegangen, dass das Investitionsobjekt im selben Verhältnis mit Eigen- und Fremdkapital finanziert wird wie das gesamte Unternehmen, dann kann der Kalkulationszinssatz über den gewichteten durchschnittlichen Kapitalkostensatz ermittelt werden, der auch als Weighted Average Cost of Capital (WACC) bezeichnet wird (Varnholt et al. 2012, S. 477 ff.; Hoberg 2014). Dieser kann den Geschäftsberichten zahlreicher DAX-Unternehmen entnommen werden. Bei der Auswertung der Geschäftsberichte von Daimler, Henkel, Lufthansa, Siemens und Volkswagen zeigt sich, dass ein Kalkulationszinssatz von 8 % sinnvoll erscheint. Diese Annahme stimmt auch mit Studien überein, die zeigen, dass der Kalkulationszinssatz bei deutschen Großunternehmungen zwischen 7 % und 12 % liegt. Am häufigsten werden Kalkulationszinssätze von 8 % und 10 % verwendet (Däumler und Grabe 2007, S. 37). Befindet sich das Gebäude, an dem die Klimaanpassungsmaßnahme durchgeführt wird, im Besitz des investierenden Unternehmens und wird durch dieses selbst genutzt, dann ist es durchaus sinnvoll, wenn sich der Kalkulationszinssatz an den Finanzierungskosten des Unternehmens orientiert (Fahrion 2015).

In Tabelle 10-4, Spalte 6 werden die barwertigen Einzahlungsüberschüsse der einzelnen Perioden berechnet und aufsummiert. Aus der in Gleichung 10.3 definierten Bedingung darf die Anschaffungsauszahlung maximal 2.246.134,80 € betragen, damit die Investition wirtschaftlich ist. Fahrion 2015 zeigt auf, wie sich die Variationen der angesetzten Arbeitskosten, des Kalkulationszinssatzes und der Nutzungsdauer auf die Beurteilung der Wirtschaftlichkeit auswirken.

10.3 Überflutung

Die im Folgenden vorgestellten Überlegungen zur wirtschaftlichen Betrachtung von Anpassungsmaßnahmen gegenüber Überflutung und Starkregen wurden erstmals in der Dissertation Nikolowski 2014 veröffentlicht.

Die ökonomische Effizienz einer Anpassungsmaßnahme gegenüber Überflutung hängt maßgeblich vom Risiko ab, welches ein Gebäude besitzt, einen Schaden etwa durch ein Hochwasser zu erleiden. Dabei müssen jedoch weitere Parameter, wie die Einwirkung inklusive ihrer Veränderung, der durch die Einwirkung entstehende Schaden am Gebäude inklusive seiner wirtschaftlichen Folgen, der Nutzen und die Kosten dieser Anpassungsmaßnahmen sowie der Zeitpunkt der Investition, berücksichtigt werden. Als Nutzen einer Anpassungsmaßnahme wird hier der verhinderte Schaden gesehen. Alle diese Faktoren sind mit Unsicherheiten behaftet und müssen in einer Wirtschaftlichkeitsbetrachtung nach Möglichkeit präzisiert werden. Die Einwirkung ist durch eine Wiederkehrwahrscheinlichkeit in einer bestimmten Intensität zu charakterisieren. Bei Überflutung ist dies durch die HQ_T-Werte standortspezifisch gegeben. Der HQ_T-Wert bezeichnet einen spezifischen Hochwasserabfluss mit einer zugehörigen statistischen Jährlichkeit in T-Jahren des Ereignisses. Hierbei ist jedoch zu beachten, dass damit lediglich Überflutungen mit Gewässerbezug in die Betrachtung einfließen. Überflutungen ohne Gewässerbezug, wie sie vor allem durch intensivierte Starkregenereignisse häufiger auftreten werden, sind nicht erfasst und können daher nicht weitergehend untersucht werden. Aussagen über Veränderungen der HQ_T-Werte infolge des Klimawandels existieren bereits und können so einen Trend je Standort angeben. Die durch den Klimawandel beeinflusste Entwicklung der Pegelstände der fünf großen deutschen Flüsse Rhein, Donau, Elbe, Ems und Weser wurde etwa durch den Gesamtverband der Deutschen Versicherungswirtschaft e. V. (GDV) untersucht und am Beispiel der Elbe unter GDV 2011 veröffentlicht. Für die Elbe kann demnach gesagt werden: „Während es in der ersten Hälfte dieses Jahrhunderts vermutlich keine größeren Veränderungen geben wird, ist in der zweiten Hälfte ein erheblicher Anstieg der Elbe-Pegelstände zu erwarten." (GDV 2011, S. 12).

Der Schaden an einem Gebäude, welcher bei einer bestimmten Überflutungshöhe auftritt, kann anhand der vorgestellten Methodik (Kapitel 5.3) weitgehend exakt beziffert werden. Der Bezug zwischen Einwirkung und negativer Konsequenz in Form des Schadens ist eindeutig herzustellen. Die Unsicherheiten wirtschaftlicher Konsequenzen befinden sich in der aktuellen nationalen oder regionalen wirtschaftlichen Lage und spiegeln sich in nicht exakt vorhersehbaren Baupreisen, die für eine Wiederherstellung nach einem Flutereignis zu bezahlen sind, wieder. Wird von einer Intensivierung der Einwirkung ausgegangen, wird sich dieses Problemfeld weiter verstärken und vergrößern. Der Nutzen einer Anpassungsmaßnahme in Form des verhinderten Schadens kann durch die beschriebene Methodik für die Einwirkung Überflutung dargestellt werden. Dieser Nutzen beinhaltet jedoch noch keine wirtschaftliche Bewertung der Maßnahme und ist lediglich auf die Verringerung der Verletzbarkeit des betrachteten Gebäudes ausgelegt.

Eine weitere Unsicherheit besteht im Zeitpunkt der Investition, welche unmittelbar mit der Lebensdauer bestehender und angepasster Konstruktionen verbunden ist (Naumann et al. 2010). Die ökonomische Effizienz von Anpassungsmaßnahmen ist elementar vom Umsetzungszeitpunkt abhängig. Eine Berücksichtigung von Anpassungsmaßnahmen noch in der Planungszeit eines Gebäudes stellt einen optimalen Zeitpunkt dar. Hier ist die Beeinflussbarkeit der Baukosten am höchsten. Bei Bestandsgebäuden lassen sich Anpassungsmaßnahmen dann am effizientesten berücksichtigen, wenn nach einem Schadensereignis ein Großteil der Konstruktionen instandgesetzt werden muss oder die Lebensdauer bestimmter Konstruktionen erreicht ist und ein regulärer Austausch oder eine Instandsetzung erfolgen muss (BWG 2004).

10.3.1 Nutzen-Kosten-Untersuchungen allgemein

Im folgenden Abschnitt werden Wirtschaftlichkeitsbetrachtungen baukonstruktiver und haustechnischer Klimaanpassungsmaßnahmen am Beispiel durchgeführt. Es wird sich dabei einer Methodik bedient, welche beispielsweise bei der Wirtschaftlichkeitsbetrachtung von Maßnahmen des technischen Hochwasserschutzes angewendet wird. Aufgrund ihres hohen Investitionsvolumens werden Maßnahmen des technischen Hochwasserschutzes, zu denen etwa Rückhaltebecken in Einzugsgebieten, Deiche sowie mobile Hochwasserschutzwände gehören, auf ihre Wirtschaftlichkeit untersucht (Müller 2010). Zur Bewertung ihrer ökonomischen Effizienz werden Nutzen-Kosten-Untersuchungen (NKU) angewendet (Nikolowski et al. 2013b). Übertragen auf Anpassungsmaßnahmen an den Klimawandel müssen die verhinderten monetären Schäden – der Nutzen – im Rahmen der NKU den Planungs-, Errichtungs- und Betriebskosten der Anpassungsmaßnahme – den Kosten – gegenübergestellt werden. Dies geschieht durch eine finanzmathematische Umrechnung der Kosten und Nutzen in so bezeichnete Barwerte, wobei der Barwert der Gegenwartswert zukünftiger Zahlungen ist.

10

Der Nutzen einer Anpassungsmaßnahme wird finanzmathematisch durch den Projektnutzenbarwert ($PNBW_0$) abgebildet und durch folgende Gleichung gebildet (DWA 2012):

$$PNBW_o = SMLK \times DFAKRP_{r;i;n} \qquad (10\text{-}6)$$

Der hier beschriebene Diskontierungsfaktor ist der KVR-Leitlinie entnommen und berücksichtigt sowohl den Zinssatz (i) als auch die Kostensteigerungsrate (r) (Gleichung (4)), um den Barwert einer Investition zu bestimmen. Der Faktor SM ist dabei die jährliche Schadensminderung, welche mit einem Diskontierungsfaktor für progressiv steigende Kostenreihen (DFAKRP(r;i;n)) multipliziert wird. Die Schadensminderung bildet sich aus der Differenz zwischen dem Schadenserwartungswert im Ausgangszustand (SEW_1) – ohne Anpassungsmaßnahmen – und dem Schadenserwartungswert im angepassten Zustand (SEW_2) – mit umgesetzten Anpassungsmaßnahmen (Nikolowski et al. 2013, S. 119):

$$SM = SEW_1 + SEW_2 \qquad (10\text{-}7)$$

Die Schadenserwartungswerte entsprechen in etwa dem mittleren jährlichen Schaden und werden über das Integral der gebäude- und standortspezifischen Schadens-Wahrscheinlichkeits-Funktion ermittelt (Bild 10-1). Diese Funktion stellt die Höhe direkt tangibler Schäden der statistischen Wiederkehrwahrscheinlichkeit standortspezifischer Einwirkungen (P_u) gegenüber und berücksichtigt dadurch die Auftrittswahrscheinlichkeit der schadensverursachenden Einwirkung. Als direkt tangible Schäden – auch Sachschäden genannt – werden nach Smith und Ward 1998, Penning-Rowsell et al. 2003 sowie Meyer 2005 physische Schäden an der Baukonstruktion, der haustechnischen Ausstattung und des Inventars verstanden. In Bild 10-1 ist die Unterschreitungswahrscheinlichkeit (P_u) für die Einwirkung Hochwasser auf der x-Achse dargestellt und wird hier mit „F" bezeichnet. Der Schadenserwartungswert beschreibt die durchschnittlich pro Jahr zu erwartenden Schadenskosten und wird für den Ausgangszustand und den angepassten Zustand durch zwei verschiedene Funktionen ermittelt. Prinzipiell können durch den Schadenserwartungswert auch Ertragsschäden wie etwa geminderte Mieteinnahmen berücksichtigt werden. Diese sind nach Meyer 2005 den indirekt tangiblen Schäden zuzuordnen.

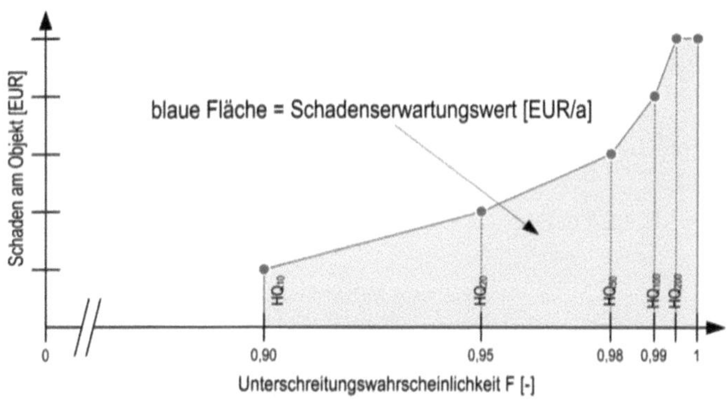

Bild 10-1 Schematische Darstellung der Schadens-Wahrscheinlichkeits-Funktion zur Berechnung des Schadenserwartungswerts am Einzelobjekt für die Einwirkung Hochwasser (Rubín et al. 2009, S. 76).

10

Die Unterschreitungswahrscheinlichkeit P_u ist das komplementäre Ereignis zur Überschreitungswahrscheinlichkeit $P_ü$. Die Überschreitungswahrscheinlichkeit gibt an, wie häufig ein Ereignis erreicht oder überschritten wird und kann als Kehrwert der Wiederholungszeitspanne (T_n) angegeben werden. Die Wiederholungszeitspanne ist die durchschnittliche Zeitspanne der Länge von n Jahren zwischen dem Eintreten von Ereignissen mit gleicher Eintrittswahrscheinlichkeit. So wird „einem 50-jährigen (Hochwasser-)Ereignis die Überschreitungswahrscheinlichkeit von $P_Ü = 1/50 = 0{,}02 = 2{,}0$ % zugewiesen" (Wippermann 2013).

Die Unterschreitungswahrscheinlichkeit P_u als komplementäres Ereignis von $P_ü$ kann dann wie folgt berechnet werden:

$$F = P_u = 1 - P_ü = 1 - \frac{1}{T_n} F = P_u = 1\text{-}P_ü = 1\text{-}\frac{1}{T_n} \quad \text{(Maniak 2010, S. 110)} \quad (10\text{-}8)$$

P_u – Unterschreitungswahrscheinlichkeit
$P_ü$ – Überschreitungswahrscheinlichkeit
T_n – Wiederholungszeitspanne

Die jährliche Schadensminderung (SM) muss laut Gleichung (1) mit einem Diskontierungsfaktor für progressiv steigende Kostenreihen DFAKRP(r;i;n) multipliziert werden, um den gegenwärtigen Wert (Barwert) der zukünftigen Schadensminderung zu berücksichtigen. Dieser Faktor wird wie folgt gebildet:

$$DFAKRP(r;i;n) = (1+r) \times \frac{(1+i)^n - (1+r)^n}{(1+i)^n \times (i-r)} \quad \text{(DWA 2012, S. 70)} \quad (10\text{-}9)$$

r Steigerungsrate pro Jahr
i Zinssatz pro Jahr
n Zinszeitraum (Nutzungsdauer) in Jahren

Mittels Diskontierung (Abzinsung) wird der Wert einer zukünftig zu tätigenden Zahlung für den Status quo berechnet. Finanzmathematisch hat derselbe Geldbetrag, je früher man ihn erhält – auf Grund der Existenz von Zinsen –, einen höheren Wert. Dies wird durch das Abzinsen und Aufzinsen berücksichtigt.

10 Ist der Projektnutzenbarwert berechnet, folgt die Ermittlung des Projektkostenbarwertes, um die Kosten der Anpassungsmaßnahme in der Wirtschaftlichkeitsanalyse verwenden zu können. Der Projektkostenbarwert ($PKBW_0$) setzt sich aus den Investitionskosten (IK), den Reinvestitionskosten (IKR) sowie den laufenden Kosten (LK) zusammen, wobei die laufenden Kosten mit einem Diskontierungsfaktor für progressiv steigende Kostenreihen DFAKRP(r;i;n) multipliziert werden (dieser Faktor berechnet sich unter Verwendung der Gleichung (4), die bereits für die Ermittlung des Projektnutzenbarwertes ermittelt wurde), um auch hier den gegenwärtigen Wert (Barwert) der zukünftigen Kosten zu berücksichtigen:

$$PKBW_o = IK + IKR + LK \times DFAKRP(r;i;n) \text{PKBW}_0 = \text{IK} + \text{IKR} + \text{LK} \times \text{DFAKRP}(r;i;n) \quad \text{(DWA 2012)} \quad (10\text{-}10)$$

Zu beachten ist, dass die Reinvestitionskosten (IKR) ebenfalls über die Bestimmung des Barwertes abgezinst werden. Hierfür werden gemäß der KVR-Leitlinie die Reinvestitionskosten, welche im 10. Jahr, im 20. Jahr, im 30. Jahr und so weiter der Nutzungsdauer der Hauptinvestition zu tätigen sind, über weitere Faktoren abgezinst. Da bei den Beispielberechnungen in den folgenden Kapiteln für die Anpassungsmaßnahmen keine Reinvestitionskosten angesetzt werden, wird die Berechnung dieser Barwerte nicht weiter beschrieben. Ausführliche Berechnungsbeispiele hierfür existieren etwa in Rubín et al. 2009.

Als Investitionskosten von Anpassungsmaßnahmen werden diejenigen Kosten verstanden, welche im Zuge der Errichtung dieser Maßnahme anfallen. Dazu zählen neben den reinen Planungs- und Errichtungskosten – den Bau- und Baunebenkosten – etwa auch Mietausfälle, welche zur Zeit der Bauphase entstehen können. Reinvestitionskosten sind Kosten, welche anfallen können, wenn Teile von Anpassungsmaßnahmen früher als vergleichbare andere Bauteile ihre Lebensdauer erreicht haben und ausgetauscht werden müssen. Diese Reinvestitionskosten kommen vor allem bei großen Bauvorhaben vor und spielen bei objektbezogenen zumeist kleineren Anpassungsmaßnahmen eine untergeordnete Rolle. Unter den laufenden Kosten werden alle Kosten verstanden, welche zum Betrieb, zur Wartung, zum Unterhalt und zur Überwachung der Anpassungsmaßnahme notwendig werden. Diese können beispielsweise die Wartungskosten für mobile Hochwasserschutzbarrieren darstellen, die in einem bestimmten zeitlichen Zyklus auf ihre Funktionstüchtigkeit überprüft werden müssen.

Die Nutzen-Kosten-Untersuchung basiert auf dem Vergleich zwischen dem Projektnutzenbarwert ($PNBW_0$) und dem Projektkostenbarwert ($PKBW_0$). Der Quotient aus Projektnutzenbarwert (Gleichung 10-6) und Projektkostenbarwert (Gleichung 10-10) führt zum Nutzen-Kosten-Verhältnis (NKV) der Anpassungsmaßnahme:

$$\mathrm{NKV} = \frac{\mathrm{PNBW_0}}{\mathrm{PKBW_0}} \tag{10-11}$$

Eine Maßnahme ist grundsätzlich dann als wirtschaftlich zu bezeichnen, wenn das NKV größer als 1,0 ist. Jedoch sollte eine Empfindlichkeitsprüfung erfolgen, bei der Schwankungsbereiche und Unsicherheiten bestimmter Eingangsgrößen angesetzt werden. In der KVR-Leitlinie (DWA 2012, S. 26 ff.) werden zur Sensitivitätsprüfung des Ergebnisses Hinweise zu den Schwankungsbreiten bestimmter Parameter gegeben. So sollten die Auswirkungen auf das NKV bei Schwankungsbreiten der Preissteigerungsrate pro Jahr von 0,00 % bis 3,00 % sowie des Zinssatzes pro Jahr von 2,00 % bis 5,00 % überprüft werden.

Im Folgenden wird an ausgesuchten Beispielen je eine NKU zu Anpassungsmaßnahmen gegenüber Überflutung, Starkregen und Hagel vorgestellt.

10.3.2 Nutzen-Kosten-Untersuchung gegenüber Überflutung

Die vorgestellte Methodik zur Nutzen-Kosten-Untersuchung von Maßnahmen des technischen Hochwasserschutzes wird im Folgenden angewendet, um die Wirtschaftlichkeit von Anpassungsmaßnahmen gegenüber Überflutung zu untersuchen. Als Beispiel dient die Anpassungsmaßnahme der Fußbodenkonstruktion des untersuchten Gebäudes der Zwischenkriegszeit. Die Ausgangsparameter sind in Tabelle 10-5 dargestellt, wobei die Schadenshöhen aus den Berechnungen der Wasserstand-Schaden-Beziehungen im Ausgangszustand und im angepassten Zustand entnommen sind.

Die Werte für den Wasserstand am Gebäude sowie den zugehörigen Schaden im Ausgangszustand und im angepassten Zustand sind den Berechnungen der Wasserstand-Schaden-Beziehung im Ausgangszustand sowie den Berechnungen der Wasserstand-Schaden-Beziehung im angepassten Zustand entnommen. Weiterhin verlangt die NKU eine Zuordnung von Schaden zur Auftretenswahrscheinlichkeit des schadenverursachenden Ereignisses. So wurden in diesem Beispiel Jährlichkeiten fiktiver Hochwasserereignisse mit zugehörigen Unterschreitungswahrscheinlichkeiten (P_u), welche nach Gleichung 10-8 berechnet werden, den jeweiligen Wasserständen am Gebäude zugeordnet.

Tabelle 10-5 Berechnete beziehungsweise festgelegte Parameter für die Nutzen-Kosten-Untersuchung der Anpassungsmaßnahme gegenüber Überflutung für die Geschossdecke des untersuchten Gebäudes der Zwischenkriegszeit.

Hochwasserabfluss mit Jährlichkeit [HQ_T]	HQ_{10}	HQ_{20}	HQ_{50}	HQ_{100}	HQ_{∞}
Unterschreitungswahrscheinlichkeit [-]	0,90	0,95	0,98	0,99	1,00
Wasserstand am Gebäude [m ü. OKFF EG]	–2,25	–0,53	+0,10	+1,00	> 1,00
Schaden Ausgangszustand [€]	0 Tsd.	64 Tsd.	182 Tsd.	252 Tsd.	252 Tsd.
Schaden angepasster Zustand [€]	0 Tsd.	64 Tsd.	111 Tsd.	181 Tsd.	181 Tsd.

Zusätzlich benötigt werden die Investitionskosten, Reinvestitionskosten und laufende Kosten der Anpassungsmaßnahme, welche mithilfe einer Kostenschätzung überschlägig berechnet wurden. Für die finanzmathematische Umrechnung werden die Steigerungsrate pro Jahr (r), der Zinssatz pro Jahr (i) und der Zinszeitraum (die Nutzungsdauer) in Jahren(n) benötigt (diese Werte wurden aus den Untersuchungen von Rubín et al. 2009 entnommen).

Der Projektnutzenbarwert berechnet sich auf Grundlage der Gleichung 10-6 unter Berücksichtigung der jährlichen Schadensminderung (Gleichung 10-7) und des Diskontierungsfaktors für progressiv steigende Kostenreihen (Gleichung 10-9). Die jährliche Schadensminderung ist die Differenz der beiden Schadenserwartungswerte. Die Schadenserwartungswerte für den Ausgangszustand (SEW1) und den angepassten Zustand (SEW2) ergeben sich nach Bild 10-2 durch Integration der jeweiligen Schadens-Wahrscheinlichkeits-Funktionen.

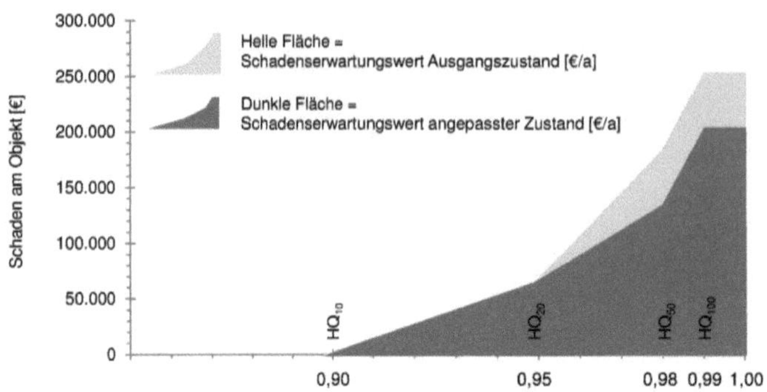

Bild 10-2 Schadens-Wahrscheinlichkeits-Funktionen für den Ausgangszustand und den gegenüber Überflutung angepassten Zustand des untersuchten Gebäudes aus der Zwischenkriegszeit (Quelle: Nikolowski 2014).

$$\mathrm{SEW}_1 = 9.960{,}88\ €$$

$$\mathrm{SEW}_2 = 7.493{,}07\ €$$

Nach Gleichung 10-7:

$$\mathrm{SM} = 9.960{,}88\,€ - 7.493{,}07\,€ = 2.467{,}81\,€$$

Festlegung: $\mathrm{r} = 2{,}00\,\%$; $\mathrm{i} = 3{,}00\,\%$; $\mathrm{n} = 30\,\mathrm{a}$

Nach Gleichung 10-9:

$$\mathrm{DFAKRP}(0{,}02; 0{,}03; 30) = (1 + 0{,}02) \times \frac{(1 + 0{,}03)^{30} - (1 + 0{,}02)^{30}}{(1 + 0{,}03)^{30} \times (0{,}03 - 0{,}02)}$$

$$\mathrm{DFAKRP}(0{,}02; 0{,}03; 30) = 25{,}88$$

Nach Gleichung 10-1:

$$\mathrm{PNBW}_0 = 2.467{,}81\,€ \times 25{,}88 = 63.871{,}45\,€$$

Der Projektkostenbarwert berechnet sich auf Grundlage der Gleichung (5) unter Berücksichtigung der unterschiedlichen Kosten:

$$\mathrm{IK} = 28.286{,}50\,€;\ \mathrm{IKR} = 0{,}00\,€\ ;\ \mathrm{LK} = 0{,}00\,€$$

Nach Gleichung 10-10:

$$\mathrm{PKBW}_0 = 28.286{,}50\,€ + 0{,}00\,€\ + 0{,}00\,€\ \times 25{,}88$$

$$\mathrm{PKBW}_0 = 28.286{,}50\,€$$

Das Nutzen-Kosten-Verhältnis (NKV) kann nun unter Berücksichtigung von Gleichung 10-11 berechnet werden:

$$\mathrm{NKV} = \frac{63.871{,}45\,€}{28.286{,}50\,€} = 2{,}26$$

Da das NKV größer 1,0 ist, kann die Anpassungsmaßnahme unter den gewählten Randbedingungen zunächst als wirtschaftlich bezeichnet werden. Wie in der KVR-Leitlinie (DWA 2012, S. 26 ff.) beschrieben, werden zur Sensitivitätsprüfung des Ergebnisses Schwankungsbreiten bestimmter Parameter berechnet. So werden die Auswirkungen auf das NKV bei Schwankungsbreiten der Preissteigerungsrate pro Jahr von 0,00 % bis 3,00 % sowie des Zinssatzes pro Jahr von 2,00 % bis 5,00 % überprüft.

Wie aus Tabelle 10-6 hervorgeht, ist das Nutzen-Kosten-Verhältnis bei keiner Kombination von r und i in den gewählten Betrachtungsgrenzen kleiner 1,0. Unter diesen Randbedingungen ist daher die vorgeschlagene Anpassungsmaßnahme – die Veränderung des Fußbodenaufbaus – für das untersuchte Gebäude im Gesamten als wirtschaftlich zu bezeichnen. Daher ist eine Umsetzung dieser Maßnahme bereits bei derzeitigen klimatischen Bedingungen empfehlenswert.

Tabelle 10-6 Auswirkungen der Sensitivitätsprüfung bei der Einwirkung Überflutung durch Ansetzen bestimmter Schwankungsbreiten ausgewählter Eingangsparameter auf das Nutzen-Kosten-Verhältnis der untersuchten Anpassungsmaßnahme (Quelle: Nikolowski 2014).

Nutzen-Kosten-Verhältnis		Zinssatz pro Jahr i [%]			
		2,00	3,00	4,00	5,00
Steigerungsrate pro Jahr r [%]	0,00	1,95	1,71	1,51	1,34
	1,00	2,25	1,96	1,72	1,52
	2,00	2,62	2,26	1,96	1,72
	3,00	3,06	2,62	2,26	1,97

10.4 Starkregen

Nutzen-Kosten-Untersuchung zu Anpassungsmaßnahmen gegenüber Starkregen

Die unter Kapitel 10.3.1 vorgestellte Methodik der Nutzen-Kosten-Untersuchung von Anpassungsmaßnahmen besitzt als Grundlage die exakte Verknüpfung zwischen entstehendem Schaden und der Jährlichkeit der schadensverursachenden Einwirkung. Diese Verknüpfung ist, wie im Kapitel 10.3.2 gezeigt, für die Einwirkung Überflutung problemlos darstellbar. Bei der Einwirkung Starkregen hingegen ist diese Verknüpfung augenscheinlich nicht gegeben. Die beispielhafte Darstellung der Herangehensweise zur NKU von Anpassungsmaßnahmen gegenüber Starkregen beruht auf verschiedenen Annahmen, die von einem Fallbeispiel (MNI 2012, Schadensdokumentation – Objekt 3.16) abgeleitet wurden. Dieses Beispiel beruht auf der Anpassung von Dachterrassen an dem untersuchten Gebäude, dessen baukonstruktive Möglichkeiten zur Anpassung im Kapitel 0 diskutiert wurden.

Als Ausgangsparameter existierten unterschiedliche Jährlichkeiten der 5-minütigen Regenspenden nach DIN 1986-100:2008-05, Anhang A, Tabelle A1, für den Standort Dresden, welche unter Verwendung der Gleichung 10-8 in zugehörige Unterschreitungswahrscheinlichkeiten (P_u) umgerechnet werden. In der Schadensdokumentation ist ein Schaden unterhalb der Dachterrassen nach einem Regenereignis aufgetreten, welches einer Regenspende von $r_{5,5}$ zuzuordnen ist. Die notwendigen Annahmen zur NKU beruhen auf dieser Ausgangssituation, so dass bei einer Regenspende von $r_{5,2}$ kein Schaden und bei höheren als $r_{5,5}$ ein dementsprechend höherer Schaden zu erwarten ist.

In dieser Beispielbetrachtung wird davon ausgegangen, dass durch die Umsetzung der Anpassungsmaßnahmen an den Dachterrassen zukünftig weder bei der für die Bemessung der Entwässerung relevanten Regenspende $r_{5,5}$ noch bei der für die Bemessung der Notentwässerung relevanten Regenspende $r_{5,100}$ ein Schaden auftritt. Erst bei Überschreitung dieses Wertes kann es durch Überlastung zu einem Schaden am beziehungsweise im Objekt kommen.

Um die NKU durchzuführen, wurden weitergehende Parameter wie die Kosten der Anpassungsmaßnahme berechnet oder die Steigerungsrate pro Jahr (r), der Zinssatz pro Jahr (i) und der Zinszeitraum (die Nutzungsdauer) in Jahren (n) aus den Untersuchungen von Rubín et al. 2009 entnommen.

Tabelle 10-7 Berechnete beziehungsweise festgelegte Parameter für die Nutzen-Kosten-Untersuchung der Anpassungsmaßnahme gegenüber Starkregen für die Dachterrassen des untersuchten Gebäudes der Jahre zwischen 1990 und 2002 (Quelle: Nikolowski 2014).

5-min. Regenspende mit Jährlichkeit [$r_{5,n}$]	r5,2	r5,5	r5,30	r5,100	r5,∞
Unterschreitungswahrscheinlichkeit [-]	0,50	0,80	0,97	0,99	1,00
Regenspende für Dresden [l/(s*ha)]	238	323	490	602	> 602
Schaden Ausgangszustand [€]	0 Tsd.	5 Tsd.	7 Tsd.	10 Tsd.	10 Tsd.
Schaden angepasster Zustand [€]	0 Tsd.	0 Tsd.	0 Tsd.	0 Tsd.	10 Tsd.

Auf dieser Grundlage konnten die Schadens-Wahrscheinlichkeits-Funktionen für den Ausgangszustand und den angepassten Zustand entwickelt und dargestellt werden (Bild 10-3).

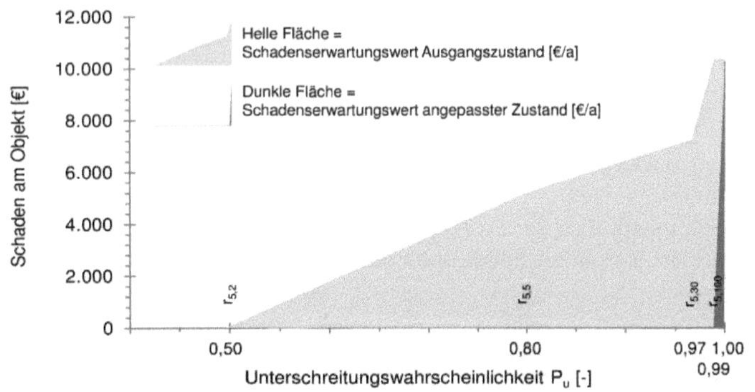

Bild 10-3 Schadens-Wahrscheinlichkeits-Funktionen für den Ausgangszustand und den gegenüber Starkregen angepassten Zustand des untersuchten Gebäudes der Jahre zwischen 1990 und 2002 (Quelle: Nikolowski 2014).

Diese dienten als Grundlage zur Ermittlung der für den Projektnutzenbarwert erforderlichen jährlichen Schadensminderung durch Bildung der Differenz der beiden Schadenserwartungswerte (SEW).

$$\mathrm{SEW}_1 = 2.099{,}54\ €$$

$$\mathrm{SEW}_2 = 51{,}25\ €$$

Nach Gleichung 10-7:

$$\mathrm{SM} = 2.099{,}54\ € - 51{,}25\ € = 2.048{,}29\ €$$

Festlegung: $r = 2{,}00\ \%$; $i = 3{,}00\ \%$; $n = 20\ \mathrm{a}$

10

Nach Gleichung 10-9:

$$\mathrm{DFAKRP}(0{,}02; 0{,}03; 30) = (1 + 0{,}02) \times \frac{(1+0{,}03)^{30} - (1+0{,}02)^{30}}{(1+0{,}03)^{30} \times (0{,}03-0{,}02)}$$

$$\mathrm{DFAKRP}(0{,}02; 0{,}03; 30) = 18{,}08$$

Nach Gleichung 10-6:

PNBW0=2.048,29 € ×18,08 =37.035,63 €

Der Projektkostenbarwert berechnet sich auf Grundlage der Gleichungen 10-10 unter Berücksichtigung der unterschiedlichen Kosten:

$$\mathrm{IK} = 11.915{,}00\ €;\ \mathrm{IKR} = 0{,}00\ €\ ;\ \mathrm{LK} = 0{,}00\ €$$

Nach Gleichung 10-10:

$$\mathrm{PKBW}_0 = 11.915{,}00\ € + 0{,}00\ € + 0{,}00\ € \times 18{,}08$$

$$\mathrm{PKBW}_0 = 11.915{,}00\ €$$

Das Nutzen-Kosten-Verhältnis (NKV) kann nun unter Berücksichtigung von Gleichung 10-11 berechnet werden.

$$\mathrm{NKV} = \frac{37.035{,}63\ €}{11.915{,}00\ €} = 3{,}11$$

Das NKV ist deutlich größer als 1,0. Daraus ergibt sich eine grundsätzlich positiv zu bewertende Wirtschaftlichkeit der Anpassungsmaßnahme. Auch die durchgeführte Sensitivitätsprüfung durch die Annahme von Schwankungsbreiten der Preissteigerungsrate pro Jahr und des Zinssatzes pro Jahr ergibt nach Tabelle 10-8 in allen Fällen eine ökonomische Effizienz der Anpassungsmaßnahme.

10

Tabelle 10-8 Auswirkungen der Sensitivitätsprüfung bei der Einwirkung Starkregen durch Ansetzen bestimmter Schwankungsbreiten ausgewählter Eingangsparameter auf das Nutzen-Kosten-Verhältnis der untersuchten Anpassungsmaßnahme (Quelle: Nikolowski 2014).

Nutzen-Kosten-Verhältnis		**Zinssatz pro Jahr i [%]**			
		2,00	3,00	4,00	5,00
Steigerungsrate pro Jahr r [%]	0,00	2,81	2,56	2,34	2,15
	1,00	3,11	2,82	2,57	2,35
	2,00	3,44	3,11	2,83	2,57
	3,00	3,82	3,44	3,12	2,83

Eine Umsetzung dieser Maßnahme rechnet sich bei Beachtung der festgelegten Eingangsparameter bereits bei derzeitigen klimatischen Randbedingungen.

10.5 Hagel

Im Rahmen dieses Kapitels soll die Methodik der Wirtschaftlichkeitsuntersuchung für die Einwirkung Hagel an einem Praxisbeispiel durchgeführt werden. Dabei wird, wie in Kapitel 10.3, auch hier die Nutzen-Kosten-Untersuchung (NKU) mit Projektnutzen ($PNBW_0$)- und Projektkostenbarwert ($PKBW_0$) verwendet. Führt eine Anpassungsmaßnahme dazu, dass bei einem Hagelereignis kein Schaden mehr entsteht, so entspricht $PNBW_0$ der Schadenssumme ohne Anpassung, da diese Summe nach der Anpassung eingespart wird. Der $PKBW_0$ beinhaltet dagegen die Kosten für die Anpassungsmaßnahme.

Wie bereits in Kapitel 10.3.1 beschrieben, stellt der Zeitpunkt der Investition für eine Anpassungsmaßnahme einen entscheidenden Faktor bei der Bewertung der ökonomischen Effizienz dar. Jedoch hat auch der Eintrittszeitpunkt des Schadensereignisses (hier: Hagel) einen Einfluss auf die Nutzen-Kosten-Untersuchung. Im Unterschied zur Vorgehensweise bei den Einwirkungen Überflutung und Starkregen wird der Schaden als Kostenwert betrachtet, welcher einmal innerhalb des gesamten Bezugszeitraumes auftritt, und nicht über einen mittleren jährlichen Schaden berücksichtigt. Dies wird notwendig, da eine fundierte Vorhersage zur Auftretenswahrscheinlichkeit von Hagelereignissen aufgrund der in Kapitel 7.2 beschriebenen Kleinskaligkeit schlecht möglich ist. Zur Bestimmung des besten Zeitpunktes für die Investition in eine Anpassungsmaßnahme wird weiterhin auch der Zeitpunkt der Anpassungsmaßnahme variabel und nicht zwingend zum Beginn des Bezugszeitraumes definiert. So können bei der Betrachtung über den gesamten Bezugszeitraum kritische Punkte entstehen, an denen $PNBW_0$ und $PKBW_0$ sprunghaft steigen oder fallen (Bild 10-4).

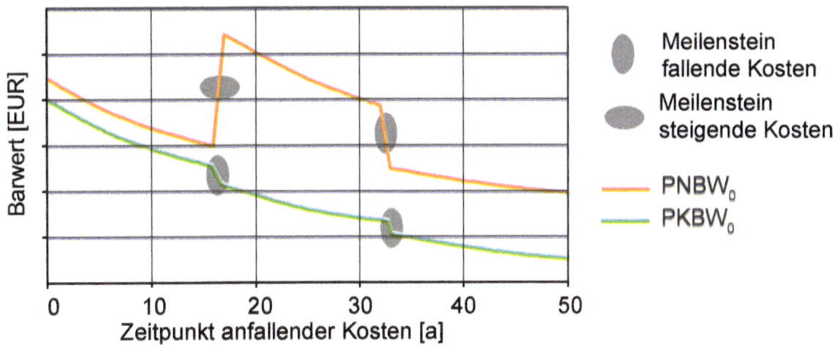

Bild 10-4 Kostenvergleichsrechnung bei zeitabhängigen Werten.

Die grüne Kurve zeigt $PKBW_0$ mit den entstehenden Kosten für eine Anpassungsmaßnahme innerhalb eines Bezugszeitraumes (hier exemplarisch 50 Jahre). Die orange Kurve zeigt $PNBW_0$ und bildet die Schadenssumme in Abhängigkeit des Eintrittszeitpunktes eines Schadenereignisses ab. Durch die finanzmathematische Aufbereitung über Diskontierungsfaktoren sinken sowohl $PNBW_0$ als auch $PKBW_0$ mit zunehmendem Zeitpunkt.

Der kritische Punkt der steigenden Kosten tritt nur bei $PNBW_0$ auf. Hier erzeugt ein Hagelereignis einen Schaden an einem Bauteil, kurz nachdem dieses aus Altersgründen planmäßig erneuert wurde. Folglich müsste innerhalb eines kurzen Zeitraumes erneut ein neues Bauteil eingebaut werden.

10

Der kritische Punkt der fallenden Kosten entsteht, wenn sich die Reinvestitionszyklen schlagartig reduzieren. Muss etwa ein Bauteil als Folge eines Schadenereignisses nach 10 Jahren erneuert werden und hat dieses Bauteil eine Lebensdauer von 20 Jahren, müsste über einen Bezugszeitraum von insgesamt 50 Jahren eine Reinvestition nach 30 Jahren eingeplant werden. Ereignet sich der Schaden jedoch erst ab 30 Jahren, ist ein Zeitpunkt erreicht, zu dem zwar immer noch der Schaden behoben werden muss, die Lebensdauer der Behebung allerdings so lange ist, dass innerhalb des Bezugszeitraumes keine weiteren Reinvestitionskosten mehr anfallen. So verringert sich schlagartig die Schadenssumme. Das gleiche Prinzip liegt auch bei $PKNBW_0$ vor. Dieser verringert sich schlagartig, sobald Reinvestitionsmaßnahmen innerhalb des jeweiligen Bezugszeitraumes entfallen.

Die Betrachtung der Wirtschaftlichkeit wird hier exemplarisch an dem Bauteil Lichtkuppel des in Kapitel 7.4.1 untersuchten Mehrfamilienhauses aus den 1970er Jahren, welches 1996 umfangreich saniert wurde, durchgeführt.

10.5.1 Projektnutzenbarwert ($PNBW_0$)

Im Unterschied zur Betrachtung der Überflutung wird bei der Untersuchung für den Hagel nicht mit einem mittleren jährlichen Schaden gerechnet. Vielmehr ist der Hagelschauer ein Ereignis, welches einmalig innerhalb des Bezugszeitraumes auftritt. Folglich wird hier ein Diskontierungsfaktor für Einzelzahlungen DFAKE(i;n) verwendet. Laufende Kosten entstehen bei diesem Beispiel nicht. $PNBW_0$ entspricht der Schadenssumme, welche durch ein Hagelereignis entsteht und welche infolge der Anpassungsmaßnahme letztendlich verhindert wird. Diese hängt neben den Kosten für das durch den Hagelschlag beschädigte Bauteil noch von weiteren Faktoren ab. Wird beispielsweise ein durch Hagel beschädigtes Bauteil (zum Beispiel Dachabdichtung) nicht gleich vom Nutzer bemerkt, kann Wasser, welches meist mit einem Hagelschauer einhergeht, in die Baukonstruktion eindringen und weitere Schäden anrichten. Um diesen Umstand zu berücksichtigen, müssen sogenannte Schadensszenarien aufgestellt werden, für welche der jeweilige direkte Schaden beziffert werden muss. Allgemein kann man dabei von 3 Szenarien ausgehen.

Schadensszenario 1 stellt den „Optimalfall“ dar. Ein durch einen Hagelschlag entstandener Schaden wird sofort erkannt und in vollem Umfang repariert, bevor weitere Teile der Baukonstruktion beschädigt werden.

Bei Schadensszenario 2 wird ein durch Hagel entstandener Schaden nicht unmittelbar nach dem Ereignis repariert, sondern erst zu einem späteren Zeitpunkt. Durch diese Zeitverschiebung zwischen Einwirkung und Reparatur können weitere Bauteile beschädigt werden. Der Grad dieser Beschädigung ist dabei allerdings von Fall zu Fall unterschiedlich, weshalb hier vor einer Berechnung klar definiert werden muss, in welcher Höhe weitere Bauteile beschädigt sind (Wasser gelangt bis zu einer bestimmten Materialschicht im Bauteilaufbau).

Schadensszenario 3 stellt den schlimmsten Fall dar. Ein Hagelschaden wurde nicht entdeckt. Erst durch den Schaden an anderen Bauteilen wird der eigentliche Hagelschaden bemerkt und repariert. In diesem Fall kann von einer hohen Schädigung weiterer Bauteile der Baukonstruktion und somit einer hohen Schadenssumme ausgegangen werden.

Zur Aufstellung der notwendigen Kosten können sowohl detaillierte Angebote von Firmen als auch Werte des BKI Baukosteninformationszentrums (BKI 2014) verwendet werden. Letztere geben jedes Jahr eine dreiteilige Fachbuchreihe zu Baukosten heraus. Darin sind anhand einer Vielzahl von Daten Baupreise für verschiedenste Gewerke aufgelistet. Die mittlere Lebensdauer von Bauteilen (wichtig für die Aufschlüsselung der Reinvestitionskosten) kann neben Herstellerinformationen auch aus dem Leitfaden Nachhaltiges Bauen entnommen werden (BBR 2001). $PNBW_0$ setzt sich aus folgenden direkten und indirekten Schäden zusammen.

Durch die Lage der Lichtkuppel im Treppenhaus ist ein entstehender direkter Schaden sofort sichtbar. Die Schadensszenarien 2 und 3 (also eine nicht sofortige Reparatur) können demnach nicht angesetzt werden. Im Falle eines Schadens ist die Funktion der Wasserdichtheit des Bauteils nicht mehr gegeben. Ein mit Hagel einhergehendes Regenereignis führt zum Wassereintritt und zur Durchfeuchtung von Wandverkleidungen im Treppenhaus. Folglich müssten sowohl die Lichtkuppel als auch Teile der Wandverkleidung im Treppenhaus ausgetauscht werden.

Zur Vereinfachung wird in diesem Fall davon ausgegangen, dass ein entstehender Schaden schnellstens repariert wird, sodass keine gravierenden Beeinträchtigungen für die Mieter entstehen. Demzufolge kommt es auch zu keinen indirekten Schäden, wie zum Beispiel Mietausfällen oder -kürzungen.

Entscheidend für die Höhe von $PNBW_0$ ist der Zeitpunkt des Hagelereignisses. Wird nach einem Hagelschaden eine neue Lichtkuppel mit einer Lebensdauer von 25 Jahren eingesetzt, fallen automatisch in 25 Jahren die nächsten Reinvestitionskosten an. Folglich gibt es insgesamt 4 mögliche Konstellationen für die Berechnung von $PNBW_0$. Für ein besseres Verständnis über die anfallenden Kosten sind in Tabelle 10-9 und Bild 10-5 die Kosten und Kostenreihen sowohl im Normalfall ohne Hagelereignis als auch für die 4 Varianten in Abhängigkeit des Zeitpunktes des Hagelereignisses dargestellt.

Tabelle 10-9 Zusammenstellung Kosten für die Berechnung von $PNBW_0$ (BKI 2014).

Kostenart	Kosten in €
Investitionskosten IK zur Behebung des Schadens - Lichtkuppel austauschen - Innenwandbekleidung punktuell erneuern	 2.391,67 388,95
Summe Investitionskosten IK zur Behebung des Schadens - $IK_{Schaden}$	 2.780,62
Reinvestitionskosten IKR - $IK_{Schaden} = IKR_{normal}$	 2.391,67

10

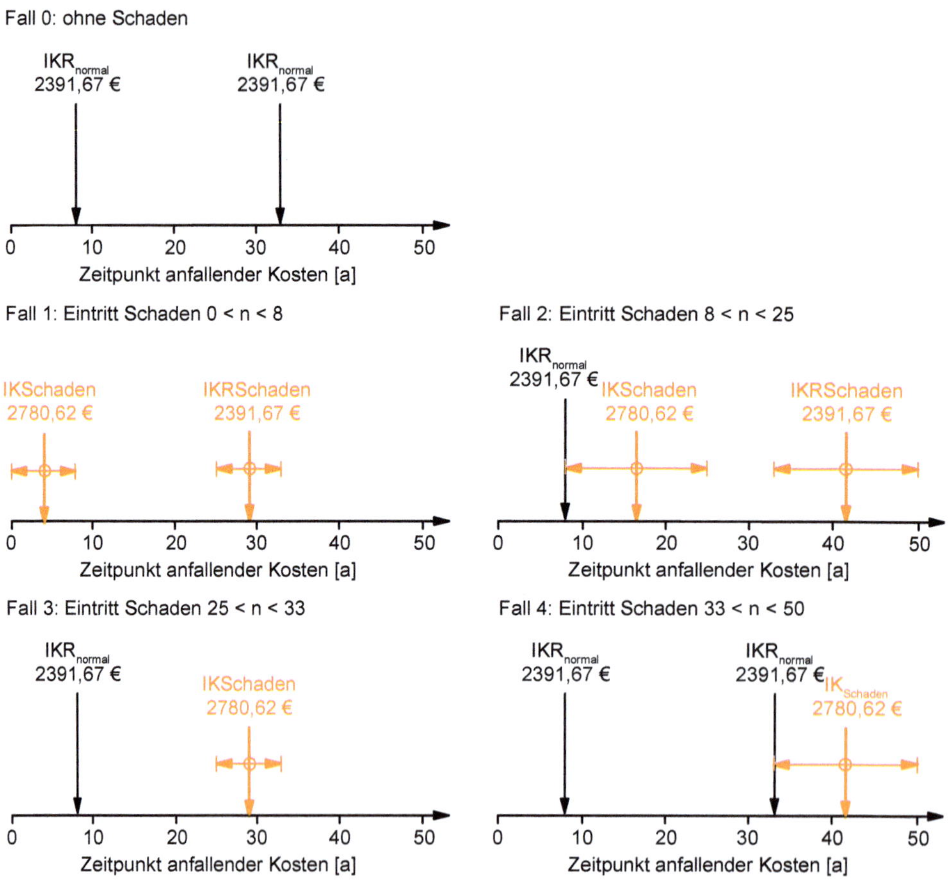

Bild 10-5 Kostenreihen zur Berechnung von $PKWB_0$ in Abhängigkeit des Zeitpunktes eines Hagelereignisses.

Unter der Erkenntnis, dass die Lichtkuppel 1996 eingebaut wurde und das Lichtkuppeln eine durchschnittliche mittlere Lebensdauer von 25 Jahren (BBR 2001) besitzen, kommt es bei dem Ausgangsjahr 2013 innerhalb des Bezugszeitraumes von 50 Jahren (2013 bis 2063) im Normalfall zu zwei Reinvestitionsintervallen (2021 und 2046).

Damit ergeben sich 4 verschiedene Betrachtungsfälle für die finanzmathematische Aufbereitung von $PNBW_0$:

Fall 1: $0 < n < 8$

$$PNBW_0(n) = IK_{Schaden} \cdot DFAKE_{(3;n)} + IKR_{Schaden} \cdot DFAKE_{(3;n+25)} \tag{10-12}$$

Fall 2: $8 < n < 25$

$$PNBW_0(n) = IKR_{normal} \cdot DFAKE_{(3;8)} +$$

$$IK_{Schaden} \cdot DFAKE_{(3;n)} + IKR_{Schaden} \cdot DFAKE_{(3;n+25)} \quad (10\text{-}13)$$

Fall 3: 25 < n < 33

$$PNBW_0(n) = IKR_{normal} \cdot DFAKE_{(3;8)} + IK_{Schaden} \cdot DFAKE_{(3;n)} \quad (10\text{-}14)$$

Fall 4: 33 < n < 50

$$PNBW_0(n) = IKR_{normal} \cdot DFAKE_{(3;8)} +$$

$$IKR_{normal} \cdot DFAKE_{(3;33)} + IK_{Schaden} \cdot DFAKE_{(3;n)} \quad (10\text{-}15)$$

10.5.2 Projektkostenbarwert ($PKBW_0$)

$PKWB_0$ beschreibt die Kosten einer Anpassungsmaßnahme. Für das Beispiel der Lichtkuppel ist die nachträgliche Ausrüstung mit einem Metall(Hagelschutz-)gitter, wie in Kapitel 7.4.1 vorgeschlagen, eine sinnvolle Anpassungsmaßnahme. Hierzu haben eine Vielzahl an Firmen Produkte entwickelt, deren Hagelwiderstand zum Teil auch von unabhängigen Prüfinstituten nachgewiesen wurde. Je nachdem, ob der Hersteller des Hagelschutzgitters auch der Hersteller der Lichtkuppel ist, können die Kosten höher oder niedriger ausfallen. Bei herstellerfremden Lichtkuppeln können die Abmessungen zu den Hagelschutzgittern variieren, was eine besondere und zumeist teurere Maßanfertigung zur Folge hat. Bei einer Nachrüstung sind zudem Produktbesonderheiten, wie zum Beispiel Öffnungsfunktionen für Rauchabzüge, zu beachten.

Im hier betrachteten Fall wird davon ausgegangen, dass der Hersteller des Nachrüstsatzes auch der Hersteller der Lichtkuppel ist und das Metallgitter die Funktion der Lichtkuppel nicht beeinflusst. $PKWB_0$ setzt sich aus Investitions- und Reinvestitionskosten zusammen.

Die Investitionskosten für die Anpassungsmaßnahme belaufen sich auf die Herstellung und das Anbringen des Metallgitters auf der Lichtkuppel. In Anlehnung an die in Kapitel 7.2 beschriebene statistische Wiederkehrwahrscheinlichkeit von Hagelereignissen mit bestimmten Korngrößen wird als Bezugszeitraum 50 Jahre angesetzt. Das Metallgitter hat ebenfalls eine Lebensdauer von 50 Jahren, weshalb für diese Position keine Reinvestition nötig ist. Einzig die vorhandene Lichtkuppel, welche schon seit 17 Jahren verbaut ist, muss sowohl in 8 als auch in 33 Jahren erneuert werden (Lebensdauer 25 Jahre, von 2013 ausgehend). Diese Erneuerung ist als Reinvestition zu verstehen.

Da in diesem speziellen Fall die Anpassungsmaßnahme weitgehend unabhängig von der Lebensdauer der Lichtkuppel ist, sind auch die Zeitpunkte der Reinvestitionskosten (Erneuerung der Lichtkuppeln) fix und damit unabhängig von dem Zeitpunkt der Anpassung. Für ein besseres Verständnis über die anfallenden Kosten sind in Tabelle 10-10 und Bild 10-6 die Kosten und Kostenreihen sowohl ohne als auch mit Anpassung dargestellt.

Tabelle 10-10 Zusammenstellung Kosten für die Berechnung von $PKWB_0$.

Kostenart	Kosten in €
Investitionskosten IK zur Anpassung [INDU LIGHT 2013] - Metallgitter - Lieferung, Montage, Hilfskonstruktion	 585,00 632,40
Summe Investitionskosten IK zur Anpassung - $IK_{Anpassung}$	 1.217,40
Reinvestitionskosten IKR [BKI 2014] - Lichtkuppel altersbedingt austauschen → IKR_{normal}	 2.391,67

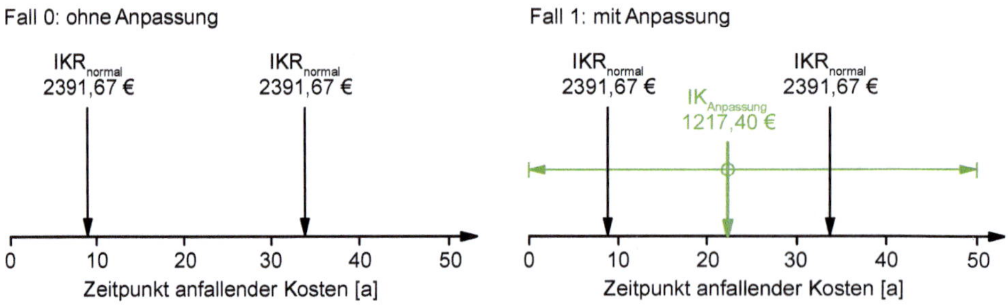

Bild 10-6 Kostenreihen zur Berechnung von $PKWB_0$ in Abhängigkeit des Zeitpunktes der Durchführung einer Anpassungsmaßnahme.

Für die finanzmathematische Aufbereitung wird ein Diskontierungsfaktor für Einzelzahlungen DFAKE(i;n) verwendet Dabei ist der Zeitpunkt der Reinvestitionen mit 8 und 33 Jahren fix. Der Zeitpunkt der Anpassung ist jedoch variabel, weshalb sich hier der Diskontierungsfaktor mit zunehmenden Betrachtungszeitraum stetig ändert. Die Formel zur Berechnung von $PKWB_0$ sieht demzufolge wie folgt aus:

$$PKBW_0 = IK_{Anoassung} \cdot DFAKE_{(3,n)} + IKR_{normal} \cdot DFAKE_{(3;8)} + IKR_{norm} \cdot DFAKE_{(3;33)} \qquad (10\text{-}16)$$

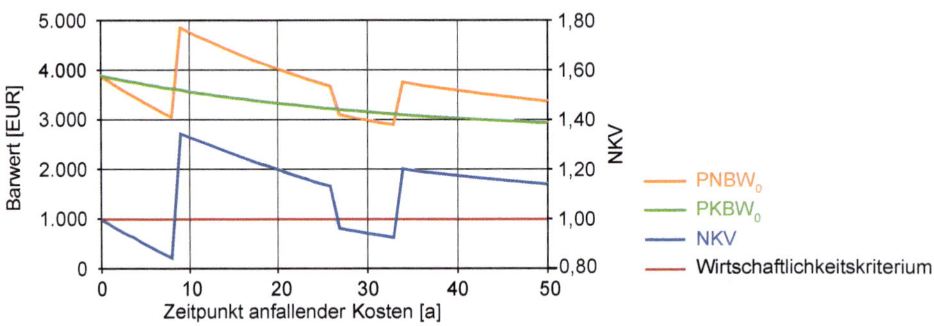

Bild 10-7 Vergleich $PNWB_0$, $PKWB_0$ und NKV.

10

Bild 10-7 zeigt den Verlauf von $PNWB_0$ und $PKWB_0$ in Abhängigkeit des Auftretens des Hagelereignisses sowie der Durchführung der Anpassungsmaßnahme. Anders als in Bild 10-4 beschrieben, gibt es keine Sprünge im Kurvenverlauf von $PKWB_0$. Dies liegt daran, dass die Anpassungsmaßnahme nicht zur Verringerung der anfallenden Investitionskosten führt. Weiterhin ist in dem Bild noch das Nutzen-Kosten-Verhältnis (NKV) abgebildet. Nach Kapitel 10.3.1 ist eine Maßnahme dann wirtschaftlich, wenn NKV größer als 1,0 ist.

10.5.3 Empfindlichkeitsprüfung

Die zuvor gewonnenen Ergebnisse beruhen auf mehreren Faktoren, welche jeweils mit Unsicherheiten behaftet sind. Um deren Einfluss auf die Ergebnisse zu untersuchen, ist die Berechnung erneut mit einer Variation der Faktoren durchzuführen.

Für dieses Beispiel wird aus Gründen der Vereinfachung die Möglichkeit der Variation nur aufgezeigt und nicht explizit berechnet. Folgende Parameter können sowohl nach unten als auch nach oben variiert werden:

- Zinssatz pro Jahr (i)
- Preissteigerung (r)
- Lebensdauer der Lichtkuppel
- Investitionskosten für Behebung des Schadens ($IK_{Schaden}$)
- Einbezug indirekter Kosten, wie zum Beispiel Mietminderung
- Reinvestitionskosten für Lichtkuppel ($IKR_{Schaden}$ beziehungsweise IKR_{normal})
- Investitionskosten für die Anpassung ($IK_{Anpassung}$)

10.5.4 Gesamtbeurteilung

Für eine schnelle Wertung der gewonnenen Ergebnisse der Kostenvergleichsrechnung empfiehlt es sich, die für die Berechnung getroffenen Annahmen und Werte in einer Übersicht aufzulisten. Tabelle 10-11 verdeutlicht dies für die Berechnung der Lichtkuppeln:

Tabelle 10-11 Übersicht über Eingabeparameter der Berechnung.

Parameter	Eingabewert
Zinssatz pro Jahr (i)	3 %
Preissteigerung (r)	Hier nicht betrachtet
Lebensdauer der Lichtkuppel	25 Jahre
Investitionskosten für Behebung des Schadens ($IK_{Schaden}$)	2.780,62 €
Reinvestitionskosten für Lichtkuppel ($IKR_{Schaden}$ beziehungsweise IKR_{normal})	2.391,67 €
Investitionskosten für die Anpassung ($IK_{Anpassung}$)	1.217,40 €
Preisbezug	netto

Ein Blick auf Bild 10-7 zeigt, dass eine Hagelanpassung innerhalb des Betrachtungszeitraumes von 50 Jahren nicht immer wirtschaftlich sinnvoll ist, sondern sowohl vom Zeitpunkt des Schadenereignisses als auch vom Zeitpunkt der Hagelanpassung abhängig ist. Gemäß Kapitel 10.3.1

ist eine Maßnahme nur dann wirtschaftlich sinnvoll, wenn NKV > 1,0 ist. Bei dem hier betrachteten Beispiel ist die Anpassungsmaßnahme demnach vor allem dann sinnvoll, wenn Sie in Kombination mit einer planmäßigen Reinvestitionsmaßnahme erfolgt (nach 8 und 33 Jahren). Die Kurven für $PNWB_0$ und NKV zeigen drei Sprünge in ihren Verläufen. Jeweils zweimal gibt es einen Sprung nach oben, einmal einen Sprung nach unten.

Zum Zeitpunkt des Sprunges nach oben steht eine planmäßige Reinvestition für das zu betrachtende Bauteil an. Ereignet sich zum Beispiel ein Hagelschauer und erzeugt einen Schaden an einem Bauteil, kurz bevor dieses aus Altersgründen planmäßig sowieso erneuert werden müsste, fällt der Schaden nicht stark ins Gewicht, da die durch den Hagelschlag entstandene Erneuerung des Bauteils eh in Kürze hätte stattfinden müssen. Ereignet sich der Hagelschlag jedoch kurz nach einer planmäßigen Reinvestition, muss das zuvor erneuerte und durch den Schaden bereits wieder zerstörte Bauteil erneut ausgetauscht werden. In diesem Fall würde die Reinvestition zweimal kurz hintereinander stattfinden müssen. Das hat einen sprunghaften Anstieg der Schadenssumme zur Folge.

Bei dem Sprung nach unten ereignet sich der Schaden zu einem Zeitpunkt, bei dem die Lebensdauer der neu eingesetzten Bauteile so lange ist, dass innerhalb des Betrachtungszeitraumes keine weiteren Reinvestitionskosten mehr anfallen. So verringert sich schlagartig die Schadenssumme. Bei dem hier betrachteten Beispiel würde das bedeuten, dass man ein Hagelschutzgitter frühestens nach dem ersten Hagelschaden (Schadenfall 1 nach Bild 10-6) beziehungsweise der ersten planmäßigen Erneuerung der Lichtkuppel anbringt.

Im Zuge einer Empfindlichkeitsbetrachtung entstehen weitere Kurven für die Schadenssumme und die Mehrkosten infolge Hagelanpassung, welche sowohl bessere als auch schlechtere Nutzen-Kostenverhältnisse mit sich bringen.

10.6 Literatur

ASR A1.2	Technische Regeln für Arbeitsstätten (ASR) A1.2, September 2013: Raumabmessungen und Bewegungsflächen. 2013.
BBR 2001	Bundesministerium für Bauwesen und Raumordnung im Auftrag des Bundesministeriums für Verkehr, Bau- und Wohnungswesen (Hrsg.): Leitfaden nachhaltiges Bauen. Berlin: 2001.
BBSR 2011	Bundesinstitut für Bau-, Stadt- und Raumforschung (Hrsg.): Nutzungsdauern von Bauteilen für Lebenszyklusanalysen nach Bewertungssystem Nachhaltiges Bauen (BNB). http://www.nachhaltigesbauen.de/baustoff-und-gebaeudedaten/nutzungsdauern-von-bauteilen.html (Stand 03.11.2011).
BGH 2004	Bundesgerichtshof, Urteil vom 6. Oktober 2004, Aktenzeichen VIII ZR 355/03.
BGH 2010	Bundesgerichtshof, Urteil vom 7. Juli 2010, Aktenzeichen VII ZR 85/09.
BKI 2014	BKI Baukosteninformationszentrum (Hrsg.): BKI Baukosten 2014. Teile 1 bis 3. Stuttgart: BKI, 2014.
Börstinghaus 2005	Börstinghaus, U.: Anpassung der Wohnung an übliche Wohnstandards bei Neuabschluss und im Bestand – Auswirkungen der Entscheidung BGH, NZM 2004, 736, auf die Vermietungspraxis. In: Neue Zeitschrift für Miet- und Wohnungsrecht 8 (2005), Nr. 15. Seite 561–567.
BWG 2004	Bundesamt für Wasser und Geologie (Hrsg.): Hochwasservorsorge – Erkenntnisse aus 4 Fallbeispielen. Berichte des BWG, Serie Wasser Nr. 6. Bern: BWG, 2004.
Däumler & Grabe 2007	Däumler, K.-D.; Grabe, J.: Grundlagen der Investitions- und Wirtschaftlichkeitsrechnung. 12. Auflage, Herne: NWB, 2007.
DIN 1946-2	DIN 1946-2, Januar 1994: Raumlufttechnik; Gesundheitstechnische Anforderungen (VDI-Lüftungsregeln). Berlin: Beuth, 1994.
DIN 1986-100	DIN 1986-100, Mai 2008: Entwässerungsanlagen für Gebäude und Grundstücke – Teil 100: Bestimmungen in Verbindung mit DIN EN 752 und DIN EN 12056. Berlin: Beuth, 2008.
DIN 4108-2	DIN 4108-2, Februar 2013: Wärmeschutz und Energie-Einsparung in Gebäuden – Teil 2: Mindestanforderungen an den Wärmeschutz. Berlin: Beuth, 2013.

DIN EN 13779	DIN EN 13779, September 2007: Lüftung von Nichtwohngebäuden – Allgemeine Grundlagen und Anforderungen für Lüftungs- und Klimaanlagen und Raumkühlsysteme. Berlin: Beuth, 2007.
DIN V 18599-7	DIN V 18599-7, Dezember 2011: Energetische Bewertung von Gebäuden – Berechnung des Nutz-, End- und Primärenergiebedarfs für Heizung, Kühlung, Lüftung, Trinkwarmwasser und Beleuchtung – Teil 7: Endenergiebedarf von Raumlufttechnik- und Klimakältesystemen für den Nichtwohnungsbau. Berlin: Beuth, 2011.
DWA 2012	DWA Deutsche Vereinigung für Wasserwirtschaft, Abwasser und Abfall e. V. (Hrsg.): Leitlinien zur Durchführung dynamischer Kostenvergleichsrechnungen (KVR-Leitlinie). 8. Auflage. Rheinbreitbach: Druckerei Plump, 2012.
Fahrion 2015	Fahrion, M.-S.: Sommerlicher Wärmeschutz im Zeichen des Klimawandels – Anpassungsplanung für Bürogebäude. Dresden, Technische Universität, Fakultät Bauingenieurwesen, Institut für Baukonstruktion, Dissertation, 2015.
GDV 2011	Gesamtverband der Deutschen Versicherungswirtschaft e. V. (Hrsg.): Herausforderung Klimawandel – Antworten und Forderungen der deutschen Versicherer. Berlin: GDV, 2011.
Götze 2014	Götze, U.: Investitionsrechnung – Modelle und Analysen zur Beurteilung von Investitionsvorhaben. 7. Auflage. Berlin: Springer Gabler, 2014.
Herrlein 2007	Herrlein, J.: Sommerliche Aufheizung von Geschäftsräumen als Mangel der Mietsache? In: Neue Zeitschrift für Miet- und Wohnungsrecht 10 (2007), Nr. 19. Seite 719–721.
Hoberg 2014	Hoberg, Peter: Ableitung des Kalkulationszinssatzes (Vergleichszinssatz) für die Investitionsrechnung. http://www.controllingportal.de/Fachinfo/Investitionsrechnung/Ableitung-des-Kalkulationszinssatzes-Vergleichszinssatz-fuer-die-Investitionsrechnung.html (abgerufen am 14.05.2015).
IEMB 2008	Institut für Erhaltung und Modernisierung von Bauwerken e. V. (Hrsg.); Kerz, N.; Asam, C.; Dorn, S.; Hänel, M.; Mann, B.: Nutzungsdauerangaben von ausgewählten Bauteilen und Bauteilschichten des Hochbaus für den Leitfaden „Nachhaltiges Bauen". http://www.nachhaltigesbauen.de/fileadmin/pdf/forschungsprojekte/Nutzungsdauern_IEMB-Studie_2008.pdf, (abgerufen am 23.06.2015).
INDU LIGHT 2013	INDU LIGHT Produktion & Vertrieb GmbH: Angebot zur Nachrüstung Wellengitter Nr. 90044-26757. Halle/Saale, 02.07.2013.

Kruschwitz 2014 — Kruschwitz, L.: Investitionsrechnung. 14. Auflage. München: Oldenbourg, 2014.

Meyer 2005 — Meyer, V.: Methoden der Sturmflut-Schadenspotenzialanalyse an der deutschen Nordseeküste. Hannover, Universität Hannover, Dissertation, 2005.

MNI 2012 — MNI Dresden – Diplomingenieure für Bauwesen (Hrsg.): Verletzbarkeitsanalysen Ex-Post an bestehenden Gebäuden in der Modellregion Dresden. Forschungsarbeit im Rahmen des Forschungsprojektes REGKLAM im Auftrag des Leibniz Institut für ökologische Raumentwicklung (IÖR). Dresden: unveröffentlicht, 2012.

Müller 2010 — Müller, U.: Hochwasserrisikomanagement – Theorie und Praxis. Wiesbaden: Vieweg+Teubner, 2010.

Naumann et al. 2010 — Naumann, T.; Nikolowski, J.; Golz, S.; Schinke, R.: Resilience and Resistance of Buildings and Built Structures to Flood Impacts – Approaches to Analysis and Evaluation. In: Müller, B. (Hrsg.): Urban Regional Resilience: How Do Cities and Regions Deal with Change? Berlin, Heidelberg: Springer Verlag, 2010. Seite 89–100.

Nikolowski et al. 2013 — Nikolowski, J.; Golz, S.; Rubín, C.; Naumann, T.: Abschätzung verhinderter Schäden für Nutzen-Kosten-Untersuchungen des technischen Hochwasserschutzes – Das Pilotprojekt Pirna. In: Wasserbauliche Mitteilungen, Heft 48. Technischer und organisatorischer Hochwasserschutz – Bauwerke, Anforderungen, Modelle. Dresden: Technische Universität, 2013. Seite 111–122.

Nikolowski 2014 — Nikolowski, J.: Wohngebäude im Klimawandel – Verletzbarkeit und Anpassung am Beispiel von Überflutung und Starkregen. Dresden: Technische Universität, Fakultät Bauingenieurwesen, Institut für Baukonstruktion, Dissertation, 2014.

OLG Frankfurt 2007 — Oberlandesgericht Frankfurt, Urteil vom 19.01.2007, Aktenzeichen 2 U 106/06.

OLG Hamm 2007 — Oberlandesgericht Hamm, Urteil vom 28.02.2007, Aktenzeichen 30 U 131/06. In: openJur 2011, 49307.

OLG Köln 1991 — Oberlandesgericht Köln, Urteil vom 28.10.1991, Aktenzeichen 2 U 185/90. In: Neue Juristische Wochenschrift – Rechtsprechungs-Report 1993. Seite 466 ff.

OLG Naumburg 2009 — Oberlandesgericht Naumburg, Urteil vom 13.10.2009, Aktenzeichen 9 U 45/09. In: Neue Zeitschrift für Baurecht und Vergaberecht 2011. Seite 104 ff.

OLG Rostock 2000 — Oberlandesgericht Rostock, Urteil vom 29.12.2000, Aktenzeichen 3 U 83/98. In: BeckRS 2001, 01232 und Neue Zeitschrift für Miet- und Wohnungsrecht 2001. Seite 425 f.

Penning-Rowsell et al. 2003 — Penning-Rowsell, E. C.; Johnson, C. L.; Tunstall, S. M.: The benefits of flood and coastal defence: Techniques and data for 2003. Flood Hazard Research Centre. Middlesex (UK): Middlesex University, 2003.

Perridon et al. 2012 — Perridon, L.; Steiner, M.; Rathgeber, A.: Finanzwirtschaft der Unternehmung. 16. Auflage. München: Vahlen, 2012.

Poggensee 2015 — Poggensee, K.: Investitionsrechnung – Grundlagen, Aufgaben, Lösungen. 3. Auflage. Wiesbaden: Springer Gabler, 2015.

Rolfes 2003 — Rolfes, B.: Moderne Investitionsrechnung – Einführung in die klassische Investitionstheorie und Grundlagen marktorientierter Investitionsentscheidungen. 3. Auflage. München: Oldenbourg, 2003.

Rubín et al. 2009 — Rubín, C.; Naumann, T.; Nikolowski, J.; Golz, S.; Hennersdorf, J.; Nowak, L.: Erhebungvon Schadensfunktionen und Pilotanwendung zur Bewertung von Hochwasserschutzmaßnahmen, Teil I – Untersuchungsgebiet Pirna. Projektbericht für die Landestalsperrenverwaltung des Freistaates Sachsen erstellt durch ProAqua Ingenieurgesellschaft für Wasser- und Umwelttechnik mbH und das Leibniz-Institut für ökologische Raumentwicklung e. V. Aachen / Dresden: LTV, 2009.

10

Smith & Ward 1998 — Smith, K.; Ward, R.: Floods – Physical Processes and Human Impacts. Chichester (England): John Wiley & Sons, 1998.

SSB 2007 — Senatsverwaltung für Stadtentwicklung Berlin (Hrsg.): Leitfaden für Wirtschaftlichkeitsuntersuchung bei der Vorbereitung, Planung und Durchführung von Baumaßnahmen. Berlin, 2007.

Statistisches Bundesamt 2015a — Statistisches Bundesamt (Hrsg.): Verdienste und Arbeitskosten – Arbeitskosten im Produzierenden Gewerbe und im Dienstleistungsbereich – Ergebnisse für Deutschland 2012. Fachserie 16, Heft 1. Wiesbaden: Selbstverlag des Statistischen Bundesamtes, 2015.

Statistisches Bundesamt 2015b — Statistisches Bundesamt (Hrsg.): Arbeitskostenerhebung – Nettoarbeitskosten je geleistete Stunde (einschl. Auszubildende) im Produzierenden Gewerbe und Dienstleistungsbereich nach Bundesländern 2012. https://www.destatis.de/DE/ZahlenFakten/GesamtwirtschaftUmwelt/Verdienste Arbeitskosten/ArbeitskostenLohnnebenkosten/Tabellen/NettoarbeitskostenStundenLaender.html (abgerufen am 21.06.2015).

Statistisches Bundesamt 2015c — Statistisches Bundesamt (Hrsg.): Arbeitskostenindex – Indizes der Arbeitskosten Produzierendes Gewerbe und Dienstleistungsbereich. https://www.destatis.de/DE/ZahlenFakten/Gesamtwirtschaft Umwelt/VerdiensteArbeitskosten/ArbeitskostenLohnnebenkosten/ Tabellen/IndexJaehrlich.html (abgerufen am 18.06.2015).

Statistisches Bundesamt 2015d — Statistisches Bundesamt (Hrsg.): Krankenstand. https://www.destatis.de/DE/ZahlenFakten/Indikatoren/Qualitaet Arbeit/Dimension2/2_3_Krankenstand.html (abgerufen am 18.06.2015).

Statistisches Bundesamt 2015e — Statistisches Bundesamt (Hrsg.): Preisindizes für die Bauwirtschaft – Februar 2015 (1. Vierteljahresausgabe). Fachserie 17, Reihe 4. Wiesbaden: Selbstverlag des Statistischen Bundesamtes, 2015.

TMLFUN 2013 — Thüringer Ministerium für Landwirtschaft, Forsten, Umwelt und Naturschutz (TMLFUN) (Hrsg.): IMPAKT – Integriertes Maßnahmenprogramm zur Anpassung an die Folgen des Klimawandels im Freistaat Thüringen. Erfurt: Selbstverlag des Thüringer Ministeriums für Landwirtschaft, Forsten, Umwelt und Naturschutz, 2013.

Tröltzsch et al. 2012 — Tröltzsch, J.; Görlach, B.; Lückge, H.; Peter, M.; Sartorius, C.; Umweltbundesamt (Hrsg.): Kosten und Nutzen von Anpassungsmaßnahmen an den Klimawandel – Analyse von 28 Anpassungsmaßnahmen in Deutschland. Ecologic Institut, INFRAS, Fraunhofer Institut für System- und Innovationsforschung, 2012. – Forschungsbericht. Im Auftrag des Umweltbundesamtes, Forschungskennzahl 370941121 UBA-FB 001593.

Varnholt et al. 2012 — Varnholt, N. T.; Lebefromm, U.; Hoberg, P.: Controlling. 2. Auflage. München: Oldenbourg, 2012.

MIX
Papier aus verantwortungsvollen Quellen
Paper from responsible sources
FSC® C105338

If you have any concerns about our products,
you can contact us on
ProductSafety@springernature.com

In case Publisher is established outside the EU,
the EU authorized representative is:
Springer Nature Customer Service Center GmbH
Europaplatz 3, 69115 Heidelberg, Germany

Printed by Libri Plureos GmbH
in Hamburg, Germany